软弱地基高层建筑
纠倾关键技术及应用

杨学林　祝文畏　王擎忠　张林波 ◎ 著

中国建筑工业出版社

图书在版编目（CIP）数据

软弱地基高层建筑纠倾关键技术及应用 / 杨学林等
著. -- 北京 : 中国建筑工业出版社, 2024. 12.
ISBN 978-7-112-30112-6

Ⅰ. TU978

中国国家版本馆 CIP 数据核字第 2024U6U225 号

责任编辑：刘瑞霞　梁瀛元
责任校对：张　颖

软弱地基高层建筑纠倾关键技术及应用

杨学林　祝文畏　王擎忠　张林波　著

*

中国建筑工业出版社出版、发行（北京海淀三里河路 9 号）

各地新华书店、建筑书店经销

国排高科（北京）人工智能科技有限公司制版

建工社（河北）印刷有限公司印刷

*

开本：787 毫米×1092 毫米　1/16　印张：22½　字数：560 千字
2025 年 2 月第一版　　2025 年 2 月第一次印刷
定价：**98.00** 元
ISBN 978-7-112-30112-6
（43519）

随着国民经济的迅速发展和城市化进程的加快，高层建筑不断涌现。但由于勘察、设计以及施工等种种原因，一些建（构）筑物在建设或者使用过程中发生了不均匀沉降，甚至倾斜，特别是我国东部沿海城市软土分布广泛，高层建筑数量众多，地基基础原因引发的高层建筑安全问题比较突出，基础不均匀沉降和房屋倾斜严重影响高层建筑的安全性，因而《建筑地基基础设计规范》和《建筑桩基技术规范》对高层建筑的沉降和倾斜均有比较严格的规定。高层建筑高宽比大，荷载重心高，当房屋倾斜率超过某一界限值时，基础沉降和房屋整体倾斜率会呈现非线性增大，危及房屋安全。建筑物倾斜后，轻者影响正常使用，严重时会使结构破坏或产生整体失稳破坏。部分地区甚至出现了个别高层建筑因严重倾斜而拆除的案例。如 2011 年浙江玉环渝汇小区国际蓝湾二期工程 17 号高层住宅楼因桩基不均匀沉降导致房屋加速倾斜而紧急拆除，1995 年武汉汉口桥苑新村一高层商住楼因地基基础问题爆破拆除，2003 年温州均瑶大厦因倾斜加速采取拆除顶部 2 层的应急卸载措施。因此，高层建筑基础沉降及由沉降引起的房屋倾斜率宜满足规范的规定。

伴随着建筑倾斜病害的出现，建筑物纠倾技术逐步发展，通过纠倾可以用较小的经济代价确保建筑物安全并恢复其使用功能。因此，建筑物纠倾具有重要的意义。

与多层建筑相比，高层建筑纠倾技术主要有以下几个特点：

① 建筑高度高，高宽比大，水平荷载作用下的结构侧向位移较大，对纠倾过程中内力变化分析的准确性和现场施工精度控制要求高，易出现二次损伤导致结构开裂的情况；

② 结构荷载大，质心高，对纠倾过程中的回倾率和顶升误差控制非常严格；

③ 受风荷载等侧向荷载的影响大；

④ 软弱土地基高层建筑的基础形式大多为桩基础，且通常设有地下室，使得纠倾过程的理论分析更为复杂，也提高了纠倾施工的实施难度；

⑤ 纠倾过程中，建筑对下部桩基反力及沉降变化更为敏感，容易"矫枉过正"。

因此，无论从设计计算、还是从纠倾实施角度考虑，高层建筑的纠倾难度都要远远大于多层和小高层建筑。

软土地区高层建筑纠倾具有多学科深入融合、低碳环保、节能减排、新技术和新工艺应用广泛等特点，符合国家可持续发展战略，对我国经济和社会发展具有重要意义和影响。

本书以软土地区高层建筑纠倾为背景，阐述了软弱地基高层建筑基础控沉加固、高层建筑截桩迫降法纠倾、高层建筑竖向构件截断分离顶升法纠倾、高层建筑补桩持荷提升法纠倾、高层建筑桩端和桩侧取土迫降法纠倾技术以及高层建筑综合法纠倾等技术的最新创新成果与工程应用实践。

全书共 7 章。第 1 章简要介绍了高层建筑纠倾技术的基本概况及国内外发展现状，总结了软土地基高层建筑纠倾的方法及其适用性，阐述了高层建筑纠倾所涉及的检测与鉴定、纠倾量、纠倾监测以及加固等相关内容。

第 2 章介绍软弱地基高层建筑基础控沉加固技术，提出了全过程持荷控沉和预加载封桩技术。

第 3 章介绍了高层建筑截桩迫降法纠倾技术，阐述了截桩迫降法纠倾原理和流程，分析了截桩迫降法纠倾托换系统，提出了检测-修正一体化的截桩预测方法。并结合上海某 16 层高层建筑纠倾案例，全面阐述了截桩纠倾的设计、施工与监测全过程。

第 4 章介绍高层建筑竖向构件截断分离顶升法纠倾技术，通过截断竖向构件的方式顶升上部结构，实现高层建筑精准纠倾。

第 5 章介绍高层建筑补桩持荷提升法纠倾技术，以补入桩作为支撑点，采用动态持荷提升技术进行高层建筑纠倾。

第 6 章介绍高层建筑桩端和桩侧取土迫降法纠倾技术，以桩端和桩侧取土数值分析为指导，对多栋百米高层住宅进行了纠倾。

第 7 章介绍高层建筑综合法纠倾技术，主要介绍了补桩提升与截桩迫降综合法以及补桩提升与桩侧、桩端卸载迫降综合法两种方法的纠倾。

上述工程案例均具有较好的代表性，充分反映了现阶段高层建筑纠倾技术的创新成果与工程实践，对同类工程具有较强的借鉴作用。

杭州圣基建筑特种工程有限公司和浙江省建筑设计研究院有限公司为书中引用的工程案例提供了大量资料，作者单位同事周豪毅、贾珅豪、廖建忠、邵伟斌、方赟松、宋恒、杜尚成等为本书出版给予了很多帮助，在此一并向上述同行专家和相关单位表示衷心感谢。同时，感谢中国建筑工业出版社对本书出版给予的支持。

由于作者工程经历和学术水平有限，书中疏漏和不当之处在所难免，敬请读者批评指正。

作者

2024 年 6 月于杭州

目　录

第6章 高层建筑桩端和桩侧取土迫降法纠倾技术 ········· 245

第 1 章

高层建筑纠倾技术概述

1.1 高层建筑纠倾现状与特点

20世纪90年代中期以来，中国的基本建设发展蓬勃，尤其在21世纪初加入WTO世贸协定之后，国民经济迅速增长。随着城市化进程的加快，高层建筑如雨后春笋般涌现，其规模之大、分布之广举世罕见，并一度为我国赢得了"基建狂魔"的美誉。但是，在高层建筑建设高歌猛进的背后却潜伏着某些重大质量隐患，由于勘察、设计以及施工等方面原因，一些高层建筑在建设或使用过程中发生了超出规范的倾斜甚至倒塌，造成了重大损失和不良的社会影响。如1995年武汉桥苑新村商住楼倾斜、2003年温州均瑶大厦突发倾斜、2009年上海莲花河畔景苑7号楼倒塌、2011年玉环渝汇小区"楼歪歪"拆除、2014年常州某住宅小区百米高楼17号楼倾斜、2019年广西岑溪某25层住宅倾斜、秦山核电·国光宾馆倾斜、2023年天津市津南区某小区共计16栋高层住宅群倾斜等（图1.1.1），其中，武汉桥苑新村商住楼、玉环渝汇小区"楼歪歪"因严重倾斜而拆除。在国外亦有类似工程，最具代表性的为2010年美国旧金山市的"千禧塔"，至今仍处于倾斜状态。

(a) 武汉桥苑新村商住楼拆除　　(b) 温州均瑶大厦　　(c) 玉环渝汇17号楼拆除　　(d) 常州某百米高层住宅

(e) 广西岑溪某25层住宅　　(f) 国光宾馆　　(g) 旧金山"千禧塔"

(h) 2023 年天津市津南区某小区

图 1.1.1　高层建筑物倾斜

随着高层建筑倾斜病害的发生，高层建筑纠倾加固技术水平不断提高，迄今为止，形成了较为先进可靠的技术体系。一般而言，通过纠倾加固可确保建筑物的正常使用，相较于拆除，纠倾加固具有显著的经济效益和社会效益。因此，开展高层建筑纠倾加固技术的研究与总结具有非常重要的意义。

1.1.1　建筑纠倾技术发展现状

1. 国外纠倾技术现状

世界上最早的纠倾工程出现于 20 世纪之初。当时英国的温彻斯特（Winchester）大教堂已连续下沉 900 年，最终由一位潜水工作者在水下挖穿泥炭和粉砂层而到达砾石层，然后在地坑中独自以"包装的混凝土"往上叠置直至原有的基础底部[1]。

国外纠倾加固技术具有"起步早、发展慢、工程实例少"的特点。有资料可查的国外纠倾加固工程实例并不多，比较有代表性的纠倾建筑物有：美国华盛顿纪念碑、加拿大特朗斯康谷仓和意大利比萨斜塔。

美国华盛顿纪念碑（图 1.1.2）是由建筑师米尔斯于 19 世纪 40 年代设计的，于 1848 年开工建设，建设期间由于南北战争被迫停建 22 年，然而在这一过程中已经建成的 46m 碑体发生了严重倾斜。后来，托马斯·林肯·凯西奉命继续完成建造，发现纪念碑的持力层为极不稳定的砂土和黏土层，凯西中校通过挖取未沉降一侧的部分土壤进行纠倾，并对地基进行了加固处理防止复倾，最终于 1884 年完成纠倾，成为当时世界上海拔最高的建筑[2]。

加拿大特朗斯康谷仓[3]（图 1.1.3）建于 1913 年，长宽高尺寸为 59m×23m×31m，由 65 个圆形筒仓组成，采用筏板基础，基础下分布约 16m 厚的软黏土。在装载谷物的过程中，因地基强度破坏，谷仓发生整体滑移失稳，西侧下陷达 8.8m，东侧则抬高了 1.5m，仓身倾斜约 27°。事故发生后，在基础下设置了 70 多个支承于埋深 16m 基岩上的混凝土墩，通过千斤顶顶升，成功将谷仓纠倾。

意大利比萨斜塔始建于 1173 年，建设过程近 200 年，塔高 56m，塔楼为中空圆柱形砌体结构。由于不均匀沉降，塔顶最大水平偏移量曾达到 5.27m（图 1.1.4）。关于比萨斜塔倾斜的原因，学术界一直存在争议，近来较为一致的观点是塔体发生了平衡失稳[4]，由于对地质构造缺乏全面、缜密的调查和勘测，塔基下地基土对塔基产生的力矩，无法抵抗倾斜所产生的倾覆力矩导致塔身逐渐向南加剧倾斜。自 1934 年以来，为治理比萨斜塔，意大利政府采用了基础注射水泥浆、北侧地表加载、电渗固结等一系列方法进行比选和加固。经过长时间的论证和试验，最终采用斜孔掏土法，于 2001 年使比萨斜塔顶部向北回倾了440mm，塔身的倾斜度由 5.5°减小到 5°，从而保证了比萨斜塔的稳定和安全。

图 1.1.2　美国华盛顿纪念碑

图 1.1.3　特朗斯康谷仓

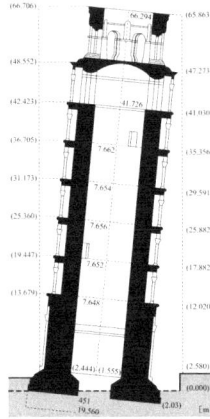

图 1.1.4　意大利比萨斜塔

2. 国内纠倾技术现状

20 世纪 90 年代前，我国的建筑物纠倾技术处于探索阶段，部分学者和工程技术人员进行了一些理论研究和小规模的纠倾实践。1981 年，由我国著名土力学家、同济大学教授俞调梅参与策划了苏州虎丘塔抢修基础加固工程，标志着我国纠倾加固工程的开始。苏州虎丘塔建于公元 959 年，塔高 47.68m，为七层楼阁式砖塔。引起虎丘塔倾斜的原因有：（1）塔身未设基础，直接支承在地基土上，导致基底压力过大；地基土为人工夯实的夹石土，南北方向上持力层厚度不均匀；（2）地基未做好防渗处理，受到潜流侵蚀作用；（3）虎丘塔在历史上曾多次经历战乱破坏，期间虽有维护，但没能控制地基的不均匀沉降和塔身的倾斜发展。至 1978 年，塔顶偏移 1.325m，倾角达到 2°48′，被称为"中国的比萨斜塔"。纠倾加固时，首先对虎丘塔的地基进行隔水、加固并修缮塔体；随后采用浅层水平掏土的方法增加塔基南侧的沉降量，在各种措施的共同作用下完成了纠倾。除此之外，河北某砖混结构住宅楼、江西省某 7 层框架结构办公楼等纠倾工程也采用了掏土纠倾法。

国内的纠倾技术虽起步较晚，但经过近 30 年的应用和发展，涌现出了许多新工艺、新方法和新技术：刘祖德在地下抽土法的基础上首创了地基应力解除法[5]；唐业清发明了辐射井射水取土纠倾法[6]；王擎忠开发了远距离深层取土纠倾技术；福建省建筑科学院开发了建筑物顶升纠倾技术[7]。

近二十年来，随着城市建设的不断发展，高层建筑大量建设，由于规划、勘察、设计、施工以及自然灾害等各方面原因，倾斜建筑物不断出现，特别是 2013 年浙江玉环渝汇小区"楼歪歪"事件之后，软土地区高层纠倾技术的发展和研究逐渐受到人们的重视。通过研究与实践，杨学林提出了基于等效桩土刚度计算与反演修正的截桩纠倾预测技术[8]，并在此基础上建立了软土地区高层建筑基础控沉与精准纠倾关键技术，杭州圣基建筑特种工程有限公司运用同步控制技术完成了数十幢高层以及超高层建筑的纠倾等。我国的专家学者在实践的基础上，不断对建筑物纠倾和控沉理论进行研究、总结，使建筑物纠倾这门学科逐渐由实践上升到理论，再由理论进一步指导实践。

总体而言，目前建筑物纠倾技术的理论研究仍落后于工程实践，尚需进一步加强理论研究、提高计算机数值分析水平、完善建筑物纠倾设计理论与计算方法。

1.1.2　高层建筑纠倾特点

高层建筑纠倾技术作为一种重要的补救措施，属于应急抢险工程范畴。高层建筑受力复杂，基础形式多样，有天然地基、复合地基、桩基础、筏板基础、桩筏基础等，桩基所选用的桩型不尽相同（如预制桩和灌注桩等），场地与工程地质水文条件不同、地基土层不均匀，既有建筑邻边深开挖，加之施工技术水平和诸多人为因素，均易成为导致建筑物倾斜的关键因素。建筑物倾斜后，受限于地下工程隐蔽性的特点，基础质量缺陷不易探测，地基因素、施工因素、设计因素很难完全查明，致使影响纠倾的因素复杂多样。近三十年来，多层建筑物的纠倾工程领域已经形成了比较成熟、系统的理论与技术体系，但在高层建筑纠倾与控沉加固技术领域，尚未形成比较完善的专业理论和工程技术体系。

与多层建筑相比，高层建筑纠倾面临以下几个比较突出的技术性特点：

（1）高层建筑纠倾涉及岩土工程、结构工程、施工技术、项目管理、工程监测、机械工程以及自动化控制等多个学科专业的协同工作。

（2）高层建筑自重大、高度高，水平荷载作用下的结构侧向位移较大，稳定问题突出，纠倾风险大，需要设置可靠的防侧移与防倾覆系统。

（3）高层建筑纠倾过程中必须有非常好的同步性，顶升或迫降系统控制精度要求高。

（4）高层建筑体量大，存在纠而不动以及矫枉过正的控沉问题。

（5）导致不均匀沉降的工程因素复杂、难以参数化，纠倾分析非常困难。

（6）狭小地下空间纠倾作业的施工空间不足以及新技术研发问题。

（7）纠倾过程对上部结构的保护，可能影响部分高层建筑使用。

此外，软弱地基高层建筑的基础形式大多为桩基础，且通常设有地下室，使得纠倾过程的理论分析更为复杂，也进一步加大了纠倾施工的难度。同时，高层建筑纠倾所涉及周边及地下环境的保护问题也更为突出。部分纠倾工程甚至处于使用状态，为减小纠倾过程对上部结构的影响，其分析与施工精度控制都非常严格。

既有建筑纠倾是新兴研究方向，尚未形成完善的理论，上述问题如何解决对于提升纠倾加固技术的应用水平，尤其是针对保证高层及超高层建筑物的安全与正常使用，保障与提升其使用价值具有重要意义。

1.1.3　建筑纠倾原则

软弱土地基高层建筑纠倾包括建筑物纠倾与地基基础控沉加固两项核心内容。纠倾前，必须在全面考虑各种因素的基础上确定合理的纠倾加固方法，并进行专业设计、施工与监测。纠倾设计时，主体结构的设计工作年限不应低于其剩余工作年限，设计方案应安全适用、技术先进、经济合理、绿色环保。纠倾过程中，应根据施工中反馈的信息及时修改设计，实施信息化动态设计和施工。另外，高层建筑的检测鉴定、纠倾设计和施工应由具有相应资质的单位实施。

1. 准备工作

高层建筑纠倾设计前，应在搜集房屋原始相关资料的基础上，对地基基础及上部结构进行检测和鉴定，查明导致建筑倾斜的原因，并评估纠倾工程的风险。原始相关资料包括：

（1）场地岩土工程勘察报告和周边环境资料。

（2）设计图纸、工程施工记录及工程检测验收资料。

（3）基坑支护设计图纸和施工记录。

（4）地基基础和上部结构的检测鉴定报告。

（5）当周边存在邻近的在建地下工程时，应收集在建地下工程的勘察、设计、施工、监测等相关资料。

（6）对于使用过程中进行过改造的既有建筑，应提供历次改造的设计、施工和验收等资料。

2. 纠倾设计原则

高层建筑纠倾设计时应考虑施工可能发生的不利工况并进行包络设计，纠倾过程中应采取保证上部建筑结构整体稳定的限位和防倾覆措施。纠倾施工工况验算时，上部高层建筑结构所受的水平风荷载可按 50 年一遇的基本风压计算。编制的设计方案应满足下列条件：

（1）防止地基与基础整体失稳，减少对结构构件的损伤。

（2）控制工后附加沉降，防止后期复倾。

（3）减小对上部建筑正常使用的影响。

（4）减小对相邻建筑物、地下设施的影响。

3. 纠倾施工原则

高层建筑纠倾应进行信息化施工和全过程实时监测。施工前应编制专项施工方案，经专家论证通过后方可实施。专项施工方案应包括下列内容：

（1）工程概况、编制依据和工程特点。

（2）施工场地总平面布置图、施工部署和质量验收要求。

（3）纠倾方法、施工顺序和施工进度计划。

（4）监测方案。

（5）危险源分析和应急预案。

（6）施工安全、质量、进度、文明施工保证措施。

（7）特殊季节施工保证措施等。

1.2 纠倾前的地基基础和结构检测与鉴定

1.2.1 纠倾建筑地基基础和结构检测

高层建筑纠倾前，应对地基基础和主体结构的现状进行调查、检测和鉴定。地基与基础的检测鉴定，是了解倾斜建筑基本情况的必要手段。检测鉴定报告是纠倾设计与施工的重要依据之一。此外，建筑物倾斜过程中，结构受力可能发生变化，结构构件容易出现损坏。

检测与鉴定前应先进行现场调查，现场调查主要包括下列内容：

（1）对于既有建筑，应调查其使用情况和现状，包括建筑物的实际荷载、变形、开裂等情况，以及前期鉴定、加固情况。

（2）对于在建建筑，应调查其当前的施工状况、倾斜与沉降变形开裂等情况。

（3）地基和基础状况、基坑支护状况。

（4）相邻的建（构）筑物和地下管线设施分布等情况。

（5）邻近地下工程及其基坑开挖等情况。

高层建筑纠倾工程的检测主要包括沉降和倾斜检测、地基基础检测以及承重结构和非结构构件检测，具体见表1.2.1。

高层建筑纠倾工程的检测内容 表 1.2.1

项目名称		检测内容
沉降和倾斜检测		各点沉降量、最大沉降量、沉降速率；水平偏位和倾斜率等
地基基础检测	地基	地基土的分层分类、特性、物理力学参数和设计指标、地下水位、腐蚀性、地基处理情况等
	基础	基础的类型、尺寸、材料强度、配筋情况及裂损情况等；桩的承载力与完整性、桩长及钢筋笼长度等
承重结构和非结构构件检测	承重结构	结构类型、布置、传力方式、构件尺寸、材料强度、变形与位移、裂缝、配筋情况、钢材锈蚀、构造及连接等
	非结构构件	非结构构件的裂缝、变形和位移、与主体承重结构之间的连接构造等

高层建筑纠倾工程的检测不应影响其地基基础与结构的安全性，具体检测内容应满足纠倾设计、施工和验收的要求，并符合下列规定：

1. 沉降与倾斜检测

基准点设置和沉降观测点布置应符合现行行业标准《建筑变形测量规范》JGJ 8 的有关规定；倾斜观测点布置应能全面反映建筑物主体结构的倾斜特征，宜设置在建筑物角部、长边中部和倾斜量较大部位的顶部与底部位置；此外，尚应将建筑的整体倾斜检测结果与基础差异沉降间接确定的倾斜检测结果进行对比。

2. 地基基础检测

地基检测需查明地层的均匀性并进行地层分层，并应查明持力层和下卧层埋藏及其物理力学性质：

对于复合地基，应采用钻探、触探等方法检测其密实程度和有效处理深度，并对其地基承载力、加固体质量进行检测，必要时可结合地球物理勘探手段进行补充勘察。

对于桩基，应结合施工阶段的检验资料进行分析评估，必要时应检测桩的竖向承载力、桩身完整性、实际桩长等参数。

对于基础与承台，应检测其截面尺寸、配筋、混凝土强度、裂缝开展情况等。

检测过程中，应将地勘报告的准确性、桩的材料强度、配筋与设计资料或图纸的符合性作为重点。检测应能判明地基实际情况是否与原地质勘察报告相符，若不符应进行补充勘察。

3. 主体结构检测

高层建筑结构主要有钢筋混凝土结构、钢结构、钢和混凝土组合结构三大类。主体结构检测应符合现行国家标准《建筑结构检测技术标准》GB/T 50344 的有关规定。

结构检测应查明主要受损构件的变形与开裂状况并检测具体数值：

对于现浇钢筋混凝土受损构件及其相连的构件，应检测其实际截面尺寸、配筋与钢筋锈蚀程度、混凝土强度与保护层厚度、碳化深度等。

对于装配式混凝土结构，应着重检测现浇混凝土和结合面的质量，对装配式节点局部混凝土内部的缺陷检测可采用超声波、电磁波等方法，对于套筒灌浆连接点质量亦应检测。

对于钢结构，应检测钢构件的外包尺寸、型材厚度、锈蚀深度、钢材强度、连接质量、表面涂装防护层质量等。

对于钢和混凝土组合结构，尚应检测构件中的内部缺陷，可采用超声法、超声综合回弹法、电磁波法结合取芯法、局部钻孔取芯检测等方法。

现场检测中应注意结构开裂与基础差异沉降、倾斜之间的对应关系分析，以便深入理解基础差异沉降变形现状，判断基础不同部位的地基（桩基）承载力差异。

检测过程中，当发现工程图纸和资料不全或与现场实际不符时，应对建筑物的结构布置、受力构件几何尺寸等进行测绘，对构件的材料强度、配筋等进行检测，并应绘制工程现状图。

1.2.2　纠倾建筑鉴定

高层建筑纠倾工程的鉴定应根据纠倾工程实际检测结果，综合考虑地基基础、结构体系、质量缺陷等，按实际现状进行综合计算分析，对结构的安全性指标做出正确评价，为建筑物纠倾提供设计依据。

对基础和承重结构构件进行承载力验算时，计算模型应符合实际受力情况；结构和构件自重的标准值应根据构件和连接的实际尺寸，按材料或构件单位自重的标准值计算确定；应检查核实作用在结构上的荷载，所采用的荷载效应组合与分项系数取值应符合国家现行标准的规定。验算时，基础和结构构件的材料强度、几何参数可采用原设计值，当检测结果不符合原设计要求时，应取实际检测结果进行复核验算。

根据地基检测结果、补勘资料给出的物理设计参数，重新验算地基承载力和变形，并结合当地经验给出承载能力和变形稳定性的安全性等级。

高层建筑纠倾工程鉴定按《危险房屋鉴定标准》JGJ 125、《民用建筑可靠性鉴定标准》

GB 50292、《建筑抗震鉴定标准》GB 50023、《既有建筑地基可靠性鉴定标准》JGJ/T 404、《既有建筑鉴定与加固通用规范》GB 55021 等现行国家标准进行鉴定。

高层建筑纠倾工程的具体鉴定内容要求如下：

（1）地基基础和主体承重结构的承载力、变形、稳定性和耐久性。

（2）对于桩基应结合场地岩土工程性质、桩的施工工艺和桩身质量检验、沉降观测记录、载荷试验资料等，结合地区经验对桩的承载力进行分析和评价。

（3）引起建筑物开裂、沉降、倾斜的原因。

（4）邻近新建建筑和地下工程、深基坑开挖和降水等的影响。

（5）地基基础和主体结构是否需要加固以及加固方法建议等。

高层建筑纠倾工程的鉴定报告应满足纠倾设计、施工和验收的相应要求，并应包括下列内容：

（1）工程名称、工程概况和建设地点；建设、勘察、设计、监理和施工单位；鉴定目的和鉴定日期等。

（2）现场调查情况及记录。

（3）现场检测的方法、仪器设备、检测过程及检测结果。

（4）计算分析与评价结果。

（5）鉴定结论及建议。

1.3 高层建筑纠倾方法

1.3.1 高层建筑纠倾方法

高层建筑纠倾方法包括迫降法、抬升法、迫降与抬升综合法、纠倾微调法四大类，其分类如图 1.3.1 所示。带*号表示该纠倾方法的工程应用较少。

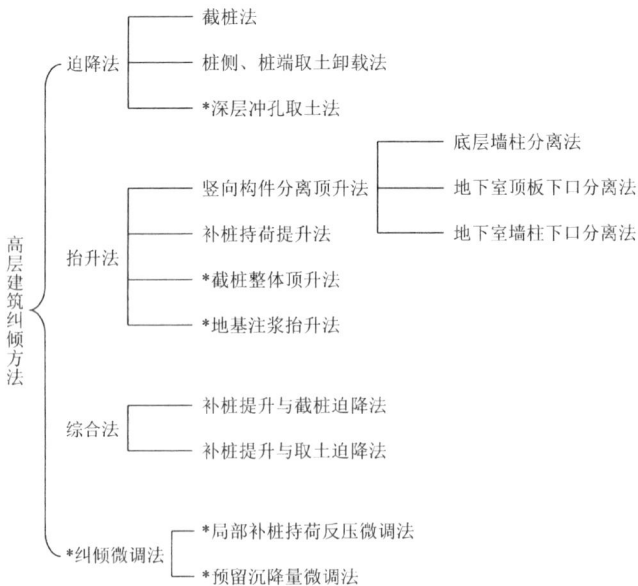

图 1.3.1 高层建筑纠倾方法

1.3.2 纠倾方法选择应考虑的因素和不确定性因素

软弱土地基高层建筑纠倾的特点决定了纠倾方法必须满足"可行、可靠、可控、绿色环保和经济合理"的要求。因此，必须结合建筑物自身特点以及相关工程条件，选择合理的方法。具体纠倾方法应根据下列因素分析比较后综合确定：

（1）工程地质和水文地质条件。

（2）基础类型、倾斜原因、倾斜变形状况和地基基础安全性评估。

（3）主体结构类型、结构整体性、承重构件裂损情况，以及结构可靠性鉴定。

（4）纠倾预期目标值，即纠倾后的倾斜率控制要求和基础加固后控沉要求。

（5）纠倾期间建筑物是否需要保持正常使用，周边环境限制及其保护要求。

（6）施工条件、造价和工期等。

对于上述因素中的工程难点和疑点必须预先作出正确评估，工程疑点即为潜在的不确定因素，需要通过一定的检测、试验查明，以便对症下药，就纠倾方法取舍作出正确的决策。常见的影响纠倾方法选择的几类不确定因素，列举如下。

（1）关于工程地质与水文地质条件：特殊建设场地，如坡地、河岸的稳定性变化影响；山区场地高水位素填土层的深度变化与地下水流动排泄主要路径；滨海地区大面积高位填土场地软弱下卧层的实际特性；岩溶地基中影响桩基础的溶洞三维分布；地下承压水特征；当地的灾变气候如强（台）风、洪涝等。

（2）关于地基基础：实际沉降量与沉降差；复合地基实际处理深度与下卧层力学性质、复合地基加强体的实际强度与成型质量；桩基础的长度、竖向承载力与抗拔性能；承台或筏板基础的受损状况；基础倾斜变形对工程桩的危害程度；深基础施工中因基坑支护与开挖施工对工程桩的影响程度以及深基坑结构对深基础、地下室的约束作用等。

（3）关于主体结构：对于缺少竣工图等设计资料的主体结构，应对主要承重构件进行测绘与检测；对于使用年代较久或历经多次改造的结构，应经过检测厘清结构现状。

（4）关于周边环境：纠倾施工对周边环境的具体影响程度；邻边深基坑等地下工程施工对纠倾工程的潜在危害；邻边建筑物的基础、结构设计与安全使用状况；地下管线分布与使用状况；地下的城市基础设施如地铁、隧道、管廊等设计与安全使用状况等。

（5）可能存在的技术风险：工程应用经验比较缺乏的纠倾技术，可能存在技术风险，务必加强评估。

（6）不同的基础类型及其周边约束对纠倾产生不同的影响：软弱地基上高层建筑的基础类型有桩基础、复合地基两大类，同时应考虑有无地下室，有地下室的基础应区分层数和地下室是否扩大以及是否与大地库相连。

（7）不同结构对于差异沉降的适应能力不同：不同的上部结构类型对不同的纠倾方法具有不同程度的结构反应，适应能力较差的上部结构，在纠倾期间容易开裂损坏。至今，初步统计表明，国内外高层建筑纠倾尚无建筑高度超过150m的案例，上部结构类型以钢筋混凝土结构为主，钢结构与钢-混凝土混合结构极少，因此高层结构形式主要限于框架结构、框剪结构、剪力墙结构、框支与框筒结构。根据经验，框架、框支与框剪结构侧向刚度相对薄弱，承受纠倾变形的能力相比较弱，应予以重视。

（8）纠倾目标值、工程施工条件、造价和工期的相互关系：一般情况下，工程施工条件基本上是既定的。除了工程地质水文条件外，地下室空间大小、地面场地与内外交通、周边建筑与地下设施状况、周边居民对施工干扰的容忍度、是否要求楼上正常使用、施工期对应的气候等构成了工程施工条件，其中"是否要求楼上正常使用"则很大程度上影响着纠倾方法选择、工期和造价。而纠倾目标值、造价和工期均为重要的工程控制目标，其中造价和工期属于实现纠倾目标（成果）的资源消耗因素，造价与工期成反比关系。当过于追求低价时，只会损害纠倾目标与成果，并且延长工期，给周边环境可能带来更多的干扰。

1.3.3 高层建筑纠倾方法特点及适用条件

高层建筑纠倾方法分为四大类、11 小类，其中实际工程应用较多、技术比较成熟可靠的方法如下：①截桩迫降法；②桩侧或桩端卸载迫降法；③竖向构件分离顶升法；④补桩持荷提升法；⑤补桩提升与截桩迫降综合法；⑥补桩提升与桩侧或桩端卸载迫降综合法。《软弱土地基高层建筑纠倾技术规程》T/ZCEAS 1001—2023[9]已纳入上述 6 类纠倾方法列为主要的纠倾方法，见表 1.3.1。

高层建筑纠倾方法及其适用范围　　　　　　　　　　　表 1.3.1

纠倾方法		适用条件	适用地基基础类别	
			天然或复合地基	桩基础
截桩迫降法		预制桩或灌注桩基础，上部结构具有较好的整体性；无地下室时承台埋深不宜大于 5m；有地下室时具有降排水可行条件且出土方便	—	√
桩侧或桩端卸载迫降法		软黏土地基或复合地基，摩擦型桩基的桩长不宜大于 60m；存在邻近的浅基础建（构）筑物时，应预先评估取土纠倾作业对其的影响	√	√
竖向构件分离顶升法		适用于钢筋混凝土框架结构、框架-剪力墙结构、剪力墙结构和筒体结构的顶升纠倾	√	√
补桩持荷提升法		整体刚度较好的筏板基础，提升区域的既有单桩抗拔极限承载力不宜大于 1000kN，地下室层数不宜大于 3 层且具有降排水可行条件	√	√
综合法	补桩提升与截桩迫降综合法	基础整体提升或迫降实施难度较大，且筏板基础具有较好的刚度和整体性	—	√
	补桩提升与桩侧或桩端卸载迫降综合法		—	√

注：当高层建筑纠倾后的倾斜率控制要求较高时，宜采用截桩迫降法、竖向构件分离顶升法或补桩持荷提升法；当采用桩侧或桩端卸载迫降综合法时，应事先评估桩侧或桩端射水和取土作业对周边环境的影响。

截桩迫降法、竖向构件分离顶升法以及补桩持荷提升法纠倾，主要采用以结构为主的纠倾手段，类似于西医手术式方法。此类纠倾方法风险较大、成本高，同时施工周期短，纠倾量精准可控，纠偏效果好。桩侧或桩端卸载迫降法则主要采用以岩土为主的方法，类似于中西保守疗法，此类纠倾方法风险小、成本低，同时施工周期长，纠偏效果不可控。而补桩提升与桩侧桩端卸载迫降综合法以及截桩迫降与桩侧桩端卸载迫降综合法纠倾，则是中西医结合的方法，通过控制"手术"范围，可减小纠倾工程的风险。

实际上岩土参数准确取值的困难，截桩纠倾的模型存在不确定性，如当迫降区工程桩难于产生刺入变形导致迫降困难时，可扩大截桩范围，也就是说，可利用结构的"相对确定性"来解决岩土的"不确定性"从而提升纠倾效果。同时，当迫降区工程桩难于产生刺入变形导致迫降困难时，也可采用桩侧桩端取土或冲水迫降，避免截桩范围过大，降低截桩手术的风险，也就是利用结构岩土的融合降低高层纠倾的风险。高层建筑纠倾必须结构结构、场地的特点，结合建筑物倾斜的原因，因地制宜的采取针对性的纠倾方法。

除上述方法外，高层建筑纠倾还可采用下列方法：①整体截桩顶升法；②地基注浆抬升法；③纠倾微调法，包括"局部补桩持荷反压微调法""预留沉降量微调法"。其技术机理、特点以及适用范围如下：

1）深层冲孔取土迫降法

深层冲孔取土迫降法又称为负摩阻迫降纠倾法，仅适用于深厚软黏土地层纯摩擦型桩基础的高层建筑纠倾工程，纠倾技术机理如图 1.3.2 所示。该方法具有如下特点：

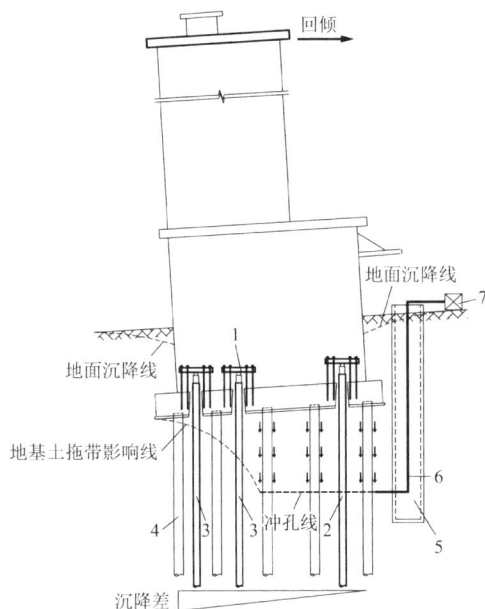

1—持荷装置；2—后补迫降限沉桩；3—后补控沉桩；4—既有工程桩；5—深井；6—辐射管；7—水箱

图 1.3.2　深层冲孔取土迫降法纠倾机理

（1）纠倾对地基扰动较大，总体上可控度相对不高。

（2）深井施工和深层冲土作业对周边环境的拖带沉降影响不能忽视。

（3）纠倾在一定程度上将降低摩擦桩基的竖向承载力，需通过补桩弥补。

（4）深井施工具有一定难度，要设法预防井内软土上隆形成废井。

（5）泥浆处理比较困难，冲孔施工属于狭小空间内作业，工人作业强度较大，工期较长。

（6）对于周边环境空旷、不允许占用室内大部分空间的高层建筑纠倾，可采用此纠倾方法。随着桩侧或桩端卸载迫降综合法广泛运用，此纠倾方法必将逐渐淘汰。

深层冲孔取土迫降法主要包括下列内容：

（1）控沉桩施工并处于持荷状态。

（2）在沉降较小一侧设置深度 12～15m 深辐射井若干口。

（3）根据深层冲孔线设置钢制辐射管，现场安装泥浆处理装置。

（4）按照特定顺序冲压力水进行试验性冲土迫降，当迫降速率持续达到 2～4mm/d 时，表明已实现整体性迫降启动。

（5）持续冲孔迫降，提高日迫降率至 5～10mm/d，并调节迫降的同步性。迫降过半时应逐步减速，直到预留 50mm（最大）迫降量时迫降速率应降至 3～5mm/d。

（6）缓速直至停止迫降，迫降速率降至 1～3mm/d，进行慢速微调，直到预留（最大）迫降量 20mm 停止取土，并对每一支辐射管插入注浆管。

（7）地基深部注浆补强，通过二次注浆充填并固化冲孔区域土层，减少滞后沉降。

（8）控沉桩封固连接。

（9）深井回填，恢复现场环境。

2）整体截桩顶升纠倾法

整体截桩顶升纠倾法适合一侧或两侧为大地库的高层建筑纠倾或具有特殊使用要求的高层建筑纠倾。其工程技术原理类似于截桩迫降纠倾法，纠倾技术机理如图 1.3.3 所示。该方法具有如下特点：

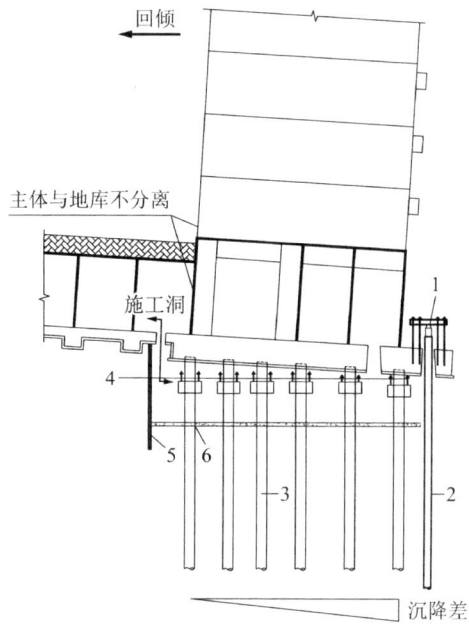

1—持荷装置；2—控沉桩；3—既有工程桩；4—截桩顶升；5—挡土桩；6—素混凝土垫层

图 1.3.3　整体截桩顶升纠倾法机理

（1）截桩顶升纠倾法对基础侧向整体稳定要求较高，如位于单层大地库中的高层建筑纠倾，其桩基整体稳定性能够充分保证，否则需要采取特定的侧向稳定措施。

（2）纠倾前应率先完成整体控沉施工，确保挖坑（槽）施工中沉降可控。

（3）顶升纠倾时，应确保既有桩的顶升和控沉桩的提升协同作用。

（4）相较于"截桩迫降法"，该方法大大增加了作业坑土方掏挖和工后回填，其造价、工期、施工风险均处于劣势，所以只适用于必须恢复建筑高程、地下室不能进入施工等有特殊使用要求的高层建筑纠倾。

整体截桩顶升纠倾法主要包括下列内容：

（1）基础控沉桩施工并持荷。

（2）降水到位后，底板开孔，基底作业坑大面积开挖，做好基础周边的挡土支护系统。

（3）电梯井承台下掏挖作业前需要做好坑壁支护。

（4）挖至规定深度应迅速分块浇筑钢筋混凝土厚垫层，稳定桩基础。

（5）对所有外露桩体进行质量检验，完成桩身沉降监测、倾斜监测系统，发现裂损的桩体应及时加固。

（6）及时做好桩基础双向侧向限位措施。

（7）桩体托盘施工，安装同步液压千斤顶并预紧受力。抽取一定比例的桩作竖向承载力检验，据此修正补桩方案。

（8）切断全部桩体，实施同步顶升纠倾。

（9）重新连接加固截断桩，控沉桩加载封固，撤除全部千斤顶。

（10）基底作业坑回填，底板封闭。

3）地基注浆抬升纠倾法

地基注浆抬升纠倾法在非软弱土地基上的低层、多层建筑乃至高层建筑纠倾中有少量应用，但是在软弱地基建筑纠倾中应用极少。因为软弱土地基注浆隆起变形不能持久，隆起后往往很快下沉，即使使用了新型的膨胀型速凝浆液也难以完全克服这个问题，这是软黏土地基的性质决定的。

利用地基土层隆起促成纠倾，在非软弱土地基纠倾实践中可能存在着上抬不同步、可控性差、影响周边环境等问题。因此，软弱土地基高层建筑桩基工程采用注浆抬升纠倾时，必须采取动态的整体控沉调节措施，以保证抬升可控。

需要通过多点同步注浆、一管多注等先进的注浆控制技术来实现同步抬升，注浆材料应为速凝浆液。但相比于桩侧或桩端卸载迫降法，"地基注浆抬升纠倾法"可控性相对较低，且造价高、工期长，故尚需通过不断研发与提高，有望逐步发展为可控可靠的高层建筑纠倾技术。近几年来国内已有专业公司研发注浆抬升高层建筑纠倾技术。纠倾技术机理如图 1.3.4 所示。

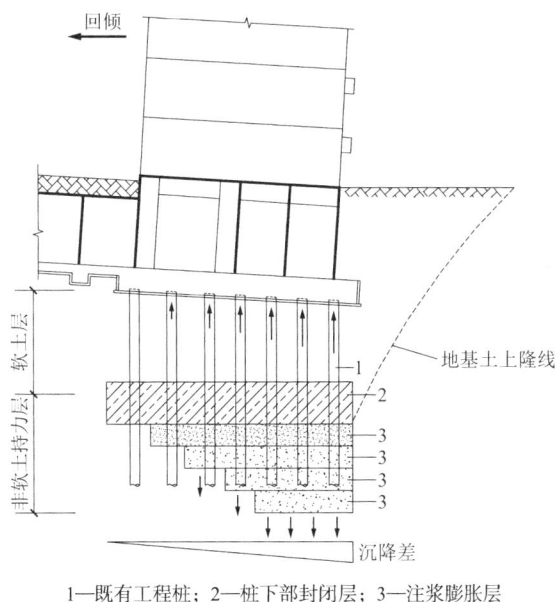

1—既有工程桩；2—桩下部封闭层；3—注浆膨胀层

图 1.3.4　地基注浆抬升法纠倾机理

4）纠倾微调法

纠倾微调法主要包括局部补桩持荷反压微调法和预留沉降量微调法两种。当高层建筑存在少量倾斜或倾斜微量超标时，纠倾微调法是较为合适的处理方法。

（1）局部补桩持荷反压微调法

局部补桩持荷反压微调法是补桩持荷提升法的局部应用，即补桩范围较小，桩也较少。适用范围主要有两类，一类适用于深厚软土复合地基，另一类适用于既有桩长超过30m、持力层性质较好的桩基础。对于少量倾斜或倾斜微量超标的深厚软土复合地基，持荷提升桩与另一侧的控沉桩共同作用，对沉降较小一侧地基进行反压促沉，实现纠倾微调与基础控沉加固。纠倾技术机理如图1.3.5所示。

对于少量倾斜或倾斜微量超标的深厚软土桩基，通过对补入桩持荷并微量提升承台基础，对补桩区域的既有群桩进行主动性卸载引起卸载桩竖向回弹，补桩持荷与既有桩回弹，同时促使另一侧桩压力增大产生微量沉降，从而实现纠倾微调与基础控沉加固。纠倾技术机理如图1.3.6所示。

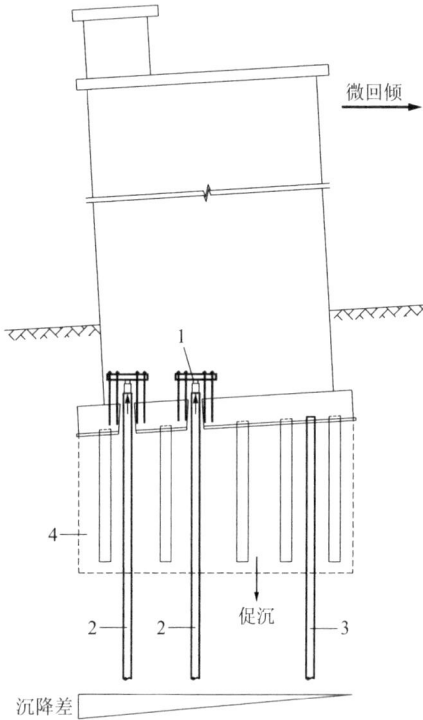

1—持荷装置；2—先补持荷提升桩；
3—后补限沉桩；4—既有复合地基

图1.3.5 复合地基局部补桩持荷反压
微调法纠倾机理

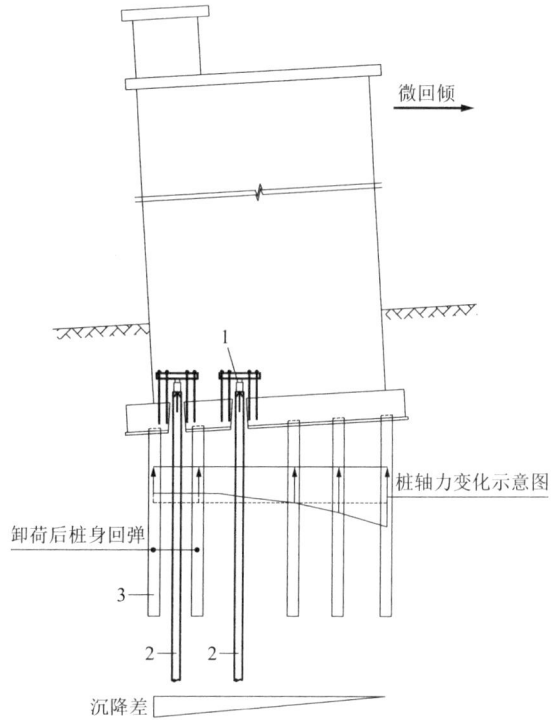

1—持荷装置；2—先补持荷提升桩；
3—既有工程桩

图1.3.6 桩基础局部补桩持荷反压
微调法纠倾机理

（2）预留沉降量微调法

预留沉降量微调法适用于需要整体补桩加固的复合地基或既有（摩擦型）桩基础，对沉降较大部位实施预加载封桩控制沉降，而对沉降相对小的部位进行补桩扰动地基促沉、卸载封桩，并且在桩顶与承台底之间预留一定压缩厚度以满足预估沉降之需。纠倾技术机理如图 1.3.7 所示。

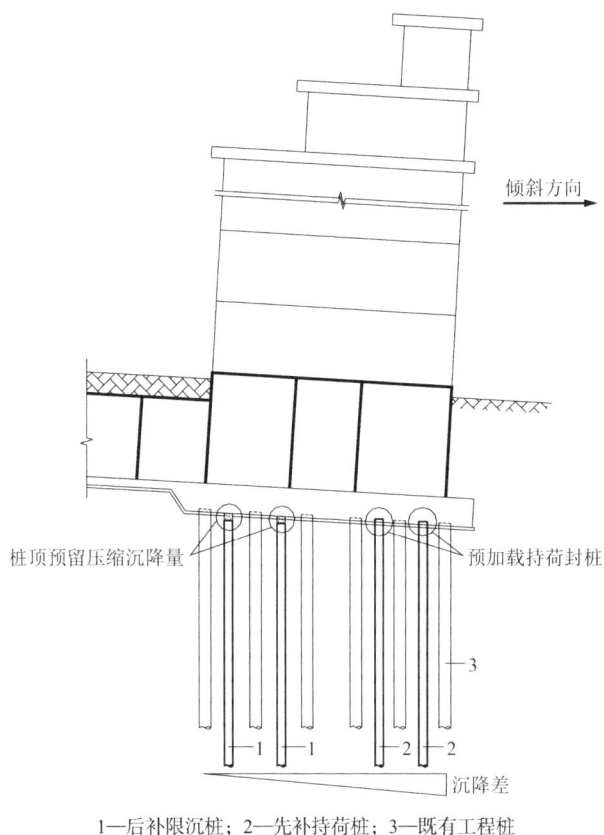

桩顶预留压缩沉降量　　　　　　　　　预加载持荷封桩

1—后补限沉桩；2—先补持荷桩；3—既有工程桩

图 1.3.7　预留沉降量微调法机理

1.4　纠倾量确定和计算

1.4.1　高层建筑倾斜变形类型

高层建筑倾斜变形是建筑地基、基础、结构与周边环境共同作用的结果，具体的倾斜变形取决于地基刚度与差异沉降变形、主体结构整体刚度、基础与结构的周边约束三个主要因素，其中地基刚度与差异沉降变形属于决定性因素，由此产生了几种不同类型的倾斜。

高层建筑的倾斜可分为整体倾斜与局部倾斜两类。整体倾斜包括刚性倾斜（单向或双向倾斜）、微弯曲倾斜和双向倾斜微扭转三种（图 1.4.1、图 1.4.2）。一般刚性倾斜是指主体结构封顶后发生倾斜。微弯曲倾斜是指在主体结构施工至刚性段以上时产生倾斜，随着差异沉降持续发展，各层竖向构件支模施工均保持垂直，最终形成弯曲段。刚性段各层楼面高差一致，弯曲段各层楼面高差均不等，楼层越高楼面高差越小，即图 1.4.1（b）中 $\beta > \alpha_i$。

局部倾斜包括分体倾斜、角部倾斜、中部倾斜三种（图 1.4.3）。不同的倾斜变形类型纠倾量确定方式不同。

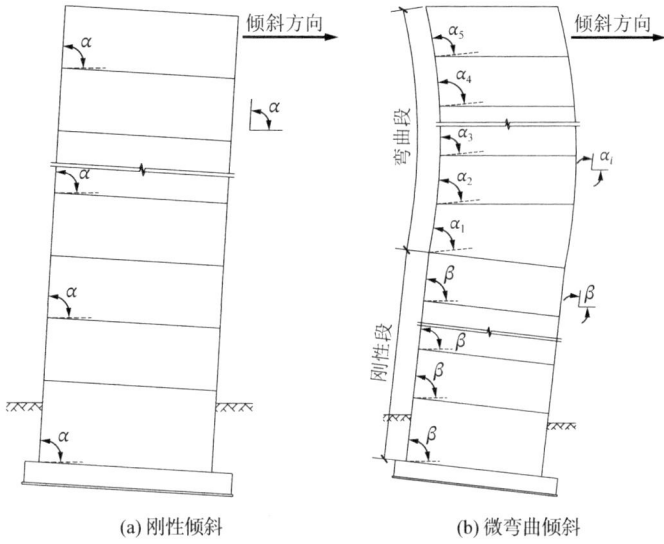

(a) 刚性倾斜　　　　　　　(b) 微弯曲倾斜

图 1.4.1　整体倾斜示意图

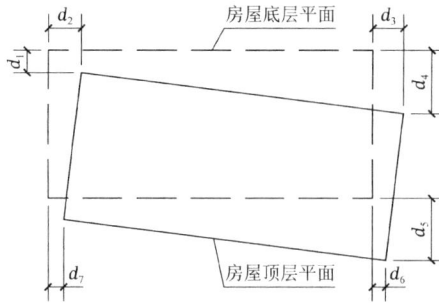

图 1.4.2　双向倾斜微扭转示意图

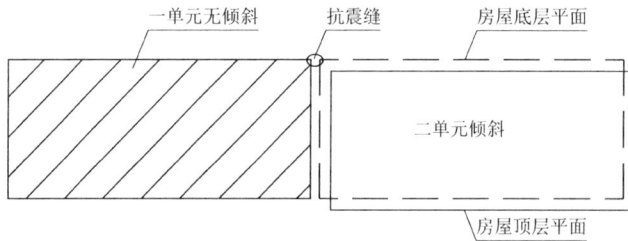

(a) 分体倾斜

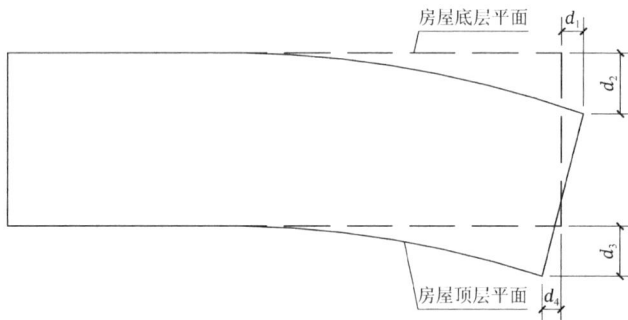

(b) 角部倾斜

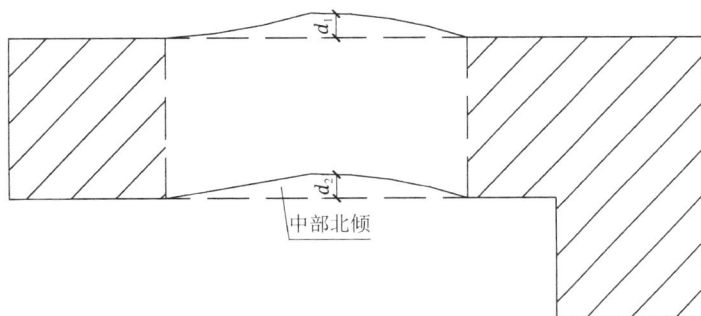

(c) 中部倾斜

图 1.4.3　局部倾斜示意图

1.4.2　高层建筑纠倾量的概念

纠倾量的狭义概念指消除建筑物主体结构倾斜所需的纠倾量，该倾斜量专指主体结构的倾斜量而非外墙装饰面的倾斜量。

纠倾量的广义概念指消除建筑物主体结构倾斜以及由于建筑物倾斜已造成的连带结构损伤所需的纠倾量。连带结构可能是与主体结构相连的裙房或地库，也可能是与主体结构相邻但不相连的其余建（构）筑物。

因此，广义的纠倾量包含了沉降补偿、倾斜减少两个"矢量"，选择纠倾方法与制定技术方案时，应取广义纠倾量。

1.4.3　高层建筑纠倾量计算

高层建筑纠倾工程应综合房屋倾斜率、各立面结构施工误差、楼面高差、电梯安装及运行等因素，合理确定纠倾目标。具体而言，对于主体结构施工过程中已经产生倾斜和倾斜继续发展的高层建筑，纠倾量应该考虑上下层的楼板水平度不一致的问题；对于使用中的既有高层建筑，纠倾量应兼顾楼地面、墙面装修、电梯运行的正常使用要求。

高层建筑纠倾应根据建筑物的实际倾斜状况计算两个主轴方向的迫降量或顶升量。对于呈微量扭转状的建筑，可通过调整基础局部抬升或差异迫降来调整。在某一主轴方向上所需的迫降量或顶升量可按下列公式计算（图 1.4.4）：

$$S_V = \frac{S_{H1} - S_H}{H_g} b \tag{1.4.1}$$

$$S'_V = S_V \pm a \tag{1.4.2}$$

式中：S_V——高层建筑的设计顶升量或迫降量（mm）；

S'_V——纠倾施工在纠倾方向需要调整的顶（提）升量或迫降量（mm）；

S_{H1}——高层建筑顶部水平位移值（mm）；

S_H——高层建筑纠倾后顶部水平位移设计控制值（mm）；

H_g——自室外地坪算起的建筑物高度（mm）；

b——建筑物宽度（mm）；

a——预留沉降值（mm）。

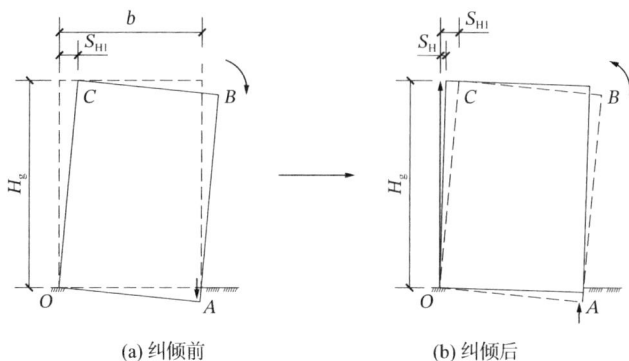

(a) 纠倾前　　　　　　　　　(b) 纠倾后

图 1.4.4　顶升法纠倾示意图

1.4.4　高层建筑纠倾控制标准

《软弱土地基高层建筑纠倾技术规程》T/ZCEAS 1001—2023 对纠倾后的各主轴方向立面主控角的倾斜率作出了具体规定，见表 1.4.1。对倾斜有特殊要求的高层建筑，纠倾后的倾斜率应符合相应规定。

高层建筑纠倾后的允许倾斜率　　　　　　　　　　表 1.4.1

建筑类型	建筑高度（m）	纠倾后的允许倾斜率
高层建筑	$24 < H_g \leqslant 60$	0.0030
	$60 < H_g \leqslant 100$	0.0025
	$100 < H_g \leqslant 150$	0.0020
	$150 < H_g \leqslant 200$	0.0015
高耸构筑物	$24 < H_g \leqslant 50$	0.0060
	$50 < H_g \leqslant 100$	0.0050
	$100 < H_g \leqslant 150$	0.0040
	$150 < H_g \leqslant 200$	0.0030
	$200 < H_g \leqslant 250$	0.0020

注：H_g 为自室外地坪算起的建筑物高度。

1.5　高层建筑纠倾工况下地基基础和结构分析

高层建筑倾斜一般是地基基础承载力不足所引发的不均匀沉降导致的。高层建筑纠倾必须结合建筑物自身特点以及场地水文地质条件，选择合理的方法。

纠倾施工前，必须进行基础的控沉加固设计、托换系统结构设计、顶升（迫降）及控制系统（千斤顶分组）设计、上部结构变形控制精度分析（阶段状态分析）、抗倾覆及限位设计。

1.5.1　基础的控沉加固工况分析

对于地基基础承载力不满足要求或沉降未稳定的高层建筑，纠倾前应先进行控沉加固设计并采取相应措施，待沉降趋于稳定后方可实施纠倾作业。高层建筑控沉加固宜采用补桩法，桩型可采用锚杆静压桩、钻孔灌注桩、人工挖孔桩、锚杆静压水泥土组合桩等。控沉加固设计应包括新增桩的设计和基础承台（筏板）的加固设计，并分别按补桩施工工况和补桩完成后使用工况进行分析，并对高层建筑既有基础的承载力和变形予以复核，不满足时应在控沉加固施工前采取相应的加固措施。

1.5.2　托换系统结构设计

高层建筑纠倾的方法很多，当采用截桩迫降法纠倾和竖向构件分离顶升法纠倾时，都需要对相关构件进行截断与托换。

用于竖向构件截断分离的托换顶升系统（图 1.5.1），应具有足够的承载力、刚度和稳定性，应与原结构构件之间可靠连接，并应满足现场施工的可行性和便利性要求。托换系统可采用混凝土抱桩梁或托换钢牛腿；当既有桩基采用预制桩时，托换系统宜采用托换钢牛腿。

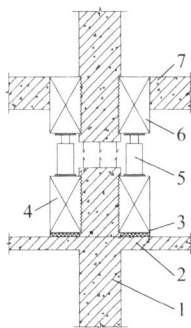

1—既有建筑结构柱（桩）；2—既有结构楼板或结构梁；3—柔性隔离层；4—下抱柱（桩）梁或托换牛腿；
5—千斤顶；6—上抱柱（桩）梁或托换牛腿；7—连系梁

图 1.5.1　托换顶升系统示意图

1.5.3　顶升及控制系统（千斤顶分组）设计

为了提升高层建筑纠倾过程的安全性，纠倾工程应进行全过程同步控制。为实现同步顶升控制，需要对千斤顶进行分组。一般来说，千斤顶的分组越多，各顶升点的顶升协调性越好，顶升作业对上部结构的影响也越小，但受顶升设备和调压控制泵站数量的影响，千斤顶的分组数量往往会受到一定的限制。

按比例调坡顶升纠倾时，同一组内每个千斤顶的油压始终相同，当千斤顶型号相同时，同一组每台千斤顶的顶升力相同，而每台千斤顶的顶升量可按系统预先设定的比例进行分配。按照平面轴线每个竖向构件顶升位移和顶升力基本相等的原则划分控制点。

每一步顶升纠倾作业时，由于同一组千斤顶的顶升力是相同的，这与竖向构件刚开始被截断分离时的千斤顶反力是有差异的。因此，应根据千斤顶分组情况对截断分离面以上的高层结构的内力、变形和构件承载力重新进行复核，结构计算模型应使同一组千斤顶的计算反力相同。当复核结果存在问题或出现较多构件不满足承载力要求时，应对千斤顶的分组进行优化和调整。

此外，施工过程尚应进行全过程监测，并应根据监测结果及时调整纠倾设计和施工方案，实行动态设计和信息化施工。

1.5.4 竖向构件托换过程引起的结构内力变化分析

高层建筑采用竖向构件截断分离法顶升纠倾时，竖向构件截断后，底部约束由固接调整为半自由，会导致整体结构内力重新分布。在顶升纠倾过程中，由于结构截断面倾角发生变化，也将在截断面及上部整体结构中产生附加内力，附加内力的大小主要取决于纠倾转角及结构整体刚度。前述内力变化可能会对结构的整体稳定性和安全性产生不利影响，因此需要在设计和施工过程中进行充分考虑和控制。

1.5.5 上部结构变形控制精度分析

地基不均匀沉降会使上部结构产生附加内力，构件的内力变化将导致结构产生不同程度的损伤，甚至引起构件开裂和破坏。地基基础沉降对上部建筑物的影响已引起部分学者的关注，贾强[10]研究了框架结构在边柱沉降和中柱沉降两种工况下构件的开裂和破坏规律；马杰[11]采用有限元方法分析了局部沉降对框架结构的空间作用影响。高层建筑体量大，纠倾托换及顶升过程涉及大量千斤顶的同步控制问题，建筑物顶升过程不可避免地会产生位移差异。为了减少纠倾过程对上部结构的损伤，必须根据上部建筑物的结构布置、实际配筋情况进行上部结构变形控制精度分析，确定纠倾过程的上部结构变形差异控制条件。

1.5.6 抗倾覆及限位设计

高层建筑纠倾过程中，除了桩端或者桩侧卸载迫降法之外，竖向构件往往处于截断状态，或者部分工程桩处于截断状态，此时结构整体稳定性差。受风荷载或者振动影响，容易引发安全事故；此外，顶升作业过程也会产生偏差。因此，必须进行抗倾覆及限位设计，采取保证上部建筑结构整体稳定的水平限位和防倾覆措施，确保施工过程的安全以及纠倾完成后竖向构件连接的精度与可靠性。限位装置可采用限位墩、限位套架、滑道式限位装置以及预应力拉索（图 1.5.2）；防倾覆装置见图 1.5.3。

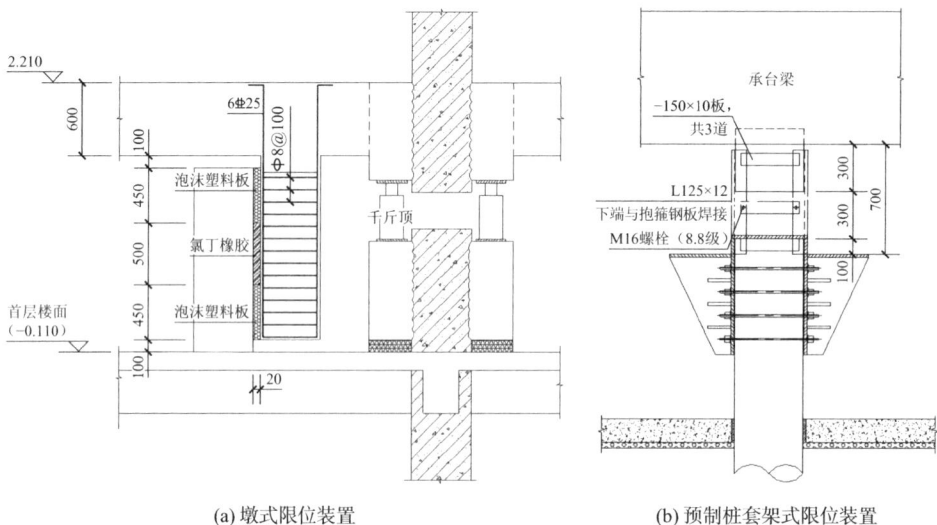

(a) 墩式限位装置　　(b) 预制桩套架式限位装置

图 1.5.2　限位装置

纠倾施工工况验算时上部高层建筑结构所受的水平风荷载宜按 50 年一遇的基本风压计算。

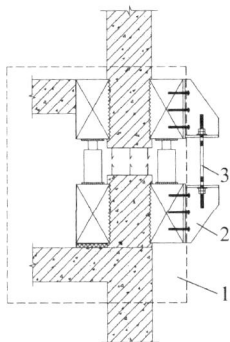

1—托换顶升系统；2—钢结构牛腿；3—活动拉杆

图 1.5.3　活动拉杆防倾覆装置示意图

1.6　纠倾监测

高层建筑纠倾工程监测数据能正确地反映大楼状态信息的变化状况，协助工程师掌握沉降、倾斜变形及结构应力变化的一般规律，及时发现地基基础、上部结构存在的安全隐患，做到信息化动态设计、动态施工，对指导纠倾设计、施工和保证结构安全具有重要意义。当监测数据出现异常时，应及时分析原因和采取措施，防止纠倾事故发生。

高层建筑监测主要包括建筑工程本身系统化监测及可能存在对周边环境影响的相关监测，同一项目宜采用人工监测、自动化实时监测两套系统相结合的方法进行监测，一般情况下以人工监测为主。

1.6.1　监测目的及内容

1. 监测目的及原则

高层建筑纠倾工程监测是了解建筑地基基础、结构变形的重要依据，可为高层建筑纠倾工程提供数据支持，是确保纠倾工程安全的重要手段。

（1）信息化施工的依据。提供连续的监测信息，方便各方了解纠倾工程施工信息、及时掌握建筑所处状态，以达到信息化施工的目的。

（2）建筑安全预警。对可能危及高层建筑纠倾工程安全的隐患进行及时预报，确保建筑结构和周边环境的安全。

（3）为优化设计提供依据。高层建筑纠倾工程监测是验证纠倾工程设计的重要方法，设计计算中未考虑或考虑不周的各种复杂因素，可以通过对现场监测结果的分析、研究，进行局部的修改、补充和完善，因此高层建筑纠倾工程监测可以为动态设计和优化设计提供重要依据。

（4）发展高层建筑纠倾工程设计理论的重要手段。通过监测数据与设计预估值的比较和分析，检验工程设计所采取的各种假设和参数的正确性，做到高层建筑纠倾工程的优化设计，为今后的高层建筑纠倾工程设计提供基础数据。

高层建筑纠倾工程监测应符合下列要求：

（1）监测系统完整。

（2）监测仪器、元器件选用应稳定、可靠。

（3）需设置专人负责监测。

（4）及时收集、分析监测数据，并及时预警、及时反馈、及时处理。

2. 监测内容

高层建筑纠倾工程监测主要内容包括：①建筑物倾斜、沉降；②基础和上部结构的裂缝、位移；③桩、基础承台、结构构件的应力和应变；④地下水位、地面沉降；⑤周边建（构）筑物、地下管线等周边环境变形；⑥其他按规定需要监测的项目。按高层建筑常用纠倾方法划分主要监测内容见表1.6.1。

高层建筑常用纠倾方法及主要监测内容　　　　　表 1.6.1

常用纠倾方法	监测内容
截桩迫降法纠倾	建筑沉降、倾斜；结构裂缝、水平位移；结构构件应力应变；桩顶轴力、桩身沉降、桩身反弹；结构自振频率、风力风速；地下管线、地下水位；场地变形、邻边建（构）筑物沉降
竖向构件分离顶升法纠倾	建筑沉降、倾斜；顶升量、顶升力；结构裂缝、位移；结构构件应力应变、结构自振频率、风力风速
补桩持荷提升法纠倾	建筑沉降、倾斜；提升量、提升力；结构裂缝、位移；结构构件应力应变、结构自振频率、风力风速；地下管线、场地变形、地下水位；邻边建（构）筑物沉降；持荷桩顶轴力、桩身沉降、桩身反弹
桩侧或桩端卸载迫降法	建筑沉降、倾斜；结构裂缝、位移、结构构件应力应变、基底压力；结构自振频率、风力风速；地下管线、场地变形、地下水位、邻边建（构）筑物沉降
综合法纠倾	两种或两种以上纠倾方法组合监测

1.6.2　高层建筑纠倾工程监测方案设计

1. 监测方案设计的重要性

高层建筑纠倾监测方案设计是纠倾工程监测工作中非常重要的一项内容，方案设计的好坏直接影响到纠倾工程实施的安全性、可靠性，影响监测成果数据的精度和可靠性以及监测实施的成本和效果。纠倾工程监测方案应有明确的针对性，应能反映高层建筑的特点。制定方案前，应充分了解、掌握纠倾工程设计方案、工程特点、地勘资料、场地条件等各项基本资料，并结合工程现状、特点合理制定监测方案，包括监测项目、监测方法的选择和确定，监测点位布置，监测精度要求，监测频率、周期的确定，监测结果处理要求和反馈机制，监测报警及应对措施。

2. 监测方案设计原则

（1）结合建（构）筑物的特点，以安全监测为目的进行方案设计。

（2）根据工程现状及特点，确定监测项目、监测点位布置、监测频率、周期等内容。

（3）科学、合理制定监测方法，设计人工监测及自动化实时监测两套系统，相互佐证监测，各套系统应既能独立反映监测成果，又能相互对照检查，以确保监测数据准确、有效。

（4）合理选用可靠性高、有针对性的监测仪器、设备。

（5）监测方案的制定应满足国家现行相关规范、标准的规定。

3. 变形监测方法的选择

变形监测方法的选择应根据监测项目的特点、精度要求、变形速率以及监测体的安全性等指标按表 1.6.2 选用，也可同时采用多种方法联合监测。

变形监测方法的选择 表 1.6.2

类别	监测方法
水平位移监测	三角形网、极坐标法、交会法、自由设站法、卫星定位测量、地面三维激光扫描法、地基雷达干涉测量法、正倒垂线法、视准线法、引张线法、激光准直法、精密测（量）距、伸缩仪法、多点位移计等
垂直位移监测	水准测量、液体静力水准测量、电磁波测距三角高程测量、地基雷达干涉测量方法等
三维位移监测	全站仪自动跟踪测量法、卫星定位实时动态测量法、摄影测量法等
主体倾斜	经纬仪投点法、差异沉降法、激光准直法、垂线法、倾斜仪、电垂直梁等
挠度观测	垂线法、差异沉降法、位移计、挠度计等
监测体裂缝	精密测（量）距、伸缩仪、测缝计、位移计、光纤光栅传感器、摄影测量等
应力、应变监测	应力计、应变计

1.6.3 人工监测

1. 沉降监测

1）沉降监测布设

沉降监测布设主要包括：垂直位移监测基准网或基准点的布设、沉降监测点的布设。

（1）垂直位移监测基准网的布设

垂直位移监测基准网应布设成环形网，并应采用水准测量方法观测。基准点应设置在高层建筑物纠倾施工所产生的沉降影响范围以外，且坚实稳固、易于长期保存和便于监测的地方，基准点埋设应符合下列规定：

①应将标石埋设在变形区以外稳定的原状土层内，或将标志镶嵌在裸露基岩上。

②应利用稳固的建筑物设立墙水准点。

③当受条件限制时，在变形区内也可埋设深层观测标或打深桩作永久性基准点。

④垂直位移监测基准网布设标准不低于测量规范中二等水准的规定。

（2）沉降监测点的布设

沉降监测点的布设位置和数量，应以能准确反映建筑物沉降情况为目的，并结合建筑物场地条件、周边环境、建筑物的倾斜情况、结构特点和纠倾要求等情况而定，一般既有建筑较新建建筑密。

沉降监测点应布置在建筑物基础或地面层及沉降变化较显著，且在纠倾施工和完工后均能顺利进行监测的地方。

在建筑物四周角点、中点及内部承重墙（柱）上均需设置监测点，并应沿房屋周长每间隔 3～5m 设置一个监测点。

当基础形式不同时，需在结构变化位置设置监测点。当地基不均匀、可压缩性土层的厚度变化不一时，需设置监测点。

沉降监测宜采用水准测量方法，水准观测的主要技术要求应符合现行行业标准《建筑变形测量规范》JGJ 8[12]的有关规定。

2）沉降监测频率

沉降监测频率应根据建筑物的特征、变形速率、监测精度、工程地质条件和纠倾目标等因素综合考虑，并根据沉降量的变化情况适当调整。高层建筑在突然发生较大裂缝或大量沉降等特殊情况下，应增加监测次数。当最后 100d 的建筑物最大沉降速率小于 0.01mm/d 时，可认为已达到稳定标准，对具体沉降观测项目，最大沉降速率的取值宜结合当地地基土的压缩性能来确定。要根据纠倾工程具体情况调节监测频率，如地面荷重突然增大、长时间连续降雨等一些对高层建筑有重大影响的情况；也可以根据监测时得出的变形速率，确定下一步监测频率。

3）沉降监测数据采集

高层建筑的沉降监测通常使用精密水准仪（图 1.6.1）配合铟钢尺施测，监测之前做好监测仪器、设备的校验。施测过程中，严格按国家二等水准测量标准施测，将各监测点布设成闭合环或附合水准路线，联测到水准基点上。根据监测方案做好周期监测，记录、分析各期完整的沉降监测数据，同时记录荷载重量变化和气象情况，减少监测误差，使所测的结果具有统一的趋向性，确保各次监测结果具有可比性。

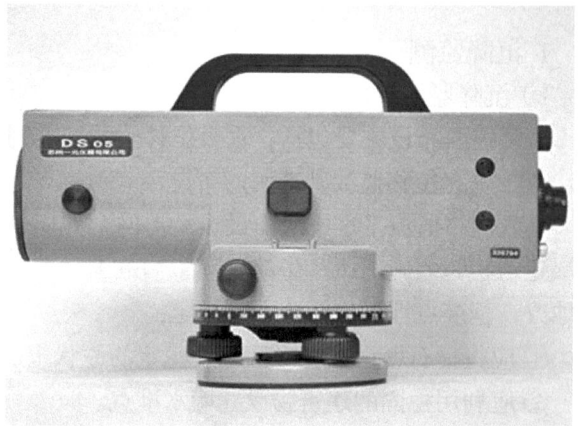

图 1.6.1　沉降监测及精密水准仪

数字水准仪观测的主要技术要求应符合表 1.6.3 的规定。

数字水准仪观测的主要技术要求　　表 1.6.3

等级	水准仪级别	水准尺类别	视线长度（m）	前后视的距离较差（m）	前后视的距离较差累积（m）	视线离地面最低高度（m）	测站两次观测的高差较差（mm）	数字水准仪重复测量次数
二等	DSZ1	条码式铟钢尺	50	1.5	3.0	0.55	0.7	2

4）沉降监测成果整理

每次监测结束后，检查记录的数据和计算是否正确、精度是否合格，如误差超限，则需重新监测。

根据监测结果，绘制各监测点的时间与沉降量关系曲线，作为评定各点沉降变形的依据，并根据各点沉降变形的结果综合评定整个建筑物的沉降情况。

2. 倾斜监测

高层建筑的倾斜监测通常采用经纬仪投影（图 1.6.2）或测量水平角的方法来测定倾斜，也可用激光铅直仪来测定高层建筑顶部相对底部的偏移值除以建筑物的高度得到建筑物的倾斜率。

图 1.6.2　倾斜监测及电子经纬仪

（1）倾斜监测布置

高层建筑倾斜监测布设主要包括测站点的布设、倾斜监测点的布设。倾斜监测应包括房屋外墙面倾斜和楼面倾斜监测。

外墙面倾斜监测应测定高层建筑外墙顶部监测点相对于底部监测点或上部相对于下部监测点的水平位移值和倾斜方向，并据此计算高层建筑的倾斜率。

楼面倾斜监测应监测楼面倾斜方向两端点的板面或板底高差，楼面倾斜率应取两端点高差与其水平距离的比值。

倾斜监测点宜布置在建筑物的角点和倾斜量较大的部位。当建筑物整体倾斜时，倾斜监测点应沿着对应测站点的建筑主体竖直线，在建筑顶部和底部上下对应布设，并应埋设明显标志。

（2）倾斜监测频率

倾斜监测频率应根据建筑物的工程地质条件、倾斜情况、纠倾速率和建筑特征等因素综合考虑，并根据沉降量的变化情况适当调整。根据纠倾工程具体情况调节监测频率，也可根据监测时得出的变形速率，确定下一步的监测频率。

（3）倾斜监测成果整理

每次监测结束后，应检查记录的数据和计算是否正确，精度是否合格，若误差超限，则需重新监测。

根据各监测点本次所测倾斜值与上次所测倾斜值，来计算各监测点本次回倾量、累积回倾量、回倾速率和倾斜率，做好监测成果记录表。

3. 水平位移监测

特定方向上的水平位移可采用视准线法、小角度法、投点法等；任意方向的水平位移可视监测点的分布情况采用前方交会法、自由设站法、极坐标法等；当基准点距基坑较远时，可采用 GPS 测量法或三角、三边、边角测量与基准线法相结合的综合测量方法。

水平位移监测基准点应设置在高层建筑物纠倾施工所产生的沉降影响范围以外，且坚实稳固、易于长期保存和便于监测的地方，基准点的埋设应按有关测量规范、规程执行。宜设置有强制对中的观测墩；采用精密的光学对中装置，对中误差不宜大于 0.5mm。

4. 应力、应变监测

应力、应变监测主要包括关键结构构件关键部位的混凝土应力、钢筋应力、钢结构应力和纠倾措施中关键构件的应力监测。

根据建筑物的结构形式、结构特点、应力分布状况及纠倾施工状况，合理布置应力、应变监测点，并与沉降监测、倾斜监测等结合布置，使监测成果能反映关键部位关键结构构件的应力分布、大小和方向，并与模型计算结果或试验成果进行对比，以确保纠倾过程建筑物安全、可靠。

应力、应变监测通常采用电阻应变片、振弦式应变计、压电元件、光纤光栅传感器等（图 1.6.3）。

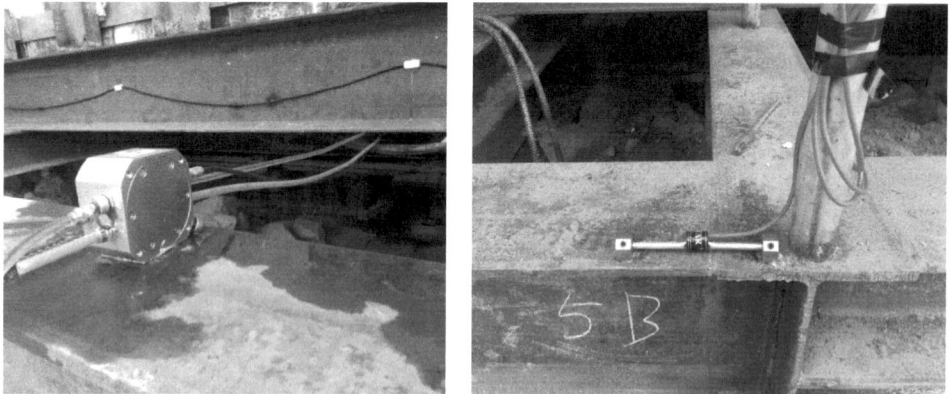

图 1.6.3 应力、应变监测

5. 轴力监测

轴力监测可采用轴力计，对于桩的轴力监测，轴力计通常安装在桩端部（图 1.6.4），以测量其直接受力，高层建筑纠倾工程每根桩均需进行轴力监测。轴力计的量程宜为监测构件极限承载力的 1.5 倍，量测精度不宜低于 0.5%F.S，分辨率不宜低于 0.2%F.S。

图 1.6.4 桩顶轴力监测及轴力计

6. 地下水位监测

地下水位监测是为了预报地下水位的变化量及变化速率，防止由于地下水位不正常下降而引起纠倾建筑较大的沉降。

根据建筑物平面和周边环境情况，把监测点布置在建筑物和地下管线附近，水位管埋设深度和透水头部位依据地质资料和工程需要确定。水位管可采用 PVC 管，埋设完成后，应进行 24h 降水试验，检验成孔的质量。

水位测试采用电测水位仪，仪器由探头、电缆和接收仪组成，仪器的探头沿水位管下放，当碰到水时，上部的接收仪会发出蜂鸣声，通过信号线的尺寸刻度，可直接测得地下水位距管口的距离。

7. 土压力监测

通常通过在量测位置上埋设压力传感器进行土压力监测。常用的土压力传感器有钢弦式和电阻式等。由于土压力传感器的结构形式和埋设部位不同，埋设方法很多，例如挂布法、顶入法、弹入法、钻孔法等。土压力传感器受力面应与所需监测的压力方向垂直并紧贴被监测对象；埋设过程中应有土压力膜保护措施；同时，应做好埋设记录。

土压力计的量程应满足被测压力的要求，其上限可取设计压力的两倍，精度不宜低于 0.5%F.S，分辨率不宜低于 0.2%F.S。

选用构造合理的土压力盒。受压板直径 D 与板中心变形 δ 之比要大，以减小压力集中的影响。根据研究：D/δ 的下限，对土中土压力盒为 2000，对接触式土压力盒为 1000。测量土中土压力，应采用直径与厚度之比较大的双膜土压力盒；测量接触面压力，可采用直径与厚度之比较小的单膜土压力盒。

8. 深层水平位移监测

桩或周围土体深层水平位移的监测，通常采用测斜手段进行观测。

测斜的工作原理是利用重力摆锤始终保持铅直方向的性质，测得仪器中轴线与摆锤垂直线的倾角，倾角的变化导致电信号变化，经转化输出并在仪器上显示，从而可以知道被测体的位移变化值。实际量测时，将测头插入测斜管内，并沿管内导槽缓慢下滑，按设定的间距逐段测定各位置处管道与铅直线的相对倾角，假设桩墙（土体）与测斜管挠曲协调，就能得到被测体的深层水平位移，只要量测点间距足够小（通常为 0.5m），就能很好地反映被测体的水平位移。

测斜管的性能及安装埋设质量是影响测斜精度的主要因素。测斜管必须顺直，有一定刚度，能承受较高的周围压力，同时也应有一定的柔性，能适应地基变形。

测斜管埋设方式主要有钻孔埋设、绑扎埋设两种。一般测桩挠曲时采用绑扎埋设和预制埋设，测土体深层位移时采用钻孔埋设。

对于预钻孔埋管，成孔后应尽快埋入，向钻孔内逐节加长直至设计深度，同时向测斜管中注水，一是减少管内外压差避免泥浆进入；二是增大重量易于沉管；三是减少弯曲扭转。安装时尽可能使一组导槽垂直于可能变形方向。然后，在测斜管和钻孔孔隙内回填砂，使导管和周围土体耦合良好，使量测的变形能够真正反映土体变形。

测斜管应在正式测读前一周安装完毕，并在此期间重复测量 3 次以上，判明测斜管处于稳定状态后方可开始正式测量工作。测斜管接口应处理得当并密封严实，以免泥砂进入，粘附导槽影响精度，严重者导致堵塞，测头无法通过，使观测中断。因此应注重密封工作，提高测斜管的埋设成功率。

9. 风力、风速监测

可采用风速仪或风速传感器进行风力、风速监测。

LED 屏显示风速，风速的测量范围为 0～30m/s，检测仪可设定和显示风速的上限值和下限值，风速检测仪可控制输出设备或连接风屏器，进行输出报警。

（1）风向部分由保护风杯的护圈所支撑。由风向标、风向轴及风向度盘等组成，装在风向度盘上的磁棒与风向度盘组成磁罗盘用来确定风向定位。当旋转处于风向度盘外壳下的托盘螺母时，托盘把风向度盘托起或放下，使锥形轴承与轴尖离开或接触。风向指示值由风向指针在风向度盘的稳定位置来确定。

（2）风速传感器采用传统三杯旋转架结构。它将风速线性地转换成旋转架的转速。为了减小启动风速，采用塑料制轻质风杯，锥形轴承支撑，在旋转架的轴上固定有一个齿状的叶片，当旋转架随风旋转时，带动叶片旋转，齿状叶片在光电开关的光路中不断切割光束，从而将风速线性地转换成光电开关的输出脉冲频率。

仪器内的单片机对风传感器的输出频率进行采样、计算。最后仪器输出瞬时风速、一分钟平均风速、瞬时风级、一分钟平均风级、平均风级对应的浪高。

10. 结构自振频率检测

高层建筑结构自振频率检测可用加速度传感器检测或脉动法测量。

脉动法利用风力及建筑物周围大地环境的微小振动作为激励而引起结构的脉动反应，来测定结构的自振特性，它无需起振设备，又不受结构形式和大小的限制，易于实现。

可使用双通道动态信号分析仪、高精度加速度传感器对高层建筑的自振频率进行脉动法测量。检测点布置在建筑物平面重心附近，分层布置。

11. 裂缝监测

建筑纠倾前应全面排查建筑结构裂缝分布情况，并进行裂缝监测，可安装千分表、裂缝仪（图 1.6.5）等进行裂缝监测。纠倾过程中可能会产生新的裂缝，需及时排查，且要时刻注意是否需要增加裂缝监测点或监测次数。

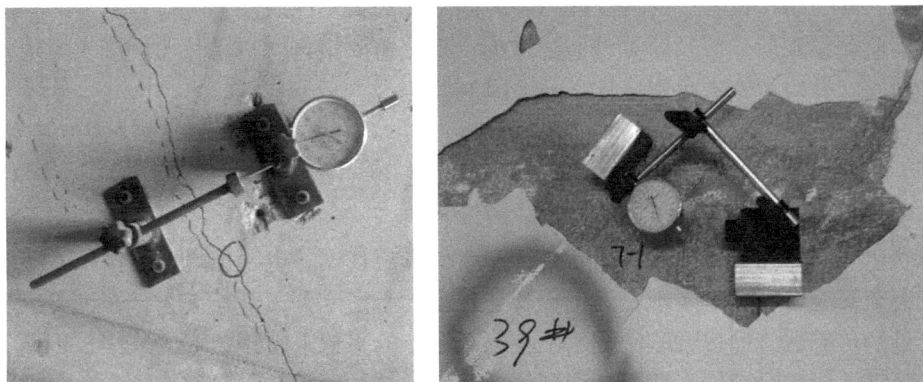

图 1.6.5　裂缝监测

裂缝监测点，根据裂缝的走向和长度分别布设，并进行统一编号。每条裂缝应至少布设两组监测点，一组应在裂缝的最宽处，另一组在裂缝的末端。每组均在裂缝两侧设置两个对应的标志。

建筑物裂缝监测需测定各裂缝的位置、分布、走向、长度、宽度、深度及随时间的变化等内容，并做好记录、分析。

可采用裂缝宽度对比卡、塞尺、裂缝观测仪等设备进行裂缝宽度监测，可采用钢尺进行裂缝长度量测，可采用贴石膏的方法进行裂缝发展变化监测。

裂缝监测频率根据裂缝数量、部位、变化速度情况而定，若新裂缝发生或裂缝发展应增加监测频率。

纠倾施工期间，当发现原有裂缝发生变化或出现新裂缝时，应停止纠倾施工，及时分析裂缝产生原因，评估裂缝对结构安全性的影响程度。

12. 监测频率

同一项目宜采用人工监测、自动化实时监测相结合的方法进行监测，并应对监测数据进行对比分析，有条件的还可以辅以视频监测。

人工监测项目的监测频率和监测期限应根据高层建筑结构和基础形式、纠倾方法、施工进度、周边环境条件等因素综合确定，并应符合下列规定：

（1）控沉加固施工期间：沉降监测每天不少于 1 次，倾斜监测 3～5d/次，裂缝监测 1～3d/次。

（2）纠倾施工期间：沉降监测每天不少于 3 次，倾斜监测每天不少于 1 次，裂缝、应力应变监测每天不少于 2 次；截桩迫降纠倾施工时对保留桩的应力、应变监测每天不少于 2 次；桩基卸载迫降纠倾施工时对筏板承台的挠曲变形与应力、应变监测每天不少于 1 次；补桩持荷提升纠倾施工时对承台应力、应变，提升桩的沉降监测每天不少于 1 次。

（3）纠倾工程竣工后一年内，应持续做好沉降和倾斜监测，前 6 个月每月不少于 1 次，后 6 个月每 2 个月不少于 1 次，以后每年观测 2～4 次，直至沉降稳定。

高层建筑纠倾工程监测应由专人负责，监测仪器设备应能满足观测精度和量程的要求，且应检定合格。

监测报告内容应包括高程基准点布置图、监测点分布图和监测成果表；沉降量、沉降速率、倾斜率、水平位移、应变、内力随时间变化的关系曲线图等。

人工监测结束后，应及时处理监测数据，提交监测报告。自动化监测应实时传输相关数据和图表，并应由专人负责定期下载、编制监测报告。

1.6.4 自动化实时监测

1. 监测系统

自动化实时监测技术涉及多个学科，需要计算机技术、电子信息、通信技术等学科与土木工程交叉融合，也是实现土木工程智能技术的必由之路，其安装整合多种可反映结构变化参量的传感器，通过物联网技术，在一个统一的平台上实现数据的采集、传输、存储和分析预警。可实时感知、监测、识别外部环境、结构所受荷载作用、结构实时响应，能够用于评定结构性能、结构状态和现实安全水平，是一种保障工程结构全寿命服役期间安全可靠工作的有效方法和技术。其数据反馈速度可达秒级，一般高层建筑纠倾监测数据反馈间隔时间设置为 5~10min/次。监测系统的基本组成如图 1.6.6 所示。

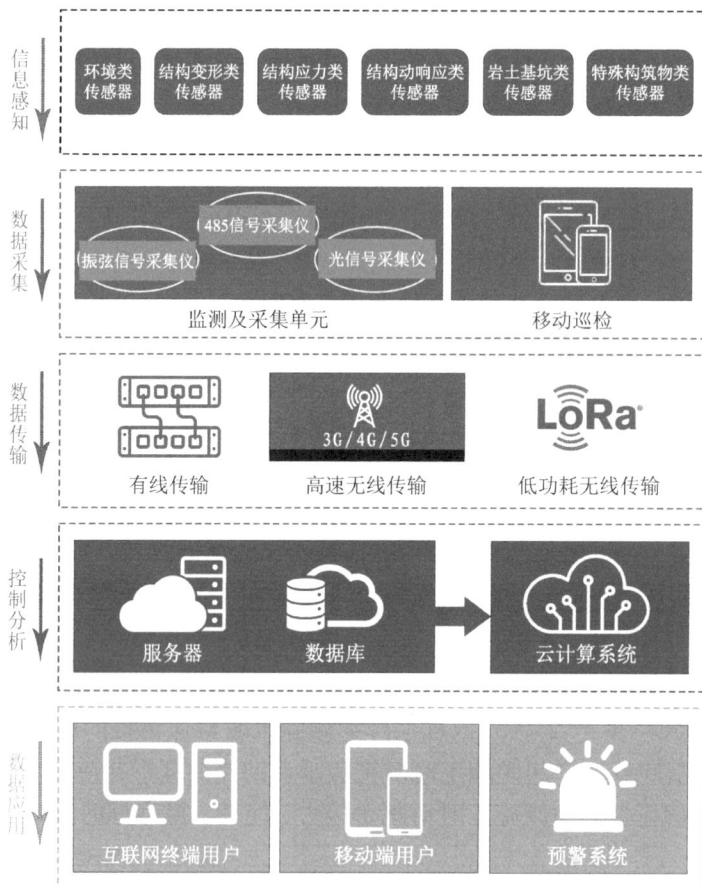

图 1.6.6　工程结构实时监测系统基本组成

各部分主要功能如下：

（1）信息感知（即传感器）系统：根据施工监测内容由不同原理的传感器等感知设备组成，用于获取施工环境及结构的物理、力学等变化特征，其作用是将被测物理、力学等变化转换为可远程传输的物理量。

（2）数据采集系统：对传感器输出的不同物理信号（如电压、电阻、光信号、机械量、视频、照片等）进行转换，将其统一转换为可远程传输的数字信号。

（3）数据传输系统：由有线网络，4G、5G移动网络，低功耗物联网等组成，根据现场技术条件、不同监测目的选择一种或多种混合通信实现数据的可靠传输。

（4）控制分析系统：布置在云端，由云服务器、云数据库和云计算组成，主要工作内容是进行传感器配置、数据解析、数据存储、数据诊断、数据分析等。

（5）数据应用：主要用于客户远程访问，在线数据分析及预警等。

工程上实现运营的监测系统通常由系统硬件、系统软件及配套工程组成，具体构成如图 1.6.7 所示。

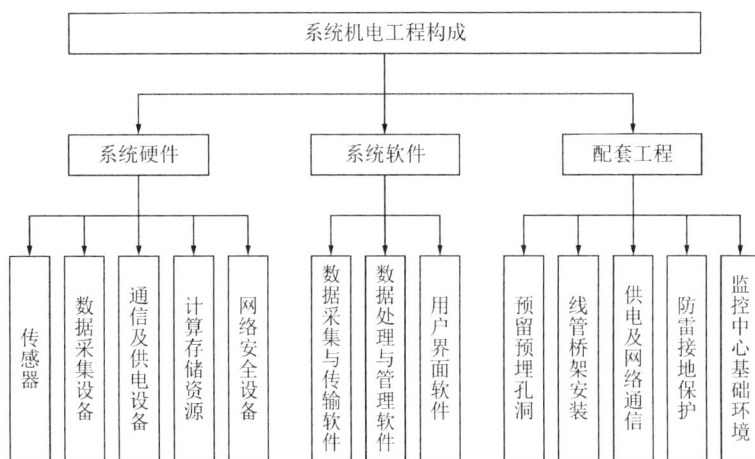

图 1.6.7　监测系统构成

2. 常用传感器

传感技术是监测系统最重要的环节之一。随着传感技术的发展，基于视觉识别、激光传感、超声传感、光纤光栅传感以及 MEMS（Micro-Electro-Mechanical System）传感的应用越来越广泛。工程结构常见监测指标/参数，常用监测传感器设备见表 1.6.4。

监测项目及传感器　　　　　　　　　　　　　　　　　表 1.6.4

序号	监测指标/参数	主要传感器
1	风速、风向	风速仪
2	风压	风压传感器
3	温度、湿度	温、湿度传感器
4	降雨量	雨量计
5	积雪厚度	雪深传感器
6	裂缝宽度	裂缝计
7	整体或局部倾斜变形	倾角计
8	地基基础不均匀沉降	静力水准仪

序号	监测指标/参数	主要传感器
9	位移变形	全球卫星定位系统，机器视觉系统
10	构件截面应变	应变计
11	地震动，结构地震响应、振动响应	位移、速度、加速度传感器
12	深层土体位移	深层土体位移计
13	地下水位/孔隙水压力	水位计/孔隙水压力计
14	土层压力	土压力计
15	土表滑移开裂	拉线位移计
16	位移变形	全球卫星定位系统/inSAR（Interferometric Synthetic Aperture Radar）
17	锚杆应力	锚索计
18	土壤含水率	土壤湿度传感器
19	拱圈收敛	收敛计
20	拱身应变	光纤光栅
21	锚杆应力	锚索计
22	锈蚀仪	耐久性

注：1. 以上传感器设备需要根据使用环境进行防护处理；
    2. 由于测量原理不同，各类传感器的测量精度、量程和采样频率等技术指标不同。

3. 监测安全预警

通过实时监测的方式实现提前预警是监测系统最基本、最主要的目的。然而，由于工程结构安全现状不同、监测目的不同，具体的预警方法也会不同。一般而言，监测安全预警方式有以下几种。

（1）阈值预警

根据规范或设计文件规定、计算分析等对单指标或多指标设置不同等级的报警阈值，当监测数据超越阈值时，通过短信、微信或现场广播的方式进行即时播报或者通知。这类预警方式是目前监测系统最常用的方式。

（2）混合预警

主要通过获取监测对象多个指标的监测数据，在数据库中根据预设规则进行分析、交叉验证，而后进行预警。这类预警方式通常有一定的时间延迟，但能给出报警的原因以及紧急处理建议。

（3）基于数据驱动的预警方法

这类方法主要用于结构安全发展趋势分析和预警。传统监测安全预警通常基于数值分析模型或国家标准、规范，由于计算模型是实体对象的简化、近似模拟，标准、规范通常基于最低安全要求。当进行复杂结构或者结构处于复杂作用工况时，预警结果不准确或与现场的结构现状不吻合。因此基于数据驱动的预警方法是目前研究的一个新方向，在前期积累的数据基础上，进行基于数据驱动的多源异构数据融合分析，在阈值报警的基础上实现发展趋势预警。

1.6.5 监测报警

1. 监测报警

当监测数据出现下列情况之一时，应立即报警，并及时分析原因，采取应急措施：

（1）控沉加固施工期间附加沉降超过设计值的 1.2 倍或主体结构产生新的裂缝。

（2）纠倾过程中主体结构产生新的裂缝。

（3）房屋回倾量与顶升量或迫降量不吻合。

（4）沉降、应力、应变等监测数据发生突变。

（5）人工监测数据和自动化监测数据相差较大。

2. 监测数据处理

高层建筑纠倾工程监测得到大量数据，必须对其进行整理、筛除、分类、制图（表）、关联，形成便于使用的成果，从而清晰反映位移场和应力场的变化规律。应按以下步骤进行处理：

（1）检查收集的资料是否完整。

（2）对原始观测资料进行可靠性检验和误差分析，评判原始观测资料的可靠性，分析误差的大小、来源和类型。

（3）数据转换计算，必要时对需要修正的资料进行计算修正。

（4）可疑数据查证，原因分析。

（5）纠倾量初步评估。

3. 监测数据分析

高层建筑纠倾工程监测是一个系统，系统内的各项目监测有着必然的、内在的联系、某一监测结果往往不能揭示和反映整体情况，必须结合相关项目的监测数据和自然环境、施工工况等以及以往数据进行分析，才能正确地把握建筑及周边环境的真实状态，提供高质量的综合分析报告。对相关项目的监测数据和自然环境、施工工况等情况以及以往数据进行综合分析，为高层建筑纠倾工程风险评估、信息化施工及优化设计提供依据。

1）数据可靠性及误差分析

高层建筑纠倾工程监测数据可采用比对法进行可靠性及误差分析。

一方面，进行一致性比对分析。比对某一时间段上连续监测的数据的变化趋势是否一致，如任一点本次测值与前一次或前几次观测值的变化关系，或连续量测值的差值的变化规律等。

另一方面，进行关联性比对分析。某一监测内容与其存在关联性的监测内容趋势对比。如比对裂缝变化与沉降趋势是否对应，时间周期变化与倾斜变化趋势是否对应。

比对方法是以仪器量测值的相互关系为基础的逻辑分析方法，可以初步筛选数据、分析误差，此后还需使用数理统计方法对数据的误差类型、来源、大小等进行深入检验与处理。

2）数据成果统计及分析

可采用统计检验法进行，一般包括数据整理、数据方差分析、数据曲线拟合和插值法四方面。

由于监测数据需要保存的时间长、数据量大，监测数据整理和管理应采用计算机辅助计算或应用数据库管理系统。

由于各种可预见或不可预见的原因，现场监测所得的原始数据具有一定的离散性，需对高层建筑纠倾工程各项监测数据进行综合性的定性和定量分析，找出其变化规律及发展趋势，以对房屋工作状态做出评估、判断和预测，达到安全监测的目的，同时为科学研究、验证和高层建筑纠倾工程设计理论和施工技术提供重要依据，这个阶段的工作可分为：

（1）成因分析（定性分析）。对工程本身（内因）与作用的荷载（外因）以及监测本身加以分析、总结，确定监测值变化的原因和规律。

（2）统计分析。根据成因分析，对实测数据进行统计分析，从中寻找规律，并导出监测值与引起变化的因素之间的函数关系。

（3）对监测数据安全性趋势的判断。在成因分析和统计分析的基础上，可根据求得的监测值与引起变化的因素之间的函数关系，预报未来监测值的范围和判断高层建筑纠倾工程的安全程度。

1.7　纠倾工程基础和结构构件加固修复

1.7.1　高层建筑差异沉降与倾斜变形的危害

前面提到，高层建筑倾斜变形是地基、基础、上部结构和周边环境共同作用的结果，其中地基的差异变形为主导因素。当基础与上部结构整体刚度相对于地基较强时，基础与结构构件不易开裂，围护墙体与分隔墙体有可能细微开裂。

工程实践表明，地基差异沉降引发的附加内力一般从下往上传递扩散，结构构件附加内力主要为弯矩、剪切、轴力等组合作用。因此大部分的基础与结构构件开裂更多地集中在地下室和1~4层，外观表现为承台开裂、地下室混凝土墙开裂、地下室梁板结构开裂以及上部结构的柱、墙、梁、楼板开裂。

一般只有当桩基础差异沉降在平面上产生突变时，所对应的上部结构构件开裂更为严重且向上层不断延伸，有的剪力墙结构的连梁开裂甚至可延伸到20层以上。

1.7.2　高层建筑基础结构构件加固处理原则

（1）倾斜高层建筑纠倾加固之前，必须进行地基与基础检测和可靠性鉴定，对于上部结构应同步进行安全性检测鉴定。对于具备工程条件的宜进行抗震鉴定。纠倾加固设计方案应综合考虑鉴定结果和工程需要。

（2）因差异沉降造成的构件损伤，通过纠倾能够释放部分附加内力并减小既有变形，故此类构件的损伤处理必须考虑这个因素。

因此，安全性鉴定等级为 B 级的，纠倾完成后应修复处理；安全性鉴定等级为 C 级的，应先进行临时加固处理，纠倾完成后进行永久性加固处理；安全性鉴定等级为 D 级的，应立即进行加固处理，加固时应考虑纠倾对构件受力与变形的影响。

（3）对于非沉降原因造成安全性缺陷的构件，应该对构件的安全性鉴定等级进行预先加固或纠倾后加固。

（4）高层建筑基础结构抗震鉴定存在缺陷的，视工程实际条件进行事前或事后加固处理。

（5）因纠倾与控沉加固需要进行的结构构件临时加固和永久性加固，应严格按照设计方案进行施工。

1.7.3　高层建筑基础、结构构件加固修复要求

（1）基础、结构构件加固与修复工程的设计与施工必须满足建（构）筑物剩余使用年限的要求。

（2）既有基础、结构构件加固分为永久性加固和临时保护性加固，既有基础、结构加固施工应严格按照设计工况制定施工流程，施工荷载不得超过设计荷载。

（3）在既有基础、结构加固前，应根据相关设计资料对构件的尺寸、构造等进行现场核对，既有基础、结构现状与设计资料不相符时，应由设计单位确认加固方案。

（4）采用增大截面、增设支点等间接加固法对既有基础、结构进行加固时，应对既有结构进行支撑、卸载，做好受力转换，同时保证构件加固连接节点的质量。

（5）上部结构临时保护加固主要采用钢套架、钢支撑体系，施工中要避免对既有结构造成不利影响。

（6）采用外包型钢加固、粘贴钢板加固、碳纤维加固等间接加固法对既有结构构件进行加固时，应清理既有界面，并对结构损伤进行补强处理，保证既有结构加固质量满足设计要求。

（7）纠倾与地基基础加固完成后，应确保地下室不渗漏，确保上部结构构件加固质量满足设计要求，做好围护结构（如墙体装饰面）的修复工作。

（8）既有结构加固除本章规定外，尚应符合现行国家标准《混凝土结构加固设计规范》GB 50367 和《建筑结构加固工程施工质量验收规范》GB 50550 的规定。

参考文献

[1]　邓正定. 西部特殊岩土地区高层建筑纠倾加固机理及关键技术研究[D]. 北京: 中国铁道科学研究院, 2016.

[2]　崔俊毅. 浅谈华盛顿纪念碑的纠倾与加固[J]. 工程技术 (引文版), 2015, 39: 240.

[3]　TOMLINSON M, WOODWARD J. Pile Design and Construction Practice[M]. 2007.

[4]　张鑫, 陈云娟, 岳庆霞, 等. 建筑物纠倾技术及其工程应用[J]. 山东建筑大学学报, 2016, 31(6): 599-605.

[5]　刘祖德. 地基应力解除法纠偏处理[J]. 土工基础, 1990(1): 1-6.

[6]　唐业清. 我国旧建筑物增层纠偏技术的新进展[J]. 建筑结构, 1993(6): 3-9.

[7]　郭晓军. 顶升法在房屋纠偏加固中的实际应用[D]. 南京: 东南大学, 2019.

[8]　杨学林, 祝文畏, 王擎忠, 等. 软土地区某高层建筑截桩纠倾关键技术研究[J]. 土木工程学报, 2023, 56(9): 136-145.

[9] 浙江省土木建筑学会. 软弱土地基高层建筑纠倾技术规程: T/ZCEAS 1001—2023[S]. 北京: 中国建筑工业出版社, 2023.

[10] 贾强, 程林林, 张鑫. 地基不均匀沉降对框架结构影响的试验研究[J]. 土木工程学报, 2011, 44(11): 79-86.

[11] 马杰. 局部沉降对框架结构的空间作用有限元分析[D]. 武汉: 武汉大学, 2005.

[12] 中华人民共和国住房和城乡建设部. 建筑变形测量规范: JGJ 8—2016[S]. 北京: 中国建筑工业出版社, 2016.

第 2 章

软弱地基高层建筑基础控沉加固技术

2.1 高层建筑基础控沉加固方法及选择

近二十年来，高层建筑的数量飞速增长，由于各种各样的原因，一部分高层建筑基础发生不均匀沉降，基础控沉加固技术应运而生并取得了较大进步。基础控沉加固主要采用补桩法，其桩型可采用预制桩、灌注桩和组合桩。对于室内补桩，可选用锚杆静压桩、锚杆静压水泥土组合桩、人工挖孔桩、小口径钻孔灌注桩等；对于室外补桩，除上述桩型外，尚可考虑振动钢管桩、钻孔灌注桩、旋挖桩等。

2.1.1 高层建筑基础控沉加固方法

软弱地基高层建筑自重大、基底压力高，地基类型一般为桩基础或复合地基，一旦发生倾斜或沉降过大，当前技术条件下，除了补桩之外尚无其他可靠的加固方法。因此，用于基础控沉的补入桩应具备以下性能：

（1）适合狭小空间施工作业，且满足安全、绿色、环保要求。

（2）单桩竖向承载力高，桩身强度高，桩节连接可靠，垂直度有保证。

（3）桩的土层穿透力强，成桩速度快。

（4）地基扰动效应可控，并能控制高水头承压水，保证正常施工。

（5）成桩时能根据工程需要及时受力支承，控制沉降。

（6）具有经济性，施工方便。

高层建筑补桩控沉加固的桩型可按表 2.1.1 选择。

高层建筑补桩法控沉加固的桩型选型

表 2.1.1

总类	分类		桩型特点	适用条件
预制桩	高吨位锚杆静压钢管桩	普通钢管桩	土层穿透性强，单桩承载力高、成桩快、质量可控，属于部分挤土桩	适用于深厚软弱土地基或较复杂地层条件，可穿透承压水层，但桩长不宜大于90m
		注浆型钢管桩		
		扩底型钢管桩		
	高吨位锚杆静压混凝土预制方桩	普通混凝土方桩	挤土效应大，不能直接压穿稍密以上的砂土、砾石、碎石土层，单桩承载力低于钢桩，成桩质量可控	适用于深厚软弱土地基控沉加固，桩长不宜大于60m
		扩底型混凝土方桩		
	液压高频微振动钢管桩		液压系统能有效控制振动范围和频率，施工高效快捷，性能稳定，环境适应能力强	适用于室外场地较大的紧急补桩控沉工程
灌注桩	钻孔灌注桩	普通灌注桩	成桩速度慢、地基扰动大，旋挖桩机自重大、施工振动和噪声大，对建筑物沉降有不利影响	适用于室外场地较大、既有建筑倾斜度不大的在建工程，对块石含量较高的深厚填土层，需预先清障
		桩端后注浆桩		
	旋挖灌注桩			

总类	分类		桩型特点	适用条件
灌注桩	人工挖孔桩		成桩速度更慢、地基扰动大、施工风险大	适用于桩长不宜大于15m，持力层位于非流塑状土层，且倾斜不大、沉降发展缓慢的工程
组合桩	锚杆静压水泥土组合桩	水泥土组合钢管桩	成桩时间较长，工艺较复杂，地基扰动较大	适用于深厚软弱土地基控沉加固，室内净高不小于3.50m，具备废浆排放运输条件，且沉降发展较缓慢的工程
		水泥土组合混凝土预制桩		
	锚杆静压混凝土桩＋钢管桩（上下组合）		土层穿透性强、单桩承载力高、成桩快、质量可控，属于部分挤土桩	适用于中浅部地层存在较厚的不易穿透的杂填土、硬土夹层的地基

2.1.2 控沉加固原则

对沉降尚未稳定的倾斜高层建筑，纠倾前和纠倾过程中应采取措施控制沉降，防止倾斜进一步加大。基础控沉加固设计应综合考虑以下因素：

（1）高层建筑的沉降与倾斜发展状态、建筑安全性等级或危险性等级，考虑是否需要抢险加固。

（2）补桩作业空间特征、交通运输与施工场地条件。

（3）岩土工程条件与水文条件，评判地基土层的灵敏度、压桩可穿透性、钻孔成桩难度、降水难度、承压水控制风险、地下水的腐蚀性等。

（4）既有复合地基或桩基础类型，判断既有地基与不同补入桩型的"可匹配性"，评估补桩施工引发的附加沉降与附加倾斜。

（5）考虑既有基础、承台与补入桩的连接是否可靠，以及相应的基础与承台的改造加固方案是否合理。

（6）考虑既有深基坑支护体系对补桩的影响，如可能存在的坑中坑搅拌桩、基坑被动区的水泥搅拌桩或旋喷桩、残留的换撑构件等对成桩的影响。

（7）考虑补桩施工对周边环境、地下管线以及地铁隧道的不利影响。

（8）工程造价、工期限制。

对于倾斜发展较快、亟需抢险的高层建筑，则应立即采取以下措施：停止使用、人员疏散、加强实时监控、地基与基础周边挖土卸载、谨慎抽降地下水、快速补桩临时控沉、竖向构件临时加固等，条件允许时宜采用微扰动桩进行控沉。

应对补桩后的既有基础进行复核验算。若不满足受力要求，可根据不同的基础形式采用增设新承台或截面加大等方法加固。可采用植筋锚固技术增设承台或加大截面，同时做好新旧混凝土界面处理，以保证新旧混凝土构件可靠结合形成整体。承台改造设计，尚须兼顾地下水降排、作业坑支护，未尽之处均应符合《建筑桩基技术规范》JGJ 94和《既有建筑地基基础加固技术规范》JGJ 123等国家现行标准的有关规定。

2.2 高层建筑基础控沉加固计算

2.2.1 基础沉降原因分析

对于地基基础承载力不满足要求或沉降未稳定的高层建筑，纠倾前应先进行控沉加固设计。我国幅员辽阔，各地区地质水文条件差异巨大，加之高层建筑受力复杂、基础形式多样、既有建筑邻边深开挖、施工技术水平和诸多人为因素，均易成为建筑物倾斜的因素。建筑物倾斜后，受限于地下工程隐蔽性的特点，基础质量缺陷不易探测，难以明确查清倾斜原因。

上海某 17 层住宅发生倾斜，其主要因素是实际施工的预制桩比设计文件要求的短，桩端未进入持力层，导致工程桩承载力不足。南宁某 21 层住宅发生倾斜，其主要原因是地勘报告有严重错误，未能准确揭示主楼下方的大型溶洞分布。玉环渝汇小区所发生的楼歪歪事件，则由海港滩涂场地的深厚回填土固结沉降产生较高负摩阻力，以及桩基础选型不合理、打桩质量存在严重缺陷等因素导致。

因此，在进行控沉加固设计之前，必须对引起建筑倾斜的主要原因进行分析，并评估既有工程桩承载力特性。

2.2.2　既有工程桩承载力特性评估

对于采用桩基础的高层建筑，控沉加固设计时宜计入既有工程桩的承载力。既有工程桩承载力取值应根据岩土工程勘察报告、桩基检测和施工记录、基础实测沉降等资料综合分析确定，条件允许时可通过既有基桩静载荷试验进行确定。对于采用天然地基或复合地基的高层建筑，新增桩的设计可考虑桩与土的协同工作。

2.2.3　控沉加固设计

高层建筑基础控沉加固设计包括新增桩的设计和基础承台（筏板）的加固设计。新增桩设计等级宜为甲级，且不应低于乙级。新增桩与既有工程桩的群桩承载力合力点宜与竖向荷载合力作用点重合。新增桩的单桩竖向承载力应通过静载荷试验确定，试桩数量应符合现行行业标准《建筑基桩检测技术规范》JGJ 106 的有关规定。新增桩数量应根据总沉降量、沉降速率、倾斜率、工程地质条件、地基或既有工程桩的承载力等因素综合确定，并满足下列要求：

对于天然地基或复合地基，新增桩数量应通过控沉加固后的沉降计算确定；对于采用桩基础的高层建筑，新增桩数量可按下式进行估算：

$$n = \alpha \frac{Q_k}{R_a} \tag{2.2.1}$$

式中：n——用于控沉加固的新增桩的数量；

　　　Q_k——控沉加固范围内的荷载效应标准组合值；

　　　R_a——新增桩的单桩竖向承载力特征值；

　　　α——托换率，应根据桩基承载力和沉降计算确定，且不宜低于 0.20。

受限于施工空间，既有建筑地基基础加固工程经常采用锚杆静压桩补强法，该方法易于操作，传荷过程明确，应用非常广泛。

为适应工程需求，高层建筑采用桩基沉降加固时，桩顶宜进行持荷封桩，持荷量宜根据新增桩与既有工程桩之间保持协同工作的条件确定。对于大面积新近回填土场地，控沉加固设计应计入地面施工后沉降引起的桩侧负摩阻力的影响。此外，应分别按补桩施工工况和补桩完成后使用工况，对高层建筑既有基础的承载力和变形进行复核，不满足时应在控沉加固施工前采取相应的加固措施。当地基基础不均匀沉降引起的结构构件内力超过设计允许值时，应采取措施减小沉降差值。

当托换控沉桩在基础、承台和地下室等既有结构内开直孔穿过时，应在桩孔内浇筑混凝土封桩，封桩混凝土的强度等级应比既有结构混凝土至少提高一个等级，并应采取确保混凝土与孔壁之间不产生收缩裂缝的措施。孔内新浇混凝土与孔壁既有结构混凝土之间的竖向直接连接界面受剪承载力应按下式验算：

$$V \leqslant 0.7\beta_c f_t A_c \tag{2.2.2}$$

式中：V——连接界面处的剪力设计值，取桩的竖向荷载设计值（N）；

β_c——混凝土强度影响系数，按新、旧混凝土强度等级的较低值取值：当混凝土强度等级不超过 C40 时，取 1.0；当混凝土强度等级不低于 C60 时，取 0.8；其间按线性内插法确定；

f_t——混凝土轴心抗拉强度设计值（N/mm²），取新、旧混凝土轴心抗拉强度设计值的较低值，当 f_t 大于 2.04N/mm² 时，取 2.04N/mm²；

A_c——孔壁新、旧混凝土连接界面的计算面积（mm²）。

1. 锚杆静压桩

当采用锚杆静压混凝土预制桩进行基础控沉时，其单桩竖向受压极限承载力可按下式进行估算：

$$Q_{uk} = u\sum q_{sik}l_i + q_{pk}A_p \tag{2.2.3}$$

式中：u——桩身周长；

q_{sik}——桩侧第 i 层土的极限侧阻力标准值；

q_{pk}——极限端阻力标准值；

l_i——桩周第 i 层土的厚度；

A_p——桩端面积。

锚杆静压混凝土预制桩的正截面受压承载力可按下式计算：

$$N \leqslant \varphi_c A_{ps} f_c \tag{2.2.4}$$

式中：N——荷载效应基本组合下的桩顶轴向力设计值；

f_c——混凝土轴心抗压强度设计值（kPa），按现行国家标准《混凝土结构设计标准》GB/T 50010 取值；

A_{ps}——桩身横截面面积；

φ_c——工作条件系数，可取 0.65。

当采用锚杆静压钢管桩进行基础控沉时，其竖向受压极限承载力应计入土塞效应的影响，并按下式进行估算：

$$Q_{uk} = u\sum q_{sik}l_i + \lambda_p q_{pk}A_p \tag{2.2.5}$$

式中：q_{sik}——第 i 层土的极限侧阻力标准值，取值同混凝土预制桩；

q_{pk}——极限端阻力标准值，取值同混凝土预制桩；

λ_p——桩端土塞效应系数，对于闭口钢管桩，$\lambda_p = 1.0$；对于敞口钢管桩，当 $h_b/d \leqslant 5$ 时，$\lambda_p = 0.16h_b/d$；当 $h_b/d > 5$ 时，$\lambda_p = 0.8$；h_b 为桩端进入持力层深度，d 为钢管桩外径。

锚杆静压钢管桩的正截面受压承载力可按下式计算：

$$N \leqslant \varphi_a f_a A_a'$$

(2.2.6)

式中：N——作用效应基本组合下桩顶竖向力设计值；

　　　A_a'——扣除设计工作年限内腐蚀影响后的钢管桩有效截面面积；

　　　φ_a——稳定承载力系数，取 0.60～0.75；有可靠经验时，可适当提高，但不应超过 0.8。

当场地地基土中含有坚硬黏性土、中密及以上砂土、碎石土层时，锚杆静压桩应采取引孔辅助措施，并根据现场试验确定锚杆静压桩的适用性。锚杆静压桩构造设计应满足下列要求：

1）当采用钢管桩时，钢管直径宜为 250～600mm，壁厚不宜小于 7mm，并应采取有效的防腐处理或增加管壁厚度的措施。当锚杆桩布桩较密，且需穿越较深厚的软土层或周边环境保护要求较高时，宜采用开口钢管。钢管桩压桩至设计标高后应充灌强度等级不低于 C30 的微膨胀混凝土。

2）当采用预制钢筋混凝土方桩时，边长宜为 200～400mm，混凝土强度等级不宜低于 C40。

3）锚杆静压桩的长径比不宜大于 150；每节桩长应根据施工净空高度和压桩机具条件确定，宜为 1.5～3m；接桩宜采用焊接方式，预制混凝土桩的桩节两端应设置预埋连接件，焊缝质量等级不应低于二级。

4）新增承台宜预留压桩孔，既有基础上的压桩孔宜采用水钻成孔。

5）当通过锚固在基础底板或承台上的锚杆提供压桩力时，应对基础底板或承台的承载力进行验算；施工期间最大压桩力不应大于基础底板或承台设计允许值的 80%。当既有建筑基础承载力和刚度不满足压桩要求时，应事先对基础进行加固补强。

6）锚杆可采用带螺纹锚杆、镦粗锚杆或带爪肢锚杆，锚杆材料应采用预应力螺纹钢或普通钢筋。锚杆可采取钻孔后锚固或预先埋设的方式，锚杆间距不应小于锚杆直径的 5 倍，锚固深度不宜小于锚杆直径的 20 倍。锚杆应对称布置且不应少于 6 根，锚固力计算应考虑群锚效应影响，锚杆承载力可按下式计算：

$$K_0 P_{max} \leqslant \eta_y n_0 \pi \frac{d_0^2}{4} f_y$$

(2.2.7)

式中：K_0——安全系数，取 1.2；

　　　P_{max}——最大压桩力设计值，取最大压桩力值的 1.5 倍；

　　　n_0——每个桩孔预埋锚杆数；

　　　f_y——锚杆抗拉强度设计值，当采用预应力螺纹钢筋时，其抗拉强度设计值为 f_{py}；

　　　d_0——锚杆有效直径；

　　　η_y——群锚折减系数，可按表 2.2.1 取值。

群锚折减系数 η_y

表 2.2.1

混凝土强度等级	普通钢筋抗拉强度设计值 f_y（N/mm²）	预应力螺纹钢抗拉强度设计值 f_{py}（N/mm²）		
	360	650	770	900
C30	0.76	0.42	0.35	0.30
C35	0.83	0.46	0.39	0.33

混凝土强度等级	普通钢筋抗拉强度设计值f_y（N/mm²）	预应力螺纹钢抗拉强度设计值f_{py}（N/mm²）		
	360	650	770	900
C40	0.90	0.50	0.42	0.36
C45	0.95	0.53	0.44	0.36
C50	1.00	0.55	0.47	0.38

注：1. 锚杆锚固深度按照 20d 计算，d 为锚杆直径；

2. 锚杆间距按 $s=160$mm 计算，并已考虑底板开压桩孔影响。

7）锚杆与压桩孔的间距、锚杆与周围结构的最小间距以及锚杆或压桩孔边缘至基础承台边缘的最小间距应满足下列规定：

（1）锚杆与压桩孔边缘的间距不宜小于 150mm。

（2）锚杆与周围结构的最小间距不宜小于 300mm。

（3）锚杆或压桩孔边缘与基础承台边缘的最小间距不宜小于 200mm。

2. 锚杆静压水泥土组合钢管桩

高层建筑倾斜后，受地下室层高限制，大型施工机械无法进场施工，而高层建筑荷载大，常规锚杆静压桩承载力较小，加固效率偏低。通过高压旋喷水泥与钢管桩组合可以提高锚杆静压桩的承载力。锚杆静压水泥土组合钢管桩的单桩竖向受压极限承载力标准值可按下列公式计算，并取其中的较小值：

$$Q_{uk} = U\sum\beta_{si}q_{sik}l_i + a_p q_{pk}A_p \tag{2.2.8}$$

$$Q_{uk} = u\xi\eta f_{cu}l \tag{2.2.9}$$

式中：U——水泥土桩的周长；

u——同心植入的钢管桩周长；

q_{sik}——桩侧第i层土的极限侧阻力标准值，取值同泥浆护壁钻孔桩；

q_{pk}——极限端阻力标准值，取值同泥浆护壁钻孔桩；

β_{si}——水泥土组合钢管桩复合段第i土层侧阻力调整系数，宜按地区经验取值；

A_p——水泥土桩的桩端面积；

a_p——桩端阻力发挥系数，宜按地区经验确定，无地区经验时可取 1.0；

ξ——钢管桩-水泥土界面极限侧阻力标准值与对应位置水泥土立方体抗压强度平均值之比，可取 0.16；

η——桩身水泥土强度折减系数，可取 0.33；

l——桩长；

f_{cu}——与桩身水泥土配比相同的边长为 70.7mm 的立方体水泥土试块在标准养护条件下 28d 龄期的立方体抗压强度平均值。

水泥土组合钢管桩的构造设计应满足下列要求：

（1）水泥土组合钢管桩可采用通长组合桩或底部扩径组合桩，水泥土宜通过高压喷射注浆工艺成型，钢管桩与水泥土之间宜设置抗剪连接件。

（2）基桩的中心距不应小于植入桩直径的 4 倍，且不宜小于水泥土桩直径的 2.5 倍。

（3）植入的钢管桩直径不宜小于 200mm，水泥土桩直径与钢管桩直径之差不宜小于

300mm，且水泥土桩直径与钢管桩直径之比不宜大于 3.0。

（4）高压旋喷注浆宜采用强度等级为 42.5 级普通硅酸盐水泥，水泥浆液的水灰比宜为 0.8～1.0，水泥掺量不宜小于被加固土质量的 30%，水泥土强度不应低于 1.2MPa。

3. 钻孔灌注桩

当对控沉加固桩的承载力和稳定性要求较高时，可采用钻孔灌注桩作为托换桩。控沉加固灌注桩的布置应考虑钻孔设备特点，室内补桩应采用适用于狭小空间的钻孔设备。此外，钢筋笼的分节应满足施工空间的要求，钢筋笼主筋可采用焊接或机械连接，宜优先采用机械连接。

采用钻孔灌注桩进行基础控沉加固时，宜采取桩端后注浆措施，单桩竖向受压极限承载力可按下式进行估算：

$$Q_{uk} = u\sum q_{sik}l_i + \beta_p q_{pk}A_p \tag{2.2.10}$$

式中：β_p——桩端注浆端阻力增强系数，根据地区经验确定，当无地区经验时，可按下列要求确定：桩端无注浆时，取 1.0；桩端注浆时，桩端持力层为黏性土或粉土时，取 1.3～1.5；桩端为砂土或碎石土时，取 2.0～3.2；桩端为全风化岩或强风化岩时，取 2.0～2.4。

4. 人工挖孔桩

当采用人工挖孔混凝土桩进行控沉加固时，其单桩竖向受压极限承载力可按下式进行估算：

$$Q_{uk} = u\sum \psi_{si}q_{sik}l_i + \psi_p q_{pk}A_p \tag{2.2.11}$$

式中：u——桩身周长，当人工挖孔桩桩周护壁为振捣密实的混凝土时，桩身周长可按护壁外直径计算；

　　　q_{sik}——桩侧第 i 层土的极限侧阻力标准值，对于扩底桩斜面及变截面以上 $2d$ 长度范围不计侧阻力；

　　　q_{pk}——极限端阻力标准值；

ψ_{si}、ψ_p——大直径桩侧阻力、端阻力尺寸效应系数，可按表 2.2.2 取值。

大直径桩侧阻力、端阻力尺寸效应系数 ψ_{si}、ψ_p　　　　　　表 2.2.2

土类型	黏性土、粉土	砂土、碎石类土
ψ_{si}	$(0.8/d)^{1/5}$	$(0.8/d)^{1/3}$
ψ_p	$(0.8/D)^{1/4}$	$(0.8/D)^{1/3}$

注：d 为桩身直径，D 为扩大头直径；当为等直径桩时，表中 $D = d$。

当采用人工挖孔桩时，出于安全考虑，有效桩长不应大于 15m，不计入护壁厚度时，孔径不应小于 0.8m。人工挖孔桩的构造设计应满足下列要求：

（1）端承型桩的中心距不宜小于 2 倍桩身设计直径；扩底桩中心距不宜小于扩底直径 D 的 1.5 倍；当 D 大于 2m 时，中心距不宜小于 $D + 1m$。

（2）扩底部分可采用平底和弧底两种。当扩底桩底部持力层为微风化或中等风化的硬质岩石时，桩底部可做成平底。当采用弧形扩底时，弧底可比周边低 0.2m，扩底部分的高度 h 应满足竖向压力的刚性扩散角和施工安全的要求，b/h 可取 1/4～1/2，扩底矢高 h_b 与扩大头直径 D 之比可取 0.15～0.2，且 $D/d \leqslant 3$（图 2.2.1）。

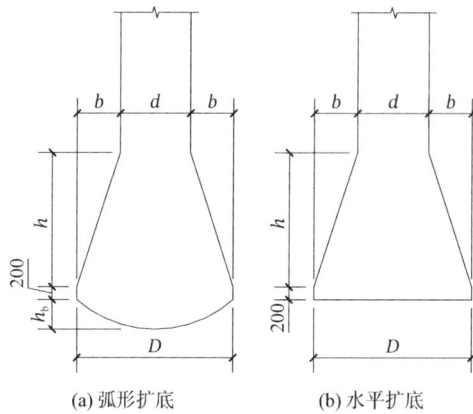

(a) 弧形扩底　　　　　　(b) 水平扩底

图 2.2.1　扩底桩扩底构造示意图

（3）人工挖孔桩护壁应根据桩长和穿越土层情况采用下列护壁形式。在土层或较破碎的岩层中挖孔时，宜设置钢筋混凝土护壁。钢筋混凝土护壁的厚度不宜小于 100mm，多节护壁时第一节护壁宜加厚 100～150mm，配筋不应小于 φ8@150 双向，上下节护壁间应用钢筋拉结。当穿越呈软流塑状的淤泥质黏土、易产生流砂的粉砂层、松散的填土层时，宜采用钢护筒护壁。

2.2.4　新增锚杆静压桩与既有工程桩协同工作分析

1. 封桩预加载力的确定

锚杆静压桩施工前，上部既有建筑物及其基础的全部荷重均已作用在原工程桩上，如何确保新增锚杆桩与原工程桩变形协调、协同工作，是高层建筑基础控沉加固中需要考虑和解决的重要问题。为使锚杆静压钢管桩与原有工程桩之间能协调作用，钢管桩静压到位后，应通过设置临时反力架使钢管桩桩顶封孔前保留一定的预压力，必要时可在原基础底板的上方浇筑一定厚度的"反向柱帽"，使新增锚杆桩与原工程桩能整体受力，共同承担上部既有结构的竖向荷载。"反向柱帽"高出原板面部分，待地下二层墙柱托换施工完成并达到设计强度后再予以凿除，详见图 2.2.2、图 2.2.3。

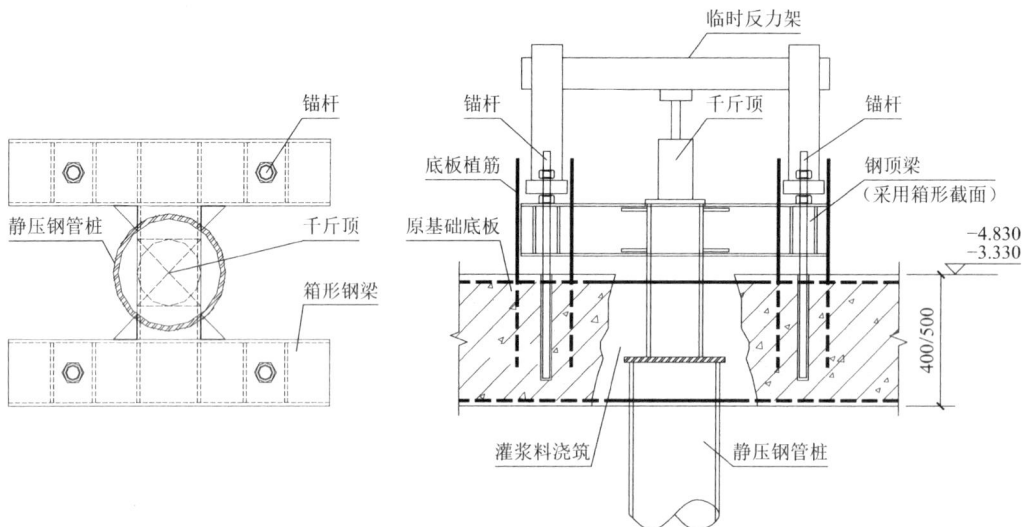

图 2.2.2　锚杆静压钢管桩临时反力架示意（保留预压力）

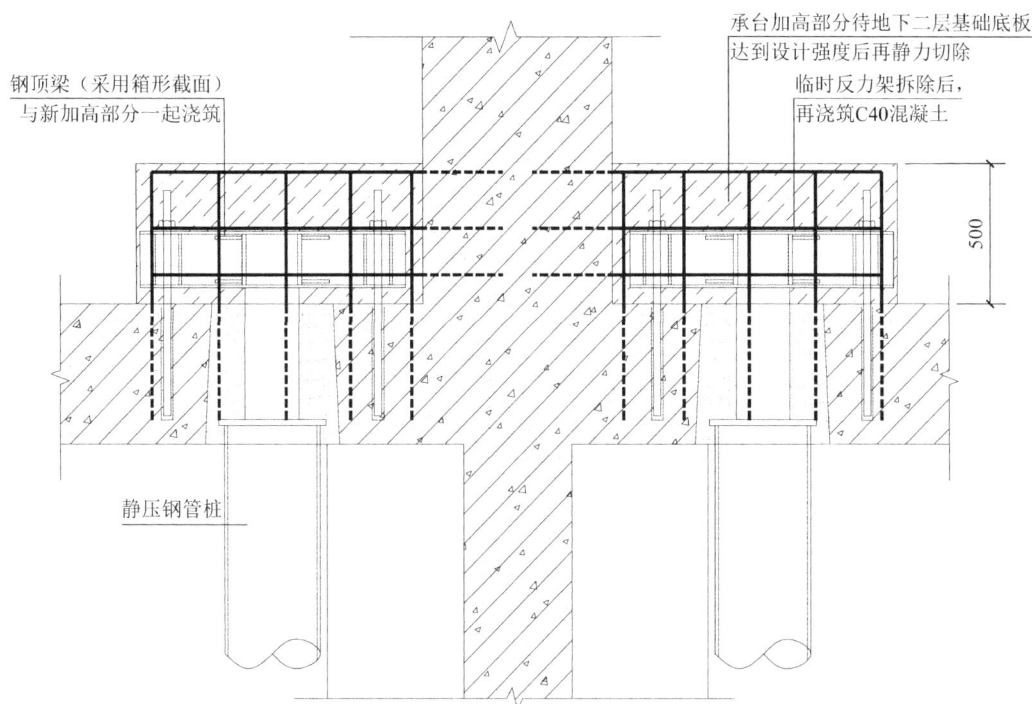

承台加高部分待地下二层基础底板
达到设计强度后再静力切除
临时反力架拆除后，
再浇筑C40混凝土

钢顶梁（采用箱形截面）
与新加高部分一起浇筑

500

静压钢管桩

图 2.2.3　静压钢管桩与原工程桩顶部的"反向柱帽"

假设某一框架柱下，原工程桩n_1根，新增锚杆静压桩n_2根。锚杆静压桩施工前，柱轴向荷载P_0（含原基础承台荷载）均由原工程桩承担，锚杆静压桩施工完成并封桩后，P_0由原工程桩和锚杆静压桩共同承担，即：

$$n_1 F_{p0} + n_2 F_{m0} = P_0 \tag{2.2.12}$$

式中：F_{p0}、F_{m0}——原工程桩和锚杆静压桩的桩顶反力（假设刚性承台下相同桩的桩顶反力相同），见下式：

$$n_1 F_p + n_2 F_m = P_0 + \Delta P \tag{2.2.13}$$

式中：F_p、F_m——逆作开挖和新增地下室完成后工程桩和锚杆静压桩的桩顶反力；
　　　　ΔP——该轴线框架柱考虑新增结构及施工荷载等因素新增的轴向荷载。假设在ΔP作用下每根桩的桩顶反力按其承载力大小按比例增大，则有：

$$n_1 F_p = n_1 F_{p0} + \alpha \cdot \Delta P \tag{2.2.14}$$

$$\alpha = \frac{n_1 R_{k1}}{n_1 R_{k1} + n_2 R_{k2}} \tag{2.2.15}$$

式中：R_{k1}、R_{k2}——原工程桩、新增锚杆静压桩的承载力特征值。

由式(2.2.14)和式(2.2.12)得到：

$$F_p = \frac{1}{n_1}(P_0 - n_2 F_{m0} + \alpha \cdot \Delta P) \tag{2.2.16}$$

工程桩的桩顶反力F_p不应超过其单桩承载力特征值，故有：

$$F_p = \frac{1}{n_1}(P_0 - n_2 F_{m0} + \alpha \cdot \Delta P) \leqslant R_{k1} \tag{2.2.17}$$

从而得到：

$$F_{m0} \geq \frac{\beta}{n_2}(P_0 + \alpha \cdot \Delta P - n_1 R_{k1}) \tag{2.2.18}$$

式中：F_{m0}——锚杆静压桩封桩时需保留的预压力；

β——考虑锚杆静压桩因沉降变形松弛采用的超压系数，可根据桩长、持力层性质等因素确定，一般可取$\beta = 1.2 \sim 2.0$。

锚杆静压桩的桩顶反力F_m不应超过其单桩承载力特征值R_{k2}，故有：

$$F_m \leq R_{k2} \tag{2.2.19}$$

可进一步得到：

$$F_{m0} \leq R_{k2} - \frac{1-\alpha}{n_2} \cdot \Delta P \tag{2.2.20}$$

根据上述内容，锚杆静压桩封桩时的预加载压力F_{m0}应同时满足式(2.2.18)和式(2.2.20)的要求。

2. 算例

浙江饭店采用既有工程桩（直径 $600 \sim 900\text{mm}$ 钻孔灌注桩）及后增锚杆静压钢管桩共同作为增层施工阶段的基础整体托换系统，新增锚杆静压钢管桩布置见图 2.2.4。以⑧轴线中间某一柱 2 桩承台为例。

该柱轴向荷载P_0（含原基础承台荷载）为$P_0 = 8600.3\text{kN}$，新增荷载$\Delta P = 1290\text{kN}$。

原工程桩为 2 根 900mm 直径钻孔灌注桩，考虑开挖卸荷影响后单桩承载力特征值为$R_{k1} = 3800\text{kN}$，锚杆静压钢管桩的单桩承载力特征值为$R_{k2} = 800\text{kN}$。故：

$$\alpha = \frac{2 \times 3800}{2 \times 3800 + 4 \times 800} \approx 0.704$$

若取锚杆静压钢管桩的超压系数$\beta = 1.20$，则由式(2.2.18)得：

$$F_{m0} \geq \frac{\beta}{n_2}(P_0 + \alpha \cdot \Delta P - n_1 R_{k1}) = 1.2 \div 4 \times (8600.3 + 0.704 \times 1290 - 2 \times 3800) \approx 572.5\text{kN}$$

则由式(2.2.20)得：

$$F_{m0} \leq R_{k2} - \frac{1-\alpha}{n_2}\Delta P = 800 - \frac{1-0.704}{4} \times 1290 \approx 704.5\text{kN}$$

结合工程实际情况，最后取锚杆静压钢管桩封桩时的预加载压力$F_{m0} = 600\text{kN}$。

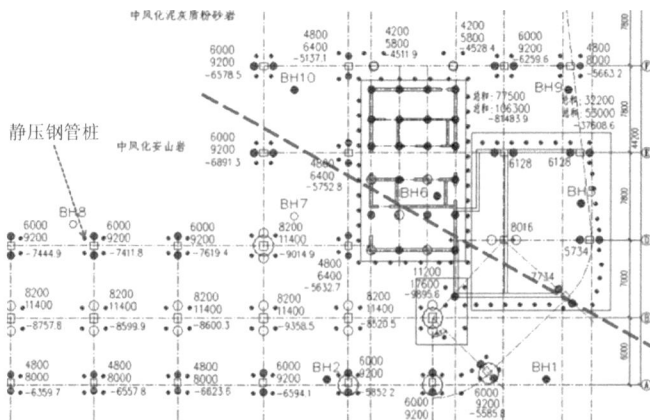

图 2.2.4　浙江饭店新增锚杆静压钢管桩布置示意图

2.3 全过程持荷控沉和预加载封桩技术

2.3.1 补入桩持荷的技术机理与受力装置

软弱地基土的灵敏度比较高,后补桩施工对地基扰动无法避免,减小施工附加沉降的最有效措施就是对补入桩及时进行持荷,使补入桩及时发挥支承作用。随着补入桩数量增多,既有桩所承担的荷载逐步减小,逐步实现既有地基基础的竖向荷载重分布,最终使得基础沉降得到有效抑制。持荷装置见图 2.3.1。

图 2.3.1 持荷装置

桩持荷是一种行之有效的基础控沉技术,是根据上部荷载的变化和基础沉降的态势进行动态持荷,持荷力一般为 $0.5R_a \sim 1.40R_a$,要求 24h 持荷。群桩持荷结束之后方能进入预加载封桩施工阶段。持荷装置是一种要求较高的承载装置,其设计取用的极限承载力值应大于 $2.0F_e$(持荷力),施工安装时要保证千斤顶轴心受压。对于不同的桩型、不同的基础结构可分为几种持荷装置,见图 2.3.2~图 2.3.6。对于混凝土预制桩和钻孔灌注桩,持荷前应对桩顶做相应加固补强措施,防止桩顶局部受压破坏。

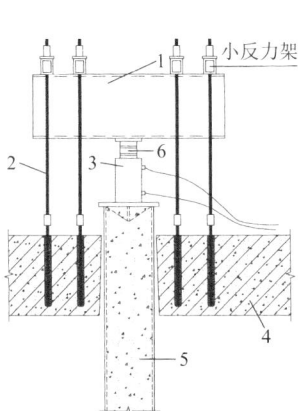

1—反力钢梁;2—精轧螺纹钢反力锚杆;
3—液压千斤顶;4—既有底板;
5—后补桩;6—轴力计

图 2.3.2 承台传力持荷

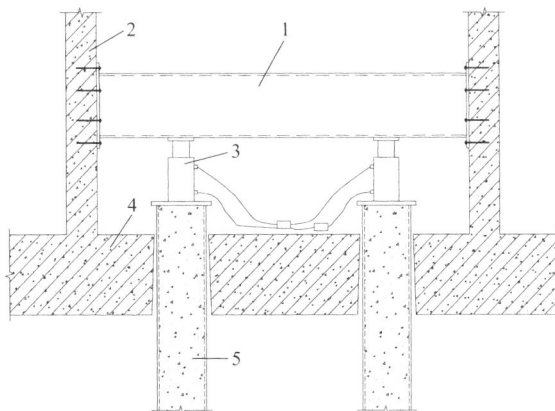

1—反力钢梁;2—既有竖向构件;3—液压千斤顶;
4—既有底板;5—后补桩

图 2.3.3 结构传力持荷

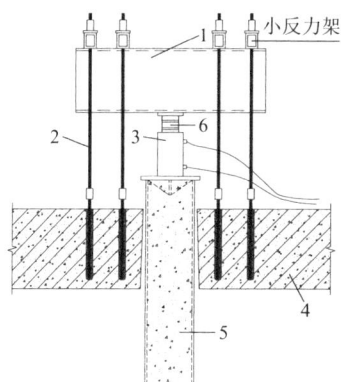

1—反力钢梁；2—精轧螺纹钢反力锚杆；
3—液压千斤顶；4—既有底板；
5—后补钢管桩；6—轴力计

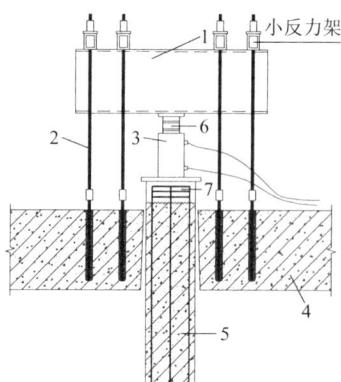

1—反力钢梁；2—精轧螺纹钢反力锚杆；
3—液压千斤顶；4—既有底板；
5—后补混凝土预制桩；6—轴力计；
7—桩头加固处理

图 2.3.4　钢管桩持荷　　　　　图 2.3.5　混凝土预制桩持荷

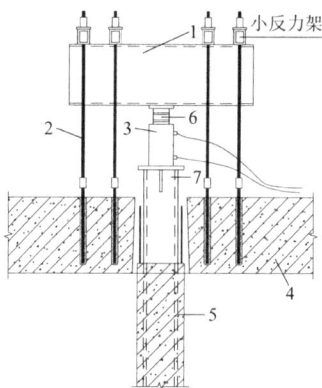

1—反力钢梁；2—精轧螺纹钢反力锚杆；3—液压千斤顶；4—既有底板；5—后补钻孔灌注桩；6—轴力计；7—型钢芯柱

图 2.3.6　钻孔灌注桩持荷

2.3.2　全过程持荷的分类

"全过程持荷"具有主动调配桩基础竖向刚度和沉降变形的效用，使得新老桩基的分担比得到主动量化控制，确保控沉效果。

"全过程持荷"有三种类型，其持荷时间与效用程度有所不同。第一种是短期持荷，对补桩施工全过程持荷；第二种是全程持荷，对补桩施工和整体纠倾的全过程持荷，待纠倾完成后结束；第三种是超长期持荷，针对尚未竣工且后续竖向荷载不容忽视的或主体结构尚未完成的纠倾加固工程，持荷期需延长至上部围护结构完成或粗装修施工完成为止。

第一种短期持荷的效用是控沉加固。

第二种全程持荷不但要满足基础控沉，而且能配合特殊纠倾需要发挥其效用，如提升纠倾用的提升桩、迫降纠倾中的控沉桩等。并且，随着纠倾到位之后地基基础应力重分布，后期的沉降态势会有所变化，尤其对补桩较少的部位更需要一段时间进行观察与善后。

第三种超长期持荷，纠倾加固完工后，需要随着后期的竖向荷载逐步累积而长期跟进持荷，直至装饰工程基本完工。长期持荷的优点是能够体现补桩方案的可靠度。若补桩量不足，必然沉降不均且收敛缓慢，则应及时补桩。

2.3.3　全过程持荷的技术系统

全过程持荷的技术系统由持荷装置、自锁式液压千斤顶、油管系统与 STC（Servo Technology Control，伺服技术控制）伺服同步位移液压控制系统组成，进行群桩加载持荷，24h 不间断监控，加载持荷力为 $1.0R_a \sim 1.4R_a$。按照持荷力的不同分布，STC 同步位移液压控制系统按照持荷力分区、分控制点进行安装监控。具体介绍详见本书第 4.1.2 节。

全过程操作控制均是在中央控制室内完成，因此，操作人员应能在中央控制室监控到结构物持荷过程的各种参数，并对控制过程实时调整，达到动态优化的目的。

监控系统的界面主要完成人机交互功能。参数设置界面提供了系统运行前控制参数的设置，包括泵站选择、位移传感器分组、液压缸和位移传感器关联以及同步精度等，这些参数设置均可保存在工程中，下次使用时如果没有变化，这些参数不必再设置。持荷、位移界面主要显示压力和位移，以数据的形式显示，如果想观察压力和位移的实时变化趋势，只需切换到动态曲线界面即可。单缸调试界面在任何过程中均可调用，进行人机交互，调整所选液压缸压力的升降。

2.3.4　预加载封桩

预加载封桩是"全过程持荷"阶段的延伸工序，在每一支桩的持荷力作用值不变的前提下进行封桩，维持地基基础在"全过程持荷"下的受力工况。主要包括安装加载墩并持荷、截桩、桩孔浇筑封固、桩孔防水等技术。

截桩技术包括钢管桩等高全截面内切割、高强混凝土方桩截凿与顶面找平、钻孔桩截凿与顶面找平。桩孔内预制桩或钻孔桩截凿较深、操作难度较大时，可以采用水钻钻取桩的中间截面，截面外圈以机械修凿并用高强灌浆料找平，养护到位后方能加载封桩。

桩孔混凝土应分两次浇筑成型，第一次浇筑必须采用高强无收缩灌浆料或高强特种混凝土，养护期不少于 7d，要确保加载墩正常锚固，严禁带水浇筑混凝土。第二次浇筑一般为全部桩孔第一次封固养护结束后统一浇筑收尾，浇筑前要完成桩孔面筋焊接和桩孔渗漏处理。承台面新增叠合层可以和桩孔第二次浇筑一次性施工，前提是保证桩孔内无垃圾杂物。

具体的预加载封桩详见图 2.3.7。

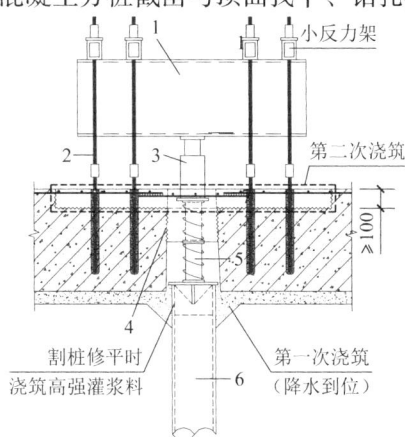

1—反力钢梁；2—精轧螺纹钢反力锚杆；3—液压千斤顶；4—表面凿毛；5—加载墩；6—后补桩

图 2.3.7　预加载封桩示意图

全过程持荷结束时需要转换到桩预加载封桩模式，由于每根桩处于持荷状态，转换施工势必涉及放松部分持荷桩，从而发生新的荷载重分布和新的附加沉降。

（1）转换施工工序。桩持荷阶段是桩体直接支承千斤顶受力，而永久性封桩则是把桩截除一定深度，安装加载墩之后再加载持荷进行封桩。每一根桩均需要经历以下几道工序：放松持荷装置→切割桩体至设计深度→钢管桩灌芯段上口找平→安装钢加载墩→恢复持荷装置、加载持荷微调。

（2）加载墩的设计要求。加载墩一般用 H 型钢、实心钢管（灌高强灌浆料），表面加焊短钢筋或加劲板以满足其与混凝土的锚固需要，加载墩中间宜加焊止水片。加载墩的受压承载力应 $\geqslant 2.0R_a$，对于"补桩持荷提升法纠倾工程"则要求更高，受压承载力应 $\geqslant 2.5R_a$ 并满足持荷转换时最大受力要求。

（3）桩持荷转换设计方案。对于群桩持荷工程，应针对每个承台的新老桩布置、对筏板承台的每一个受力单元新老桩分布，根据工期安排，进行相应的群桩受力验算，确定持荷桩转换流程。对于多种转换方案，要求转换过程中单桩的最大桩顶荷载不超过 $1.60R_a$，形成满足附加沉降控制和工期要求的转换设计方案。

（4）对于"补桩持荷提升法纠倾工程"，持荷转换之前必须完成基底注浆并达到必要的强度。

全过程持荷经过转换，完成了全部加载墩安装与加载持荷，首轮转换结束时，桩顶的实际持荷力和全过程群桩持荷力发生了较大的变化，因此需要进行一次全面的持荷力调整，恢复持荷阶段的持荷力。

2.3.5 全过程持荷与预加载封桩期间的监测

监测是动态管理的"眼睛"，为信息化施工提供准确的数据和依据。对于高层建筑控沉工程，在全过程持荷与预加载封桩阶段监测的核心内容主要包括沉降、倾斜、桩顶轴力、筏板的应力应变及裂缝。各项监测项目的频率不低于 1 次/d，同时全过程持荷量应根据每天沉降观测数据进行动态调整。

2.4 高层建筑基础控沉加固施工

高层建筑基础控沉加固不同于常规的新建工程桩基施工，往往受作业场地空间及小区周边环境限制，且需考虑施工对居民生活的影响，总体施工技术难度大、风险高，若施工稍有不当会加速房屋不均匀沉降和倾斜的发展，从而导致上部结构开裂变化加大，引发质量安全事故。因此，控沉加固施工前应做好各项准备、编制专项施工方案，制定施工工艺流程、施工次序和施工部署等工作，做到心中有数、有的放矢。

控沉加固施工前，应具备施工场地与作业条件，并建立完备的建筑变形与应力监测系统。对影响施工的管线、设备等进行临时改迁。施工前应根据实际工程条件落实安全、质量、文明施工和加快进度的措施。对于正常使用中的建筑，应采取措施减少扰民，降低社会影响。施工关键点主要包括降水施工、基础承台加固施工、补桩施工、全过程持荷及预加载封桩、地下作业环境控制等。

2.4.1 降水施工

施工期间可采用室外深井、室内管井及底板泄压孔等方法控制地下水，具体应根据场地水文条件、既有基坑围护做法和房屋变形状况等综合分析确定。降水水位应控制在筏板板底以下 0.5m 左右。深井及管井使用前，应进行试抽水，以检验施工质量情况、出水是否正常、有无淤塞现象等。

降水施工期间应增加房屋沉降观测的次数，每天不应少于 3 次。同时根据房屋沉降观测数据，进行有序分级降排水，过程中应控制降水速度，避免产生过大基础附加沉降和对周边环境的不利影响。对砂土地基应采取减少水土流失的技术措施。

2.4.2　基础承台加固施工

基础承台的加固应包括补桩前加固和补桩纠倾后加固。补桩前加固应包括新承台施工、既有基础承台加固；补桩纠倾后加固应包括降水井与底板排水口封闭、渗漏部位处理、底板叠合层施工等。

新承台成型与既有承台加固施工内容涉及既有防水底板拆凿、挖土挡土、垫层浇筑、混凝土面凿毛、植筋、钢筋安装、支（砖）模、混凝土浇筑养护、旧基础裂损补强处理等。既有基础临时加固施工内容涉及粘钢、包钢、钢支撑安装临时加固等。主要工序施工应符合下列要求：

（1）既有结构混凝土梁板拆除均应采用静力切割法，以避免对保留结构产生不利影响。

（2）凿毛既有结构的混凝土基面，要求凿毛后全表面露出新鲜混凝土，形成凹凸均匀的粗糙面，基面的平均凹凸深度应不小于 8mm；在浇筑新混凝土前应淋水养护，保持混凝土基面充分湿润不少于 12h；同时在浇筑新混凝土前半小时内，在混凝土基面涂刷水灰比为 0.5～0.8 的水泥净浆，水泥种类应与新浇混凝土所用水泥种类相同，水泥强度等级应不低于新浇混凝土所用水泥的强度等级。

（3）植筋的深度、钻孔直径均应满足设计要求；采用的胶粘剂应满足地下室潮湿环境和焊接高温要求。

（4）对浇筑采用的水泥基灌浆料和加固特种混凝土可采用泵送或自重法施工，浇筑完毕后裸露部分应及时喷洒养护剂或覆盖塑料薄膜，加盖湿草袋或麻袋保持湿润，养护时间不应少于 15d。

（5）临时钢支撑安装的垂直度不应大于 1.0‰，对钢支撑施加的预顶力应满足设计要求。

2.4.3　锚杆静压桩施工

锚杆静压桩施工期间，由于沉桩对土体的扰动，会对房屋产生附加沉降。因此，要预先设计沉桩路线图，遵循对称、跳打、控制压桩速度及全过程持荷等原则，以减少附加沉降量。压桩施工流程见图 2.4.1。

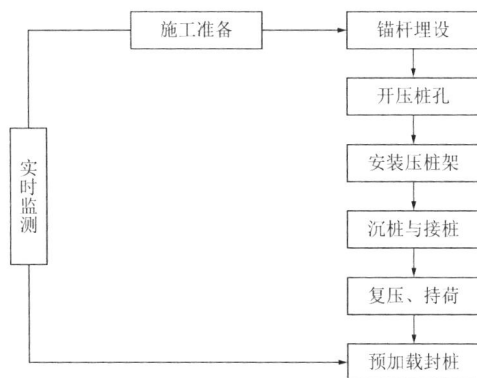

图 2.4.1　压桩施工流程

具体沉桩施工应符合下列规定：

（1）既有承台压桩开孔宜采用静力水钻取芯成孔，桩孔应呈上小下大喇叭形。新增承台桩孔留设宜采用木模或钢套筒。后植锚杆宜采用强度等级大于 C45 的高强无收缩灌浆料锚固，锚杆使用前宜进行抗拔承载力检验。

（2）对于压桩力较大、压桩孔距墙柱边较远的基础承台，应复核压桩力作用下基础承台的承载力，必要时可采取增设临时支撑等加固措施。

（3）压桩反力架应进行专项设计，反力架的容许受拉承载力应大于终压桩力的 1.2 倍。

（4）施工前应判断评估锚杆静压桩穿越各土层的可行性，对于穿透难度较大的土层可采取引孔措施。当存在地下障碍物时，应事先摸清障碍物分布范围和深度，不能避开时应事先采取清障措施。

（5）压桩施工应满足设计文件规定的终压桩力和进入持力层深度的要求。终压桩力应通过试桩确定，对于补桩密度较高的场地尚应考虑群桩挤密效应。

（6）压桩施工应保证桩身垂直，并应确保压桩连续进行，穿过硬夹层时不宜停顿。

（7）进入持力层规定深度后应采取复压终沉措施，当持力层为砂土层时复压次数不宜少于 4 次，为强风化岩层时复压次数不宜少于 6 次，每次复压持荷时间不应少于 5min，最终贯入度不应大于 20mm。

（8）压桩施工过程中，应跟踪监测所在承台的上抬位移。沉桩至设计标高后应全过程持荷控沉，持荷力应根据房屋沉降变形和上部荷载情况确定，封桩时预加载值应满足设计要求。

2.4.4　水泥土组合钢管桩施工

水泥土组合钢管桩是通过锚杆静压的方式，利用结构自重在强度较低的大直径水泥土桩中植入合适的钢管桩，提高桩身材料复合强度，以匹配桩侧土阻力。根据土层分布可选用全长复合或分段复合等构造形式。水泥土组合钢管桩施工工艺应按下列流程进行：

（1）桩位放样、定位。

（2）基础承台开压桩孔、埋设反力锚杆。

（3）水泥土桩施工机具到位、桩机调平。

（4）制备水泥浆。

（5）高喷钻机下沉、提升及复搅复喷。

（6）水泥土初凝前沉桩、接桩、送桩至设计标高。

（7）持荷、预加载封桩。

水泥土组合钢管桩施工应符合下列规定：

（1）水泥土宜采用高压喷射注浆工艺成型，钢管桩与水泥土之间宜设置锚固连接件，锚固连接件可采用斜向钢板、角钢倒刺、槽钢和焊接箍筋等。

（2）旋喷桩施工应采用双重管工艺，禁止采用单重管工艺。施工工艺参数应根据土质条件通过试桩确定。现场应采取泥浆固化的措施。

（3）通长型水泥土组合钢管桩的施工顺序应满足下列要求：

①应先跳打施工高压旋喷注浆，并及时清除工作面泥浆。

②以锚杆静压工艺将钢管桩分节压入水泥土桩内，终压桩力与进入持力层深度满足设

计要求。

③清理桩孔，终压至设计标高后应采取持荷控沉措施，混凝土灌芯完成后应按设计要求采取预加载封桩措施。

（4）非通长型水泥土组合钢管桩施工顺序应满足下列要求：

①应先跳打施工锚杆静压钢管桩至水泥土扩底段标高以上 1～2m 处，同时清理钢管内全部土塞。

②对桩底端实施高压旋喷和复喷施工，并清除工作面泥浆。

③钢管桩及时跟进沉压施工，将钢管分节压入水泥土桩至设计标高。

④清理桩孔，终压至设计标高后应采取持荷控沉措施，混凝土灌芯完成后应按设计要求采取预加载封桩措施。

⑤水泥土桩施工时应严格控制施工参数，必要时可采取预引孔措施，保证排浆通道顺畅，防止基础承台上隆。

2.4.5　注浆型锚杆静压钢管桩施工

1）桩端注浆的导管宜采用镀锌钢管，单根钢管桩内数量宜为 2 根，注浆导管应采用套丝连接并焊接固定在钢管桩内壁随桩节一起压入土中。

2）桩端注浆应在灌芯混凝土完成 3d 后进行，宜采用跳孔间隔注浆，补桩平面范围内应按先外围、后中间的次序进行注浆。

3）注浆浆液宜采用强度等级为 42.5 级普通硅酸盐水泥，水泥浆液的水灰比宜为 0.6～0.8，注浆压力宜为 3～10MPa。终止注浆应满足下列条件之一：

（1）注浆总量和注浆压力均达到设计要求。

（2）注浆总量已达到设计值的 75%，且注浆压力超过设计值。

2.4.6　钻孔灌注桩施工

（1）室内桩应采用小型钻孔桩机和配套导管进行施工，室外桩作业空间条件许可时可采用旋挖桩机、钻孔桩机等成桩设备进行施工，但不宜采用冲击成孔桩机。

（2）钢筋笼的分节长度应适应施工空间的要求，应采取保证钢筋笼焊接、机械连接与内插格构钢柱分节焊接质量的施工措施。

（3）钻孔时应控制泥浆相对密度，并应进行两次清孔，沉渣厚度不应大于 50mm，桩上段 6m 范围内应采取振捣致密措施。

（4）宜采取减少泥浆排放和固化现场泥浆的措施。

（5）对于需提前进行持荷控沉的灌注桩，应根据桩身混凝土强度增长情况采取设置钢格构芯柱等便于加载持荷的措施。

2.4.7　人工挖孔灌注桩施工

（1）挖孔作业时应做好通风、照明、降排水等措施，并应配备爬梯、安全罩、井口围栏等安全设施。对于孔深超过 10m 的人工挖孔桩，应采取防止发生塌孔、有毒气体泄漏、承压水渗透、落物伤人等安全事故的安全保障措施。

（2）人工挖孔桩宜采用定型钢模和螺栓连接，混凝土护壁应及时振捣密实，混凝土强度等级不应低于桩身混凝土强度等级，护壁竖向筋应上下搭接，挖土过程中应观察地下水的变化。

（3）钢护筒护壁施工应采用可靠的沉压贯入机械，钢护筒壁厚不宜小于8mm，上下护筒的焊接质量应符合设计要求。

（4）挖至设计标高后，应清除护壁上的泥土、孔底残渣和积水，并应进行桩底隐蔽工程验收。验收合格后，应立即封底和灌注混凝土。当地下水渗流速度较快时，应采用水下混凝土浇灌工艺。

（5）桩身混凝土应采用溜槽灌注，当落距超过3m时应采用串筒，串筒末端距孔底高度不宜大于2m，也可采用导管泵送；混凝土宜采用插入式振捣器振捣密实，并应控制桩顶标高。

2.5 工程实例1：杭州某高层住宅群基础加固控沉工程

2.5.1 工程概况

1. 项目概况

某高层住宅小区主要由8幢高层住宅（1～8号）、1幢单层物业管理用房和3层地下车库组成。其中1～5号楼地上31层，建筑高度99.80m；6号楼地上26层，建筑高度84.30m；7、8号楼地上29层，建筑高度93.60m。主楼建筑面积约10.5万m^2，地库建筑面积约4.5万m^2，总建筑面积约15万m^2。项目于2019年开工，2023年正式交付使用。

该项目在基坑开挖后，发现原钻孔灌注桩未进行后注浆施工，为确保工程质量，对原桩基工程进行了桩静载荷试验和桩长检测。检测后发现桩基承载力和桩长均无法满足原设计要求，需对其进行基础控沉加固。其中1～7号楼因基础底板或地下室已施工完成、场地有限、工期要求紧等，故采用高吨位后注浆锚杆静压钢管桩技术方案。8号楼由于底板未施工，场地空间较大，采用后补钻孔灌注桩方案。初期项目场地工况如图2.5.1所示。

图2.5.1 项目照片

采用后补钢管桩加固的 1～7 号高层住宅楼均为剪力墙结构，设计基准期为 50 年，结构设计工作年限为 50 年，剪力墙抗震等级为三级。地基基础设计等级为甲级，场地类别为 Ⅲ 类。基础采用桩筏基础，桩基采用 $\phi800$ 后注浆钻孔灌注桩，单桩竖向承载力特征值 $R_a = 4500\text{kN}$，以 ⑨₂ 层圆砾为持力层，进入持力层深度 ≥ 2.5m。地下室抗浮设计水位绝对标高 6.200m，地下工程防水等级 Ⅱ 级。

选取最具代表性的 2 号楼进行介绍，其标准层平面如图 2.5.2 所示。

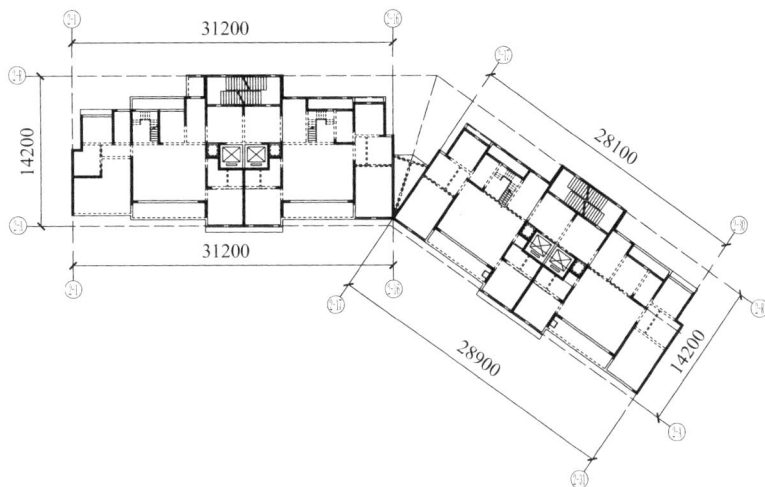

图 2.5.2　2 号楼标准层平面图

2. 岩土工程及水文地质条件

场地内特殊性岩土主要为 ④ 层淤泥质粉质黏土，具有低强度、高压缩性，以及明显的蠕动、触变特性。另场地存在饱和砂土、粉土分布，在地震烈度 7 度条件下判定为不液化。根据各土层性状，桩基持力层选为 ⑨₂ 层圆砾层，该土层工程力学性能良好，呈低压缩性。各土层设计参数详见表 2.5.1。

基地下各层地基土物理力学指标设计参数表　　表 2.5.1

层序	土层名称	建议值						土层特性
		E_s	f_{ak}	q_{sia}	q_{pa}	q_{sia}	q_{pa}	
		（MPa）	（kPa）	（kPa）	（kPa）	（kPa）	（kPa）	
③₁	砂质粉土	8.5	140	20		16		稍密～中密
③₂	黏质粉土	5.0	120	15		12		稍密
③₃	砂质粉土夹粉砂	10.0	160	26		21		中密
③₄	砂质粉土	4.5	100	11		10		流塑
④	淤泥质粉质黏土	3.0	80	9		9		软塑
⑥	粉质黏土混粉砂	4.5	130	21		17		软塑
⑦₁	粉砂混粉质黏土	10.0	170	30		24		稍密～中密
⑦₂	粉质黏土	8.0	170	28		23		可塑
⑨₁	粉砂夹粉质黏土	12.5	200	36		29		中密

续表

层序	土层名称	建议值						土层特性
		E_s	f_{ak}	q_{sia}	q_{pa}	q_{sia}	q_{pa}	
		（MPa）	（kPa）	（kPa）	（kPa）	（kPa）	（kPa）	
⑨₂	圆砾	25.0	350	68	5200	55	2500	中密
⑩ᵦ	强风化含砾粉砂岩	30.0	400			50	1800	
⑩ᵪ	中等风化含砾粉砂岩		800			65	2700	

该场地下部存在承压水，赋存于下部的圆砾层中，据区域水文地质资料，该层承压水含水层厚度大，蕴水量十分丰富，隔水层为中部的粉质黏土和淤泥质粉质黏土。承压水水位高程（黄海高程）约为−5.3m，地下室底板以下约2m。

承压水影响主要体现在两个方面：一是承压水上涌而使混凝土产生离析进而影响桩身质量；二是桩基施工时可能造成土体发生突涌、粉土粉砂扰动液化，影响施工。

场地潜水及承压水对混凝土为微腐蚀性；对钢筋混凝土结构中钢筋为微腐蚀性。

2.5.2 既有桩基质量检测

1. 钻孔灌注桩钢筋笼长度检测

相关专业检测单位于2020年5月21日至2020年6月1日进行抽样检测，对抽取到的钻孔灌注桩进行钢筋笼长度检测，共抽检6根，检测数据见表2.5.2。

钢筋笼检测数据统计 表2.5.2

序号	桩号	桩顶标高（m）	施工笼底标高（m）	有效桩长（m）	测试管口标高（m）	检测笼底埋深（m）	检测笼底标高（m）	笼底标高偏差（m）
1	6-10	−10.30	−47.25	36.95	−9.00	33.50	−42.50	−4.75
2	6-11	−10.30	−47.25	36.95	−9.10	32.25	−41.35	−5.90
3	6-14	−10.30	−44.75	34.45	−9.02	35.60	−44.62	−0.13
4	6-27	−12.15	−46.40	34.25	−8.78	35.20	−43.98	−2.42
5	6-30	−10.30	−45.98	35.68	−9.00	35.00	−44.00	−1.98
6	6-37	−10.30	−45.85	35.55	−8.96	35.10	−44.06	−1.79

注：1. 表中检测笼底标高偏差负值表示检测笼长偏短，正值表示偏长；
2. 该方法检测笼长误差在−1.0～1.0m之间。

抽检的6根桩中，除6～14号桩钢筋笼底标高偏差为−0.13m，在检测误差范围内；其余5根的钢筋笼底标高偏差在−5.90～−1.79m之间（负值表示检测笼长偏短），总体不满足原设计对钢筋笼的设置要求，其他楼栋检测结果与6号楼相似。

2. 桩基静载荷检测

原设计钻孔灌注桩单桩受压承载力特征值为4500kN，极限值为9000kN。鉴于地下室已施工完成，受空间条件限制，常规堆载的静载试验方法不适于本项目，故针对本项目狭小空间桩基静载试验，专门设计超高吨位的静载试验反力架系统（图2.5.3、图2.5.4）。该系统由反力梁、高强预应力螺杆、高吨位千斤顶等组成，该系统可提供1000t以上的试验荷载。

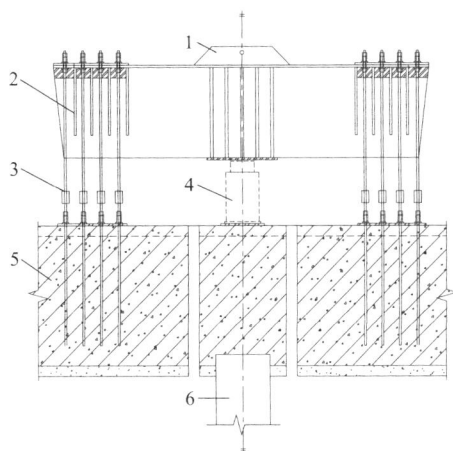

1—加载反梁；2—加劲肋；3—反力锚杆；4—千斤顶；5—原基础；6—原桩

图 2.5.3　超高吨位反力架系统

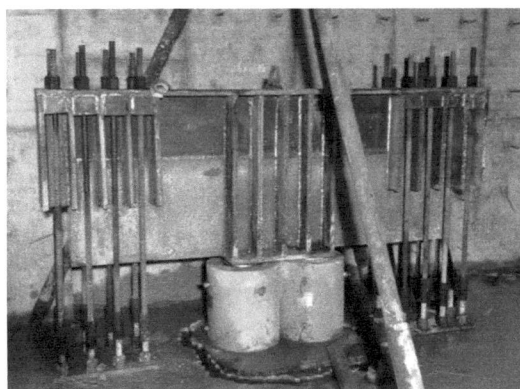

图 2.5.4　超高吨位反力架系统实景图

检测单位于 2020 年 7 月 1 日至 2021 年 1 月 6 日对项目 1～7 号楼进行单桩竖向受压承载力静载荷试验，其中原钻孔灌注桩共抽检 7 根进行检测。检测结果见表 2.5.3。

本系统中的千斤顶采用两台并排放置的 500t 双作用液压自锁式千斤顶，加载时采用 STC 系统同步加载。

既有钻孔灌注桩静载试验数据　　　　　　　　　　表 2.5.3

序号	抽样数量	静载试验极限受压承载力（kN）	静载试验受压承载力特征值（kN）	实际承载力特征值与设计值占比
1 号楼	1	7200	3600	0.80
2 号楼	1	5400	2700	0.60
3 号楼	1	9000	4500	1.00
4 号楼	1	5400	2700	0.60
5 号楼	1	7200	3600	0.80
6 号楼	1	6300	3150	0.70
7 号楼	1	7200	3600	0.80

2.5.3 既有桩基单桩承载力评估及竖向刚度分析

1. 既有桩基单桩承载力估算

根据地基土物理力学指标设计参数,各楼栋桩长及承载力预估见表2.5.4。

既有桩基单桩承载力估算   表 2.5.4

楼号	计算孔数(个)	平均桩长L(m)	预估承载力特征值R_a(kN)	预估承载力特征值与设计值占比
1号楼	4	35.7	2968	0.66
2号楼	4	38.6	3143	0.70
3号楼	4	36.7	2996	0.67
4号楼	4	36.4	2747	0.61
5号楼	4	36.4	2724	0.61
6号楼	4	34.8	2755	0.61
7号楼	4	33.0	2984	0.66

根据静载检测数据,取最低承载力特征值2700kN比较合理。根据上述估算,假定钻孔灌注桩进入⑨₂圆砾层约0.5m,桩长为34~36m,与实际桩长检测结果较为接近。

因此,既有钻孔灌注桩单桩竖向承载力特征值R_a最终取为 2700kN,是原设计值的0.6倍。

2. 既有桩基竖向刚度取值

根据静载试验报告,钻孔灌注桩竖向刚度计算如表2.5.5所示。对应$R_a = 2700$kN 时的竖向刚度平均值为570477kN/m。

钻孔灌注桩静载试验竖向刚度计算   表 2.5.5

楼号	桩号	承载力特征值R_a(kN)	对应沉降量s(mm)	桩刚度K(kN/m)
1号楼	1-64	3600	10.06	357853
2号楼	2-18	2700	9.08	297357
3号楼	3-50	4500	7.29	617284
4号楼	4-7	2700	3.29	820669
5号楼	5-46	3600	4.26	845070
6号楼	6-35	2700	4.55	593407
7号楼	7-35	3600	7.76	463918

2.5.4 后补加固桩设计

根据现有工程条件,受到地质与水文条件限制,地下室空间有限,只适合狭小空间施工,经过多方案综合比较,高吨位锚杆静压钢管桩成了最适用的桩型。考虑到桩基持力层为圆砾层,桩端注浆能有效提高单桩承载力,所以设计为$\phi 426 \times 14$注浆型锚杆静压钢管桩

（图 2.5.5），并且选用十字桩尖，以确保桩进入持力层足够深度。

为保证上部结构持续施工和满足沉降控制要求，要求后补桩在成桩后立即持荷，持荷结束后进行加载封桩，持荷力根据具体工程要求确定。

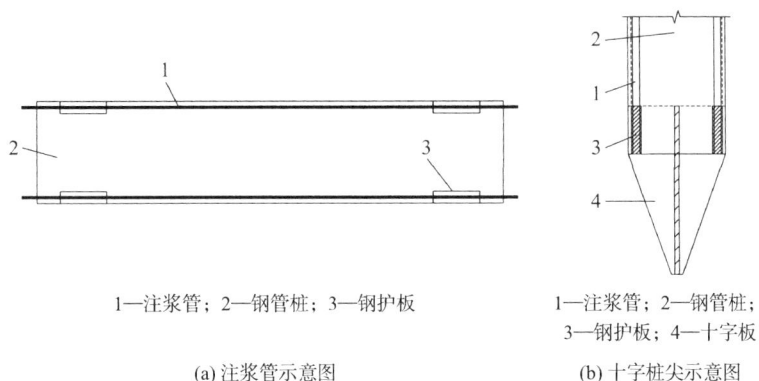

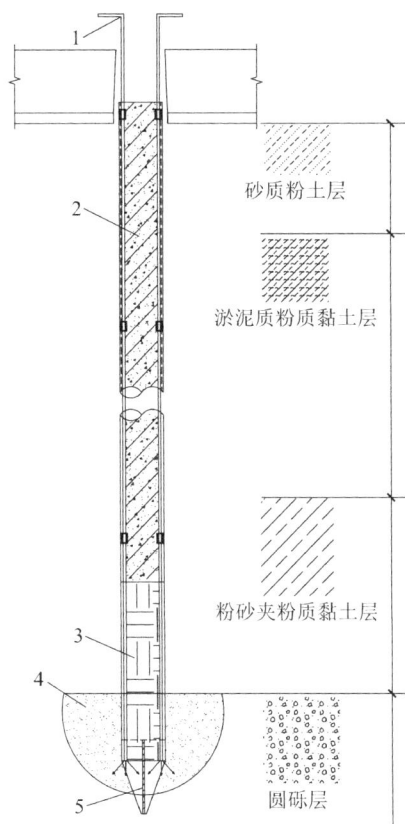

1—注浆管；2—钢管桩；3—钢护板

(a) 注浆管示意图

1—注浆管；2—钢管桩；
3—钢护板；4—十字板

(b) 十字桩尖示意图

1—注浆管；2—混凝土；3—土塞段；4—注浆扩散区域；5—十字桩尖

(c) 桩身详图

图 2.5.5　后补桩示意图

1. 单桩竖向承载力估算

后补桩的单桩承载力参照《建筑桩基技术规范》JGJ 94—2008 第 5.3.5 条，兼顾桩端注浆因素，各楼栋单桩竖向承载力估算结果见表 2.5.6。

各楼栋后补钢管桩单桩竖向承载力估算   表 2.5.6

楼号	计算孔数（个）	平均桩长（m）	单桩承载力特征值R_a（kN）
1 号楼	4	37.14	2133
2 号楼	4	39.96	2044
3 号楼	4	38.14	2075
4 号楼	4	37.76	2025
5 号楼	4	37.65	2013
6 号楼	4	36.19	2031
7 号楼	4	34.91	2011

根据上述计算，本工程各楼栋后补钢管桩单桩承载力特征值R_a取 2000kN，终压桩力要求达到 $2.50R_a \sim 3.0R_a$，要求通过设计试桩确定最终单桩承载力。

2. 后补桩布置

以平面最复杂的 2 号楼为例，后补桩的数量可按下列公式进行估算：

$$n = \alpha \frac{Q_k}{R_a}$$ (2.5.1)

式中：n——需要补桩数量；

Q_k——上部结构传至拟加固基础区域的荷载效应标准组合值（kN）；

R_a——单桩承载力特征值（kN）；

α——补偿率/托换率，一般不宜低于 0.20。

本项目原设计桩基承载力特征值为 4500kN，经检测实际桩基承载力为 2700kN，承载力缺失 40%。则托换率取 40%，具体按照上述计算式确定。

2 号楼补桩数：$n = \alpha \frac{Q_k}{R_a} = 0.4 \times \frac{460000}{2000} = 92$

结合软件计算结果及实际情况，2 号楼后补钢管桩最终布置方案见图 2.5.6。

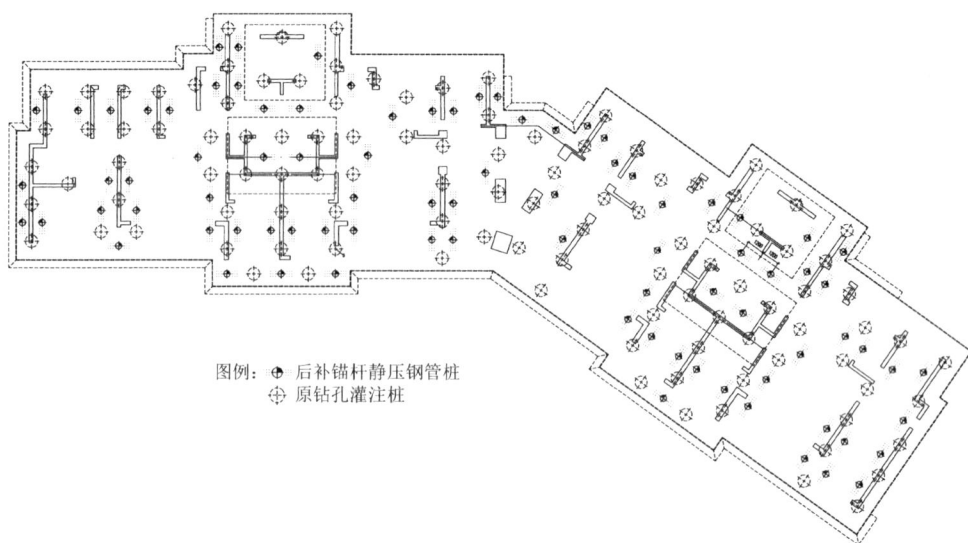

图例：⊕ 后补锚杆静压钢管桩
　　　⊕ 原钻孔灌注桩

图 2.5.6　2 号楼后补桩平面布置图

3. 沉降验算

采用盈建科 5.0.0 软件基础模块进行建模验算（图 2.5.7），各主要规定工况下的桩承载力验算结果见表 2.5.7 及表 2.5.8。

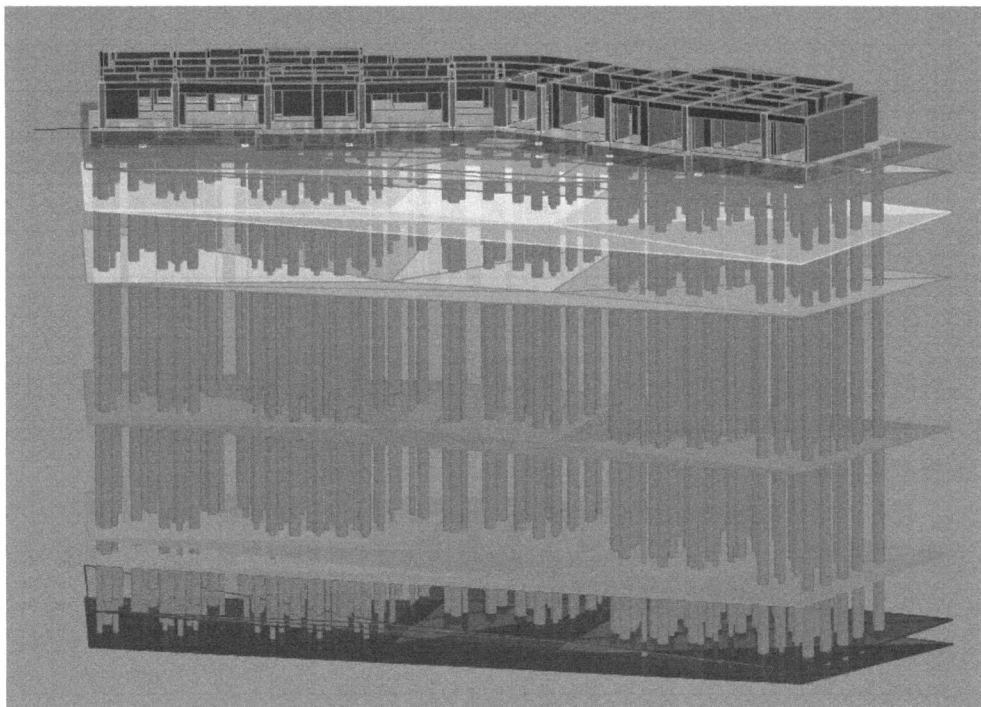

图 2.5.7　2 号楼盈建科基础模型

桩承载力验算结果　　　　　　　　　　　　　　　表 2.5.7

工况	桩型	R_a	$N_{k,avg}$（kN）	$N_{k,max}$（kN）	验算一	验算二	结论
非地震组合	原钻孔灌注桩	2700.00	2619	3235	$N_{k,avg} < R_a$	$N_{k,max} < 1.2R_a$	满足
	后补钢管桩	2000.00	1915	2392	$N_{k,avg} < R_a$	$N_{k,max} < 1.2R_a$	满足
地震组合	原钻孔灌注桩	2700.00	2457	3088	$N_{k,avg} < 1.25R_a$	$N_{k,max} < 1.5R_a$	满足
	后补钢管桩	2000.00	1792	2228	$N_{k,avg} < 1.25R_a$	$N_{k,max} < 1.5R_a$	满足

桩沉降验算结果　　　　　　　　　　　　　　　表 2.5.8

桩型	ξ_e	Q_j（kN）	L_j（m）	A_{ps}（m²）	S_e	ψ	α	E'（MPa）	Z_n（m）	$\sum S$（mm）	S（mm）
原钻孔灌注桩	0.53	2359.84	37.00	0.50	3.08	0.70	0.35	15.48	2.92	45.56	34.97
后补钢管桩	0.50	1871.02	39.04	0.14	8.54	0.70	0.35	25.00	3.21	36.10	33.81

注：表中数据为两种桩型所有数据的平均值。

2.5.5　后补钢管桩承载力检验和竖向刚度取值

本工程随机抽取 7 根锚杆静压钢管桩进行设计试桩，根据试桩结果，后补钢管桩单桩承载力特征值 R_a 为 2000kN，竖向刚度平均值为 222732kN/m，见表 2.5.9。

钢管桩静载试验竖向刚度计算　　　　　表 2.5.9

楼号	桩号	承载力特征值（kN）	对应沉降量（mm）	桩刚度（kN/m）
1 号楼	1-44	2000	10.57	189215
1 号楼	1-64	2000	10.92	183150
2 号楼	2-41	2000	7.60	263158
2 号楼	2-58	2000	12.77	156617
3 号楼	3-29	2000	8.31	240674
7 号楼	7-28	2000	7.23	276625
7 号楼	7-74	2000	8.01	249688

2.5.6　补桩施工

补桩前先进行试桩，详细记录试压桩的各项施工参数，按双控原则沉压，确保桩端进入持力层足够深度，具有足够单桩竖向承载力。试桩后，通过试桩验收会议确定压桩施工的相关技术指标参数。

本工程各栋楼试桩结果均达到设计要求，下文以 2 号楼试桩曲线为例。试桩压力-深度曲线表明，当桩端进入持力层后压桩反力急速增大（图 2.5.8），当终压桩力达到特征值的 2.5～3.0 倍时，能保证桩端进入圆砾层 1.5m。

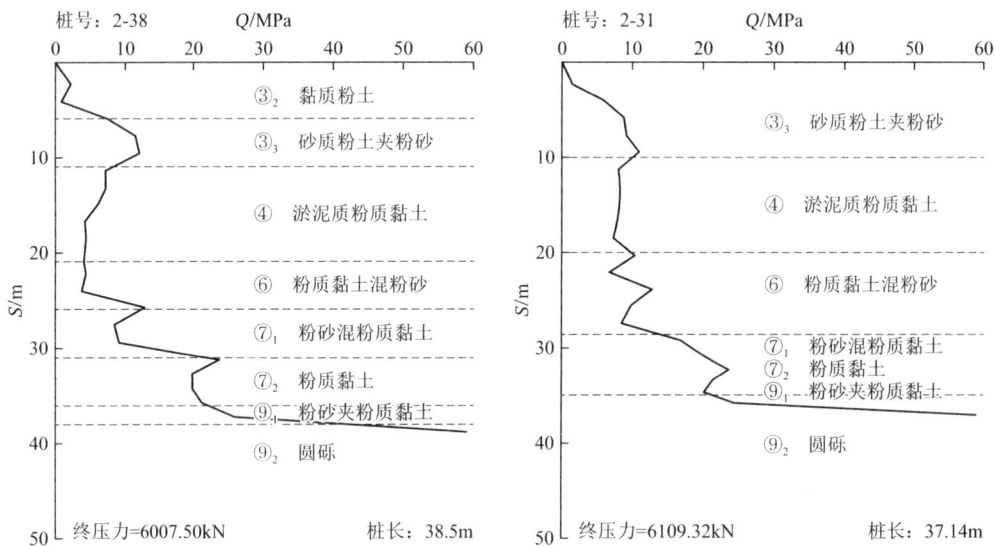

图 2.5.8　静压钢管桩 Q-S 曲线

压桩施工过程中，压桩架要保持垂直，随时检查并拧紧松动的螺母。桩节就位必须保持垂直，使千斤顶与桩节及压桩孔轴线重合，不得偏压。每节桩应保证良好的垂直度，各向倾斜率 < 0.5%。压桩施工不得中途停顿，应一次到位，必须中途停顿时，桩尖应停留在软土层中（可以根据压力表读数判断），且停顿时间不宜超过 12h。

当压至持力层附近时，应根据压力曲线判断，调换大吨位千斤顶，将桩压入持力层规定深度，然后复压不少于 5 次，终压桩力通过试桩确定，一般要求 ≥ 2.5R_a。沉桩完成后及时更换反力架临时加载持荷，切实控制施工附加沉降。混凝土灌芯施工要及时跟进，持荷架要随拆随装，尽量缩短桩顶卸载时间。

完成压桩后，应先进行桩混凝土灌芯，然后再进行注浆。本工程下部卵石层存在承压水，应控制承压水的不利影响。各栋楼桩注浆时按照先外围后内部平面路径进行。注浆浆液采用 P·O42.5 级普通硅酸盐水泥，水灰比 0.5～0.7，单桩注浆量固定为 2.5t。加固施工工艺照片见图 2.5.9。

(a) 孔口补强

(b) 预留孔

(c) 压桩

(d) 持荷、监测

图 2.5.9　加固施工工艺照片

2.5.7　后补钢管桩与既有钻孔桩协同作用分析

1. 后补桩加载持荷解决两种桩型的荷载分担比

本项目原钻孔灌注桩已施工完成，2 号楼后补桩施工完成时预计上部结构施工至 12 层，荷载主要为已施工楼层的结构自重（恒载）与施工荷载，此时原钻孔灌注桩已经受力。后续施工中，原钻孔灌注桩和后补钢管桩所受的竖向力随着层数的增加会不断地变化。

由于后补钢管桩与原钻孔灌注桩的竖向刚度比值与两种桩基设计需要分担的荷载比值不一致。补桩后如不采用加载封桩，两种桩型实际承担的荷载必然不符合设计要求。工程竣工时，将导致原钻孔灌注桩受荷偏大，大大超过其承载力值，造成基础安全隐患，而后补桩实际受荷则远小于设计值，不能发挥加固作用。

如何确保后补桩与原钻孔桩之间协同受力，确保后补桩与原钻孔桩之间的分担比与设计预定接近，是本工程加固设计的关键问题。

为此，通过人工调节后补桩主动受力分担上部荷载、对既有桩进行人工卸载，是极为有效的解决途径。具体做法就是压桩后立即加载持荷，使后补桩及时分担荷载。后补桩加载封桩后，两种桩型的后期荷载分担比将取决于两者的群桩竖向刚度总和的对比关系。

根据静载试验数据计算，钻孔灌注桩单桩刚度 K_1 与钢管桩单桩刚度 K_2 之比 = 570477：222732 ≈ 2.56：1（详细数据见表 2.5.5 及表 2.5.9），2 号楼群桩刚度比 = $n_1 K_1$：$n_2 K_2$ = 111 × 2.56：90 × 1 ≈ 3.157：1。

2. 持荷、封桩加载值计算

由于桩刚度存在差异，后期上部荷载分担比例（群桩刚度比 ≈ 3.157：1）与两种桩型承载力总和之比（承载力比值 = 1.665：1）存在差异，需提前进行预加载，增加后补桩的荷载分担。以解决两种桩型在设计荷载作用下桩自身变形存在差异，需确保变形协调。

在持荷封桩时应提高后补钢管桩的持荷力，弥补后续分担比偏小导致的荷载差值，且预先加载可消除一部分不同桩型之间的压缩变形差，确保后期总体变形基本一致且荷载分担达到设计预定值。

根据上述机理分析结合以往工程经验，后补桩持荷或封桩加载值计算式如下：

$$F = \frac{P \times Q_{\text{总}} - \alpha \times Q_2}{n_2} \tag{2.5.2}$$

$$P = \frac{R_{a2} \times n_2}{R_{a1} \times n_1 + R_{a2} \times n_2} \tag{2.5.3}$$

$$\alpha = \frac{n_2 K_2}{n_1 K_1 + n_2 K_2} \tag{2.5.4}$$

式中：$Q_{\text{总}}$——设计结构荷载总值，$Q_{\text{总}} = Q_1 + Q_2$（kN）；

$\quad$ Q_1——补桩时已有荷载总值（kN）；

$\quad$ Q_2——补桩完成后增加的荷载总值（kN）；

$\quad$ R_{a1}——既有桩承载力特征值（kN）；

$\quad$ R_{a2}——后补桩承载力特征值（kN）；

$\quad$ K_1——既有桩竖向计算刚度（N/mm）；

$\quad$ K_2——后补桩竖向计算刚度（N/mm）；

$\quad$ α——后补桩群桩刚度占比；

$\quad$ P——后补桩占总荷载比例；

$\quad$ n_1——既有桩数量；

$\quad$ n_2——后补桩数量；

$\quad$ F——持荷加载值（kN）。

2 号楼结构恒载总值为 400611kN，结构 12 层以上恒载 210758kN，地下室至 12 层楼面装修恒载约 19600kN。补桩时已有荷载总值 Q_1 为 102470kN；补桩完成后增加的荷载总值 Q_2 为 230358kN；原钻孔灌注桩数量 $n_1 = 111$ 根，$R_{a1} = 2700$kN；后补钢管桩数量 $n_2 = 90$ 根，$R_{a2} = 2000$kN，由式(2.5.2)~式(2.5.4)，可得

$\alpha = 0.2405$，$P = 0.3752$，$F = 772\text{kN}$。

则后补桩持荷、封桩加载值为 772kN。同理计算其余各楼栋加载值：1 号，3～7 号楼加载值分别为 750kN、616kN、588kN、595kN、527kN、692kN。

2.5.8　后补钢管桩实际受力跟踪监测、分析

为验证封桩时的预加载值和新、老桩荷载分担比关系，从 2 号楼中抽取 6 根桩进行监测，持续跟踪监测一年，为后续同类型的补桩工程提供参考。数据采集系统通过无线传感器将数据发送至数据收集器，最后通过计算机输出数据（图 2.5.10）。

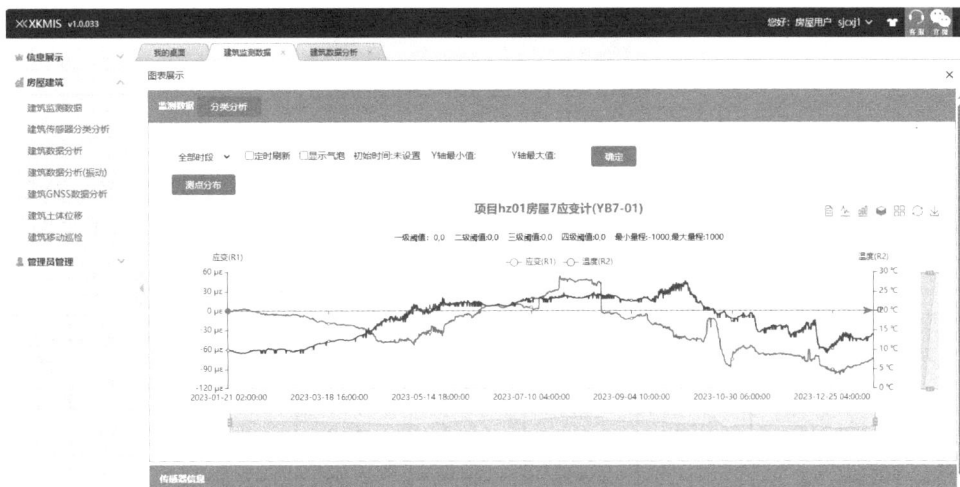

图 2.5.10　监测巡检系统界面展示图

工程监测时间从桩持荷封桩完成至工程交付使用。具体时间跨度为 2021 年 3 月 31 日至 2022 年 8 月 15 日，历时 502d，基础沉降完全进入稳定阶段。

本次挑选了 2 号楼 18 号、19 号、24 号、74 号、75 号、76 号后补桩各埋入 4 支应变计，进行跟踪监测（图 2.5.11、图 2.5.12）。

图 2.5.11　应变计安装照片

图 2.5.12　无线监控设备

　　监测期间共收集了 42 组数据，具体的后补桩顶竖向反力增量值见表 2.5.10、表 2.5.11。根据 $F\text{-}T$ 曲线图（图 2.5.13）可以看出桩的反力增量基本呈线性增长，符合施工工况。

结构层施工期间桩顶反力监测数据（单位：kN）　　　　　表 2.5.10

序号	楼层	施工时间	18 号桩	19 号桩	24 号桩	74 号桩	75 号桩	76 号桩
1	2 号楼十三层	2021.3.31	−10.79	−47.12	−8.06	−47.69	−23.17	−24.59
2	2 号楼十四层	2021.4.5	−45.2	−47.2	−50.9	−69.98	−67.92	−65.27
3	2 号楼十五层	2021.4.10	−88.26	−68.38	−76.43	−76.68	−77.67	−77.96
4	2 号楼十六层	2021.4.14	−85.49	−71.06	−92.03	−116.89	−118.41	−125.81
5	2 号楼十七层	2021.4.18	−130.22	−94.91	−114.37	−148.57	−139.26	−180.23
6	2 号楼十八层	2021.4.26	−194.26	−116.14	−184.34	−200.74	−175.5	−253.96
7	2 号楼十九层	2021.5.7	−231.93	−129.23	−212.33	−251.27	−218.44	−320.77
8	2 号楼二十层	2021.5.13	−260.23	−171.08	−236.03	—		
9	2 号楼二十一层	2021.5.29	−357.36	−241.83	−317.41	−349.64	−315.5	−437.33
10	2 号楼二十二层	2021.6.4	−379.36	−257.55	−363.55	−381.99	−344.44	−461.93
11	2 号楼二十三层	2021.6.11	−232.96	−161.39	−331.74	−431.39	−385.23	−540.84
12	2 号楼二十四层	2021.6.19	−452.75	−323.24	−405.66	−445.35	−404.55	−530.7
13	2 号楼二十五层	2021.6.26	−497.66	−354.79	−455.67	—	—	—
14	2 号楼二十六层	2021.7.2	−541.43	−378.4	−506.4			
15	2 号楼二十七层	2021.7.10	−663.49	−454.39	−598.41	—		
16	2 号楼二十八层	2021.7.15	−720.64	−493.67	−620.09	−495.99	−572.89	−853.2
17	2 号楼二十九层	2021.7.21	−742.36	−501.49	−664.27	−526.21	−593.94	−865.37
18	2 号楼三十层	2021.8.3	−780.62	−530.25	−690.92	−580.04	−627.18	−904.39
19	2 号楼跃层	2021.8.20	−841.03	−577.35	−735.22	−640.9	−670.74	−959.58
20	2 号楼跃层屋面	2021.9.1	−905.52	−624.4	−757.12	−681.92	−709.36	−1026.5

结构封顶后期桩顶反力监测数据（单位：kN）　　　表 2.5.11

序号	监测日期	18 号桩	19 号桩	24 号桩	74 号桩	75 号桩	76 号桩
1	2021 年 10 月 1 日	−938.64	−647.86	−799.91	−739.97	−746.07	−1066.81
2	2021 年 10 月 15 日	−977.19	−660.77	−816.36	−774.02	−770.68	−1102.68
3	2021 年 11 月 1 日	−1058.71	−694.46	−912.74	−842.48	−822.45	−1165.02
4	2021 年 11 月 15 日	−1099.12	−720.44	−944.58	−872.43	−842.35	−1203.80
5	2021 年 12 月 1 日	−1141.11	−730.67	−971.48	−901.46	−879.69	−1240.64
6	2021 年 12 月 15 日	−1183.03	−748.86	−1005.42	−915.03	—	—
7	2022 年 1 月 1 日	−1212.93	−769.60	−1003.43	−914.20	−798.37	−1263.33
8	2022 年 1 月 15 日	−1219.99	−766.85	−995.55	−904.54	−800.48	−1261.99
9	2022 年 2 月 1 日	−1208.73	−777.36	−995.55	−877.63	−783.63	−1244.11
10	2022 年 2 月 15 日	−1221.77	−777.26	−995.55	−875.13	−787.41	−1245.45
11	2022 年 3 月 1 日	−1305.55	−821.64	−987.18	−887.43	−799.69	−1263.33
12	2022 年 3 月 15 日	−1331.19	−842.63	−990.53	—		−1305.19
13	2022 年 4 月 1 日	−1304.48	−829.78	−1002.18	−911.35	−825.44	−1279.64
14	2022 年 4 月 15 日	−1354.66	−853.31	−1014.15	−925.85	−838.08	−1490.01
15	2022 年 5 月 1 日	−1368.54	−855.95	−1048.84	−941.9	−862.14	−1518.02
16	2022 年 5 月 15 日	—	−855.95	−1009.06	−914.53	−842.93	—
17	2022 年 6 月 1 日	—	−876.64	—	−935.02	−855.15	—
18	2022 年 6 月 15 日	—	−887.03		−960.43	−877.49	—
19	2022 年 7 月 1 日	—	−920.72	−1107.34	−990.54	−896.88	—
20	2022 年 7 月 15 日	—	−941.37	−1144.06	−1030.27	−928.05	—
21	2022 年 8 月 1 日		−1009.02	−1174.15	−1090.41	−1013.67	
22	2022 年 8 月 15 日	—	−1037.26	−1233.14	−1112.22	−1029.02	—

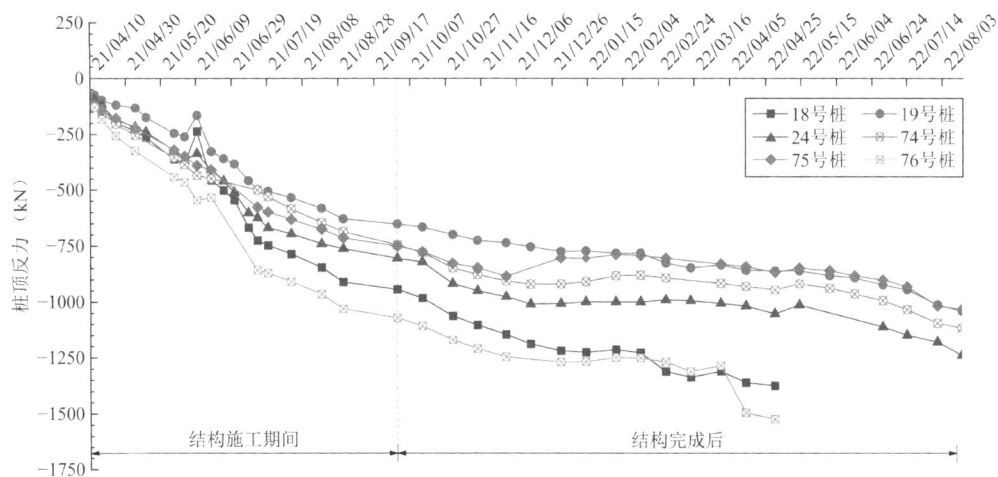

图 2.5.13　结构施工及竣工后桩顶反力 F-T 曲线图

监测数据表明，2 号楼封桩完成后，后补桩平均竖向反力增量为 1216kN，封桩加载值为 772kN。桩顶平均反力为 1988kN，略小于后补桩承载力特征值 2000kN，后补桩实际桩顶反力与设计预期值基本一致，后补桩与原钻孔灌注桩之间处于协同受力状态。

2.5.9 控沉效果

监测表明：各楼在补桩期间由于上部结构的施工，楼层数不断增加，桩顶上部荷载也相应增大，加上后补桩施工存在一定的微扰动，沉降速率为 0.1～0.2mm/d。在补桩完成后的 2 个月内沉降速率明显趋于收敛，后面沉降达到稳定状态，整体加固控沉效果达到设计要求，其中 2 号楼沉降监测详见图 2.5.14。

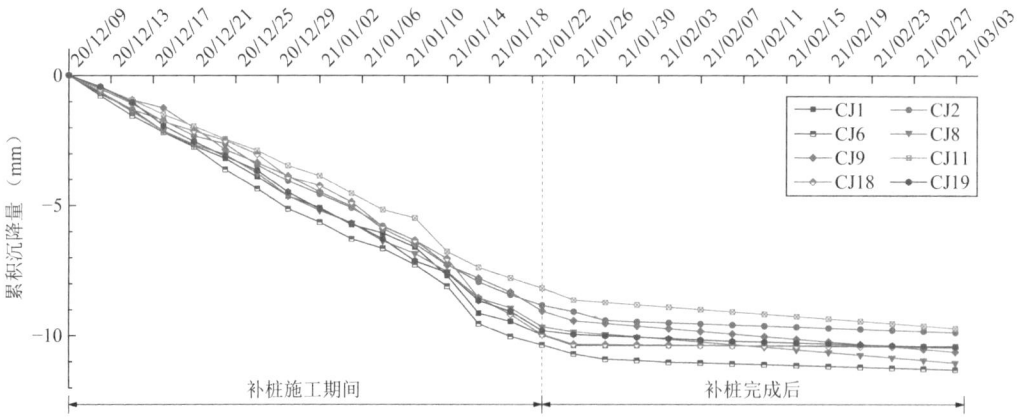

图 2.5.14 2 号楼累积沉降曲线图

本工程加固控沉完全达到预期目标，后补桩的桩反力监测数值表明持荷与加载封桩技术对调节不同桩型实现协同受力具有可靠效用，解决了后补桩的滞后效应，为类似的基础加固、控沉工程提供了切实有效的解决方案。图 2.5.15 为控沉后楼盘交付实景图。

图 2.5.15 楼盘交付实景图

2.6　工程实例 2：台州某高层建筑发生整体移位的基础加固处理

2.6.1　工程概况

1. 项目概况

某桩筏基础高层剪力墙住宅，位于该小区的东南角，建筑平面轴线尺寸 39.80m×13.50m，地下 1 层（西北部与大地库相连），地上 26 层，建筑高度 75.900m，地上建筑面积 11342.06m²。标准层建筑平面图如图 2.6.1 所示，建筑南、北侧实景图如图 2.6.2 所示。

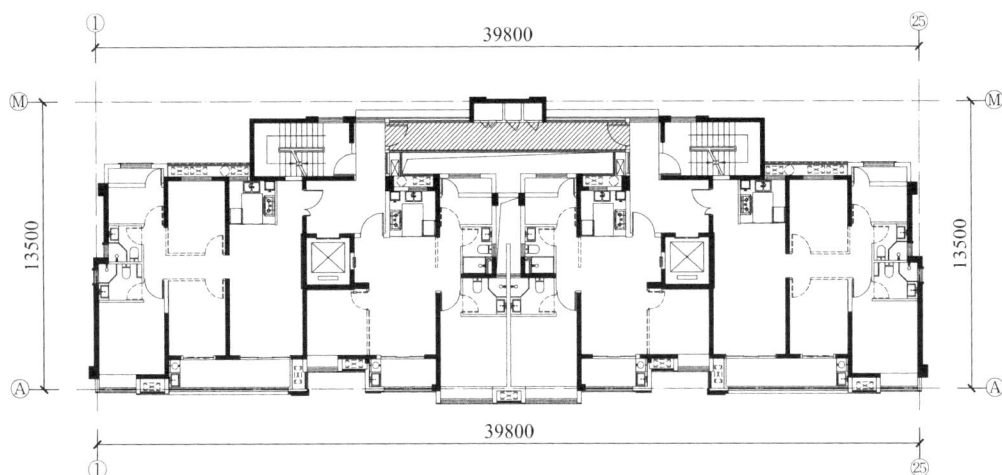

图 2.6.1　标准层建筑平面图

图 2.6.2　建筑南、北侧实景图

该楼主体封顶后在填充墙体砌筑至 15 层时，发现北侧沉降后浇带内钢筋弯曲拱起（图 2.6.3）。经复核测量该楼整体往北偏移 20～160mm，导致工程处于停工状态，原计划拆

69

除此幢高层建筑。经调查，该楼灌注桩自基坑开挖起共经历了两次偏移：（1）基坑开挖过程中偏移；（2）主体结构建造至四层楼面时，因基坑南侧两排护坡桩拔除致使基础与结构整体向北偏移。根据监测单位提供的数据，2019 年 10 月 30 日—2021 年 4 月 7 日共 526d 的累积沉降量为$-6.3\sim-13.9$mm，沉降速率为$-0.031\sim-0.068$mm/d。鉴于房屋建造过程中发生整体平面偏移、沉降速率尚未收敛，为保证基础安全与长期正常使用，需进行基础加固处理。

图 2.6.3　北侧后浇带内钢筋弯曲起拱

2. 原设计情况

（1）基础设计

本工程采用桩筏基础，原设计共 83 根ϕ700 的钻孔灌注桩，后因基坑开挖导致大部分桩身偏位倾斜开裂、出现部分Ⅲ类桩（废桩共计 11 根）等新增 30 根桩进行补强，处理后有效桩数为 102 根，桩长 72m，桩端持力层为⑥$_2$粉质黏土，局部为⑩$_2$强风化凝灰岩，单桩竖向抗压承载力特征值为 3300kN。

原筏板面积为 543.5m^2，因倾斜偏位桩补强处理后筏板面积扩大为 603.5m^2。筏板厚 900mm，局部加厚为 1500mm、1600mm、1700mm，配筋为双层双向Φ20@140，不足之处附加钢筋；筏板顶标高为-5.950m，筏板混凝土强度等级为 C35。

（2）工程地质条件

该建筑位于场地的东南角，场地原为滨海滩涂，场地地势基本平坦，为典型的深厚软黏土地基，南侧平均新近填土厚约为 3m。建筑场地类别为Ⅳ类，属对建筑抗震不利地段。详勘报告显示，基底下存在 10 个工程地质层，细分为 15 个工程地质亚层，各土层的性状见表 2.6.1，场地典型地质剖面见图 2.6.4。

土层性状表 表 2.6.1

层号	土名	层厚（m）	状态	压缩模量（MPa）	黏聚力c（kPa）	摩擦角φ（°）	钻孔灌注桩（特征值）	
							q_{sia}（kPa）	q_{pa}（kPa）
②$_1$	淤泥质粉质黏土	4.88~6.89	流塑	2.59	8.2	2.2	5	
②$_2$	淤泥质黏土	5.70~15.80	流塑	1.23	6.8	1.0	5	
③$_1$	粉质黏土	4.50~7.60	软塑	5.00	33.4	15.5	19	

层号	土名	层厚（m）	状态	压缩模量（MPa）	黏聚力c（kPa）	摩擦角φ（°）	钻孔灌注桩（特征值）	
							q_{sia}（kPa）	q_{pa}（kPa）
③₂	粉质黏土	9.60～15.00	软塑	3.65	25.0	13.7	15	
④₁	粉质黏土	0.00～5.50	软可塑～硬可塑	5.23	35.9	15.7	25	
④₂	粉质黏土	0.00～5.40	软塑～软可塑	4.03	26.5	13.8	18	
⑤₁	黏土	5.70～8.30	软可塑	4.39	29.7	14.2	22	450
⑤₂	粉质黏土	5.40～8.10	软可塑	4.81	29.8	15.6	22	450
⑥₁	粉质黏土	0.00～8.10	硬可塑～硬塑	7.70	48.8	16.8	29	550
⑥₂	粉质黏土	14.8～23.80	软可塑	5.26	34.5	15.7	24	500
⑦	粉质黏土	6.70～8.90	软可塑	5.50	33.4	15.5	24	500
⑨	含黏性土砾砂	0.00～3.60	中密	5.66	34.3	20.8	30	600
⑩₂	强风化凝灰岩	0.00～0.90	碎粒、碎块			-	50	1600
⑩₃	中等风化凝灰岩	未钻穿	较破碎～较完整				100	3600

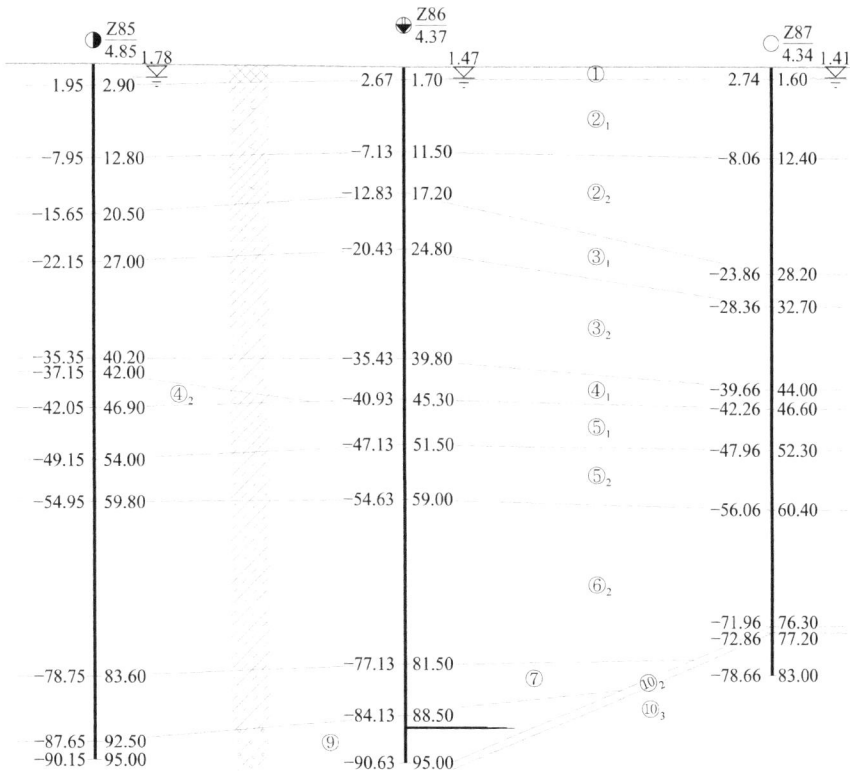

图 2.6.4　典型地质剖面

3. 基坑支护

基坑南侧支护方案为二级放坡 + 双排 PC 工法组桩支护结构（图 2.6.5），基坑东侧采用门架式双排 PC 工法组合桩支护结构，PC 工法桩：ϕ630×14 钢管桩结合Ⅳ型拉森钢板桩（扣打）。在开挖过程中支护结构发生大幅度倾斜（图 2.6.6），最大水平位移 83.84mm 超警戒值导致基坑施工暂停，在支护加固施工完成后继续开挖。

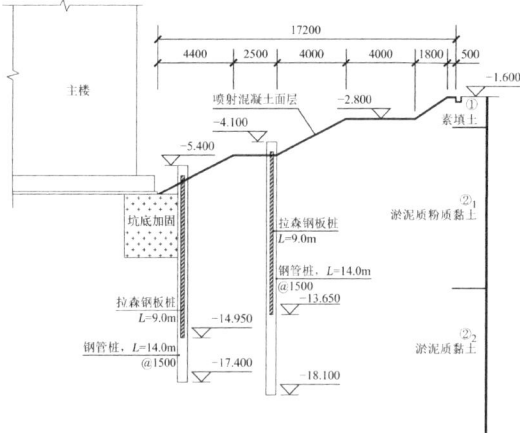

图 2.6.5　建筑南侧支护剖面图　　　　图 2.6.6　支护结构倾斜实景

4. 施工阶段原工程桩质量检测及缺陷桩处理

开挖前共 3 根工程桩进行抗压静载试验，均满足设计要求。开挖后发现主楼下大部分桩往西北方向倾斜偏移，共有 65 根桩偏移超过 100mm，偏移在 250～992mm 之间，占总桩数的 78.3%；56 根桩出现浅部断桩，断桩标高为桩顶下 0.4～2.8m。凿除浅部桩身缺陷以上部分后对剩余桩体做低应变检测，检测结果为：I 类桩共 27 根，占所检测桩数的 32.5%；II 类桩共 44 根，占所检测桩数的 53%；III 类桩共 12 根，占所检测桩数的 14.5%；未出现 IV 类桩；偏位及原工程桩偏位及桩身质量示意见图 2.6.7。

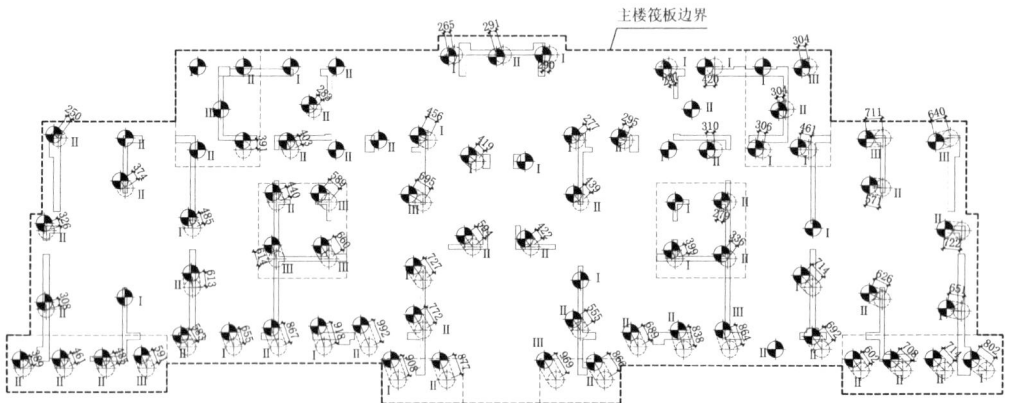

图 2.6.7　原工程桩偏位及桩身质量示意图

对缺陷桩采取注浆、接桩等处理后仍为 III 类桩的 11 根作废桩处理，共补入 30 根灌注桩。

5. 房屋沉降、倾斜及平面偏位状况

根据第三方提供的沉降监测数据，2021 年 9 月 18 日至 2021 年 10 月 11 日，各点的累积沉降量为 −0.60～−2.60mm，沉降速率为 −0.013～−0.113mm/d，各测点沉降数据见图 2.6.8（a）；期间测得的外墙倾斜数据，各点倾斜率均小于 1.0‰，各测点倾斜数值见图 2.6.8（b）；

测得该楼约往北偏移 20~160mm；约往西偏移 10~30mm 之间，各测点数据见图 2.6.8（c）。

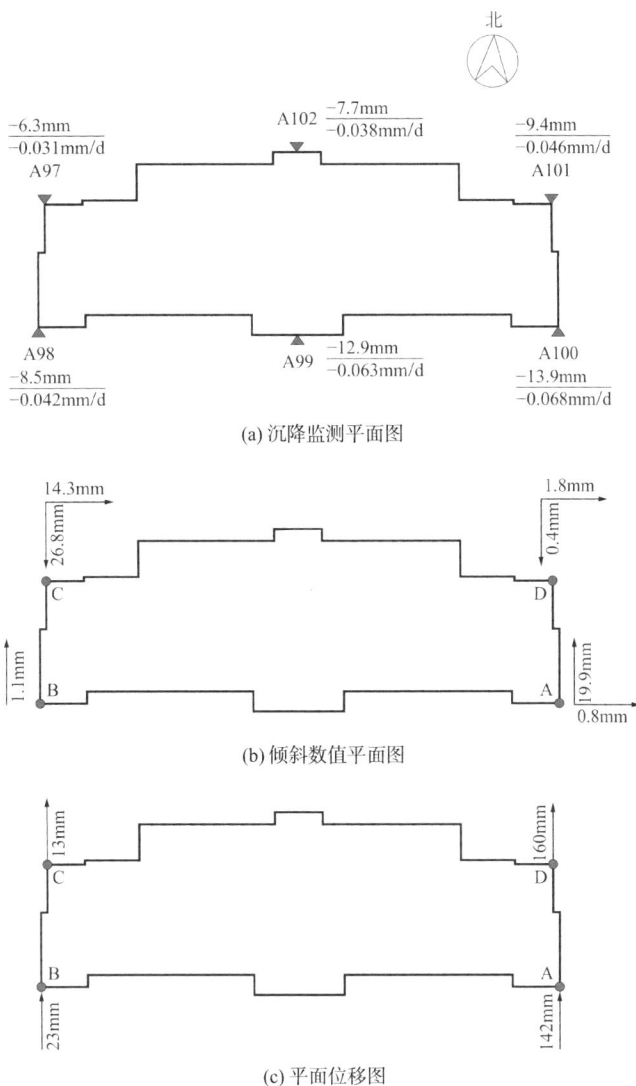

(a) 沉降监测平面图

(b) 倾斜数值平面图

(c) 平面位移图

图 2.6.8 建筑物监测平面布置图

2.6.2 建筑物发生平面偏位原因分析

通过对本工程的地基、基础、结构、场地环境、邻边基坑的设计与施工以及质量检测、变形监测等方面的综合分析研究，结合施工全过程的调查了解，该楼发生平面偏移的主要原因如下：

（1）桩偏移后桩身挠曲变形，形成挠曲桩的比例较高。发生倾斜后桩身产生了次生弯矩，导致桩身竖向承载力降低，刚度趋弱，抗水平变形的能力差。

（2）地基土层软弱，基坑变形过大。在该楼施工至 4 层时，由于进行 PC 工法桩拔除和场地填土，南侧边坡下形成的深层松动带引发了边坡土体二次滑动，由此产生极大的土体侧压力作用于地基，导致基础与结构整体往北水平偏移。而西单元因补灌注桩较多侧向刚度较强，形成了水平差异变形。

（3）结构重心相对于群桩西北向挠曲偏移和后补灌注桩共同作用下显得向北偏移，因此在上部荷载作用下易同时发生水平移动。

（4）地下室后浇带内未加内衬钢支撑，缺乏足够的抵抗基坑侧压力作用的能力。

2.6.3 工程重难点

结合场地地质水文条件、桩基偏移情况、加固施工要求等，本工程具有以下突出重难点：

（1）原灌注桩自基坑开挖起共经历了两次偏移，原桩残余承载力特征值估算难度大。

（2）原灌注桩经两次偏移后，可能存在断桩、斜桩等情况，位置难以确定，后补桩施工时需预先做好探孔工作。

（3）该楼基础对地基扰动灵敏度高，需要采用减少扰动的沉桩施工工艺并选择合理的打桩顺序，控制压桩施工速度，切实做好动态控制施工。

（4）该楼为体量较大的高层建筑，对于压桩施工过程中的控制措施要求高。

（5）本工程地下水极其丰富且水位较高，须有效控制地下水位以免影响各工序的正常施工，在封桩期间周边水位需降至基础底，封桩完成后确保基础不渗水。

2.6.4 既有工程桩剩余承载力估算

1. 挠曲桩形成及计算假定

软土基坑开挖过程中形成了坑底土侧向滑动和持续流动，导致工程桩渐变成挠曲桩。挠曲桩的上部处于滑动层与扰动层，一定深度的下部处于稳定层，桩身的侧向受力、变形与高承台桩类似，因此其相对缓慢的形成过程可近似按"弹性单桩估算位移与内力"。软土基坑中，桩身侧向刚度较小，在土体滑动层中受土层握裹跟着移动，近似认为桩顶跟土层表面同步位移，桩顶以下由于桩身刚度以及稳定层对桩身的嵌固作用随着深度增强，使桩土之间沿水平向产生相对位移，也即桩体承受沿深度变化的侧土压力，使挠曲桩产生弹塑性变形而非脆性变形。基坑开挖与坑底土滑动变形如图 2.6.9 所示。

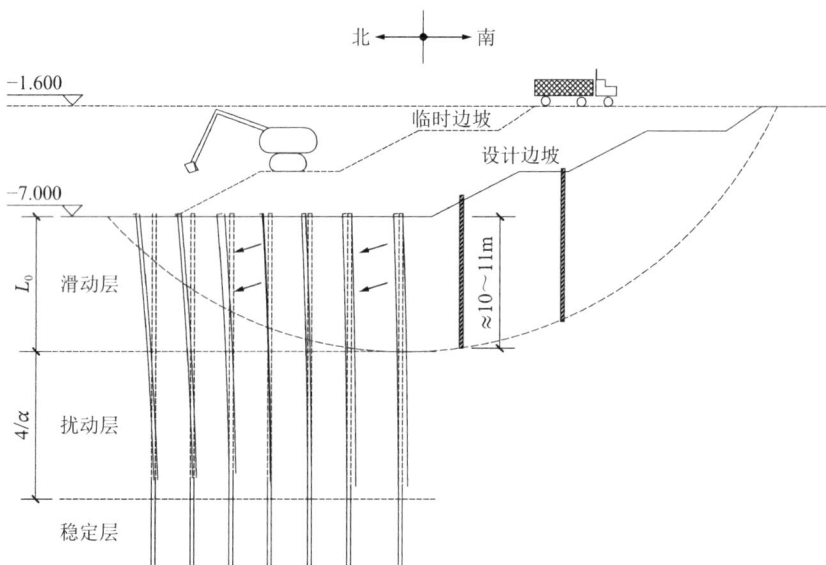

图 2.6.9　基坑开挖与坑底土滑动变形示意图

为简化计算，假定侧压力呈线性变化，桩体的受力与侧向变形基本类似于高承台桩，假定桩身在滑动层中、刚性段本身不产生挠度。参照《建筑桩基技术规范》JGJ 94—2008 附录 C 表 C.0.3-1 单桩基础或垂直于外力作用平面的单排桩基础所列的计算式，近似分析桩在基坑开挖到底的过程中桩身达到受弯承载力时所对应的桩顶最大位移。挠曲桩及侧向受力计算简图见图 2.6.10。

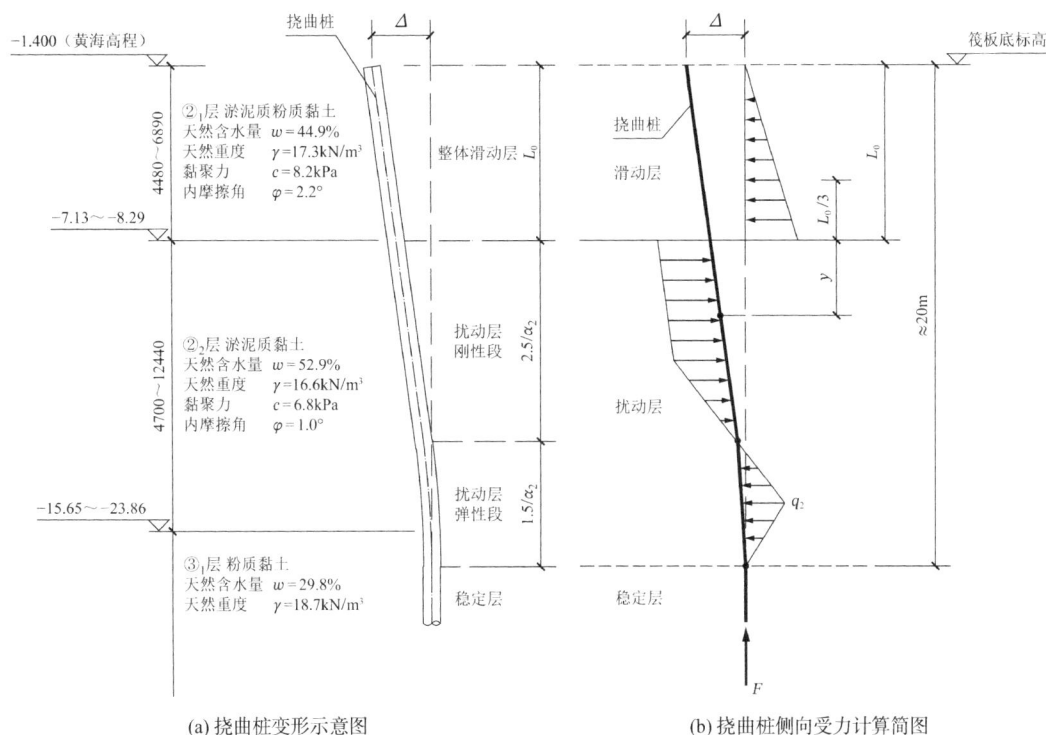

(a) 挠曲桩变形示意图　　　　　　(b) 挠曲桩侧向受力计算简图

图 2.6.10　挠曲桩示意图

2. 基桩第一次位移滑动层推算

本工程采用 $\phi700$ 钻孔灌注桩，桩顶黄海高程为 -1.40m，桩长 72m，单桩竖向受压承载力特征值 3300kN，桩身混凝土强度等级为 C35，配筋 $8\Phi14$，钢筋的保护层厚度为 50mm。桩侧土水平抗力系数的比例系数 m 根据《建筑基坑支护技术规程》JGJ 120 计算：①淤泥质粉质黏土层 $m_1 = 700\text{kN/m}^2$，②淤泥质黏土层 $m_2 = 600\text{kN/m}^2$，桩身抗弯刚度、计算宽度和水平变形系数等其余参数根据《建筑桩基技术规范》JGJ 94—2008 计算。假定滑动层厚度，按 JGJ 94 附录表 C.0.3-1 计算桩顶允许的位移值，对比工程桩实际偏移情况对应的小应变动测结果，即可大致判定滑动层厚度，计算见表 2.6.2。

挠曲桩计算表　　　　　　　　　　　　　　　　表 2.6.2

计算参数	内容						
滑动层厚度 L_0（m）	5.0	6.0	7.0	8.0	9.0	10.0	11.0
纵筋配筋率	0.32%						
桩身计算宽度（m）	1.40						

计算参数	内容						
桩身受弯矩承载力M（$kN \cdot m$）	149.3						
刚度EI（$kN \cdot m^2$）	277289						
水平变形系数α	0.323						
刚性段长$2.5/\alpha$	7.7						
弹性段长$4.0/\alpha$	12.4						
K_h	0						
最大弯矩截面系数C_1	0.538	0.646	0.753	0.861	0.968	1.076	1.184
换算深度$h_1 = \alpha_y$	1.089	1.055	1.022	0.991	0.965	0.939	0.913
最大弯矩系数D_{ll}	1.186	1.278	1.366	1.457	1.550	1.644	1.737
最大弯矩深度y（m）	3.37	3.27	3.17	3.07	2.99	2.91	2.83
$H_0 = M_{max}\alpha/D_{ll}$（kN）	40.64	37.71	35.28	33.08	31.10	29.32	27.75
$M_0 = H_0 l_0/3$（kN·m）	67.73	75.43	82.33	88.22	93.29	97.73	101.74
$A_f = (B_3D_4 - B_4D_3)/(A_3B_4 - A_4B_3)$	15.257	16.315	17.343	18.408	19.504	20.600	21.697
$B_f = (A_3D_4 - A_4D_3)/(A_3B_4 - A_4B_3)$	18.814	20.834	22.795	24.904	27.219	29.535	31.851
$C_f = (A_3C_4 - A_4C_3)/(A_3B_4 - A_4B_3)$	26.371	30.233	33.981	38.175	43.071	47.968	52.864
δ_{HH}(mm)	1.636	1.749	1.859	1.973	2.091	2.208	2.326
$\delta_{HM} = \delta_{MH}$（mm）	0.651	0.721	0.789	0.862	0.942	1.022	1.102
δ_{MM}（mm）	0.295	0.338	0.380	0.426	0.481	0.536	0.591
稳定层面处桩身水平位移x_0（m）	0.111	0.120	0.131	0.141	0.153	0.165	0.177
稳定层面处桩身转角φ_0（°）	−0.046	−0.052	−0.058	−0.064	−0.071	−0.078	−0.085
桩顶允许总位移Δ（m）	0.343	0.433	0.535	0.653	0.791	0.943	1.109

通过上述计算分析结合本工程基坑围护图纸、小应变动测报告，对于滑动层深度基本可得出以下结论：①位于基坑边的第一、二排灌注桩滑动层深度受南侧护坡桩限制，筏板底约为10～11m，考虑桩定位偏差±100mm，则桩顶图示偏位区间为0.85～1.05m；②其余灌注桩滑动层深度受基坑开挖影响，筏板底约为7m，考虑桩定位偏差±100mm，则桩顶图示偏位区间为0.45～0.65m。

对照动测报告显示：非边排桩桩顶总位移≤0.635m时，基本为Ⅰ、Ⅱ类桩；南侧边排桩桩顶总位移≤1.05m时，基本为Ⅰ、Ⅱ类桩。由此推定滑动层厚度为7m时，桩顶计算位移约为0.535m；滑动层厚度为11m时，桩顶计算位移约为1.109m。计算简图及内力示意见图2.6.11。

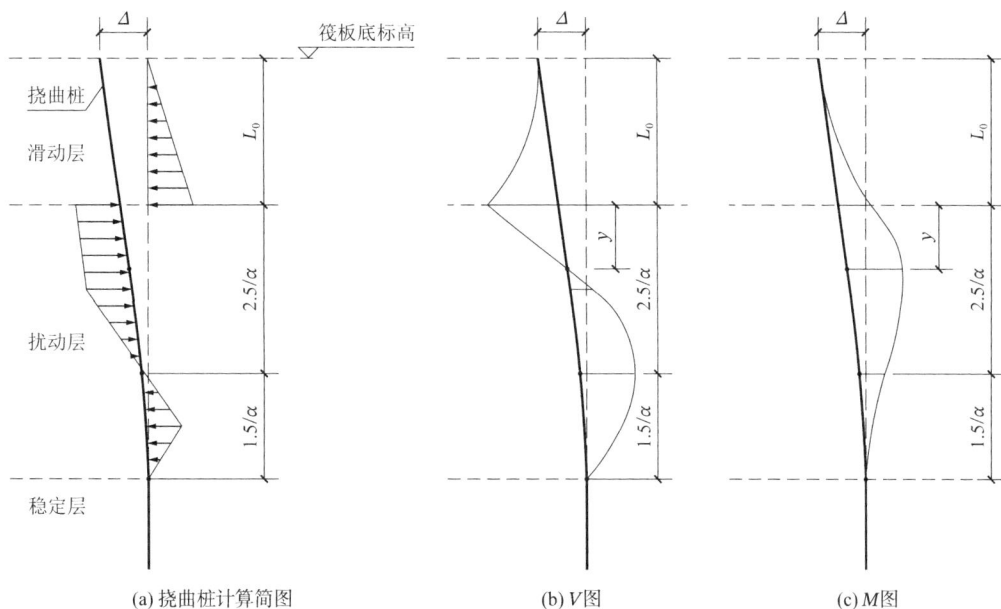

(a) 挠曲桩计算简图　　　　　　(b) V图　　　　　　(c) M图

图 2.6.11　挠曲桩计算简图及内力示意图

3. 基桩第二次位移内力估算及影响

主体结构施工至 4 层时，由于基坑南侧护坡桩连续拔除及场地土回填引发群桩基础和上部结构整体往北侧移 0.02～0.16m（图 2.6.12），此时滑动层深度可近似为护坡桩在基础底以下的有效桩长（11.0m 左右），发生二次位移后需复核基桩与筏板的连接假定和桩身附加内力对其承载力的影响。

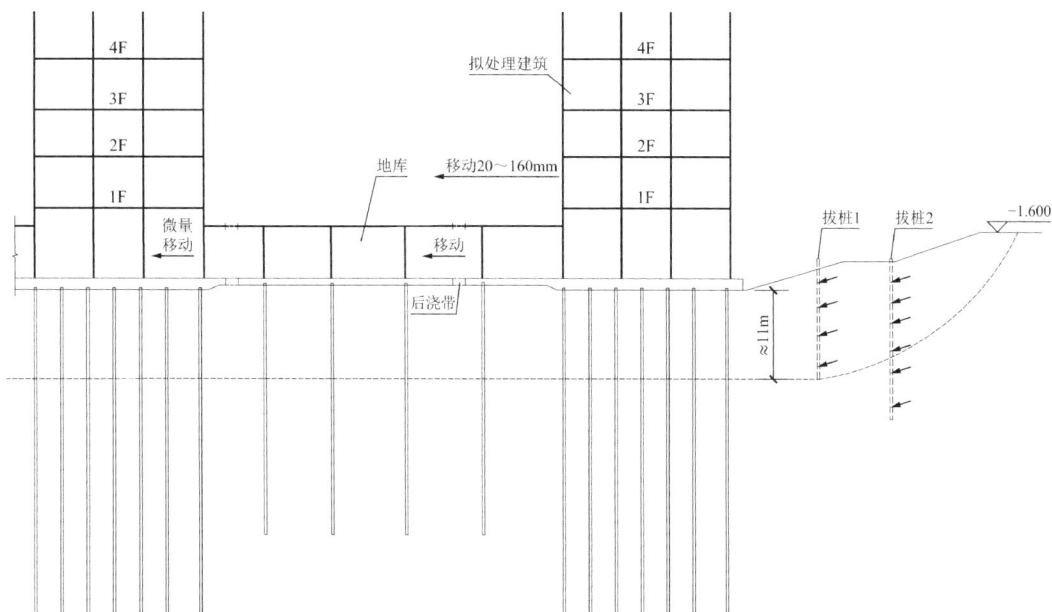

图 2.6.12　二次侧移示意图

（1）取稳定层以上约 24m 计算长度，计算桩顶最大允许位移，计算简图见图 2.6.13。

图 2.6.13　计算简图

$$M_A = M_B = \frac{6EI\Delta}{l^2} \leqslant 149.3 \text{kN} \cdot \text{m}$$

$$\Delta \leqslant \frac{149.3 \times 24^2}{6 \times 277289} = 0.052\text{m}$$

实际桩顶偏移量为 0.02～0.16m，故假定水平位移量 ≥ 0.052m 时桩与筏板连接处桩钢筋可能已趋向屈服，可假定桩顶与筏板按铰接进行分析。

（2）桩体的受力及侧向变形与高承台桩类似，可按《建筑桩基技术规范》JGJ 94—2008 附录 C 计算桩顶实际最大位移量为 0.16m 时的桩身最大弯矩、剪力，土层的土推力按矩形和三角形分布包络计算，计算简图见图 2.6.14。

滑动层土推力呈矩形分布时：$M_0 = 5.5H_0$，$y_{M,\max} = 2.486\text{m}$，$M_{\max} = 12.96\text{kN} \cdot \text{m}$，$V_{\max} = 1.81\text{kN}$。

滑动层土推力呈三角形分布时：$M_0 = 3.667H_0$，$y_{M,\max} = 2.83\text{m}$，$M_{\max} = 20.17\text{kN} \cdot \text{m}$，$V_{\max} = 3.75\text{kN}$。

由此判定当假定桩顶连接节点为铰接时，桩发生二次位移产生的附加桩身内力较小，几乎可以忽略不计。

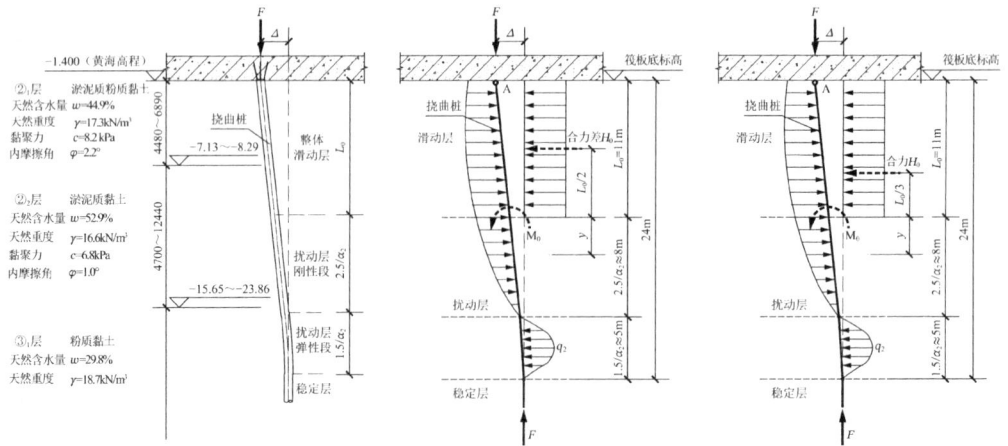

图 2.6.14　滑动层侧推力计算简图

4. 既有挠曲灌注桩残余承载力计算

既有灌注桩在两次位移后逐渐趋于稳定，但桩身一定范围内尚残留有侧向土压力，且第二次位移后桩顶与筏板的连接可能已接近屈服，故残余承载力验算时桩顶与筏板节点假定为铰接，因而倾斜挠曲后桩竖向承载力受桩身受弯承载力以及桩周土约束作用等影响，桩竖向承载力特征值根据所处区域及对应的水平总偏位量分别按滑动层为 7m、11m 验算取值。

（1）群桩系数确定

$s_a = \sqrt{A/n} = \sqrt{603.5/102} = 2.43\text{m}$，$s_a/d = 2.43/0.7 = 3.5\text{m}$，按桩数 3×3 查《桩基手册》得 $\eta_c = 0.48$。

（2）根据灌注桩所处区域滑动深度、桩周土的水平抗力验算桩身内力最大截面处可承受的竖向荷载作用值，计算简图见图 2.6.15。桩周水平抗力计算参数假定：基础竖向沉降限定 20mm、桩顶的水平移位为 0.006m。

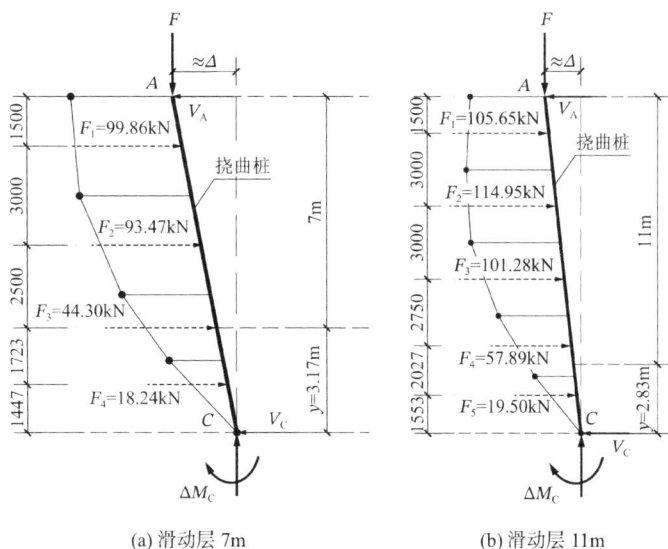

(a) 滑动层 7m　　　　(b) 滑动层 11m

图 2.6.15　挠曲桩受力分析简图

图中：y——滑动层底至桩身弯矩最大点距离（m）；

ΔM_C——桩身进一步受弯后弯矩增量（kN·m），$\Delta M_C = M \times (1 - \frac{\Delta_i}{\Delta})$，$\Delta_i$ 为第 i 次位移量，Δ 为总位移量；

F——桩顶作用荷载设计值（kN）；

F_i——桩周土水平抗力合力（kN）；

y_i——桩周土水平抗力合力至弯矩最大点的距离（kN）；

V_A——桩顶与承台摩擦力传递水平力，方向与桩与承台的相对位移反向，稳定时近似取为 $V_A = 0\text{kN}$。

由 $\sum M_C = 0$，

$$F \times \Delta + V_A \times (L_0 + y) = \Delta M_C + \eta_c \times (F_1 \times y_1 + F_2 \times y_2 + F_3 \times y_3 + F_4 \times y_4)$$

考虑二次变位影响最大承载力取值不超过原单桩竖向承载力特征值的 0.80 倍，且Ⅱ类桩考虑桩身缺陷影响后取值为Ⅰ类桩的 0.85 倍，Ⅲ类桩按废桩考虑。

5. 既有挠曲灌注桩残余承载力有限元补充分析

本工程原桩历经二次偏移变位后受力复杂，除按常规的简化模拟手算外，再采用 Plaxis 有限元软件进行补充计算分析，按不利值采用。土体材料采用软土蠕变模型（SSC 模型），计算参数通过岩土工程勘察报告结合理论、经验及各软件说明的公式获得，具体取值见表 2.6.3。

土体参数表   表 2.6.3

土层	地层名称	土层重度（kN/m³）	凝聚力（kPa）	内摩擦角	修正压缩指数 λ^*	修正膨胀指数 K^*	修正蠕变指数 μ^*
②₂	淤泥质黏土	17	6.8	1.0	0.17	0.017	5.66×10^{-3}
③₁	粉质黏土	18.7	33.4	15.5	0.086	0.0086	2.87×10^{-3}
③₂	粉质黏土	17.5	25	13.7	0.122	0.0122	4.00×10^{-3}
④₂	粉质黏土	18.2	26.5	13.8	0.111	0.0111	3.70×10^{-3}
⑤₁	黏土	18.1	29.7	14.2	0.101	0.0101	3.40×10^{-3}
⑤₂	粉质黏土	18.6	29.8	15.6	0.093	0.0093	3.10×10^{-3}
⑥₂	粉质黏土	18.6	34.5	15.7	0.09	0.009	3.00×10^{-3}

注：*表示修正后参数。

（1）单根桩分析。选用尺寸为 50m × 50m × 100m 的弹性模型（图 2.6.16）进行模拟，通过在筏板上施加大小为 F（kN）的荷载，分别假定桩顶偏移量为 100～900mm，对由 F 产生的桩身弯矩值进行判断，将桩身弯矩大于 150kN·m 视为破坏，桩身残余承载力特征值取为破坏的上一级荷载的 0.74 倍，计算结果见表 2.6.4。

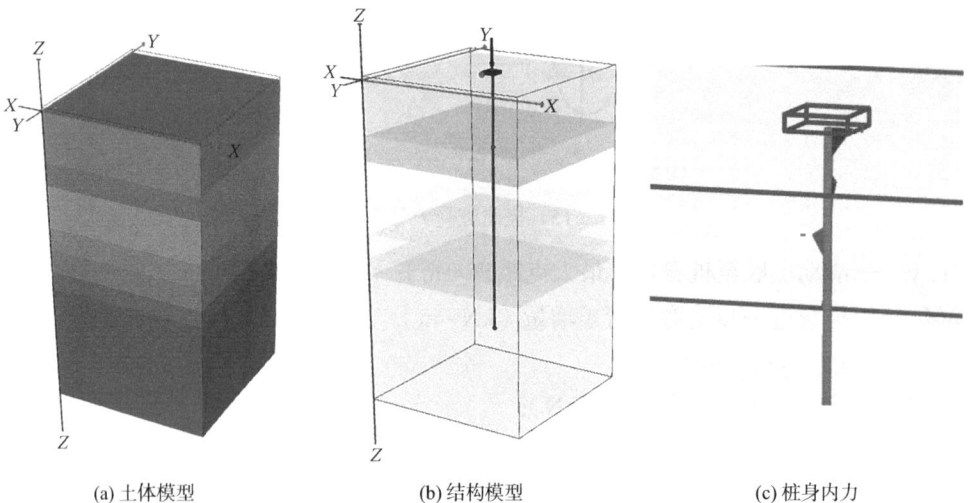

(a) 土体模型   (b) 结构模型   (c) 桩身内力

图 2.6.16 模型三维图

残余承载力特征值汇总表   表 2.6.4

桩身偏移量（mm）	残余承载力特征值（kN）	桩身偏移量（mm）	残余承载力特征值（kN）
100	3300	600	1480
200	2640	700	1420

续表

桩身偏移量（mm）	残余承载力特征值（kN）	桩身偏移量（mm）	残余承载力特征值（kN）
300	2140	800	1320
400	1980	900	1150
500	1650		

（2）整体模型分析。选用尺寸为 100m×100m 模型（图 2.6.17）进行分析，地下室及地上四层采用实体结构，四层以上采用等效荷载代替，材料计算参数取值见表 2.6.5。按实际施工步骤进行分析后的应力云图见图 2.6.18、图 2.6.19，桩身内力见图 2.6.20。

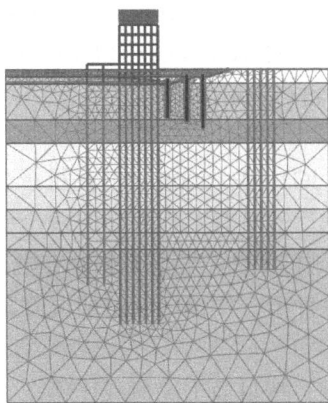

图 2.6.17　模型三维图

材料计算参数取值　　　　　　　　　　表 2.6.5

名称	材料状态	弹性模量（×10⁴MPa）	轴向刚度（×10⁷kN/m）	泊松比
房屋基础	弹性	3.0	2.7	0.2
灌注桩	弹性	3.0	1.15	0.2
围护拉伸钢板	弹性	21.0	0.64	0.3
结构楼板	弹性	3.0	1.2	0.2

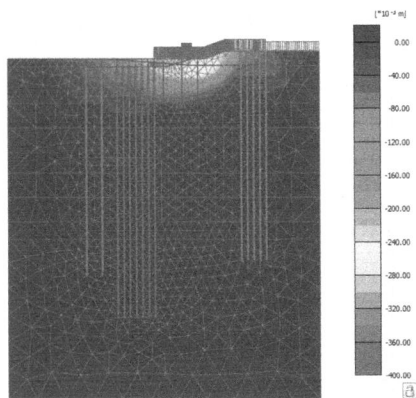

图 2.6.18　基坑开挖工况土体位移云图　　图 2.6.19　主楼结构完成后支护桩拔除工况位移云图

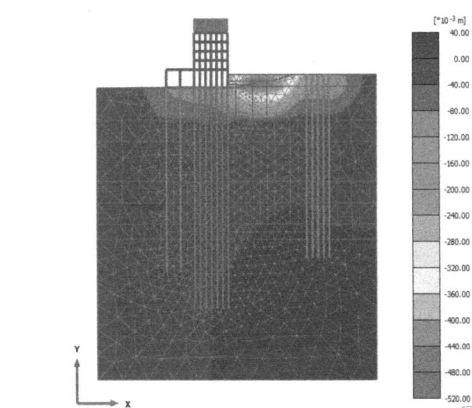

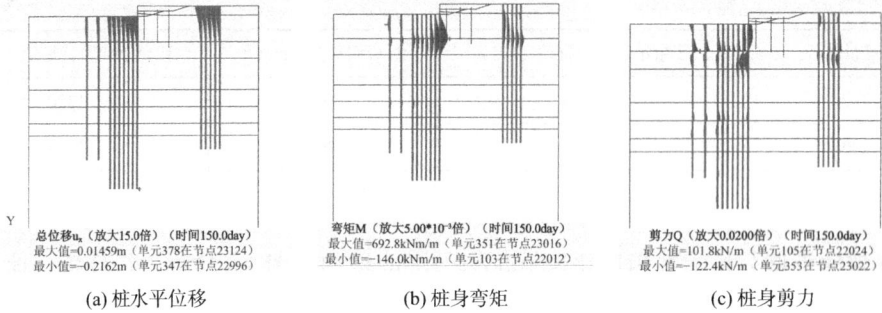

| (a) 桩水平位移 | (b) 桩身弯矩 | (c) 桩身剪力 |

图 2.6.20　桩身内力图

由桩身内力图可知，越靠近基坑的桩，其桩身弯矩值越大，前三排桩身弯矩较大，主楼各桩的弯矩值从右到左分别为：692.8kN·m/m、486kN·m/m、257kN·m/m、143kN·m/m、121kN·m/m、105kN·m/m、98kN·m/m。

6. 结论

参照《建筑桩基技术规范》JGJ 94—2008 中的高桩承台计算公式，并结合 Plaxis 有限元软件补充分析，考虑群桩折减后的既有工程桩竖向残余承载力按以下原则取值：

1）⑯～㉕轴范围内南侧三排桩取值：根据 Plaxis 有限元软件模拟分析结果，此三排桩的桩身弯矩已超过受弯承载力设计值，但该房屋目前沉降正常且无倾斜迹象，故以原桩承载力特征值按以下原则取值：

（1）后补南侧边排非挠曲桩，按目前工况荷载比例、并考虑桩身受损及负摩阻力影响后，取值如下：

$R'_a = (3300 - 300) \times 72\% \times 0.8 = 1728\text{kN}$，取 $R'_a = 1700\text{kN}$

（2）挠曲桩按桩身承载力及约束条件计算取值，不考虑侧摩阻力影响。

2）总偏移量超过 900mm 的桩，残余承载力不考虑。

3）除⑯～㉕轴范围内的南侧三排桩外，其余桩的竖向残余承载力特征值取值见表 2.6.6，承载力取值平面见图 2.6.21。

原灌注桩残余承载力取值　　　　　　　　　　　　　　　　表 2.6.6

1. 第二次位移为 0.02m 时桩残余承载力取值									
总位移量Δ（m）	0.100	0.200	0.300	0.400	0.500	0.600	0.700	0.800	0.900
Ⅰ类桩残余承载力特征值 R'_a（kN）	2640	2640	2000	1400	1100	900	700	650	600
Ⅱ类桩残余承载力特征值 R'_a（kN）	2200	2200	1700	1200	900	750	600	550	500
2. 第二次位移为 0.04m 时桩残余承载力取值									
总位移量Δ（m）	0.100	0.200	0.300	0.400	0.500	0.600	0.700	0.800	0.900
Ⅰ类桩残余承载力特征值 R'_a（kN）	2640	2640	2000	1400	1100	900	750	650	600
Ⅱ类桩残余承载力特征值 R'_a（kN）	2200	2200	1700	1200	900	750	600	550	500

3. 第二次位移为 0.06m 时桩残余承载力取值

总位移量Δ（m）	0.100	0.200	0.300	0.400	0.500	0.600	0.700	0.800	0.900
Ⅰ类桩残余承载力特征值 R'_a（kN）	2640	2640	2000	1400	1150	900	750	650	600
Ⅱ类桩残余承载力特征值 R'_a（kN）	2200	2200	1700	1200	950	750	600	550	500

4. 第二次位移为 0.08m 时桩残余承载力取值

总位移量Δ（m）	0.100	0.200	0.300	0.400	0.500	0.600	0.700	0.800	0.900
Ⅰ类桩残余承载力特征值 R'_a（kN）	2640	2640	2000	1500	1150	900	700	650	600
Ⅱ类桩残余承载力特征值 R'_a（kN）	2200	2200	1700	1250	950	750	600	550	500

5. 第二次位移为 0.10m 时桩残余承载力取值

总位移量Δ（m）	0.100	0.200	0.300	0.400	0.500	0.600	0.700	0.800	0.900
Ⅰ类桩残余承载力特征值 R'_a（kN）	2640	2640	2000	1500	1150	900	700	650	600
Ⅱ类桩残余承载力特征值 R'_a（kN）	2200	2200	1700	1250	900	750	600	550	500

6. 第二次位移为 0.12m 时桩残余承载力取值

总位移量Δ（m）	0.100	0.200	0.300	0.400	0.500	0.600	0.700	0.800	0.900
Ⅰ类桩残余承载力特征值 R'_a（kN）	2640	2640	2000	1500	1150	900	750	650	600
Ⅱ类桩残余承载力特征值 R'_a（kN）	2200	2200	1700	1250	950	750	600	550	500

7. 第二次位移为 0.14m 时桩残余承载力取值

总位移量Δ（m）	0.100	0.200	0.300	0.400	0.500	0.600	0.700	0.800	0.900
Ⅰ类桩残余承载力特征值 R'_a（kN）	2640	2640	2100	1500	1150	900	700	650	600
Ⅱ类桩残余承载力特征值 R'_a（kN）	2200	2200	1750	1250	950	750	600	550	500

8. 第二次位移为 0.16m 时桩残余承载力取值

总位移量Δ（m）	0.100	0.200	0.300	0.400	0.500	0.600	0.700	0.800	0.900
Ⅰ类桩残余承载力特征值 R'_a（kN）	2640	2640	2100	1500	1150	900	700	650	600
Ⅱ类桩残余承载力特征值 R'_a（kN）	2200	2200	1750	1250	950	750	600	550	500

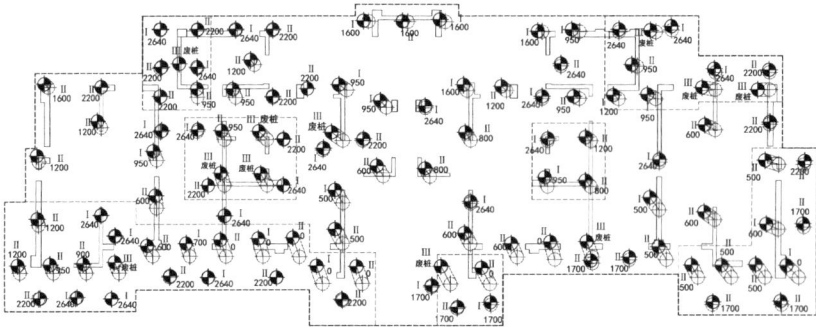

图 2.6.21　原灌注桩残余承载力特征值取值示意图（单位：kN）

2.6.5　基础控沉加固设计

综合分析工程技术条件并结合类似工程处理经验，基础控沉加固采用补桩法，既有桩基卸载值按当前作用的竖向荷载设计值的 30%～40% 考虑。补桩后通过群桩持荷措施主动调节桩顶作用荷载，使整个桩基础处于安全状态，同时预防偏斜桩在增加后续荷载后发生脆性破坏，确保结构安全。桩型采用桩身强度高、土层穿透力强、地基扰动小的微扰动开口锚杆静压钢管注浆桩，分批补入锚杆静压钢管注浆桩，通过预加载封桩，主动分担上部荷载、降低既有桩的承载量，能显著控制后期沉降，大幅度提高地基基础安全度，以满足长期安全与正常使用要求。

经计算，在恒 + 活标准组合工况下的基础结构总荷载约为 212866kN（包含基础自重），其中恒荷载 195319kN，活荷载 17547kN。当时施工进度状态下的竖向总荷载约为 152075kN，占建筑设计总荷重的 71.4%，若不考虑结构倾斜偏心等因素，平均桩顶竖向力为 1490kN，倾斜挠曲后的既有工程桩总承载力（估算值）为 152480kN，总荷载和桩竖向承载力基本持平，因此地基与基础处于正常受力状态，但目前工况下荷载仅占总荷载的 71.4%，尚有 28.6% 的荷载未施加，故桩基补强设计时按后续新增荷载及当前作用的竖向荷载设计值的 40% 均由后补桩承担来考虑。后补锚杆静压桩采用截面为 $\phi426 \times 10$ 钢管桩，材质 Q355B，桩端持力层为 $⑥_2$ 粉质黏土，有效桩长约 72m，经计算得到单桩竖向受压承载力特征值为 1900kN。

总桩数 $n \geqslant \dfrac{152075 \times 0.40}{1900} + \dfrac{212866 \times 28.6\%}{1900} = 32 + 32 = 64$ 根，最终分三批次共布桩 66 根，补桩平面见图 2.6.22。

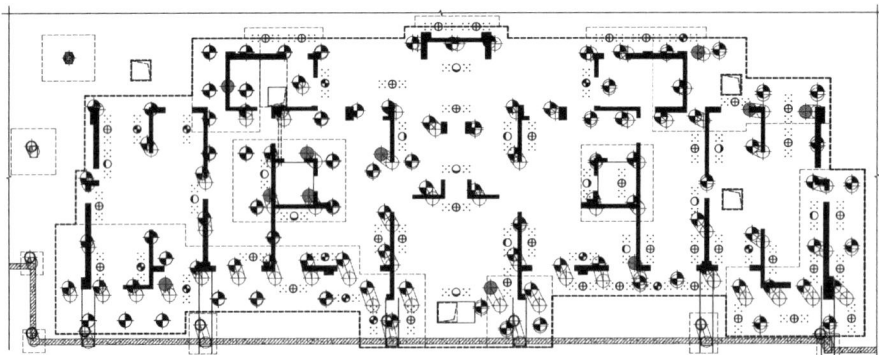

::⊕:: 第一批桩，共38根　　::●:: 第二批桩，共13根　　::○:: 备用桩，共15根

图 2.6.22　补桩平面布置图

补桩后按正常工况验算筏板配筋及抗冲切承载力，不足处采用增设混凝土翼墙和筏板面新增叠浇层的方式进行加固。

2.6.6　基础控沉加固施工

为减少地基土扰动引发的附加沉降，合理安排施工顺序：先东单元后西单元、先外围后内部，并遵循"跳点间隔压桩"的施工方式，严禁同一承台两根桩同时沉压，沉桩完成立即持荷加载，总体施工流程见图 2.6.23。

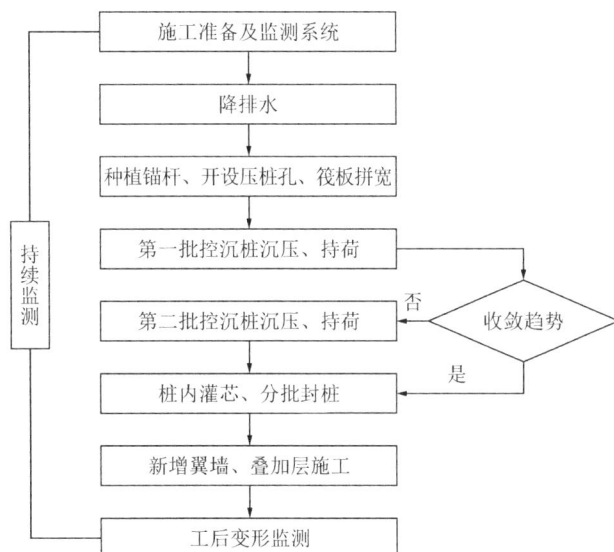

图 2.6.23　总体施工流程图

1. 压桩孔成孔与锚杆埋设

压桩孔在筏板拼宽加固处预留或在原筏板内采用静力水钻微倾取芯成孔，上口直径为 $d+50mm$，下口直径为 $d+100mm$，d 为桩径。反力锚杆选用 $\phi^T 32$ 的精轧螺纹钢锚杆，每个压桩孔两侧各设置 10 根，后植或预埋在原筏板内。压桩孔成孔及锚杆埋设见图 2.6.24。

(a) 筏板拼宽施工　　(b) 筏板内压桩孔及锚杆　　(c) 芯样

图 2.6.24　压桩孔成孔及锚杆埋设

2. 微扰动锚杆静压钢管桩施工

（1）钢管桩加工及制作时，桩段长一般控制为 1.5～2.0m，钢管切口精加工，要求下料平整、光滑、无毛刺。焊接工艺采用质量等级较高的半自动二氧化碳气体保护焊。

85

（2）筏板下端斜桩探孔

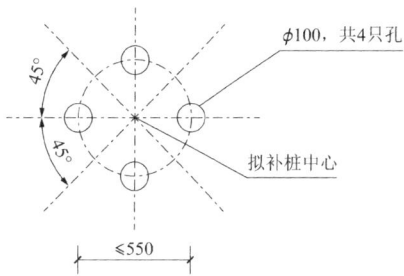

图 2.6.25　筏板下断斜桩探测孔示意图

每根钢管桩压桩孔开设前需先对筏板下是否存在断斜桩进行探测，探测以拟补桩中心为中心，正交四个方向向外延伸各约 550mm 开设 ϕ100 孔，共 4 个，采用 Φ25 钢筋插入孔内不小于 4m，探测下方是否有断斜桩等障碍物，若无断斜桩等障碍物，可正常开孔沉压钢管桩，若探测下方有障碍物，需探明障碍物大小，判断是否为断斜桩，若为断斜桩，需上报设计协商是否调整补桩位置。探孔做法见图 2.6.25。

（3）桩体沉压

单根锚杆桩施工工序为：检查锚杆和桩机，清理桩孔→安装压桩架→桩节就位，安装千斤顶→桩分节沉压→采用分段清理土塞减少挤土效应（图 2.6.26）→焊接接桩，焊缝冷却后继续压桩→直至桩长及压桩力满足设计要求→管内灌芯施工→伺服持荷。

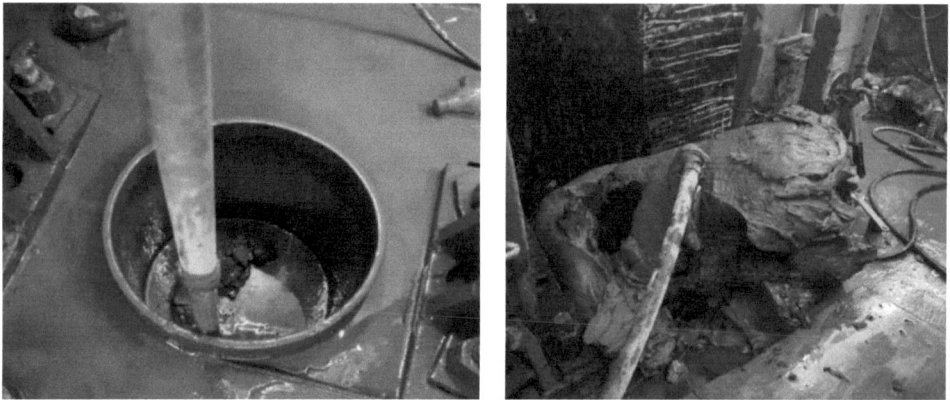

图 2.6.26　土塞清除施工

（4）群桩持荷

压桩完成后采用 STC 伺服同步位移液压控制系统和集群千斤顶持荷不少于两周后再统一加载持荷封桩，以调节桩顶反力（降低既有桩顶荷载）和促使沉降趋于均匀，并利于发现基础承载力薄弱部位。群桩 STC 伺服持荷见图 2.6.27。

图 2.6.27　群桩 STC 伺服持荷

（5）封桩

封桩顺序按先封沉降量或沉降速率较大区域，后封沉降量或沉降速率较小区域，及时观测沉降情况，动态封桩。并采用预加载二次封装技术（图 2.6.28），封桩预加载值根据桩后续需承担的荷载比例确定，本工程封桩加载值取 $0.85R_a$。

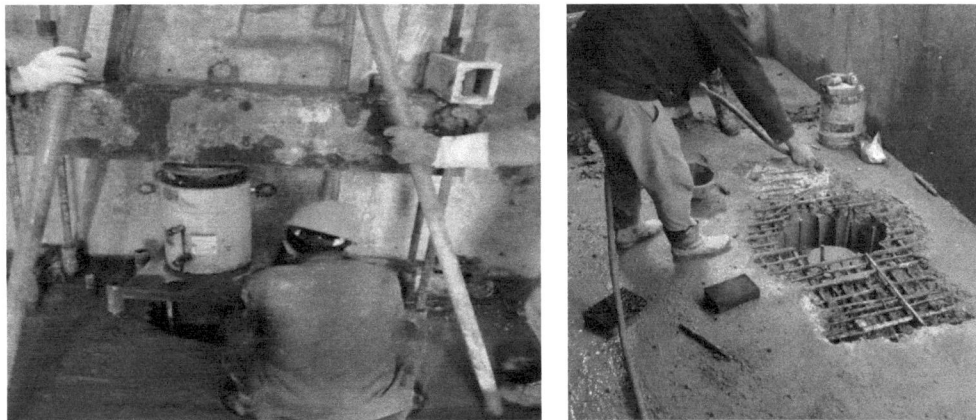

图 2.6.28　预加载二次封桩施工

2.6.7　控沉成果

（1）本工程控沉加固与长时间持荷施工历时 190d（控沉施工各阶段时间见表 2.6.7），其中持荷、封桩期达 135d，设计要求分三批次共补入 66 根 $\phi426 \times 10$ 钢管桩。在第一批次桩持荷期间开展了上部二次结构的砌墙、墙体内外粉刷等装饰工程，2022 年 5 月 31 日施工状态下的竖向总荷载占设计总荷重约 88% 时，根据设计要求，邀请专家评估补桩后控沉效果，评估结论为控沉达到预期效果、变形趋于稳定。长时间持荷监控有利于跟踪分析判断补桩量的合理性及既有工程桩的竖向承载力发挥状况。

控沉施工各阶段施工工期　　　　　　　　　表 2.6.7

序号	阶段	工期（d）
1	基础加固施工	15
2	第 1 批桩施工	21
3	群桩持荷微调	100
4	第 1 次封桩、养护	25
5	第 2 次封桩、叠浇层施工	29
6	总工期	190

（2）基础控沉施工结束后 112d 阶段，各测点累积沉降量为 $-0.96 \sim -2.21$mm，沉降速率为 $-0.009 \sim -0.020$mm/d，最大沉降监测点累积沉降量 -2.21mm，沉降速率 -0.020mm/d（图 2.6.29）；沉降速率满足现行行业标准《建筑变形测量规范》JGJ 8 关于同类建筑沉降稳定标准（$0.01 \sim 0.04$mm/d）的限制要求，沉降趋于稳定，控沉加固达到预期目标。

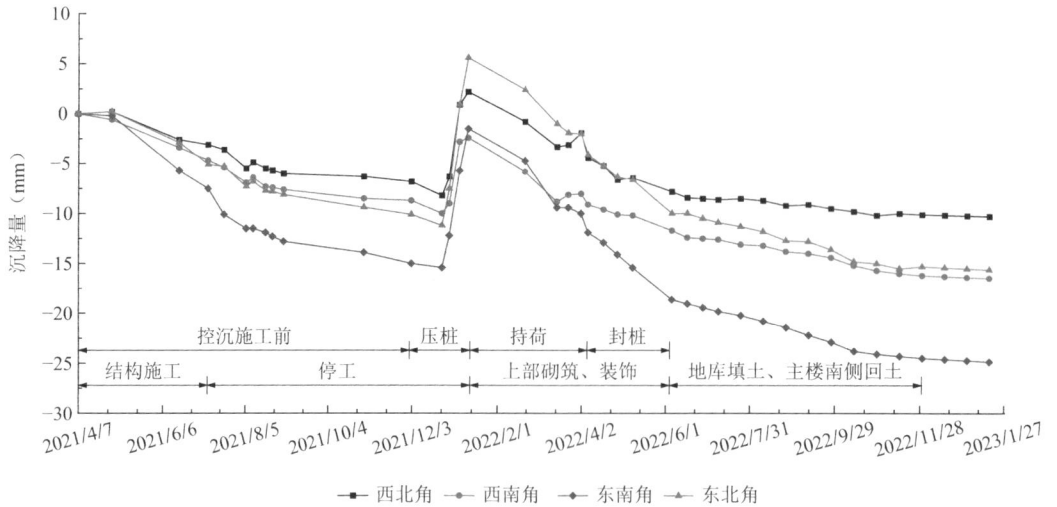

图 2.6.29　主楼累积沉降量曲线图

（3）补桩承载力占当时全部建筑自重的 70.09%，监测显示本楼整体上隆位移达到 15mm，长桩基础在卸荷达到 70%时的桩身回弹非常可观，高层建筑长桩基础通过补桩持荷进行微量纠偏是可行的。后来随着上部砌体、装修荷载逐渐递增，上隆变形渐渐回落。

（4）该高层建筑基础发生侧移后，原计划需拆除重建，进行控沉加固后的工程质量达到了设计要求和现行建筑工程施工验收规范规定，并于 2022 年 11 月顺利通过竣工验收并交付使用。完工后的实景见图 2.6.30。

图 2.6.30　完工后实景

第 3 章

高层建筑截桩迫降法纠倾技术

3.1 截桩迫降法纠倾原理和流程

软土地区场地复杂，土层分布不均匀，软弱土层深厚或者设计误差、施工缺陷等因素，造成工程桩承载力不足以及工程桩之间承载力有分布差异，容易引发不均匀沉降，导致上部建筑倾斜。特别是摩擦桩和端承摩擦桩基础，竖向承载力不足所引起的差异沉降不易控制，将严重影响建筑物的安全。为恢复建筑物的使用功能，可对建筑物采取截桩和补强等措施，通过使沉降较小的一侧产生刺入变形的方式进行纠倾。

截桩迫降法纠倾属于应急抢险工程，施工周期短、进度快，为基础补强而施打的控沉桩对场地土扰动明显，影响较难预测。截桩后，桩基多发生刺入变形，其主要变形为桩端附近土体的局部压缩和塑性变形，目前尚缺乏合理的计算分析理论对端阻力与刺入变形的发展进行描述。再者，正常使用状态下的沉降变形与承载力极限状态下和局部破坏状态下的沉降变形有很大差异。因此，基于常规工程的本地区沉降计算、监测数据和沉降经验系数难以借鉴。截桩纠倾中采用基础设计时的地勘参数，效果也并不理想。

由于地质条件和水文条件不同，建筑物纠倾工程具有很强的地域性。由缺陷所引起的工程桩承载力的不确定性，特别是截桩纠倾过程中由于基桩内力急剧变化而导致的短时间内桩端以及桩周土应力和变形的大幅度变化，将对纠倾过程中建筑的局部或整体倾斜状态产生影响，从而给截桩纠倾的计算和作业带来很大困难。

3.1.1 截桩迫降法纠倾原理

截桩迫降法是指对采用桩基础的倾斜建筑物，在沉降较小一侧，采取截桩措施促使其沉降加大的纠倾方法，其原理如图 3.1.1 所示。该方法适用于承台埋深较浅、桩长较长的桩基础，特别是对于桩身强度与完整性有保证且持力层性质与下卧层性质较好的桩基础，该方法具有更好的可控性和可靠性。

采用本方法时，对于持力层可刺入性较好的桩基础，仅需少量的截桩同步卸载即可实现目标；对于较为密实、可刺入性较差的桩基础，则需要扩大截桩范围甚至全数截桩方可完成纠倾。

截桩迫降法纠倾并非砍桩、断桩等使桩脱离受力而产生迫降变形的粗糙工艺，而是基于成熟的施工技术，结合理论分析和信息化精密控制发展而来的先进技术，相较于其他迫降法，截桩纠倾具有以下优点：

（1）截桩纠倾不削弱也不破坏既有地基，施工后无需进行地基土补强作业。

（2）迫降过程中，截桩不会 100%完全卸载，依旧与上部结构共同作用，因此，不会引起上部结构内力变化过大而开裂或破坏。

（3）截桩后，可对截桩采取必要的抗震措施，使桩基础能够抵抗设防烈度的地震作用，能保证施工过程中的安全。

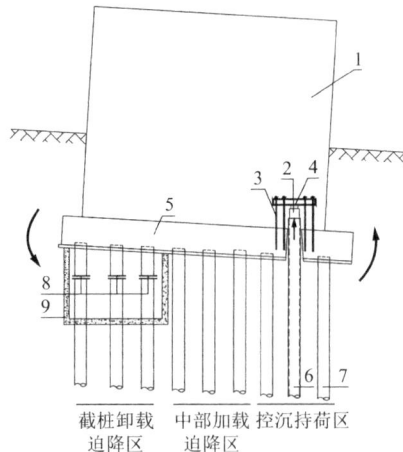

1—既有倾斜建筑物；2—液压千斤顶；3—反力锚杆；4—反力钢梁；5—既有底板；
6—后补桩；7—既有工程桩；8—截桩卸载；9—截桩作业坑

图 3.1.1　截桩迫降法纠倾原理图

3.1.2　截桩迫降法纠倾流程

截桩迫降纠倾施工一般按下列步骤进行：

（1）截桩和迫降纠倾前的准备工作。

（2）截桩作业坑支护结构施工、土方开挖和外运。

（3）沉降未稳定时，先进行补桩控沉加固，并进行桩顶持荷。

（4）截桩托换系统安装，伺服千斤顶和迫降控制系统安装与调试。

（5）伺服千斤顶预紧，桩身截断。

（6）分批、分级同步迫降，至建筑物倾斜率满足纠倾目标要求。

（7）桩身截断面接桩施工，新增控沉桩持荷封桩，截桩作业坑回填、基础底板恢复。

截桩纠倾过程中，不同基桩间的荷载分布差异巨大，部分基桩甚至处于受拉状态，而有的基桩则接近承载力极限状态；随着截桩进行和批次变换，这种内力分布一直处于动态变化之中。另一方面，由于基桩所承受荷载的快速变动，导致桩周以及桩端土的应力也在大幅度变化之中，部分基桩则由于土体进入破坏状态而发生刺入变形。

由于纠倾过程的复杂性，以往截桩纠倾工程往往注重定性分析和防控措施的布置，无法计算截桩的数量，更无法计算纠倾期间的桩基内力变化以及上部结构的内力。为了较好地预测截桩数量以及截桩过程发生的沉降，通过构建带缺陷桩基的等效刚度进行截桩纠倾过程的分析与预测。

工程桩刚度计算很复杂，特别是长桩，受桩周土层以及桩端土层的影响很大，如能根据试桩报告中的沉降曲线测得其刚度，这应该是最符合实际的。

截桩纠倾工程中，基桩所承受荷载及场地土应力分布处于动态变化之中，计算参数难以确定，设计理论以及方法尚不完善，加之此类工程危险性大，施工过程对结构存在较大影响，为了避免发生事故，进行信息化施工和设计是非常必要的。

纠倾过程与建造过程有着本质区别，纠倾过程中上部结构荷载已经全部或者大部分施加完成，相比建造过程，此时基础与结构体系在荷载、刚度等方面均处于相对静止状态，在安保措施完善的前提下，有条件通过周密的监测来获取纠倾过程中动态的桩土刚度关系。

纠倾工程时空效应显著，为了避免纠而不沉或者矫枉过正，需要合理安排控沉桩施工进度，严格控制纠倾过程的迫降速率；此外，结构内力也与不均匀沉降的变化密切相关。因此，必须设置周密的监测体系，通过施工过程监测，及时动态调整纠倾施工的流程、节奏与强度，使纠倾与加固施工始终处于安全可控状态。具体监测内容包括：

（1）主楼迫降期间沉降、倾斜以及楼面高差监测。

（2）主楼在迫降纠倾期间钢管桩持荷与既有桩应力监测。

（3）连梁等关键部位裂缝与应力、应变监测。

根据监测得到的内力和变形，可对基桩的$Q\text{-}S$曲线进行修正，建立起分析预测—施工—监测—反馈修正的作业模式，以提高分析精度，实现分析、设计、施工和监测反馈同步的信息化纠倾，流程详见图 3.1.2。

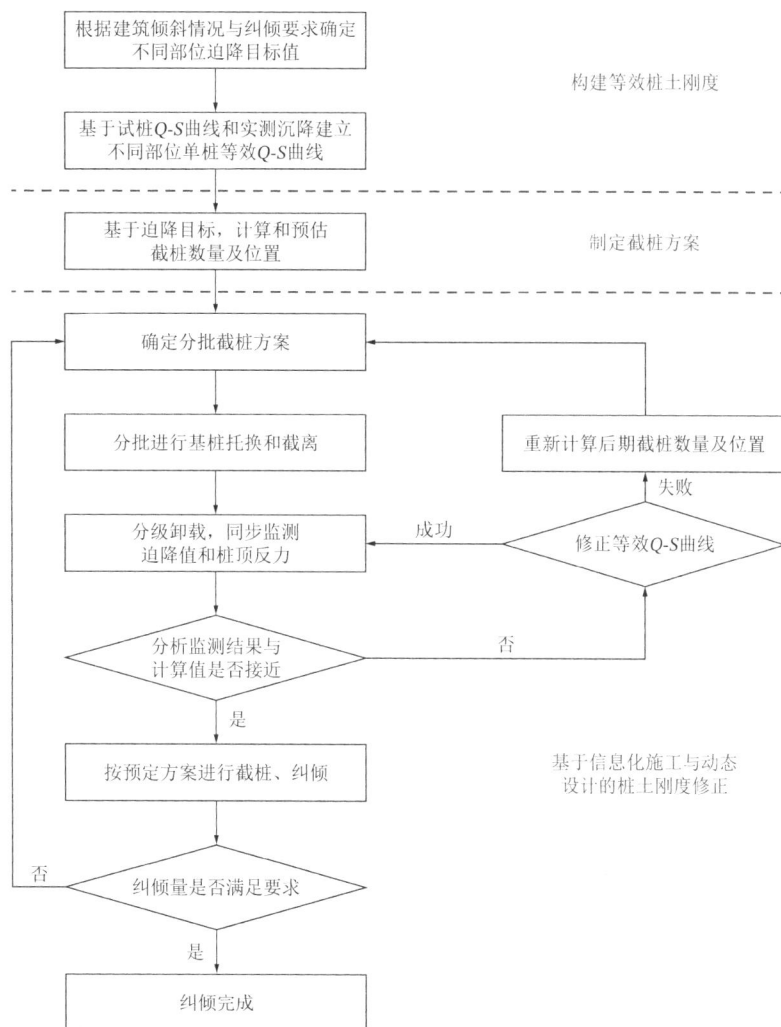

图 3.1.2　截桩迫降法纠倾预测流程图

3.2　截桩预测

竖向荷载作用下，桩基沉降主要由桩身混凝土自身的弹塑性压缩变形以及桩端以下土体的变形两部分组成。桩端以下土体的变形包括瞬时发生的剪切畸变、主固结沉降以及次固结沉降。桩基沉降计算方法很多，目前单桩沉降的计算方法主要有弹性理论方法、荷载传递法、剪切位移法、明德林法、分层总和法、各种数值计算法以及其他简化方法；群桩沉降计算方法主要有等代墩基（实体深基础）法，明德林-盖得斯法，等效作用分层总和法等方法。考虑到按照弹性理论法计算沉降十分复杂，规范沉降计算时引入了等效作用的概念，其计算结果往往偏大，必须采用经验的沉降系数进行折减。

3.2.1　预测模型

1. 理论模型

沉降计算是否合理，很大程度上取决于计算参数的选择是否正确。工程上，可根据荷载特点、土层条件、布桩情况来选择合适的桩基沉降计算模式及相应的计算参数。一方面，场地土层分布不均、土体性质差异大、桩身长短差异明显，间距 20～30m 的勘探孔难以详尽揭示整个场地情况，而且土体压缩变形、固结变形以及桩端刺入破坏涉及的土体参数取值极为复杂，在大楼纠倾的抢险过程中，短时间内难以通过试验取得众多有效数据；另一方面，可能存在的断桩等缺陷无法全部揭示出来。因此，截桩纠倾过程难以采用常规方法进行分析。

常见的单桩破坏形式有桩身破坏、持力层土体破坏和刺入剪切破坏，如图 3.2.1 所示。截桩纠倾过程，建筑物的回倾主要由桩端刺入变形引起。对刺入变形，目前的研究还不够完善，关于刺入过程变形和基桩承载力之间关系的研究成果尚且不多。本章利用桩基施工前所进行的单桩载荷试验 Q-S 曲线，假定桩端位移与桩端力成非线性关系，进行近似计算。

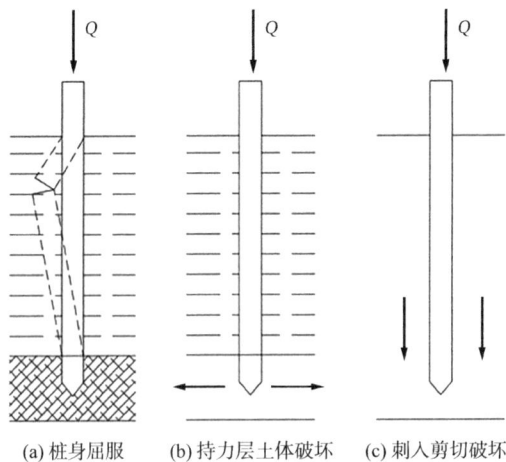

(a) 桩身屈服　　(b) 持力层土体破坏　　(c) 刺入剪切破坏

图 3.2.1　单桩破坏形式

单桩竖向静载荷试验通过实测单桩在不同荷载作用下的桩顶沉降，得到静载试验的 Q-S 曲线。根据 Q-S 曲线可以推求单桩竖向抗压承载力特征值等参数。目前，绝大多数静载试验是为工程设计和验收提供依据，试桩试验荷载一般加至设计承载力特征值的 2 倍左右即终止加载，不进行破坏试验。要正确预估截桩数量以及部位，必须掌握本场地桩基发生较大沉降变形的承载力数值区间，特别是桩基破坏后的沉降与桩基承载力的数值关系。因此，普通的桩基静载试验难以满足纠倾设计的需要。

显然，当基础施工前所进行的设计试桩终止荷载未达到桩基极限承载力时，需要预估桩基内力超过试验荷载时的沉降趋势，然后用监测数据进行反馈和修正，条件允许时可对补充控沉桩进行破坏性试验以完善 Q-S 曲线，并确定沉降较小一侧桩基发生刺入变形的荷载区间。

影响桩基承载缺陷的因素非常多，有地质条件复杂、机械设备故障、施工人员素质等因素。缺陷种类有缩径、扩径、断桩、泥皮与孔底沉渣过厚甚至人为偷工减料等。施工完成后，桩基缺陷可表现在其本身的 P-S 曲线中。例如，对于缩径、断桩等使桩身刚度有所下降的缺陷桩，理论上可用材料参数不变、桩径有所减小的正常单桩或者短桩替代；对于扩径缺陷桩，可用大直径的正常单桩模拟。然而，桩基施工在深层土中，导致桩基缺陷不容易检测，因此缺陷桩的数值模拟非常困难，目前尚无完整、可靠的方法对各类型缺陷桩进行模拟计算。

当然，建筑物倾斜一般为桩基承载力整体缺陷所致，其主要原因不是个别桩缺陷，纠倾过程也无法详尽甄别哪些部位桩基存在缺陷，哪些部位承载力存在不足；此外，截桩过程，由于土与承台或者地下室底板的共同作用以及群桩效应（图 3.2.2、图 3.2.3），桩顶的 Q-S 曲线会受到影响，基于单桩载荷试验的 Q-S 未能体现上述影响。因此必须修正并建立倾斜建筑的桩基承载力与沉降的关系。

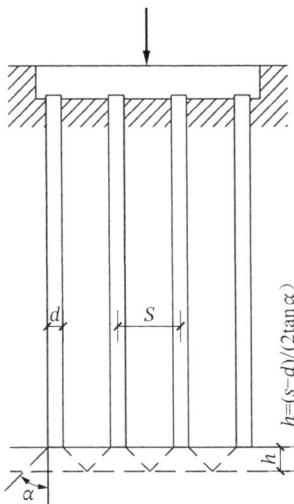

图 3.2.2　端承型群桩基础

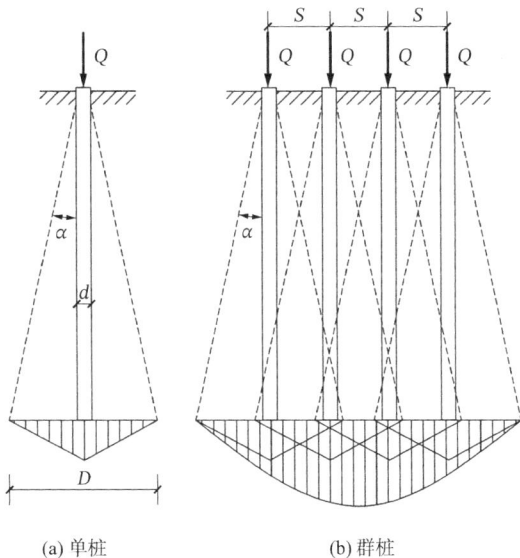

图 3.2.3　摩擦型桩的桩顶荷载通过侧阻扩散形成的桩端平面压力分布

(a) 单桩　　(b) 群桩

截桩过程中，随着一侧桩基刺入持力层，另一侧建筑将会上翘，该侧桩基将产生上拔。该区域缺陷桩的上拔可借助有限元软件进行模拟。

数值模拟中，土体可采用 Drucker-Prager 模型（简称 D-P 模型），该模型能较准确地反映岩土体作为摩擦材料的基本特性。D-P 型采用 Drucker-Prager 屈服准则，也称为广义 Mises 准则，通过修正 Mohr-Coulomb 屈服函数，消除了由尖角造成的奇异点，Drucker-Prager 屈服面的拐角是光滑的，在主应力空间中呈圆锥形。而其屈服强度随着侧限压力（静水应力）的增大而增大；另外，该模型考虑了由于屈服而引起的体积膨胀。

已知单轴受拉屈服应力和单轴受压屈服应力，则内摩擦角φ和黏聚力c可表示为：

$$\varphi = \arcsin\left(\frac{3\sqrt{3}\beta}{2+\sqrt{3}\beta}\right), \quad c = \frac{\sigma\sqrt{3}(3-\sin\varphi)}{6\cos\varphi} \tag{3.2.1}$$

式中：$\beta = \frac{\sigma_c - \sigma_t}{\sqrt{3}(\sigma_c + \sigma_t)}$；

$\sigma = \frac{2\sigma_c \sigma_t}{\sqrt{3}(\sigma_c + \sigma_t)}$。

可得：

$$\beta = 2\sin\varphi / \left[\sqrt{3}(3-\sin\varphi)\right] \tag{3.2.2}$$

$$\sigma = 2\cos\varphi / \left[\sqrt{3}(3-\sin\varphi)\right] \tag{3.2.3}$$

其等效应力表达式为：

$$\sigma_e = 3\beta\sigma_m + \left[\frac{1}{2}S^T M S\right]^{1/2} \tag{3.2.4}$$

式中：σ_m——平均静水压力，$\sigma_m = (\sigma_x + \sigma_y + \sigma_z)/3$；

S——偏差应力；

β——材料常数；

M——Mises 准则中的等效应力。

最后的屈服准则表达式：

$$F = 3\beta\sigma_m + \left[\frac{1}{2}S^T M S\right]^{1/2} - \sigma = 0 \tag{3.2.5}$$

对基于 D-P 本构材料，当φ和c给定后，屈服面为一圆锥面，此圆锥面是六边形的 Mohr-Coulomb 屈服面的外切锥面。

根据监测所得到的沉降数据，结合计算得到现阶段的单桩内力，考虑截桩纠倾过程的沉降特性，以承台或墙肢为单位，建立考虑群桩效应、桩土相互作用以及桩基缺陷$Q(n)$-$S(n)$曲线。在此基础上，构建出桩土及地基等效刚度矩阵K。从而，建立带缺陷基础与上部结构协同作用力学模型，桩土与上部结构共同作用方程如下：

$$[K + K_s + K_b][U] = [F] \tag{3.2.6}$$

式中，

$$[K] = \begin{bmatrix} K_{1,1} & & & & \\ & \cdots & & & \\ & & K_{n,n} & & \\ & & & \cdots & \\ & & & & K_{N,N} \end{bmatrix} \tag{3.2.7}$$

$$K_{n,n} = \begin{cases} Q(n)/S(n) & \text{未截桩} \\ 0 & \text{截桩} \end{cases} \tag{3.2.8}$$

式中：K——桩土地基等效刚度矩阵；

N——总桩数；

K_s——基础刚度矩阵；

K_b——上部结构刚度矩阵；

U——桩顶节点位移矩阵；

F——上部结构荷载节点力矩阵；

$Q(n)$和$S(n)$——分别为构建可修正等效刚度曲线的基桩内力与桩顶位移。

截桩过程通过改变桩土地基等效刚度矩阵K，对桩顶位移和桩基内力分别进行预测。

2. 数值模型

（1）整体模型范围判定

当高层建筑与周边裙房、地下室连为整体时，应分析裙房、地下室的约束作用对高层建筑截桩迫降的影响，必要时宜在截桩迫降前对高层建筑与周边裙房、地下室之间采取临时分离措施。

对与大底盘裙房和地下室相连的高层实施迫降纠倾时，应预测纠倾过程中地下室变形情况，评估对地下室实施平面分离的必要性。截桩迫降法纠倾前应调查深基坑支护结构对地下室的约束状况。此外，电梯井筒负荷重，工程桩数量多，应评估其迫降变形的可行性。

（2）模拟方法

根据实际情况，上部结构梁、柱等构件采用梁单元模拟，板、剪力墙等构件采用板单元模拟。上部结构数值模型如图 3.2.4（a）所示。

截桩采用"刚性体 + 刚性杆"模拟，非截桩采用"刚性体 + 弹性连接单元"模拟，如图 3.2.4（b）和图 3.2.4（c）所示。弹性连接刚度即为后文需确定的单桩竖向刚度曲线，可采用非线性刚度曲线模拟。

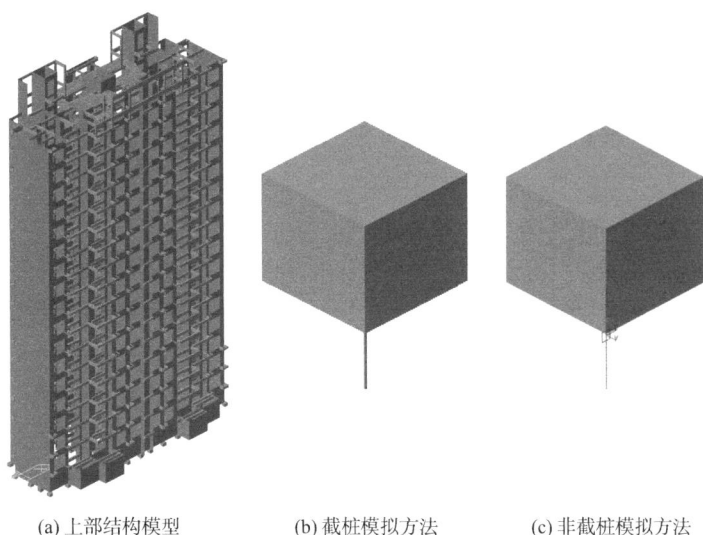

(a) 上部结构模型　　　(b) 截桩模拟方法　　　(c) 非截桩模拟方法

图 3.2.4　截桩预测数值模型

3.2.2　可修正的单桩竖向刚度曲线

1. 桩基区域划分

考虑到实际工程桩施工质量存在差异，以及群桩效应问题的复杂性，群桩中某一单桩的竖向刚度取值具有较大不确定性，因此，高层建筑迫降纠倾过程中，可将桩基划分为三个区域，即截桩卸载迫降区、中部加载迫降区和控沉持荷区。截桩后桩顶作用根据人为分级卸载而产生相应重分布，致中部区域桩顶作用力激增而促沉，控沉持荷区桩顶呈现卸载效应而产生微量上翘变形。

对于中部加载迫降区的工程桩，应根据桩型特点、地质条件和桩端持力层性质，分析评估其在加载条件下产生刺入变形的可行性，并复核加载条件下桩身正截面受压承载力。如存在迫降困难或桩身承载力不满足要求，应采取加大截桩范围、增加截桩数量等措施。

在既有工程桩进入持力层深度正常的前提下，中部区域桩促沉的条件主要取决于下列三方面：桩顶作用力、桩身强度匹配和桩端持力层可刺入性。设计时，应验算最大作用力预测值和桩身强度是否匹配；桩端持力层可刺入性的判断可参考以下经验参数 γ（γ 为桩顶作用力与单桩承载力特征值的比值）：①对于预制桩，硬可塑黏性土 $\gamma \geqslant 1.50$，中密粉细砂土 $\gamma \geqslant 2.20$，中密的粗砂、砾砂土 $\gamma \geqslant 2.50$，中密的碎石、卵石层 $\gamma \geqslant 3.00$；②对于钻孔灌注桩，沉渣因素导致桩体刺入变形容易，硬可塑黏性土 $\gamma \geqslant 1.30$，中密粉、细砂土 $\gamma \geqslant 2.00$，中密的粗砂、砾砂土 $\gamma \geqslant 2.30$，中密的碎石、卵石层 $\gamma \geqslant 2.50$。

2. 初始荷载-位移曲线

桩基初始 $Q\text{-}S$ 曲线可由载荷试验和沉降实测数据确定。以图 3.2.5 为例，曲线 2 为载荷试验获取的 $Q\text{-}S$ 曲线，根据沉降实测数据，南侧桩基平均沉降量为 16mm，平均桩顶反力为 1200kN。因此，将曲线 2 纵坐标放大 8.8 倍后即可得到南侧桩基的初始 $Q\text{-}S$ 曲线（曲线 1）。同理，可得到北侧桩基的初始 $Q\text{-}S$ 曲线（曲线 3）。

另外，若工程中出现载荷试验数据缺失或明显有误的情况，可通过补充试验确定试桩 $Q\text{-}S$ 曲线。

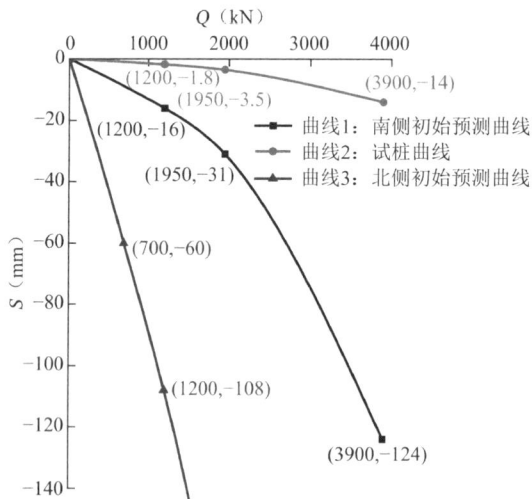

图 3.2.5　初始 $Q\text{-}S$ 曲线

3. 修正方法

纠倾过程中，应根据建筑物的实测沉降对不同区域的单桩初始弹簧刚度进行实时修正，一般而言，误差大于 5% 需进行修正。修正时，可根据各阶段的实测沉降数据与前一阶段的桩基 $Q\text{-}S$ 曲线进行拟合。曲线拟合方式可分为插值拟合和逼近拟合，二者的差异如图 3.2.6 所示，本书推荐采用插值法进行曲线拟合。

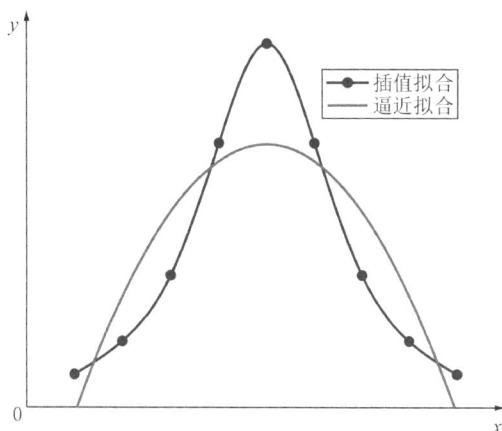

图 3.2.6　不同曲线拟合方法的差异对比

4. 加载刚度与卸载刚度

迭代计算过程中，群桩中各区域的单桩竖向弹簧刚度是变化的，可根据每一步计算得到的桩顶反力和单桩竖向抗压静载荷试验 Q-S 曲线来确定；对于截桩迫降阶段桩顶反力逐渐减小的桩，其单桩竖向刚度则应根据单桩竖向抗压静载荷试验得到的 Q-S 卸载曲线来确定；对于截桩迫降阶段出现上拔的桩，其单桩竖向刚度则应根据单桩竖向抗拔静载荷试验得到的 Q-S 卸载曲线来确定。

3.2.3　截桩预测案例

1. 工程概况

上海某高层住宅，地上 17 层、地下 1 层，屋顶结构标高 49.30m，为剪力墙结构。基础采用空心方桩，型号为 HKFZ-AB-450（260），以⑦₂灰色粉砂土层为持力层，设计桩长41m，单桩竖向承载力特征值 1900kN。除电梯核心筒下部为 4 桩承台外，剪力墙下均布置条形桩基承台。

详勘报告和补勘报告表明，场地深度范围内地基土可分为 10 个土层（包括亚层土），主要为淤泥质土、粉质黏土与粉土、粉砂，本楼西单元下存在古河道切割灰色粉砂土层的状况。

主体结构封顶，内部墙体施工到 13 层时发现地基不均匀沉降，房屋整体往北倾斜，南北向平均沉降差约 41.5mm，平均沉降速率达到 1.12mm/d。截至 2016 年 4 月 19 日，主体结构北侧、南侧分别倾斜 6.13‰～8.23‰和 3.79‰～8.64‰，超过《建筑地基基础设计规范》GB 50007—2011 的倾斜允许值 3‰。

大楼倾斜之后，对场地进行补勘以及桩基复检，通过分析该楼土层分布、场地状况、成桩质量以及沉降情况，发现大楼不均匀沉降主要原因如下：

（1）场地地基土层分布不稳定，持力层起伏变化较大，场地复杂，场地表层，属湖沼平原地貌。且单桩竖向承载力计算未考虑填土对桩基负摩阻力的影响。

（2）桩基持力层下卧土较为软弱，设计过程未予以充分考虑。

（3）由于持力层起伏，工程桩实际长度差异较大，部分桩基未进入持力层，桩身存在较为严重的质量缺陷。

大楼尚未投入使用，当前施工进度状态下竖向总荷载占建筑设计总荷载的 69.66%，大楼倾斜已超过规范的限值，且处于不断加剧状态，必须采取控沉措施。

2. 初始荷载-位移曲线

本工程的截桩数量及批次如图 3.2.7 所示。根据监测所得到沉降数据和试桩曲线，结合计算所得现阶段的单桩内力，考虑截桩纠倾过程的沉降特性，以承台或墙肢为单位，建立考虑群桩效应、桩土相互作用以及桩基缺陷的 Q-S 曲线，如图 3.2.8 所示。

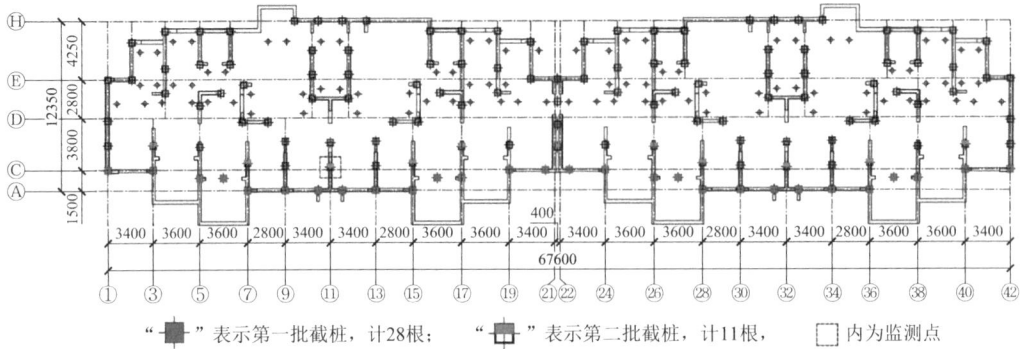

"■"表示第一批截桩，计28根；　"■"表示第二批截桩，计11根，　□ 内为监测点

图 3.2.7　截桩数量及批次

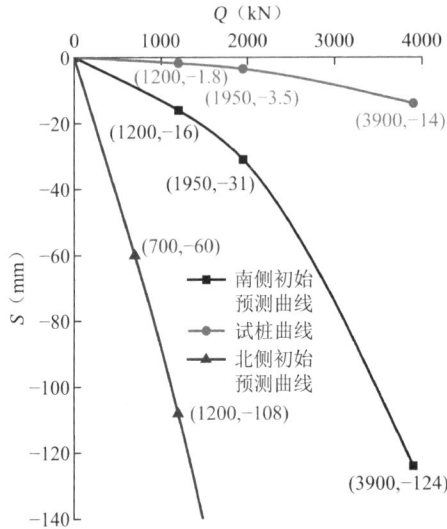

图 3.2.8　考虑桩基缺陷的初始 Q-S 曲线

3. 刚度修正

本工程截桩分两个批次，为了进一步增强施工过程的安全性，两批次桩采用千斤顶拖换后，分工况实施卸荷与监控，并进行反馈。监测位置详见图 3.2.7，第一批次截桩各工况卸荷情况如表 3.2.1 所示。

第一批次截桩各工况卸荷情况　　　　表 3.2.1

工况一	工况二	工况三	工况四	工况五	工况六
0	20%	40%	60%	80%	100%

根据监测所得到的内力和变形，对图 3.2.8 所构建的 Q-S 曲线进行修正。各工况预测沉降与实测沉降如表 3.2.2 所示，修正后 Q-S 曲线如图 3.2.9 所示。

第一批次截桩监测反馈过程　　　　　　　　　表 3.2.2

工况	预测沉降（mm）	实测沉降（mm）	误差	判断
工况一	—	16	—	—
工况二	20.2	24	−15.8%	须进行修正
工况三	30.9	31	−0.3%	预测成功
工况四	36.7	35.5	3.4%	预测成功
工况五	41.8	41.3	−1.2%	预测成功
工况六	47.3	47.2	0.2%	预测成功

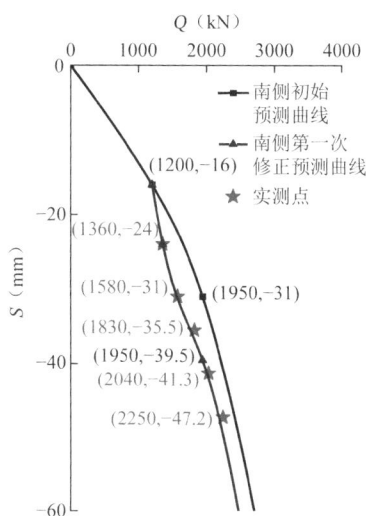

图 3.2.9　基于监测反馈修正的 Q-S 曲线

4. 各区域桩基等效刚度曲线

根据式(3.2.6)～式(3.2.8)，通过改变桩土地基等效刚度矩阵 K，可对桩顶位移和桩基内力分布进行预测。基于所修正的 Q-S 曲线，建立各区域的桩基等效刚度，如图 3.2.10 所示。

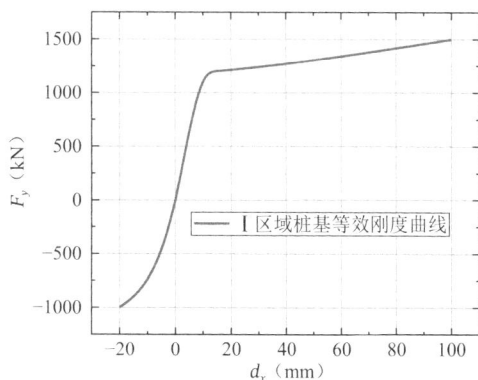

(a) Ⅰ区域桩基等效刚度曲线　　　　　　　(b) Ⅱ区域桩基等效刚度曲线

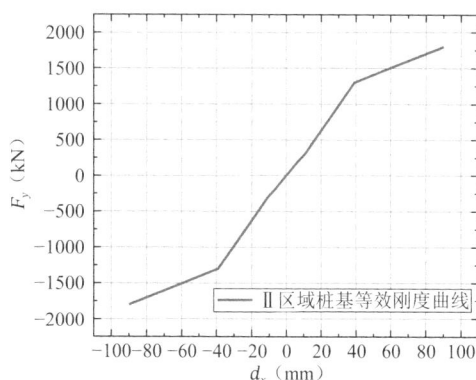

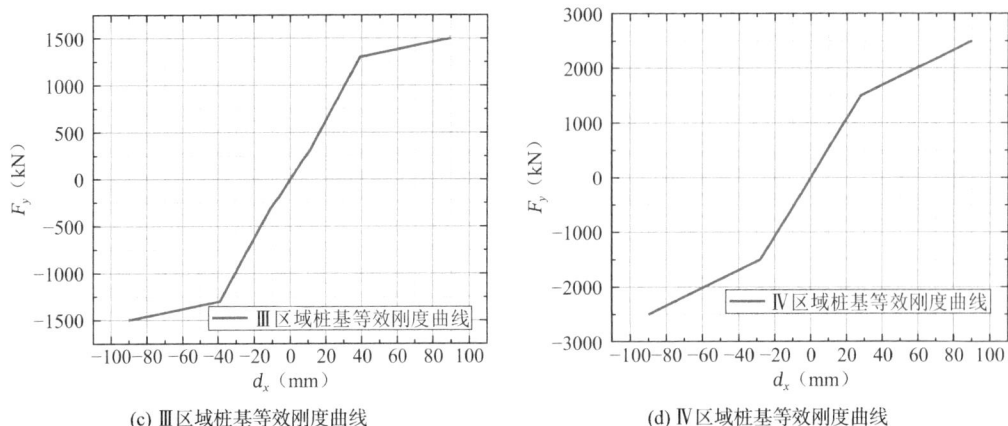

(c) Ⅲ区域桩基等效刚度曲线　　　　　　　　(d) Ⅳ区域桩基等效刚度曲线

图 3.2.10　各区域桩基刚度

3.3　截桩托换系统

3.3.1　截桩托换方法

基桩截断之前，托换结构应主动承受上部结构的重力荷载。为确保截桩迫降过程中结构的安全，托换结构必须可靠。针对不同的桩型，托换系统可分为下列两种：

（1）当既有桩基采用混凝土灌注桩时，托换系统可采用混凝土抱桩梁或托换钢牛腿，如图 3.3.1 所示。

（2）当既有桩基采用预制桩时，托换系统宜采用钢牛腿，如图 3.3.2 所示。

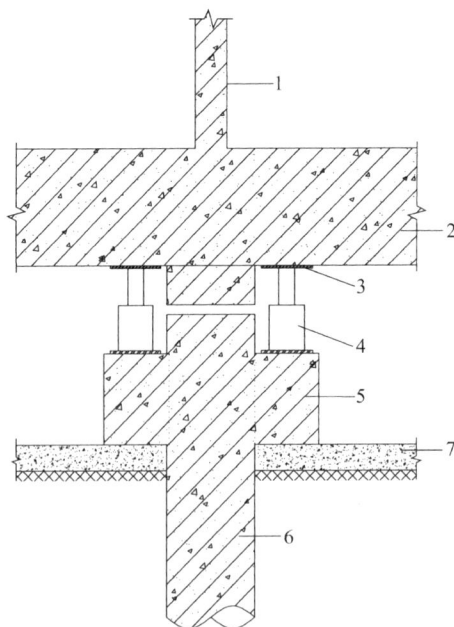

1—既有建筑结构柱（墙）；2—原承台（底板）；3—钢垫板；4—液压千斤顶；
5—托换牛腿（或抱桩梁）；6—既有工程桩；7—素混凝土垫层

图 3.3.1　截桩托换抱桩梁系统示意图

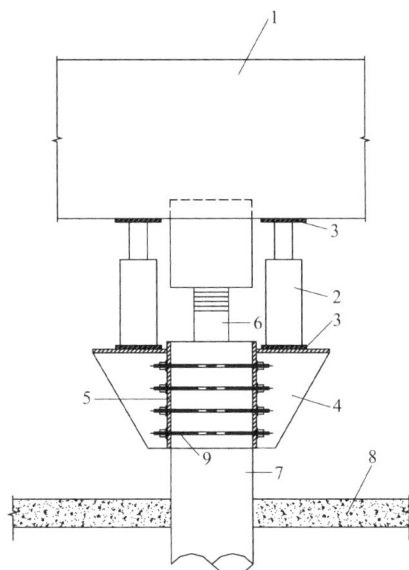

1—既有底板或基础梁；2—液压千斤顶；3—钢垫板；4—钢牛腿；5—夹板或抱箍；
6—钢垫块；7—既有预制桩；8—素混凝土垫层；9—桩侧预应力对拉螺杆

图 3.3.2　截桩托换钢牛腿示意图

3.3.2　混凝土抱桩梁设计

混凝土抱桩梁与预制桩、灌注桩（桩径不大于 1500mm）的结合面构造应符合现行国家标准《混凝土结构加固设计规范》GB 50367 的有关规定，并应采取表面混凝土凿毛和植筋等提高结合面承载力的措施。抱桩梁的截面设计应分别验算其受弯、受剪、局部承压、受冲切承载力，其中抱桩梁节点新旧混凝土结合面受剪承载力应符合下列规定：

$$V \leqslant (0.16 f_c A_c)/\gamma \tag{3.3.1}$$

式中：V——新旧混凝土结合面上的剪力设计值（kN）；

γ——计入施工因素的综合系数，一般可取 1.3；

f_c——抱桩梁与桩的混凝土抗压强度设计值（kPa），当两者混凝土强度不一致时应取低值；

A_c——新旧混凝土交接面的有效面积（mm²）。

对于抱桩梁节点，当考虑植筋作用时，结合面受剪承载力应满足下式要求：

$$V \leqslant (0.16 f_c A_c + 0.56 f_s A_s)/\gamma \tag{3.3.2}$$

$$f_s A_s \leqslant 0.07 f_c A_c \tag{3.3.3}$$

式中：f_s——结合面植筋的抗拉强度设计值（kPa）；

A_s——结合面上植筋的总截面面积（mm²）。

3.3.3　钢牛腿托换设计

1）当采用钢牛腿进行托换时，钢牛腿设计应满足受剪、受弯、局部受压、焊缝承载力等验算，设计构造应符合下列规定：

（1）钢牛腿与预制桩之间应采用钢夹板或钢抱箍进行连接，预应力管桩的桩身不宜植筋。

（2）钢夹板或钢抱箍与预制桩表面之间灌注结构胶进行充填，并应采取设置对拉高强螺杆预紧等提高结合面受剪承载力的措施，并通过牛腿抗滑试验确定螺栓拧紧的扭矩值。

2）当托换钢牛腿设置对拉高强螺杆时，对拉螺杆预紧力产生的结合面受剪承载力可按下式计算：

$$kV_u = \mu n_f \sum_{i=1}^{n} P_i \qquad (3.3.4)$$

式中：V_u——受剪承载力设计值；

k——分项系数，取 2.0；

μ——摩擦面的抗滑移系数，可取 0.40～0.50；

n_f——传力摩擦面数目；

n——螺杆根数；

P_i——单个螺栓的预紧力（kN）。

3.4　纠倾工况基础和上部结构复核

建筑物倾斜的根本原因在于桩基承载力的整体不足与分布不均。在地基承载力不足的建筑物基础下，静力压入挤土效应较小的钢管桩，使桩端进入地基深部较好的土层中，将建筑物部分荷载传入该土层，从而减小浅层地基土附加应力，可有效阻止沉降继续发展。补桩后，尚须对基础及上部结构进行复核。

1. 基础复核

根据工程经验及托换桩静载荷试验资料，按以下方法设计补充桩数：

$$n = \alpha \frac{Q_k}{R_a} \qquad (3.4.1)$$

式中：n——需要补充桩数；

Q_k——上部结构传至拟加固基础区域的竖向荷载；

R_a——单桩承载力特征值；

α——托换率，即托换桩承载力与被加固建筑物竖向荷载总和的比值。托换率由建筑物的沉降、倾斜量、墙体开裂程度、地基土特性等因素决定。

2. 上部结构复核

截桩导致其周边基桩内力大幅度增大，通过刺入变形引发建筑物回倾，纠倾过程上部结构内力必然发生重分布。基于等效Q-S沉降曲线构建的刚度矩阵，可实现纠倾过程上部构件的承载力与变形计算，从而对关键构件进行预判，确保纠倾过程中不发生开裂或其他破坏。

3.5　截桩迫降法纠倾施工

截桩迫降法施工主要指在沉降较小侧承台以下开挖截桩作业坑，在需要截断的既有工程桩上安装钢牛腿（混凝土抱桩梁）、同步自锁式液压千斤顶、限位外套及可调节竖向拉杆，预先通过 STC 智能控制系统进行分级同步加载卸除桩顶荷载，然后用绳锯分离桩顶部位；纠倾阶段开始时按设计要求分批分级卸压千斤顶，使得截断桩逐步退出支承工作，从而实现荷载持续分配，迫使所在的支承桩按照设计预定要求协同工作并分级同步迫降，直至实现预定目标。整个纠倾阶段，应在人工监控和计算机实时监控两大监控系统的覆盖之下，确保纠倾同步、可控、安全。该施工方法与传统直接截桩法比较，具有以下优点：

（1）桩头采用绳锯静力切割技术装备，摒弃了人工开凿方式，可避免桩头受损，又能成倍加快施工进度。

（2）应用 STC 智能控制系统（液压千斤顶为自锁型）进行同步加载、卸载，通过自动化、信息化监控，完全代替了落后的早期人工控制方法，把纠倾期间的安全度、可控性与迫降控制精度提高了一个数量级，避免矫枉过正。

（3）增加桩外套和可调节竖向拉杆，使得桩截口与千斤顶共同形成铰接，还能够有效传递水平荷载，确保在桩截断期间桩基础具有应有的抗震、抗风能力。这是传统截桩纠倾技术无法达到的效果。

截桩迫降法主要包括准备工作、地下室降水、基础控沉加固、作业坑开挖与回填、托换系统安装、控制系统安装调试、桩上端分离、同步迫降纠倾、桩体恢复及地下作业环境控制等施工内容。

截桩迫降纠倾属高难度、高风险施工项目，施工前应编制纠倾加固工程专项施工方案并做好各项准备工作。建立并完善现场监测系统，复核建筑物倾斜度、楼面高差和裂缝分布变化，确定具体的倾斜目标值。

3.5.1　截桩作业坑施工

当截桩作业坑处于地下水位以下时，应先采取室外深井和室内管井等降排水措施，并应使地下水位降至作业坑底面以下。支护措施可采用高压旋喷桩、拉森板桩、钢管微型桩等，具体应根据场地环境条件合理选用，如上海某高层建筑截桩纠倾工程采用钢管微型桩支护（图 3.5.1）；浙江某 18 层高层建筑综合法纠倾工程采用高压旋喷桩支护（图 3.5.2）。截桩作业坑的支护措施应满足土方开挖后支挡面的承载力和稳定性要求。土方开挖受空间限制，常采用人工开挖，开挖至设计标高时，应立即浇筑素混凝土垫层，并设置好坑内集水井排水。同时开挖过程中应跟踪检查既有桩的桩体质量，若发现缺陷应采取临时保护措施。

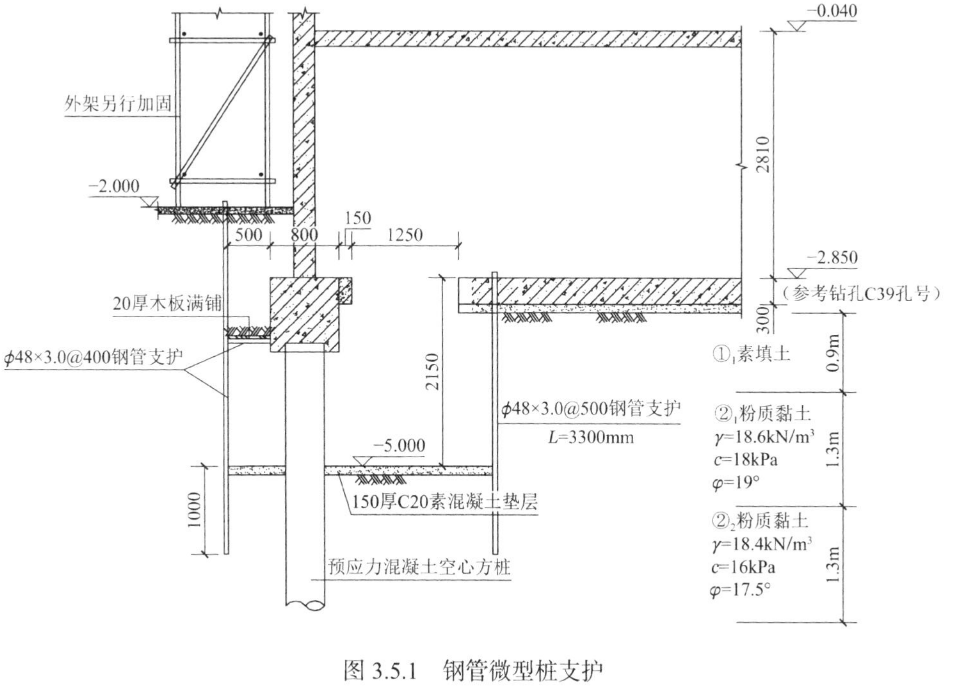

图 3.5.1　钢管微型桩支护

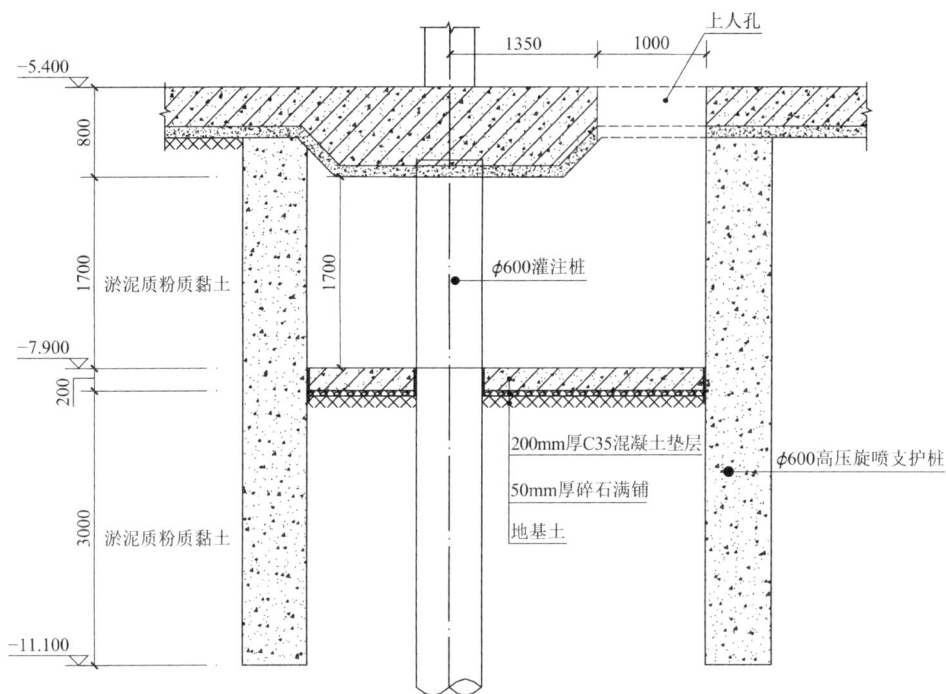

图 3.5.2 高压旋喷桩支护

待纠倾完成后，作业坑可采用砂石料或袋装土包人工堆叠填实。当对回填土密实度有特殊要求时，可回填砂石料并结合压密注浆工艺进行处理。

3.5.2 截桩托换系统施工

目前常用的截桩托换结构形式有混凝土抱桩梁和钢牛腿两种，具体应根据桩型合理选用。一般对于钻孔灌注桩托换常采用混凝土抱桩梁，而对于预应力混凝土管桩、预应力混凝土空心方桩等预应力预制桩，为防止影响桩的受力，桩身一般不得进行植筋或设置对穿螺栓，因此可采用夹板式或抱箍钢牛腿托换。

应做好混凝土抱桩梁与既有桩连接界面处理工作，浇筑的混凝土强度应比桩身混凝土强度等级提高一级。其主要工序内容包括：清洗界面、凿毛、种植剪力销、绑扎钢筋、安装模板、浇筑混凝土及养护（图 3.5.3）。

(a) 凿毛

(b) 绑扎钢筋

(c) 安装模板及浇筑混凝土　　　　　　　(d) 养护成型

图 3.5.3　混凝土抱桩梁

夹板式钢牛腿托换具有拆卸方便、绿色环保，可加快施工进度、减小作业坑的面积和深度等特点，其主要的施工要点如下：

（1）钢牛腿可在工厂内统一加工制作，钢板之间的焊接均采用坡口熔透焊，焊缝质量等级不应低于二级。

（2）安装钢牛腿之前，先对混凝土空心方桩外表面进行清洗、打磨处理，露出新鲜的混凝土面。

（3）两钢牛腿之间，沿桩外侧安装高强度对拉螺杆，通过扭矩扳手同步施加预拉力，预拉力值应满足设计要求。另外钢牛腿与混凝土接触面灌注环氧树脂结构胶，确保钢牛腿与混凝土接触面紧密贴合，提高钢牛腿与桩身结合面的受剪承载力。

（4）钢牛腿施工完毕后，安装由角钢、缀板组成的限位套架和可调节活动竖向拉杆，套架下侧和拉杆上侧分别锚固在钢牛腿和承台上，另外一侧迫降时可竖向自由滑动。这样可有效限制桩身截断后的侧移，确保迫降过程中整体结构不发生错动和其防风抗倾覆安全，避免截桩后桩身偏移过大导致桩身附加内力偏大。

为检验托换系统安装完成的承载力是否满足要求，应进行分级加载试验，最大加载量可取桩顶作用力的 1.1～1.2 倍，且不应大于桩身轴心受拉承载力设计值，检验全部构件。经检查确认托换体系稳定、可靠后，方可进行截桩。

3.5.3　控制系统安装调试

高层建筑截桩迫降应采用自动化数控设备进行主动分级卸荷迫降。自动化数控设备主要由自锁式液压千斤顶、油管系统、数控液压泵站、STC 伺服同步位移液压控制系统等组成。设备进场前应进行验收，验收项目包括数控液压泵站设备的型号、规格、出厂合格证及千斤顶标定证书等。具体检验内容和方法详见第 4 章。

液压千斤顶安装数量应根据桩顶反力大小配置，且千斤顶额定工作荷载与桩顶反力之比宜大于 2.5。

依据每个桩的迫降量和桩顶卸荷值基本相等的原则划分控制点，根据控制点的数量配置数控液压泵站。

3.5.4　截桩迫降纠倾施工

1. 迫降步骤

控制系统安装调试无误后，对千斤顶进行分级加压，卸除截断面处桩身应力，千斤顶加压值不应低于被截断桩桩顶反力的80%。桩身截断面应采用静力切割法进行分离，不允许采用风镐凿除，避免对桩头产生损伤。桩身截断后的迫降施工按下列步骤依次进行：

（1）千斤顶反力统计和建筑物称重，并与设计计算结果进行对比分析。

（2）试迫降。

（3）正式分级迫降。

2. 分级迫降

截桩应按设计要求分批进行，每批截桩应从建筑物沉降量最小的区域开始，每批截桩数应符合设计文件的规定。分级迫降时，应对桩顶卸荷量和迫降位移值进行同步控制，具体可按下列要求操作：

（1）先进行分级卸载，每级卸荷值为100～200kN，各级对应的稳压时间为30～60min，同时各级相对应的桩身截断口竖向位移控制为每级0.50～1.0mm。

（2）启动迫降阶段：随着被截桩承受的荷载逐渐降低，如果中部未截桩短期内未能迫降，则应该通过停止迫降作业延长稳压时间来实现迫降。时间控制要求：每小时迫降量1mm，做到缓慢迫降。完成每天的迫降量时应及时分级加载至迫降前桩顶反力值的1.0～1.2倍，做到及时控制迫降。

（3）正常迫降阶段速率控制要求：分级卸载、分级控制位移为每级0.50～1.0mm，每小时迫降量≤1.50mm，但各级对应的稳压时间为30～60min，完成每天的迫降量时应及时分级加载至迫降前桩顶反力值的1.0～1.2倍，做到及时控制迫降。

3. 迫降速率控制

截桩迫降速率宜满足下列要求：

（1）启动阶段：≤5mm/d。

（2）正常迫降阶段：≤10mm/d。

（3）减速阶段：≤6mm/d。

（4）惯性阶段：≤3mm/d。

4. 迫降注意事项

（1）整个迫降过程应保持传感器的位置同步误差小于2mm，当位置误差大于2mm或任何一缸的压力误差大于5%时，应立即关闭液控单向阀，同时锁紧千斤顶锁环，并安排专人值守观察。

（2）每一轮迫降完成后，应对各油缸的位移和千斤顶的压力进行整理分析，如发现异常情况，应及时处理。

5. 桩体恢复

纠倾到位后，桩身截断处应采用钢垫板塞紧敲实，并恢复钢筋，然后浇筑高强度等级水泥基灌浆材料或特种加固混凝土；桩身截断口接桩施工完成、接桩处接头承载力满足设计要求后，方可拆除托换系统。

3.6 工程实例：上海金山某高层建筑截桩纠倾

3.6.1 工程概况及工程地质条件

1. 建筑、结构及基础设计与施工概况

上海某在建住宅小区由16幢高层住宅和配套用房组成，占地面积约67804.6m²，总建筑面积约 185574.64m²，其中地上建筑面积约 142137.09m²，地下建筑面积约 43437.55m²。本案例基础控沉与纠倾施工的 1 号楼位于该小区的东南角，系地上 17 层、地下 1 层的两单元板式高层住宅，为装配式部分预制叠合剪力墙结构，自底层起在两单元之间设置 200mm 宽伸缩缝，建筑平面轴线尺寸 67.60m × 12.35m，房屋总高度 49.30m，建筑面积约为 12126.50m²，±0.000 相当于黄海高程 6.30m。

该楼地基基础设计等级为乙级，桩基安全等级为二级。设计采用 C80 预应力空心方桩 + 条形梁式承台 + 防水筏板的基础形式，空心方桩型号为 HKFZ-AB-450（260），以⑦₂灰色粉砂土层为持力层，设计桩长 41m，单桩竖向承载力设计值 1900kN。除电梯核心筒下部布置 4 桩承台外，剪力墙下均布置条形桩基承台，地下室底板厚度 400mm，条形承台高 850mm。基础平面图见图 3.6.1。

工程于 2015 年 2 月 3 日开工，3 月 13 日桩基完工，5 月 20 日开始挖土，6 月底完成地下室结构，同年 12 月 14 日主体结构封顶。内部墙体施工到 13 层时发现了南北向不均匀沉降，于 2016 年 1 月 23 日开始对北侧基础采用 300×300 锚杆静压桩进行控沉加固，桩体 C30，桩长 24m，以⑤₂₋₁黏质粉土层为持力层。但补桩施工期间沉降加快，加固后沉降一直未得到有效控制，北侧沉降速率 > 0.3mm/d，北倾继续发展，建筑处于危险状态。

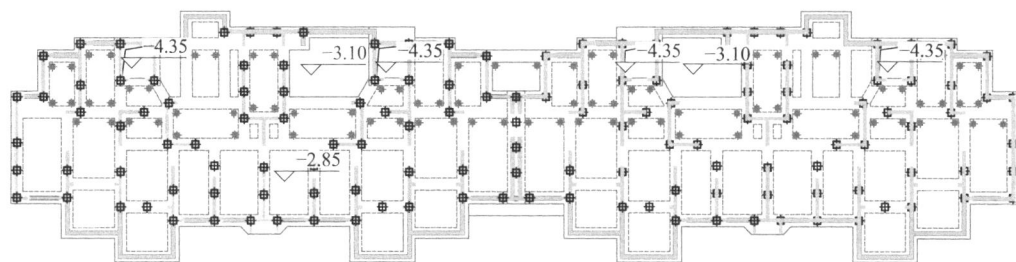

图例
"⊞" 预应力空心方桩
"⊞" 锚杆静压混凝土预制方桩

图 3.6.1　基础平面图

因而 1 号楼被迫停工，除了主体结构封顶与二次结构基本完成，其余屋面保温与防水、各层楼地面粉刷和内外墙粉刷均未动工，施工现场实景见图 3.6.2。

图 3.6.2　北立面现场实景图

2. 工程地质条件

详勘报告和补勘报告表明，建设场地原为耕地，地势较低，场地类别为Ⅳ类。场地勘察深度范围内基底以下地基土可分为 10 个土层（包括亚层土），本楼西单元下存在古河道切割⑦₂灰色粉砂土层的状况，各土层的性状见表 3.6.1。

场地土参数表 表 3.6.1

层号	名称	层厚（m）	状态	E_s（MPa）	c（kPa）	φ（°）	f_{ak}（kPa）	桩周土极限摩阻力f_{si}（kPa）	桩端处土极限端阻力f_p（kPa）
③	淤泥质粉质黏土	10.4～11.3	流塑	2.96	12	14.5	50	15	
④	黏土	4.5～6.5	流塑	2.76	13	13	50	25	
⑤₁	粉质黏土	3.0～8.8	流塑	3.11	20	15		25	
⑤₂₋₁	黏质粉土	1.9～6.8	稍密	7.09	7	28.5		35	
⑤₃₋₁	粉质黏土	7.9～10.2	流塑	3.55	14	17.5		35	
⑤₃₋₂	粉质黏土	2.1～3.0	可塑	4.71	18	18.5		45	450
⑤₄	粉质黏土	0.0～2.9	软塑	6.10	28	20		55	900
⑦₂	粉砂	4.6～8.7	中密～密实	12.00	3	32		75	2200
⑧	粉质黏土夹黏质粉土	未揭穿	可塑	6.00	22	20			
⑨	砂质粉土	未揭穿	中密	12.00	3	35			

场地浅部地下水属潜水，主要赋存于浅部地基土中，对混凝土有微腐蚀性；在长期浸水的条件下，地下水对钢筋混凝土结构中的钢筋有微腐蚀性，在干湿交替条件下，地下水对钢筋混凝土结构中的钢筋有弱腐蚀性。

3.6.2 建筑物倾斜变形及开裂状况

1. 沉降状况

1 号楼主体结构封顶，内墙砌体施工到 13 层时发现了不均匀沉降，截止到 2015 年 12 月 26 日，北侧累积平均沉降量约−57.5mm，南侧累积平均沉降量−16mm，南北向差异沉降约 41.5mm，平均沉降速率达到−1.12mm/d，地基处于危险状态。第一次补桩加固阶段（2016 年 1 月 20 日—2 月 3 日，历时 14d），北侧附加沉降平均增加约−18.55mm，南侧附加沉降平均约−2.2mm。截止到 2016 年 4 月 19 日，北侧累积平均沉降量约−117.3mm，南侧累积平均沉降量−32.3mm，南北向差异沉降约 85mm，差异沉降持续在发展，未有收敛迹象。2015 年 9 月 8 日—2016 年 4 月 19 日观测周期内（历时 224d）各观测点累积沉降量见图 3.6.3。

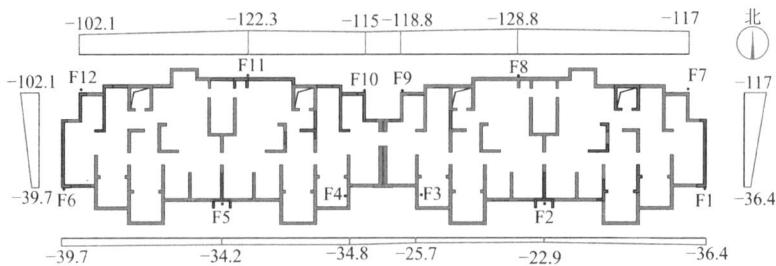

图 3.6.3 沉降展开图（"−"表示下沉）

2. 倾斜状况

截止到 2016 年 4 月 19 日，房屋整体往北倾斜（见图 3.6.4），其中东南角倾斜率 6.0‰；东北角倾斜率 5.8‰；西南角倾斜率 5.7‰；西北角倾斜率 5.3‰；均超过《建筑地基基础设计规范》GB 50007—2011 的倾斜允许值 3.0‰。

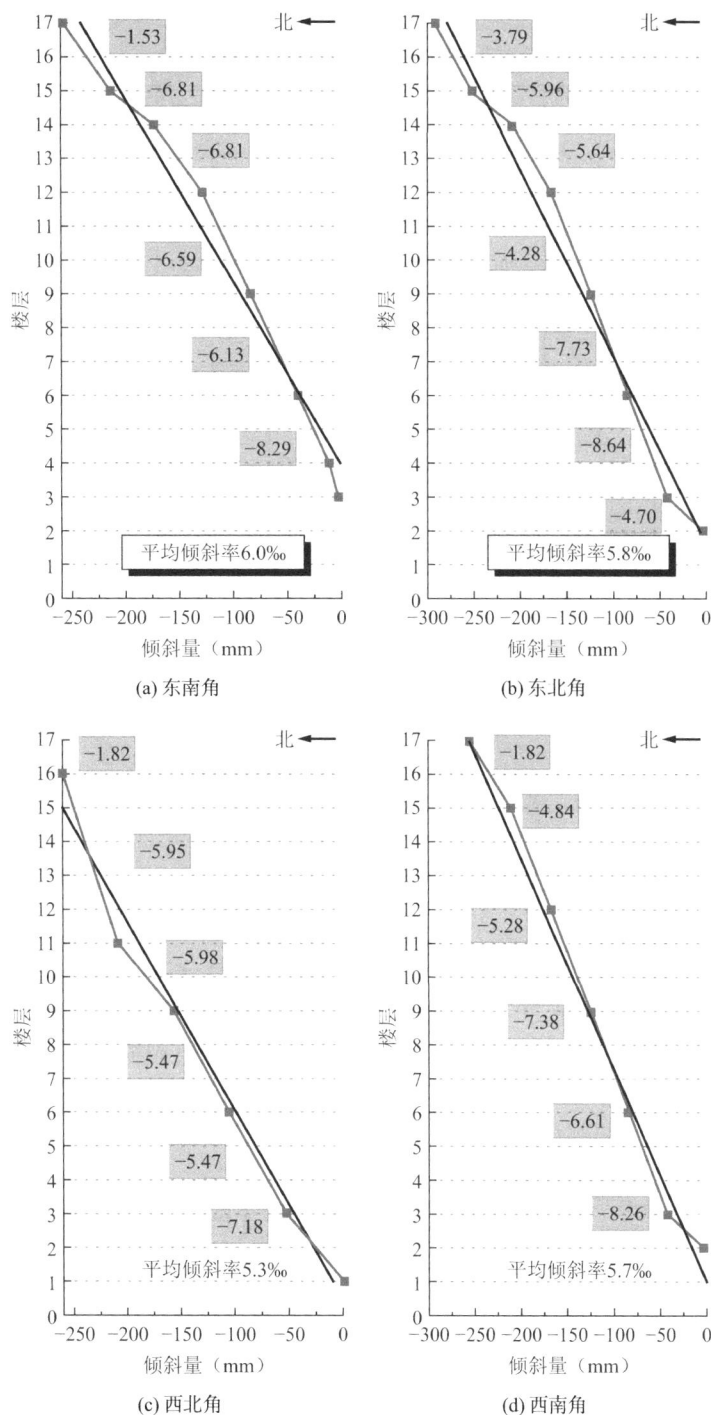

图 3.6.4　房屋四大角倾斜图

3. 楼面高差统计

2016 年 3 月 31 日和 4 月 19 日，对底层至 16 层南北侧楼板面标高进行测量，测量结果显示楼面南北相对高差为 −23～−92mm，平均高差 −58mm，楼面倾斜率为 −5.0‰～−8.9‰，平均 −6.9‰，与房屋整体倾斜基本吻合。具体测量数据见表 3.6.2，测点位置见图 3.6.5。楼面高差表明，1 号楼的差异沉降可能在结构施工至 9 层时发生了"突变"。

南北侧楼面高差（单位：mm）　　　　　表 3.6.2

楼层	地下1层	1层	2层	3层	4层	5层	6层	7层	8层	9层	10层	11层	12层	13层	14层	15层	16层	平均
F1 F2	−80	−71	−64	−56	−48	−74	−81	−92	−68	−49	−56	−56	−44	−44	−42	−47	−48	−60
F3 F4	−74	−57	−51	−72	−47	−80	−77	−72	−75	−48	−60	−51	−70	−58	−54	−57	−31	−61
F5 F6	−68	−85	−65	−72	−55	−55	−80	−56	−52	−64	−54	−53	−59	−55	−49	−43	−52	−60
F7 F8	−80	−62	−55	−64	−59	−62	−64	−71	−41	−58	−54	−51	−49	−23	−24	−44	−41	−53
平均	−75	−69	−59	−66	−52	−68	−75	−72	−59	−55	−56	−53	−56	−45	−42	−48	−43	−58
倾斜率（‰）	−8.9	−8.1	−6.9	−7.8	−6.2	−7.9	−8.9	−8.5	−6.9	−6.4	−6.6	−6.2	−6.5	−5.3	−5.0	−5.6	−5.1	−6.9

注：负值表示差异沉降和倾斜向北；测点距离 8.5m。

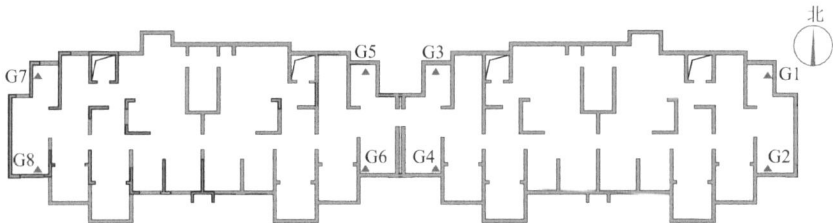

图 3.6.5　楼面高差测量点位布置图

4. 结构开裂状况

目前主楼产生垂直裂缝 28 条，其中 8 条山墙垂直裂缝分布于东单元东侧剪力墙，长度约 1.5～2m，缝宽较小；其余 20 条垂直裂缝分布于沉降缝两侧剪力墙，长度约 0.8～1.2m，除 4 层位置缝宽较大外，其余缝宽均较小；地下室 10 条垂直裂缝分布于北面及东面外墙，长度约 0.2～1.8m，裂缝肉眼可见（图 3.6.6）。通过检查发现楼体出现的垂直裂缝的部位基本相同；裂缝宽度较大的部位基本都出现在主楼四层。

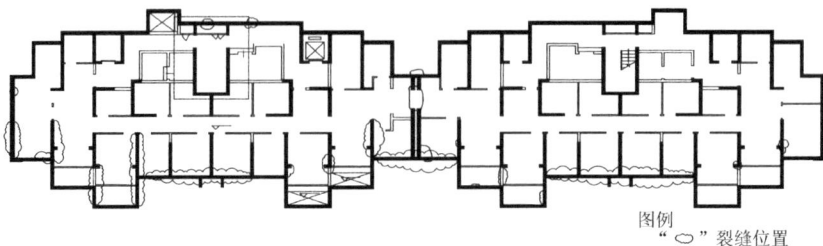

图例
"　○　"裂缝位置

(a) 地下室裂缝分布示意图

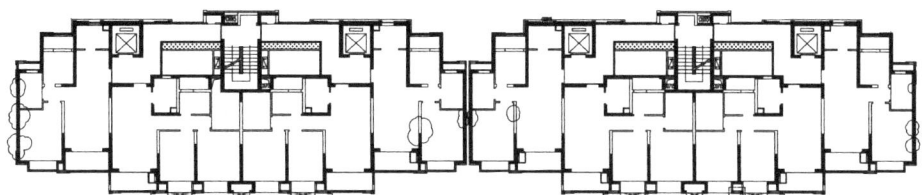

(b) 四层裂缝分布示意图

图 3.6.6　裂缝分布示意图

3.6.3　既有桩基受力分析

根据三维建模整体计算，在正常使用工况下 1 号楼的结构总荷载（即恒＋活标准组合值，包含基础承台、底板恒载）为 246385kN，其中恒荷载 215887kN、活荷载 30498kN。目前施工进度状态下的竖向总荷载（不含活载）171642kN，占结构设计总荷载的 69.66%。而在当前工况荷载作用下，大楼南侧累积平均沉降量为 26.48mm，北侧累积沉降量为 117.3mm，且沉降继续在发展，未有收敛趋势。

另外前期紧急补入的 90 根 300mm×300mm 预制方桩为短桩且支承在土性较软弱的 $⑤_{2-1}$ 黏质粉土层，并且未采取预加载封桩，其竖向承载力发挥有限，因此暂且不予考虑与既有桩基的共同作用。在此前提下，对既有桩基的受力变形作出定性并接近定量的分析，以便估算既有桩的竖向承载力值，合理评估地基安全情况。

（1）不考虑上部结构倾斜因素，在纠倾前各种工况下既有基桩受力情况见表 3.6.3。

桩顶反力分布表（不考虑倾斜因素）　　　表 3.6.3

序号	受力工况	南 2 排桩反力分布（kN）	中间桩反力分布（kN）	北 2 排桩反力分布（kN）	备注
1	恒＋活标准组合	1226～1331	1264～1366	1296～1422	平均桩顶反力 1375kN
2	恒＋活准永久组合	1215～1299	1238～1326	1337～1398	
3	静荷载＋风＋地震作用组合	365～668	707～1637	1708～2420	
		1737～2255	771～1522	324～660	
4	恒＋活基本组合	1476～1604	1575～1624	1633～1715	

（2）考虑上部结构倾斜因素，在纠倾前各种工况下既有基桩受力情况见表 3.6.4。

桩顶反力分布表（考虑倾斜因素）　　　表 3.6.4

序号	受力工况	南 1～2 排桩反力分布（kN）	中 3 排桩反力分布（kN）	北 1～2 排桩反力分布（kN）	备注
1	恒＋活标准组合	1185～1305	1267～1380	1397～1469	平均桩顶反力 1375kN
2	恒＋活准永久组合	1174～1289	1247～1357	1378～1446	
3	静荷载＋风＋地震作用组合	343～787	750～1770	1730～2492	
		1791～2201	707～1725	370～678	
4	恒＋活基本组合	1426～1573	1497～1666	1684～1775	

（3）既有桩基单桩承载力设计值估算与取值

沉降变形的均匀性和量值是地基基础工程稳定性、安全性等工程质量特性指标的最为直观、真实的综合体现，也是对地基承载能力与地基竖向刚度对应关系的反映。表 3.6.5 分析估算了建筑下各部位既有桩基的单桩承载力设计值，可作为基础控沉加固初步设计依据。

既有基桩单桩承载力设计值初步估算与取值　　　　表 3.6.5

序号	桩所在部位	承载力值依据、分析	单桩承载力设计值初步取用
1	南侧 2～3 排桩	南侧沉降量未超过 40mm，纠倾前沉降尚未稳定，其单桩承载力设计值可取其桩顶反力荷载 1200kN	$R_d \approx 1200$kN
2	中间 2～3 排桩	①群桩基础产生横向倾斜时，如果中间部位的桩较强，则南侧桩沉降会很小甚至于产生南侧上翘-下降-上翘-下降等周期性沉浮变形；②但如果中间部位桩较弱，则表现为北侧持续下沉，并且上部结构横向剪力墙不会发生沉降性开裂；③如果中间部位桩承载力高于北部桩，表现为北侧持续下沉但速率逐渐收敛，上部结构横向剪力墙上产生沉降性开裂，裂缝表现为北侧强制拖带下沉，本楼的现况基本类似该状况	$R_d > 700$kN，至少可取 $R_d \approx 1200$kN，中间桩承载力大多数 <1900kN
3	北侧 2～3 排桩	北侧沉降量接近 130mm，且目前现阶段沉降速率处于高位，桩基础受力处于准极限状态，故其单桩承载力设计值可取其桩顶反力荷载的 50%之内，即为 ≤1400kN×0.5，考虑补入了锚杆静压方桩，取 700kN	$R_d \approx 700$kN

（4）桩基不均匀受力分析

通过简单模拟计算，概念性地展现不同部位桩承载力的差异至形成不同的桩反力变化，便于定性地判断低承载力桩的平面分布，为基础补桩加固提供理论依据。根据 1 号楼桩基础实际受力与沉降差异状况，考虑上部结构重心因倾斜而北移 120mm（偏心距）的不利因素，可以给出 9 个可能的工况进行计算分析，并确定其存在可能性。

工况 1：假定桩承载力基本均匀，桩顶反力呈线性分布计算结果见图 3.6.7（a），南边桩反力 1173～1227kN、北边桩反力 1397～1473kN。南北相差很小，因此不可能发生该工况。

工况 2：假定南 1～6 排桩承载力基本均匀，北 1 排桩承载力设计值仅 700kN，则桩顶反力发生急剧变化，计算结果见图 3.6.7（b），北侧沉降加大，该工况可能出现。

工况 3：假定南 1～5 排桩承载力基本均匀，北 1～2 排桩承载力设计值仅 700kN，则桩顶反力发生急剧变化，引发中间部位桩顶反力集中，计算结果见图 3.6.7（c），北侧沉降加大，该工况可能出现。

工况 4：假定南 1～4 排桩承载力基本均匀，北 1～3 排桩承载力设计值仅 700kN，则桩顶反力发生更大变化，引发中间部位桩顶反力进一步集中，南 1 排桩受拉，计算结果见图 3.6.7（d），北侧沉降加大，南侧上浮，根据实际变形监测认为该工况不可能出现。

工况 5：假定南 1～5 排桩和北 1 排桩承载力基本均匀，北 2 排桩承载力设计值仅 700kN，则桩顶反力计算结果见图 3.6.7（e），北侧沉降加大但比工况 2 小，该工况可能出现。

工况 6：假定南 1～4 排桩和北 1 排桩承载力基本均匀，北 2～3 排桩承载力设计值仅 700kN，则桩顶反力计算结果见图 3.6.7（f），中部桩的反力比工况 5 更为集中，北侧沉降加大但比工况 5 大、比工况 3 要小，该工况可能出现。

工况 7：假定南 1～3、5 排桩和北 1 排桩承载力基本均匀，北 2、南 4 排桩承载力设计值仅 700kN，则桩顶反力计算结果见图 3.6.7（g），中部桩的反力比工况 6 更为集中，南侧沉降会明显加大，该工况不可能出现。

工况 8：假定南 1～3 排桩和北 1～2 排桩承载力基本均匀，中间 2 排（南 4、5 排）桩承载力设计值仅 700kN，则桩顶反力计算结果见图 3.6.7（h），北侧沉降比工况 6 要小，南侧沉降会明显加大，该工况不可能出现。

工况 9：假定南 1～3 排桩和北 1 排桩承载力基本均匀，中 3 排（南 4、5、6 排）桩承载力设计值仅 700kN，则桩顶反力计算结果见图 3.6.7（i），北侧沉降比工况 6 要大，同时南侧沉降会明显加大，该工况也不可能出现。

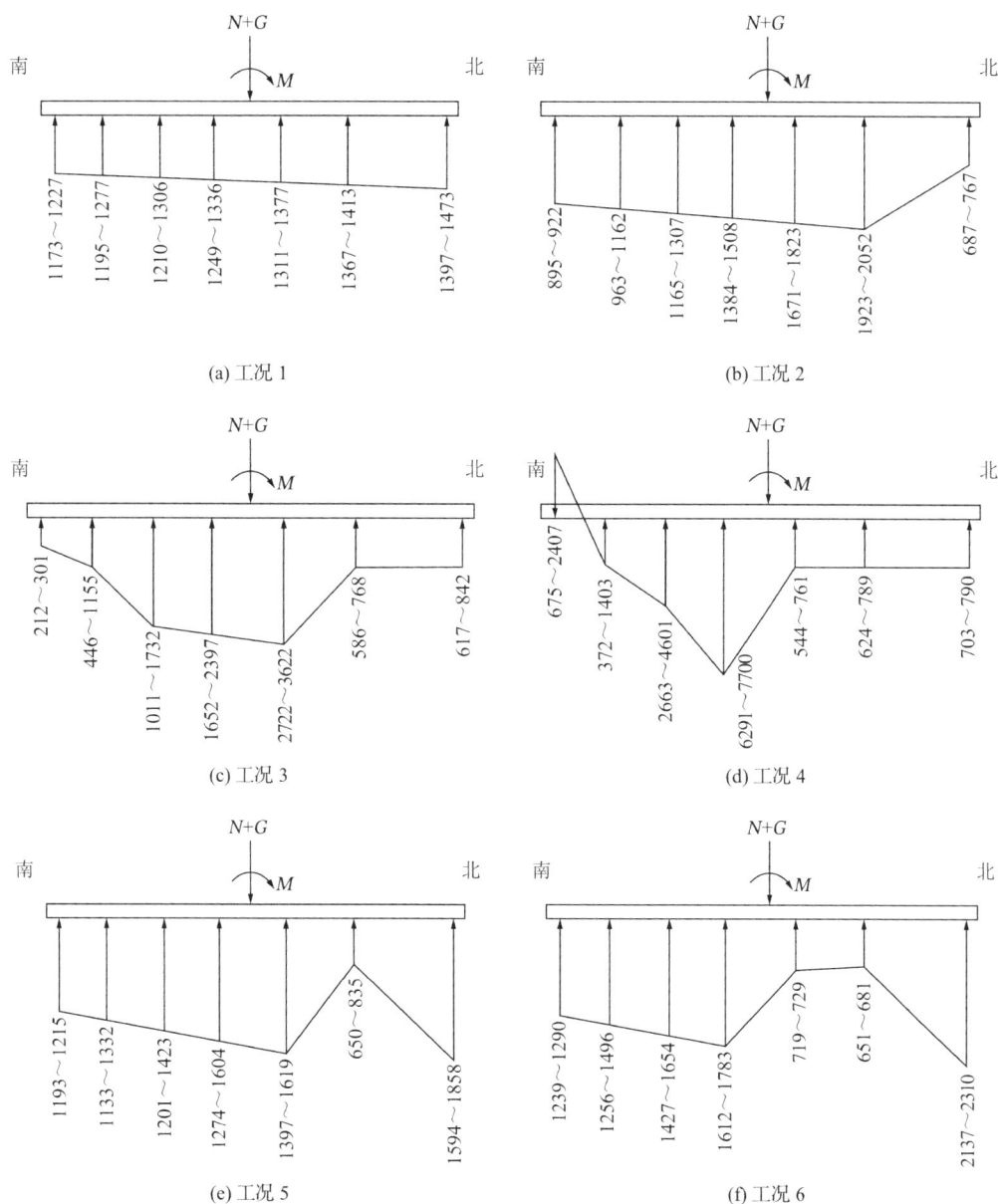

(a) 工况 1

(b) 工况 2

(c) 工况 3

(d) 工况 4

(e) 工况 5

(f) 工况 6

(g) 工况 7   (h) 工况 8

(i) 工况 9

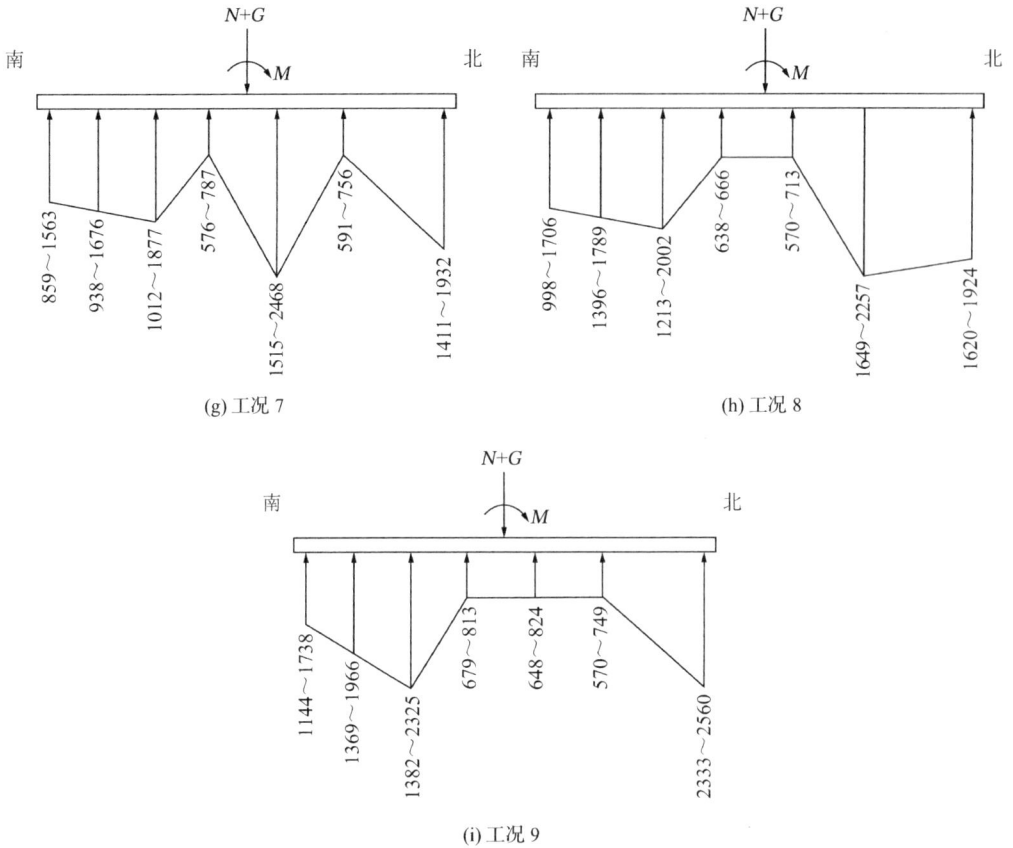

图 3.6.7　桩顶反力分布示意图（单位：kN）

计算分析初步结论：只有 4 种工况可能存在，即工况 2、3、5、6，并作出推断：承载力较低的桩主要分布在北 1、北 2、北 3 排范围内（图 3.6.8）。

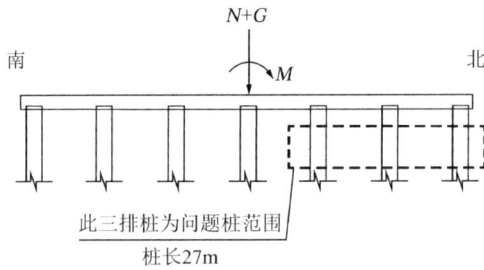

此三排桩为问题桩范围
桩长27m

图 3.6.8　缺陷桩区域推测

3.6.4　建筑物倾斜原因分析

大楼倾斜之后，对场地进行补勘以及桩基复检，通过分析该楼土层分布、场地状况、成桩质量以及沉降情况，发现大楼不均匀沉降主要原因如下：

（1）场地地基土层分布不稳定，持力层起伏变化较大，场地复杂，场地表层分布鱼塘、暗浜，属湖沼平原地貌。鱼塘、明浜的软弱塘泥对桩基施工、承载力造成较大影响。此外，由于该区域填土较厚，达 5~6m，而鱼塘、暗浜以外区域的填土厚度相对较小，其中，北侧 2.70m、南侧 1.3m，单桩竖向承载力计算未考虑填土对桩基负摩阻力的影响。

（2）工程场地分布深厚软黏土，基底以下 37～38m 内均为软黏土。桩基持力层⑦₂灰色粉砂土层全场分布，局部受古河道切割影响层厚有所削弱，其下卧层⑧粉质黏土夹黏质粉土层较为软弱，层厚在 12m 以上且厚度差异较大，该土层固结沉降对建筑物整体沉降起控制作用，未充分考虑设计过程。

（3）由于持力层起伏，工程桩实际长度差异较大，部分桩基未进入持力层，且桩身存在较为严重的质量缺陷。

大楼尚未投入使用，当前施工进度状态下竖向总荷载 1716420kN，仅占建筑设计总荷重的 69.66%，大楼倾斜已超过规范的限值，且处于不断加剧状态，必须采取控沉措施。结合场地土层情况，确定采取截桩方式进行迫降纠倾。

3.6.5 基础控沉设计

1. 控沉目标

补桩施工期间房屋北侧附加沉降计划控制在 20mm 以内，补桩完成之日至沉降进入稳定阶段的起始点的时间不应超过 100d，计划控制该阶段的最大沉降量 ≤ 15mm。随后的监测周期中最大沉降速率控制在《建筑变形测量规范》JGJ 8—2016 所规定的稳定标准之内，180d 后平均沉降速率应接近于 0.02mm/d，并保证沉降态势进一步趋于平稳。后期的沉降速率会更趋于稳定，补桩竣工起至稳定最终沉降量 ≤ 30mm。

2. 补桩设计

经上述分析，大楼倾斜的根本原因在于桩基承载力整体较小且分布不均。本工程采用空心方桩，桩端以⑦₂粉砂土层为持力层，持力层以下存在软弱下卧土层，北侧工程桩承载力严重不足。监测数据表明，北侧总体沉降在 110～150mm 之间。因此，必须通过补桩以提高整个桩基的承载能力，控制北侧沉降的发展。

在地基承载力不足的建筑物基础下，补入挤土效应较小的敞口型钢管桩，使桩端进入地基深部原持力层以下承载能力较好的土层中，将建筑物部分荷载传入该土层，可有效遏制沉降继续发展的趋势。

采用 $\phi273 \times 10$、$\phi355 \times 10$ 钢管桩进行补强，以⑦₂粉砂土层为持力层，单桩竖向承载力设计值分别为 700kN、1200kN。根据公式 2.2.1 计算，北侧需补入 68 根 $\phi355 \times 10$ 钢管桩，备用桩 8 根；南侧需布置 40 根 $\phi273 \times 10$ 钢管控沉桩，均采用预加载封桩，预加载值取 $1.0R_a$～$1.2R_a$；新增桩基承载力设计值为 109600kN，占建筑竖向总静力荷载的 43.80%（即 α 达到 43.80%）。图 3.6.9 为其中 2 根设计试桩的沉桩曲线图。由图可知，不同部位土质差异明显，承载力相同的桩基，桩长相差可达 15m 左右。备用桩是否施工视补桩施工后期沉降状况而定。补桩平面图见图 3.6.10。

3.6.6 纠倾方案设计

1. 纠倾方案比选

高层建筑的纠倾不同于多层建筑纠倾，对纠倾的安全性与可控性有着更高的要求，以防止地基失稳或者留下安全隐患。又因建筑自重大、高度和重心高，在 7 度抗震设防区尚需保证纠倾过程中具备相应抗震能力。根据目前的桩基础的安全程度，还有必要制定防止北侧地基速率持续加大的应急控制预案。本书列举 8 种纠倾方法，并从适用性、可行性、安全可控性及工期造价等方面进行比较，选择最佳方法。具体比较见表 3.6.6。

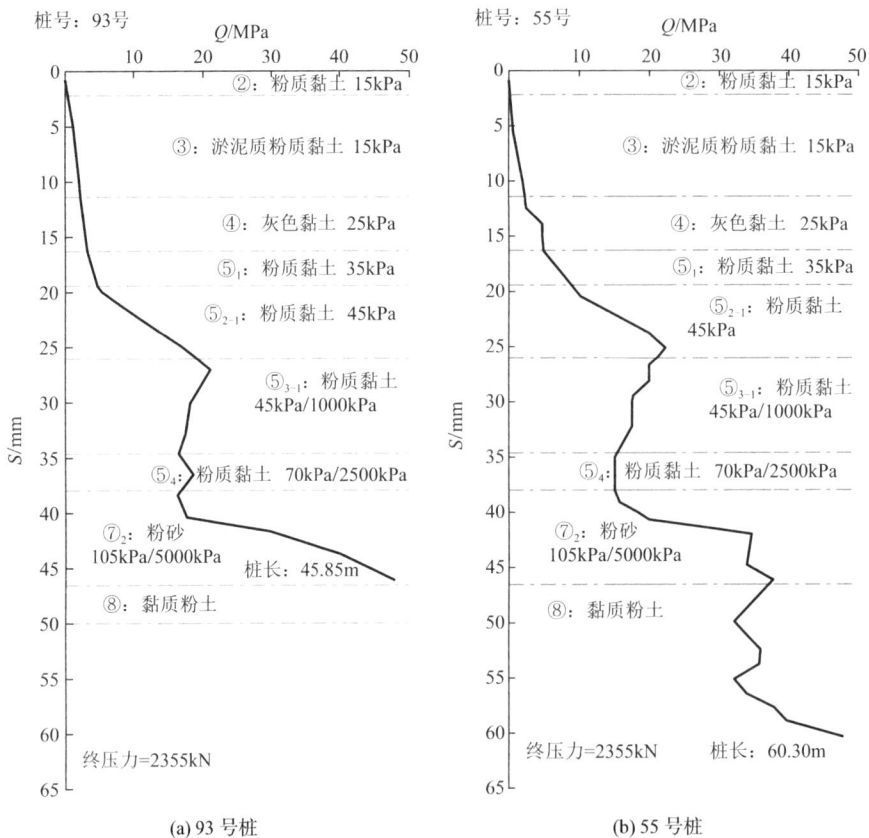

(a) 93 号桩   (b) 55 号桩

图 3.6.9　静压钢管柱 Q-S 曲线

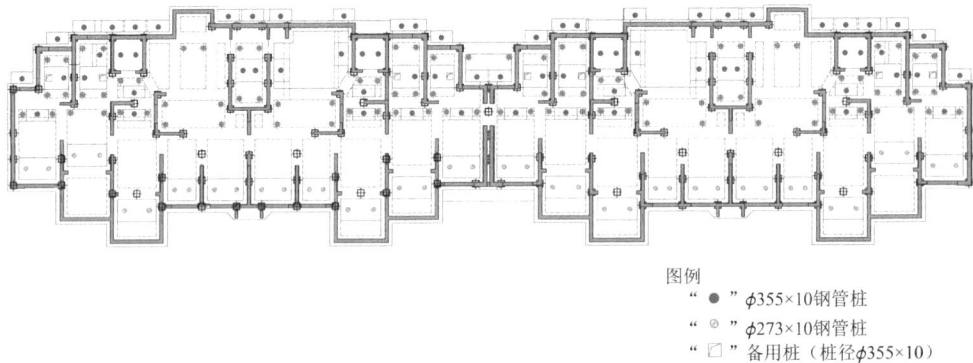

图例
" ● " φ355×10 钢管桩
" ◎ " φ273×10 钢管桩
" ☐ " 备用桩（桩径 φ355×10）

图 3.6.10　新补锚杆静压钢管桩平面图

纠倾方法比较   表 3.6.6

序号	方案类型	适用性、可行性	安全性、可控性	工期评价	造价评价	会否遗留地基病害	评价意见
1	堆载迫降纠倾法	堆载量较大，楼板承受不住	1. 不安全； 2. 加载、卸载速度慢，不可控	工期长，难以估算	造价相对较低	否	不适用

序号	方案类型	适用性、可行性	安全性、可控性	工期评价	造价评价	会否遗留地基病害	评价意见
2	地锚反压加载迫降纠倾法	软土深厚，无可靠锚固土层，因此不可行	安全、可控	工期长，难以估算	造价相对 1 较高	否	不适用
3	地基侧向应力解除迫降纠倾法	南侧桩较长，难以确定可迫降性	安全、可控	工期难以确定	造价相对较 1、2 低	处理不当会留下地基病害影响后期沉降	不适用
4	桩底卸载迫降纠倾法	桩端太深、打斜孔拔钻杆有难度，抽泥浆困难	不安全、不可控	工期长，难以估算	造价相对较 3 要高	必然会留下严重地基病害影响后期沉降	不适用
5	截桩迫降纠倾法	可行性、适用性较强	安全可控	工期短	造价相对较高	否	最为适用
6	负摩阻力迫降纠倾法	桩太长，不适用、不可行	不安全、不可控	工期长，难以估算	造价相对较高	必然会留下地基病害影响后期沉降	不适用
7	结构承台面分离整体同步顶升纠倾法	可行也适用	安全可控	工期较长	造价最高	否	一般情况下不应用
8	自然迫降纠倾法	离竣工交付期很紧，没有时间自然迫降	安全不可控	工期长，难以估算	造价相对较低	否	不适用

综合比较结果：截桩迫降纠倾法最适合本工程。

2. 截桩数量预测与迫降分析

工程进行纠倾前，需要截断多少工程桩可使建筑物扶正？桩截断后，竖向荷载将转移至周边桩，周边桩承载力是否超过其极限承载力、桩身是否压碎破坏？上述问题事关高层建筑纠倾的成败，与工程密切相关。

根据试桩 Q-S 曲线，确定桩基础发生较大刺入变形的荷载值，基于所构建的桩土地基等效刚度矩阵，通过试算确定截桩的部位、数量和批次顺序，确保施工过程基桩内力 R_a 接近 R_K，同时小于桩身承载力极限值 R_e，从而实现基桩缓慢下沉。本大楼南侧工程桩分 2 批进行截桩，共计 39 根，见图 3.6.11。

纠倾过程是迫使中部桩刺入变形、调整沉降的周期性循环过程，北侧桩基卸荷幅度达50%以上，南侧桩基处在卸荷与加荷反复转换的状态，其桩体受到保护，不会产生刺入变形，所以桩基础整体处于动态平衡之中，而且处于安全可控状态，随着倾斜的快速减小，桩基础会更加安全。桩基反力变化见图 3.6.12。

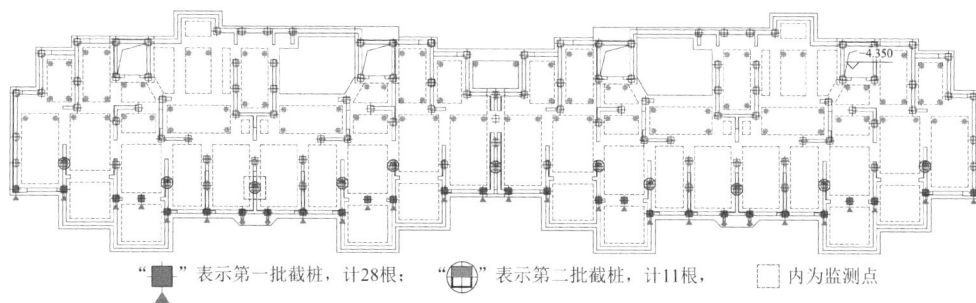

"▣" 表示第一批截桩，计28根；　"▦" 表示第二批截桩，计11根，　☐ 内为监测点

图 3.6.11　截桩数量及批次布置图

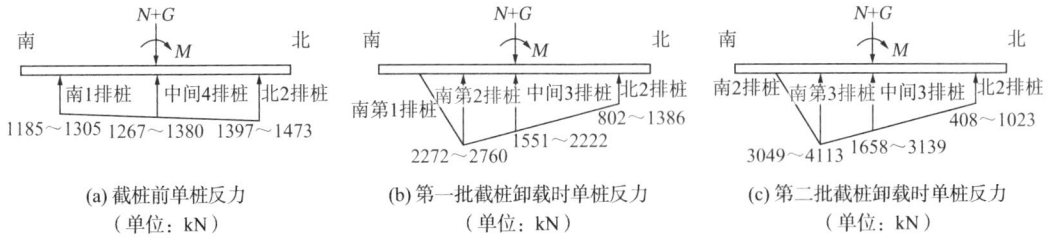

(a) 截桩前单桩反力
（单位：kN）

(b) 第一批截桩卸载时单桩反力
（单位：kN）

(c) 第二批截桩卸载时单桩反力
（单位：kN）

图 3.6.12　基桩内力变化估算示意图

3. 纠倾迫降量计算

对大楼实施南北向整体纠倾。预先充分考虑各层楼面实际高差和交付使用要求，制订迫降纠倾目标值，最终将外墙倾斜率控制到接近 1.0‰、各层楼面南北向高差至 ≤20mm（数值为总体控制、各楼层个别超过部位可以找平处理），针对楼面（9 层上下）倾斜率与外墙倾斜率存在一定差异的实际情况，应该以调整外墙垂直度为主，兼顾楼面高差，同时应考虑补桩产生的附加沉降量。

纠倾前，对外墙倾斜、南北监测点差异沉降量及楼面高差进行全方位测量。房屋四大角倾斜率在 6.21‰~7.70‰ 之间；南北监测点差异沉降量在 70.1~117.5mm 之间，平均差异沉降量为 95.0mm；楼面高差在 68~140.37mm 之间。根据上述测量数据，兼顾后期补桩可能产生的附加沉降量，本次设计纠倾量确定为 7.5‰。南侧最大迫降量 87mm，具体各点的迫降量见图 3.6.13。

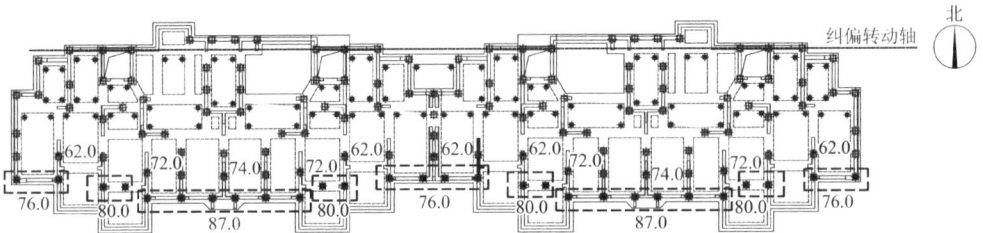

图 3.6.13　迫降量平面示意图（单位：mm）

4. 截桩预测与分析

采用 3.2 节所述方法对本项目进行截桩预测与分析，第一批截桩结束后的桩底反力如图 3.6.14 所示，第二批截桩结束后的桩底反力如图 3.6.15 所示。

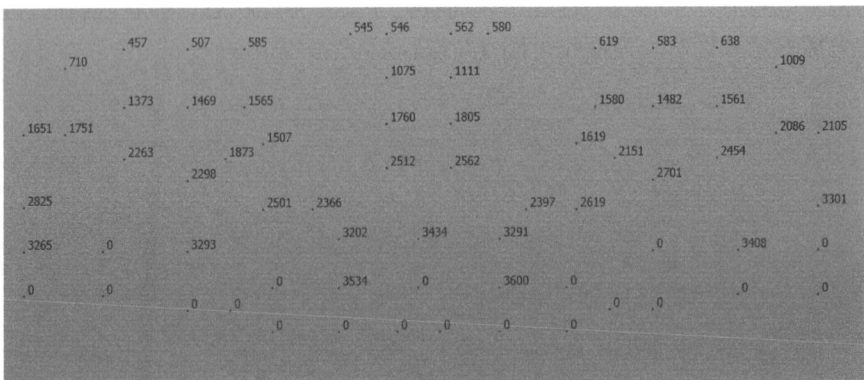

图 3.6.14　第一批截桩结束后的桩底反力

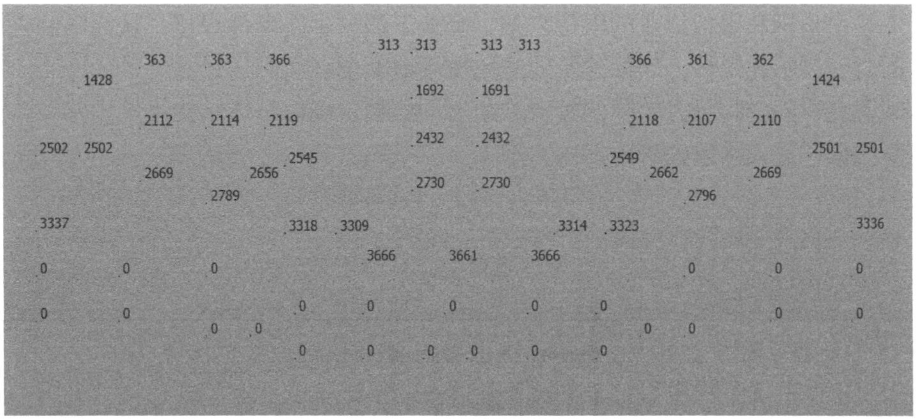

图 3.6.15　第二批截桩结束后的桩底反力

截桩纠倾过程中，沿⑪轴剖面由南往北基桩内力变化及沉降发展如图 3.6.16、图 3.6.17 所示。由图可知，随着南侧截桩依批次展开施工，周边基桩内力变化幅度很大，由南往北增幅逐渐减小；由于截桩所引起的建筑物回倾将使北侧基桩受拉，使桩基内力下降。图 3.6.17 表明基于本书方法的预测值与实测值非常接近，北侧区域的预测回弹值大于实测值，可能是纠倾过程对场地的扰动引起的。

截桩纠倾过程建筑物竖向支承状态一直处于变化之中，建筑物整体也处于回倾和沉降相结合的动态平衡，甚至局部存在桩顶回弹情况。以往截桩纠倾工程往往注重定性分析和防控措施的布置，而采用本书方法后，整个截桩过程各基桩的内力变化以及变形均处于可量化分析和安全可控状态，避免了截桩纠倾施工中出现截而不动或者沉而不止的情况，实现了对截桩数量的预测和合理布置。

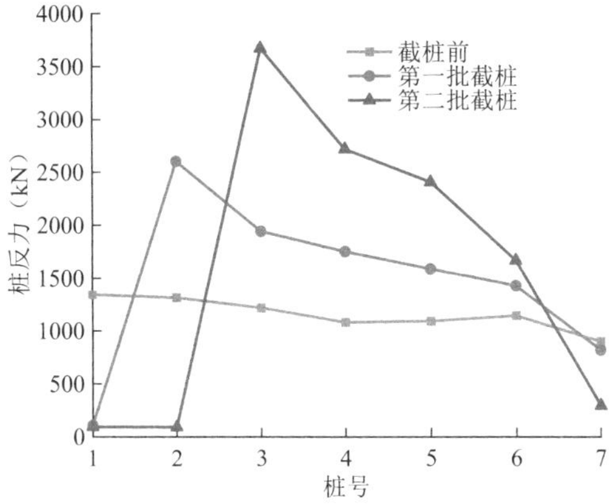

图 3.6.16　截桩过程基桩反力变化图

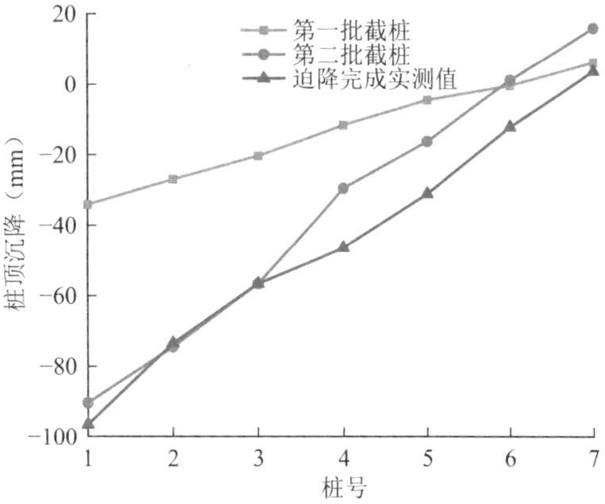

图 3.6.17　迫降过程桩顶沉降图

场地表层（截桩区域）为淤泥等软弱土层，桩顶截断后桩头处于自由状态，由于千斤顶安装的垂直误差及纠倾过程中其他不利因素（如强风、道路振动以及场地土扰动突发沉降）的影响，纠倾过程中可能会出现水平位移；此外，预制桩强度大、管壁薄、截面较小，且抗弯刚度小，无法在管桩上设置顶升或迫降所需要的支承设备。

为解决上述问题，设计了如图 3.6.18 所示的（摩擦型）夹板式迫降托换限位装置。首先，在不对预制方桩钻孔的前提下安装夹板式预制迫降装置，安装完毕后，截断预制桩；

然后，安装由角钢和缀板组成的限位套架，套架下侧与牛腿埋件焊接，从而限制桩头自由移动；同时安装精轧螺杆，确保建筑的防风抗倾覆安全。

该装置在迫降过程可有效限制桩身截断后的侧移，确保整体结构不发生错动，避免接桩后桩身因偏移过大导致桩身附加内力增大。

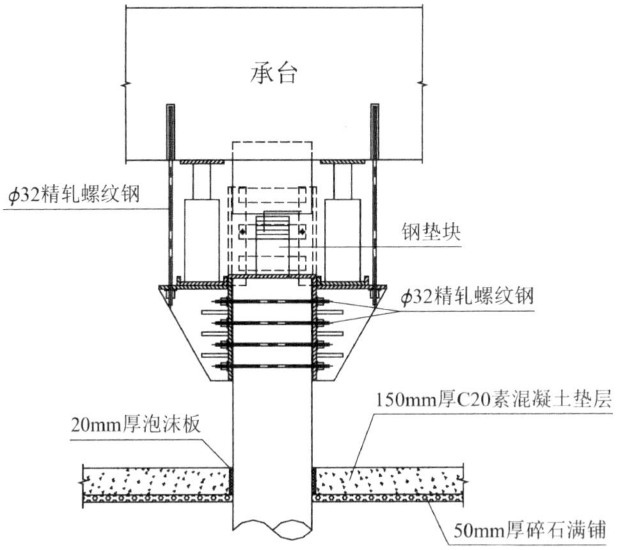

图 3.6.18　迫降托换装置

3.6.7　工程实施的重点难点

（1）基础控沉与纠倾主要施工作业均在地下室内完成，保证地下室内的降水、照明与通风对工程安全至关重要。

（2）鉴于纠倾工程的特殊性和复杂性，动态监测应贯穿整个施工周期，并对监测数据进行科学合理的分析。及时捕捉补桩与截桩施工对房屋地基基础的不确定性影响，同时对基础处理施工程序和方法进行科学、动态、合理的优化调整，做到信息化施工管理。

（3）截桩迫降纠偏过程中，如相邻桩产生较大的位移差，则上部结构会产生附加应力，从而导致结构开裂。因此，如何保证相邻桩的同步性和位移差不超标是本工程的重中之重，也是本工程的一大技术难点。施工中设置临时支撑加固地下 1 层剪力墙连梁以解决该问题。

（4）由于防水板提供的反力有限，北侧室内应急控沉桩分两次沉压，并利用临时钢梁反压持荷控沉。

（5）基础控沉桩布桩系数较大，在施工过程中难免会出现工后沉降，因此在施工过程中应合理安排压桩的施工路线和日打桩数量，并采用跳打、对称施工。

3.6.8　总体施工顺序部署

根据纠倾前房屋沉降状况，按照"纠倾与基础控沉加固同步施工"的原则，合理安排各道施工工序。具体作业流程如图 3.6.19 所示。

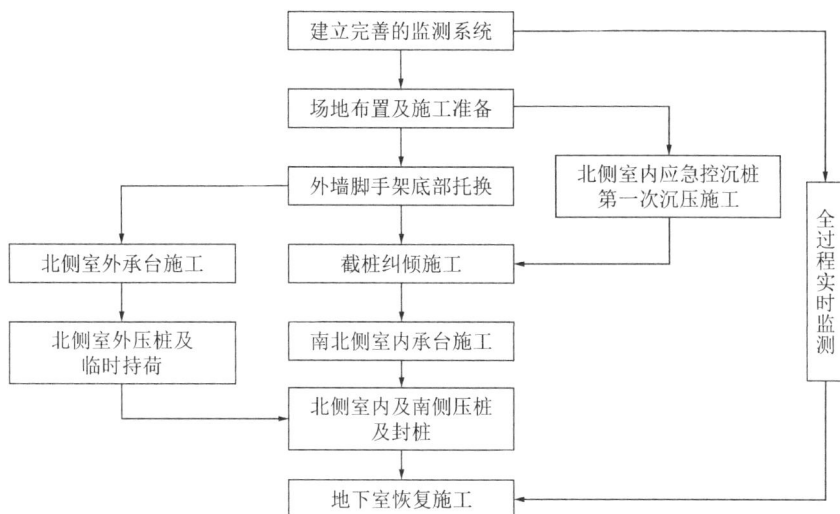

图 3.6.19　基础控沉与纠倾流程

3.6.9　基础控沉施工

鉴于大楼北侧沉降速率明显大于南侧，故亟需对北侧实施紧急控沉桩施工。考虑到原基础板刚度较弱（板厚 300mm），对北侧室内 18 根钢管桩分两次沉压。第一次直接利用原基础板提供的反力沉压至⑤$_{2-1}$粉质黏土层，并临时持荷至迫降纠倾完成和新承台混凝土达到设计强度。第二次沉压钢管桩进入设计持力层。其他区域的钢管桩待新增承台施工（图 3.6.20）完成后，结合纠倾进展，一次沉压到位。压桩时采取双控标准，既要满足设计压桩深度，又要满足终压桩力。终压桩力不小于 1.5 倍单桩承载力设计值。在沉桩过程中，为减少刺入⑦$_2$粉砂土层，在桩端增设十字钢板和土塞限位板等措施。

图 3.6.20　新增承台实景

3.6.10　截桩迫降纠倾施工

做好准备措施后安装千斤顶和 STC 控制系统，每根桩顶安排 2 台 200t 液压千斤顶。待千斤顶安装完成后，对全数钢牛腿的竖向承载力进行加载测试，并反复加载保压。待加载保压结束后，通过 STC 系统对千斤顶进行同步分级加载，卸除桩顶应力，使桩顶基本处于零应力状态。然后采用链锯切割分离桩头。托换系统见图 3.6.21。

迫降施工按第 3.5.4 节的迫降步骤进行，并宜符合该节中分析迫降，迫降速率控制的要求。迫降纠倾完成后，桩体恢复的工程案例见图 3.6.22。

121

图 3.6.21　托换系统

图 3.6.22　桩体恢复

3.6.11　纠倾监测及成果分析

1. 纠倾前变形监测及纠倾加固后垂直度对比

截桩纠倾过程中，对外墙垂直度、倾斜率以及控制点沉降等做了详细监测。图 3.6.23 为倾斜与沉降监测控制点平面布置图，纠倾前后数值对比详见表 3.6.7。

外墙纠倾前、后垂直度对比　　　　　　　　　　　　　　　　表 3.6.7

测点	纠倾前		纠倾后	
	倾斜值（mm）	倾斜率（‰）	倾斜值（mm）	倾斜率（‰）
A	316	6.21	−66	−1.3
B	337	6.62	−43	−0.85
C	338	6.65	−38	−0.75
D	356	7.00	−17	−0.33
E	382	7.70	−29	−0.58
F	288	7.23	13	0.33
平均值	336.17	6.90	−30	−0.58

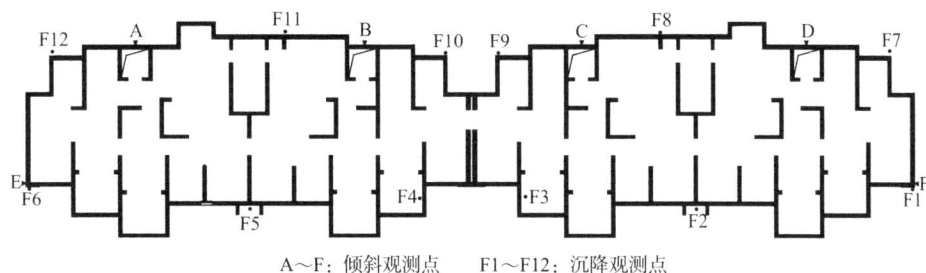

A～F：倾斜观测点　　　F1～F12：沉降观测点

图 3.6.23　倾斜与沉降监测控制点平面布置图

数据表明，通过纠倾，主体结构外墙倾斜率由原来的 6.21‰～7.75‰下降为 0.33‰～−1.3‰，均小于 3‰，建筑物倾斜指标符合现行行业标准《建筑物倾斜纠偏技术规程》JGJ 270 的要求。

2. 沉降监测分析

沉降监测主要包括迫降过程以及迫降完成两个阶段。迫降过程中，大楼南北向各主要断面的迫降沉降情况见图 3.6.24，沉降监测控制性点布置见图 3.6.23，监测点沉降变化量与时间关系图见图 3.6.25。

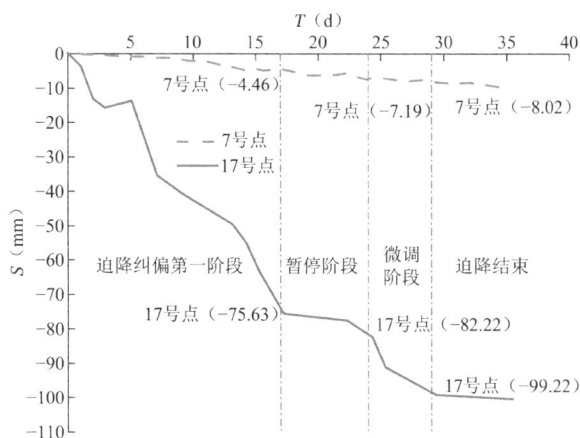

图 3.6.24　迫降过程沉降监测图

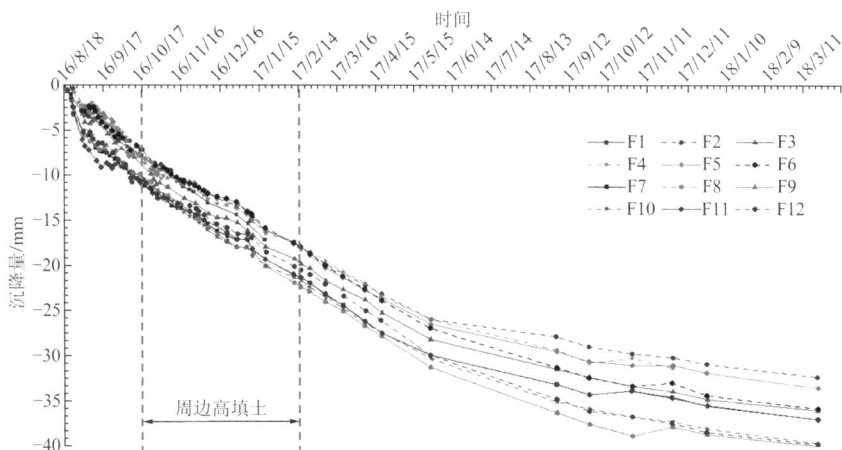

图 3.6.25　监测点沉降变化量与时间关系图

自截桩纠倾施工完成，截至 2018 年 3 月 22 日，具体测得沉降数据如下：

（1）迫降结束后，完成剩余控沉桩加压、封孔，截止纠倾施工结束（2016 年 8 月 18 日—2016 年 10 月 10 日），南侧沉降 7.21mm，北侧沉降 10.03mm；其中，南侧沉降速率为 0.136mm/d，北侧沉降速率为 0.189mm/d。

（2）纠倾结束后，1 号楼四周进行了厚达 2m 的大面积填土工作，引发附加沉降，但沉降均匀。一年时间内（2016 年 10 月 10 日—2017 年 10 月 29 日），南侧沉降 23.97mm，北侧沉降 25.56mm；其中，南侧沉降速率为 0.062mm/d，北侧沉降速率为 0.067mm/d。

（3）2017 年 10 月 29 日—2018 年 3 月 22 日期间，南侧沉降 2.52mm，北侧沉降 2.44mm；其中，南侧各点沉降速率为 0.008～0.029mm/d，平均沉降速率为 0.018mm/d；北侧各点沉降速率为 0.007～0.022mm/d；平均沉降速率为 0.017mm/d。各点平均沉降速率为 0.001～0.038mm/d。

监测数据表明，纠倾施工完成一年后，沉降趋于稳定，沉降速率符合行业标准《建筑物倾斜纠偏技术规程》JGJ 270—2012 和《建筑变形测量规范》JGJ 8—2016 的有关规定。

鉴于场地软弱、工后大面积高位填土、长桩的持力性质一般，纠倾完工后，逐步施加建筑装饰装修荷载达总量 25%左右，因此工后一年沉降达 24～25.60mm，随后进入稳定阶段，外墙倾斜没有变化，表明纠倾加固取得了理想的效果。纠倾完成后大楼外景见图 3.6.26。

图 3.6.26 纠倾完成后 1 号楼实景图

第 4 章

高层建筑竖向构件截断分离顶升法纠倾技术

4.1 竖向构件截断分离顶升法纠倾原理和流程

4.1.1 竖向构件截断分离顶升法纠倾原理

竖向构件截断分离顶升法纠倾技术，是结构竖向托换技术、顶升与液压控制技术、混凝土构件切割技术以及加固技术的综合运用。通过预先设置可靠的托换结构和顶升支承控制系统，将既有竖向构件切割分离，通过有侧限顶升，精确控制各竖向构件的实际顶升量，使建筑结构整体协调上升至预定值，同步顶升实现纠倾目标。

工程采用 STC 液压同步顶升控制技术实施顶升纠倾，STC 控制液压同步顶升技术是一种力和位移综合控制的顶升方法。这种方法以力和位移双闭环控制为基础，由液压千斤顶精确地按照建筑物的实际荷重，平稳地顶举建筑物，使顶升过程中建筑结构产生的附加应力下降至最低。同时，根据结构平面分布特点，将所需液压千斤顶分区分组分点布置，配置相应的位移传感器形成位置闭环，以便控制建筑物顶升的位移姿态，保证顶升过程的同步性和结构安全性。竖向构件截断分离顶升法纠倾技术适用性强，广泛应用于既有建筑物、构筑物、桥梁等结构的纠倾移位领域，具有施工工期短、不影响周边环境、顶升可控等优点。

根据千斤顶设置部位的不同，即竖向构件分离面设置不同，可分为基础面顶升法、地下室顶板底顶升法和底层柱墙底顶升法等。

（1）基础面顶升法（图 4.1.1）适用于无地下室的顶升纠倾工程，在建筑物的基础顶面设置千斤顶，对竖向构件进行切割分离，再通过控制千斤顶的升降来调整建筑物的整体高度或局部高度。

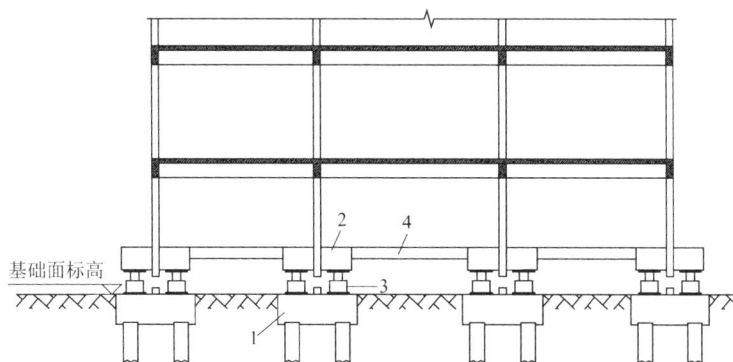

1—承台；2—托盘；3—液压千斤顶；4—水平拉梁

图 4.1.1　基础面顶升法纠倾法示意

（2）地下室顶板底顶升法（图 4.1.2）适用于主楼与周边大地库相连且主楼地下室顶板

与地库顶板不在同一水平面的工程，通过水平切割将地下室顶板与主楼结构进行整体顶升纠倾。对于主楼下仅有独立地下室或地下室投影面积略大于主楼的项目，主楼底层不允许进去施工时尤为适用。竖向构件的水平切割分离面并非必须位于同一水平面，外墙及柱的分离面在地下室顶板和地库顶板之间，内部的柱墙则可以降至地下室底板以上部位。

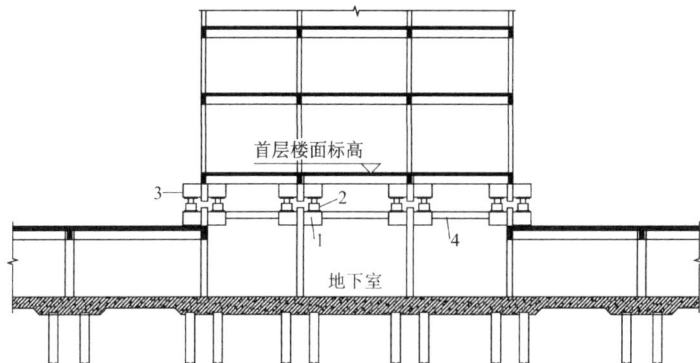

1—底盘；2—液压千斤顶；3—托盘；4—水平拉梁

图 4.1.2　地下室顶板底顶升法纠倾示意

（3）底层柱墙底顶升法纠倾（图 4.1.3）系统适用性最强、施工最方便的顶升纠倾法，前提条件是主楼底层允许施工。

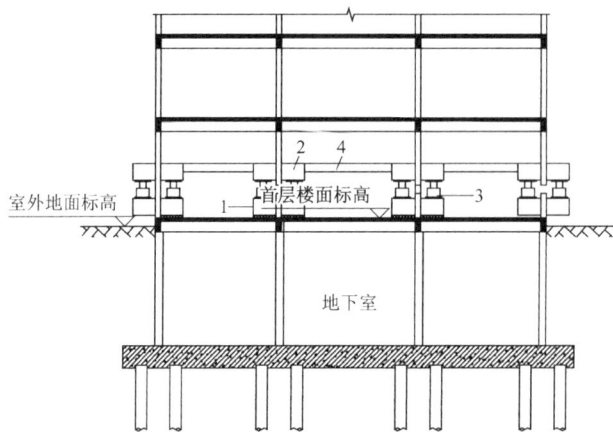

1—底盘；2—托盘；3—液压千斤顶；4—水平拉梁

图 4.1.3　底层柱墙底顶升法纠倾示意

4.1.2　竖向构件截断分离顶升法纠倾流程

高层建筑纠倾通常具有总体重量重、高度高、反力支撑设置难度大、一次性投入液压设备数量较多等特点，对设计与施工均有极高的要求。

竖向构件截断分离顶升法的设计应按下列步骤进行：

（1）分析既有建筑物倾斜原因。

（2）根据现有资料，结合实测数据，建立整体结构模型。

（3）计算得到竖向构件位置的轴力，估算底盘、托盘、牛腿、水平支撑等构件截面，布置千斤顶。

（4）根据纠倾需求，计算确定各组千斤顶的顶升量。

（5）根据千斤顶的布置形式，计算确定各组千斤顶的施加力。

（6）代入各组千斤顶的施加力，计算结构内力，复核既有结构构件的安全性，并对结构构件进行针对性加固补强。

（7）根据计算结果，设计底盘、托盘、水平支撑等托换构件。

设计完成后，鉴于高层建筑截断分离顶升纠倾工程的特殊性和复杂性，在施工之前尚需编制如下施工流程（图 4.1.4），以指导施工。其中，如何保证各台液压千斤顶的同步性工作，是纠倾工程的关键。

1）顶升前期准备工作

为确保顶升工程的安全以及顺利展开，应做好前期准备工作。对结构中的薄弱部位预先采取加强措施，并设置了水平限位和抗倾覆装置。其次，验收上下托盘系统质量，标定千斤顶编号；检查相关管道、管线及楼梯踏步是否脱离，并检查顶升系统是否完好。

图 4.1.4　施工总体流程

2）工程称重

采用同步顶升测量方法，由液压千斤顶及压力传感器等配合完成对建筑结构重量及重心位置的测量，并由此复核设计模型中千斤顶布置方案的准确性，消除顶升过程中的工程隐患。

称重过程中，应根据各个顶升点理论荷载值，调节各顶升点的顶升力。为了避免计算误差和确保工程安全，初始顶升力应略小于计算的近似荷载值。待各顶升点调整好后，各处的顶升力以固定步长增大，反复调整各组的油压，并根据位移传感器的周期采样数据判断是否产生位移。如果没有位移产生，则继续增大顶升力；如果产生位移，则判断是否达到设定位移。如果达到设定位移，记录称重结果，称重结束；如果没有达到设定位移，则继续判断是否产生位移，如此反复直到称重结束。以是否达到设定位移作为称重结束的判别标准，而不是是否产生位移，因为在顶升力增大的过程中，可能由于顶升对象的变形而引起微小位移，而此时的称重结果并不是该处的实际载荷值油缸承载，称重设定位移值，要根据具体顶升对象的结构和材质而定。

3）工程顶升

在正式顶升之前，应进行试顶升，试顶升高度为 10～30mm。试顶升结束后，分析结构整体变形姿态和位移等数据，确定顶升施工技术参数，为正式顶升施工提供依据。

根据工程经验，假定千斤顶最大行程为 130mm，一般可将每级顶升行程控制在 0～20mm，最大顶升速度 5mm/min，各分级顶升间隔时间初步定为 1～2h，具体可根据现场状况作相应调整。顶升施工应当注意下列事项：

（1）每次顶升的高度应稍高于垫块厚度，能满足垫块安装的要求即可，不宜超出垫块厚度较多，以避免负载下降。

（2）顶升过程中，应指定专人监测整个系统的工作情况。若有异常，直接通知指挥控制中心。

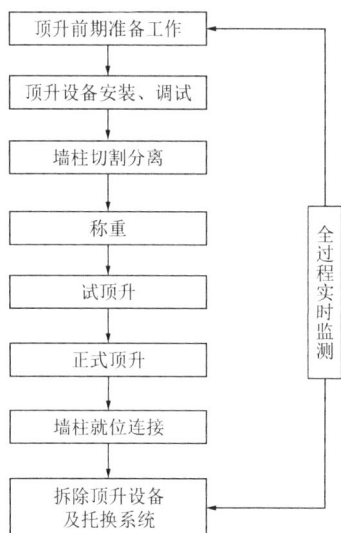

（3）结构顶升空间内不得有障碍物。

4）顶升过程控制及累积误差消除

高层建筑通常整体刚度较大，如果无法控制顶升的同步性，结构由于竖向变形差异将产生较大附加内力。顶升过程的变形差异将使结构产生新的内力分布，引发部分构件破坏甚至产生新的裂缝，因此必须控制顶升的同步性。总体而言，纠倾顶升过程是对原结构的复位过程，随着变形差异的逐步消除，由强制位移引起的附加内力将逐步减小。

整个顶升过程应保持传感器的位置同步误差小于允许值，一旦位置误差大于允许值或任何一缸的压力误差大于5%，控制系统立即关闭液控单向阀，同时锁紧锁环，以确保结构安全。

每一轮顶升完成后，对计算机显示的各油缸的位移和千斤顶的压力情况随时整理分析，如有异常，及时处理。结构顶升并固定完成后，复核各标高观测点的标高值，计算各观测点的抬升高度，纳入工程顶升施工记录。

5）墙、柱恢复连接

多数顶升工程结构切断面位于同一标高，钢筋连接集中于同一截面而无法错开，因此应采取以下措施确保连接质量可靠。

（1）墙柱断口恢复应分批施工，先施工建筑外围墙柱，后施工内墙柱。

（2）墙柱切断口混凝土开凿：宜采用电镐剔凿既有墙柱钢筋，钢筋露出长度应满足焊接长度要求。柱子的上口应凿成"榫头状"，下口凿平。墙的上下接口宜凿平。

（3）墙、柱钢筋连接：主筋上下连接采用双绑条双面焊连接，焊接长度由 $5d$ 提高到不小于 $7.5d$。

（4）混凝土浇筑养护：为确保连接面密实，宜采用特种混凝土或高强无收缩灌浆料浇筑。灌浆施工不易直接灌入时，宜采用泵压施工。

（5）对于超高层结构的竖向构件，可通过增贴钢板对连接面进行抗剪补强。

4.1.3 竖向构件截断位置选择

竖向构件截断位置的选择，需要考虑工程实际情况、现场施工便利性、原结构承载能力等因素综合确定。

（1）工程实际情况

竖向构件截断位置的选择，应当根据工程实际倾斜情况进行初步判断。工程倾斜原因、倾斜位置以及设计纠倾目标，都将影响竖向构件截断位置。

（2）现场施工便利性

竖向构件截断位置的选择，应当根据现场施工便利性，避免在过高位置截断。

（3）截断位置对原结构内力的影响

为了满足承载力和使用功能的要求，建筑物一般都具有稳定的基础和较强的整体刚度。受重力荷载作用，在原有的约束条件下结构将产生内力和变形。纠倾工程中竖向构件截断分离后，竖向构件的底部约束释放将导致结构内力重分布。

如图 4.1.5 所示单层框架，柱刚度为 EI，柱高 $h = l$，梁刚度为 $2EI$，梁跨度为 $2l$，在均布荷载 q 作用下，梁端以及柱顶弯矩均为 $\frac{2}{9}ql^2$，梁跨中弯矩为 $\frac{5}{18}ql^2$，柱底弯矩为 $\frac{1}{9}ql^2$。柱底截断后，柱底弯矩为 0，梁端及柱顶弯矩为$\frac{1}{5}ql^2$，梁端及柱顶弯矩减小了 10%，跨中弯矩为 $\frac{9}{30}ql^2$，跨中弯矩增大了 8%。定义梁柱线刚度比k，那么截断前柱顶、梁端弯矩为$M_o = \frac{2ql^2}{3(k+2)}$，截断后柱顶、梁端弯矩为$M'_o = \frac{ql^2}{2k+3}$，弯矩减小了$\frac{M'_o}{M_o} = \frac{3(k+2)}{2(2k+3)}$。同理，截断前梁跨中弯矩为 $M = \frac{(3k+2)ql^2}{6(k+2)}$，截断后梁跨中弯矩为$M' = \frac{(2k+1)ql^2}{2(2k+3)}$，跨中弯矩则增大了$\frac{M'}{M} = \frac{3(2k+1)(k+2)}{(2k+3)(3k+2)}$。图 4.1.6 为在常见梁柱线刚度比范围内柱底截断前后的弯矩变化情况。由图可知，柱底截断后，梁端及柱顶弯矩减小幅度在 2%~20%之间，跨中弯矩增加幅度在 4%~8%之间。

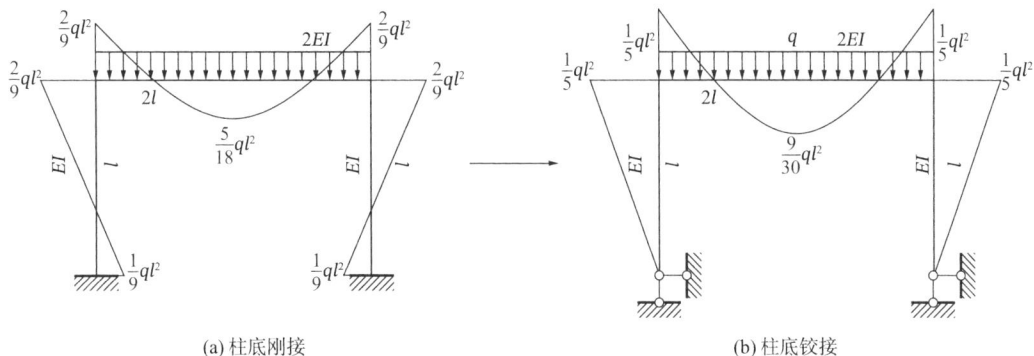

(a) 柱底刚接　　　　　　　　　　　　　　(b) 柱底铰接

图 4.1.5　竖向荷载作用下单层框架弯矩图

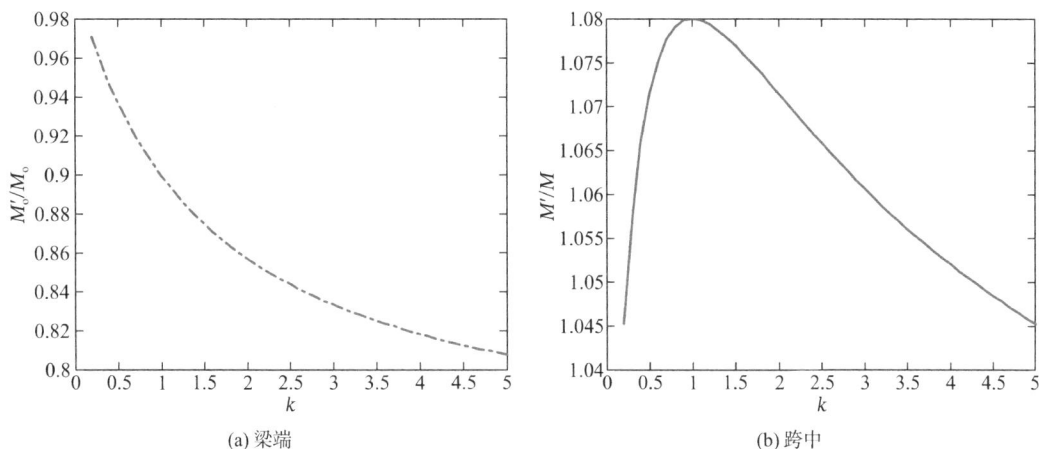

(a) 梁端　　　　　　　　　　　　　　(b) 跨中

图 4.1.6　弯矩变化示意图

出于某种需要，截断部位在柱中部时，则截断后，柱顶弯矩为$\frac{1}{4}ql^2$，跨中弯矩为$\frac{1}{4}ql^2$，梁端及柱顶弯矩反而增大了 12.5%，跨中弯矩减小了 9%。随着截断部位的提高，梁端及柱顶弯矩增大幅度将大幅提高，而跨中弯矩减小幅度一般不超过 10%。由表 4.1.1 可知，截断部位对结构弯矩重分布具有很大影响，施工前必须予以重视，选择合理部位进行截断施工。

截断部位对结构弯矩影响　　　　　　表 4.1.1

截断部位	底部固接	底部截断	0.25h部位截断	0.50h部位截断	0.75h部位截断
梁端弯矩	$0.22ql^2$	$0.20ql^2$	$0.22ql^2$	$0.25ql^2$	$0.28ql^2$
跨中弯矩	$0.28ql^2$	$0.30ql^2$	$0.28ql^2$	$0.25ql^2$	$0.22ql^2$

4.2 竖向构件截断分离工况的结构复核

竖向构件截断后，除部分柱脚采取限位措施外，截断处理论上仅有竖向受压约束，而水平方向无约束，此种约束变化将导致结构内力发生变化，设计时需复核原结构构件承载能力，调整优化千斤顶的布置，承载力确有不足处应先进行加固。

4.2.1 模型构建

为了更好地揭示结构在截断分离以及顶升过程中的内力变化，研究过程中构建了一幢高层建筑，模型情况如下：

某框架地上 10 层，不设置地下室；底层高 4.8m，其余楼层高 4.0m；柱网尺寸：9.0m×9.0m；柱截面尺寸：800mm×800mm；主梁截面尺寸：350mm×750mm。标准层平面图如图 4.2.1 所示。采用参数化建模技术，使用 Rhino + Grasshopper 软件，建立含托换千斤顶的结构模型，如图 4.2.2 所示。

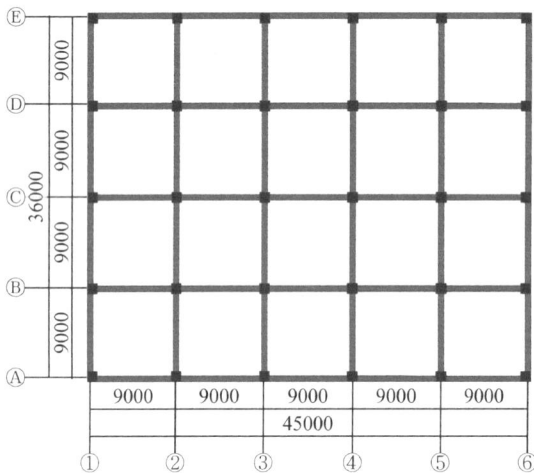

图 4.2.1　标准层平面图

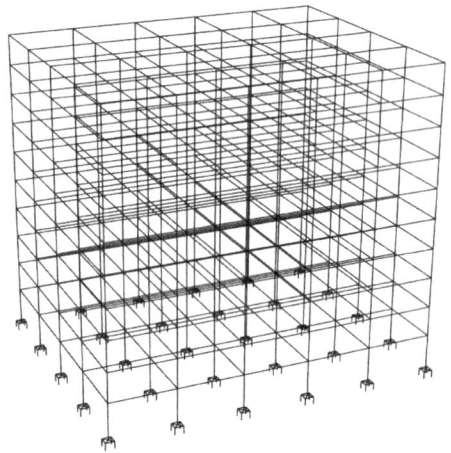

图 4.2.2　整体结构模型（线框）

在 Midas Gen 软件中，采用"上下两端铰接"的钢结构"梁单元"模拟千斤顶，采用刚度放大的混凝土"梁单元"模拟抱柱梁，形成图 4.2.3 所示的"柱下小框架"，以模拟一组千斤顶系统。

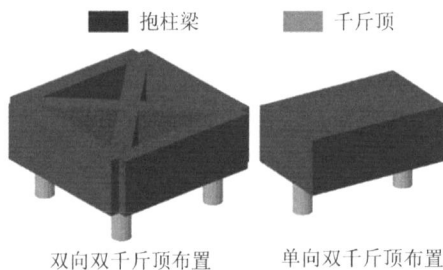

双向双千斤顶布置　　　单向双千斤顶布置

图 4.2.3　托换千斤顶系统模拟示意图

4.2.2 截断分离对结构内力的影响分析

以②轴的一榀框架为分析对象，对比截断分离前后，竖向构件底部约束由"嵌固"转变为"半刚接"（四个千斤顶为一组）过程中的内力结果。

截断分离前后，竖向荷载（D＋L）作用下的梁、柱弯矩对比如图 4.2.4 所示。对比可知，竖向构件分离前后，由竖向荷载引起的弯矩变化很小，基本可忽略不计。

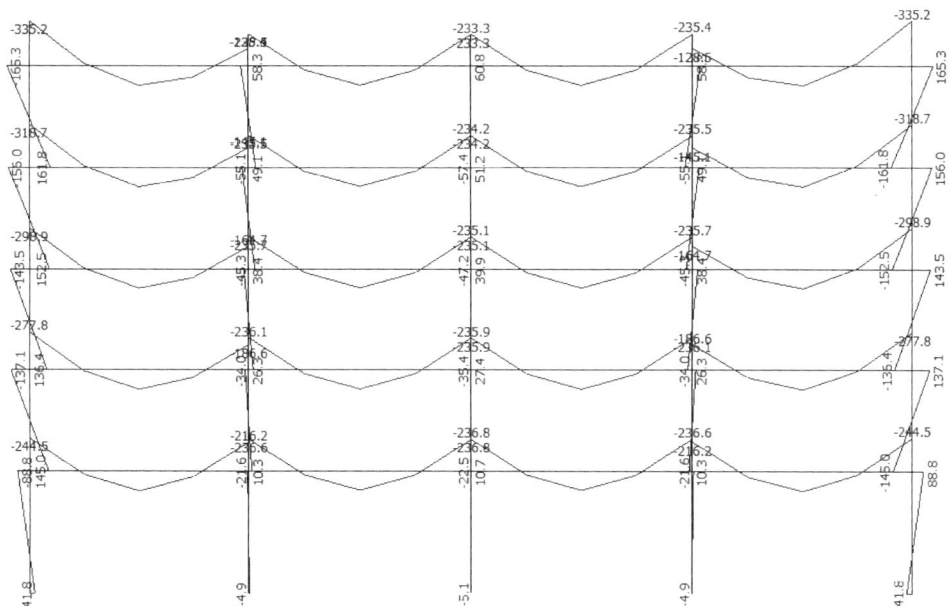

(a) 柱分离前

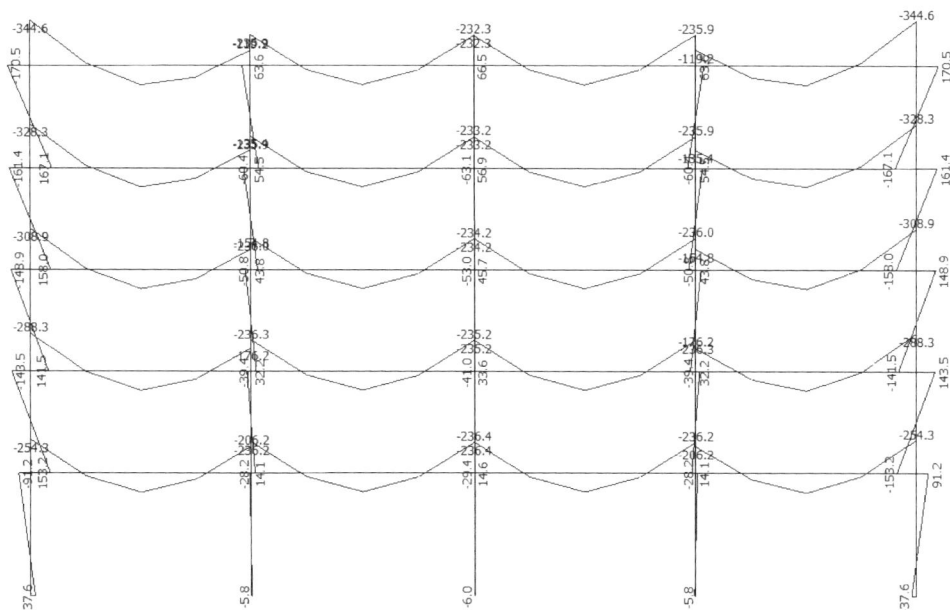

(b) 柱分离后

图 4.2.4　竖向荷载（D＋L）作用下的梁、柱弯矩对比（单位：kN·m）

风荷载作用下，柱截断分离前后各楼层柱底弯矩计算结果如表 4.2.1 所示。

计算结果显示，柱分离后，风荷载作用下的柱底弯矩略有减小，减小幅度小于 5%，仍存在较大底层柱底弯矩。对柱底节点进行分析可知：计算模型中，同组各千斤顶反力不同，形成的力偶平衡了底层柱底弯矩。

风荷载作用下柱截断分离前后各楼层柱底弯矩计算结果（单位：kN·m） 表 4.2.1

| 楼层 | 轴号 | | | | | | | | |
| | Ⓐ/Ⓔ | | | Ⓑ/Ⓓ | | | Ⓒ | | |
	分离前	分离后	变化幅度	分离前	分离后	变化幅度	分离前	分离后	变化幅度
1F	−187.4	−179.9	4.00%	−205.8	−196.4	4.57%	−205.8	−196.4	4.57%
2F	−80	−79.3	0.88%	−143.1	−145.2	−1.47%	−143.3	−145.8	−1.74%
3F	−67.8	−67.9	−0.15%	−122.7	−123.7	−0.81%	−123.8	−125.1	−1.05%
4F	−57.2	−57.5	−0.52%	−109.4	−110.4	−0.91%	−110.9	−112.3	−1.26%
5F	−47.9	−48.1	−0.42%	−94.4	−95.2	−0.85%	−96.4	−97.5	−1.14%

注：变化幅度中负号表示分离后柱底弯矩增大。

4.2.3 截断分离后的柱底弯矩形成机理

仍以上述框架结构为例，柱分离后局部框架柱底弯矩如图 4.2.5 所示，相应支座反力如图 4.2.6 所示，通过计算证明弯矩平衡机理：

$2 \times 81.8 \times 0.6 + 2 \times 82.1 \times 0.6 = 196.68 \text{kN} \cdot \text{m}$，与柱底弯矩 196.4kN·m 基本吻合。

可见，竖向构件分离后，同组千斤顶反力不同，进而能够平衡柱底弯矩。

图 4.2.5 柱分离后风荷载作用下局部框架柱底弯矩图

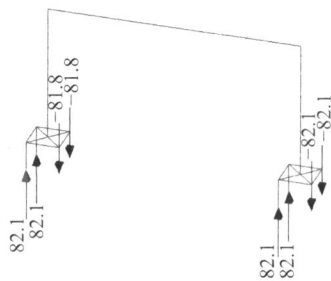

图 4.2.6 相应支座反力图

4.2.4 千斤顶布置方式对分离后结构内力的影响分析

仍以②轴的一榀框架为分析对象，研究图 4.2.3 所示的两种千斤顶布置方式对分离后结构内力变化的影响。

一组千斤顶系统按两个千斤顶模拟（单向）时，竖向荷载（D+L）作用下的梁、柱弯矩对比如图 4.2.7 所示。对比可知，当单方向布置千斤顶时，竖向荷载作用下，竖向构件分离后，一个方向的柱底弯矩始终为零，梁弯矩变化较小。

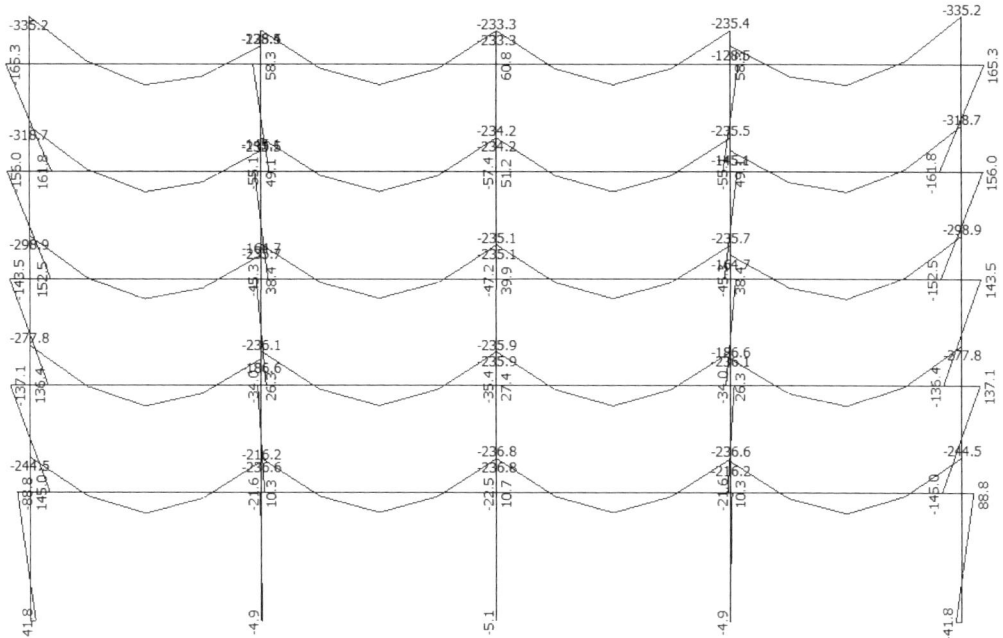

(a) 柱分离前

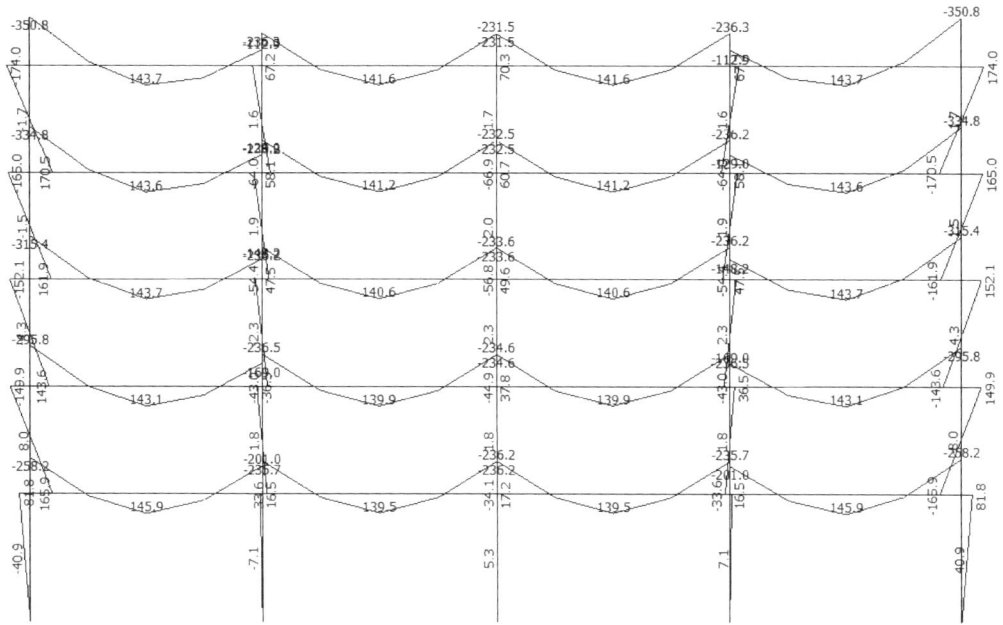

(b) 柱分离后

图 4.2.7　竖向荷载（D + L）作用下的梁、柱弯矩对比（单位：kN·m）

风荷载作用下，千斤顶布置调整前后的 1F 与 2F 柱顶弯矩如图 4.2.8 所示。

计算结果显示，单柱设置两个千斤顶时，风荷载作用下，柱截断分离后，千斤顶无法形成其垂直方向的弯矩，使得该方向的柱底弯矩始终为零，柱顶弯矩大幅增大，框架梁端弯矩大幅增大。

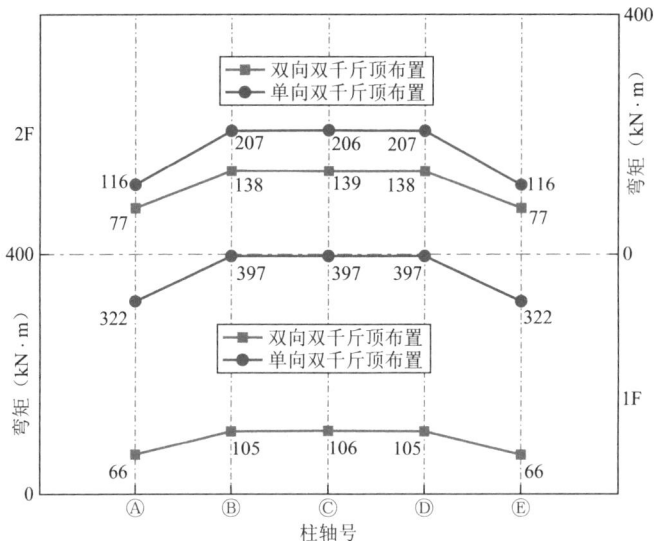

图 4.2.8 风荷载下千斤顶布置调整前后柱顶弯矩结果（单位：kN·m）

综上所述，当单方向布置千斤顶时，存在一个方向，柱底弯矩永远为零，从而导致柱顶及周边梁柱弯矩明显增大，易造成安全隐患，应在工程实践中尽量避免，根据计算结果采取较为合理的千斤顶布置方式。

4.3 竖向构件截断分离的托换

建筑物截断之后，托换结构承受上部结构的重力荷载，为确保顶升过程中结构的安全，托换结构必须具有可靠性。针对建筑物的结构形式，托换结构一般分墙下托换和柱下托换。本节研究了墙下钢牛腿托换和柱下抱柱梁托换。

4.3.1 墙下后锚固钢牛腿托换设计

墙下采用后锚固钢牛腿作为托换构件具有施工方便、传力明确等优点。可根据实际计算内力布置螺栓，也可按与千斤顶相等承载力的原则布置。钢牛腿做法详见图 4.3.1。

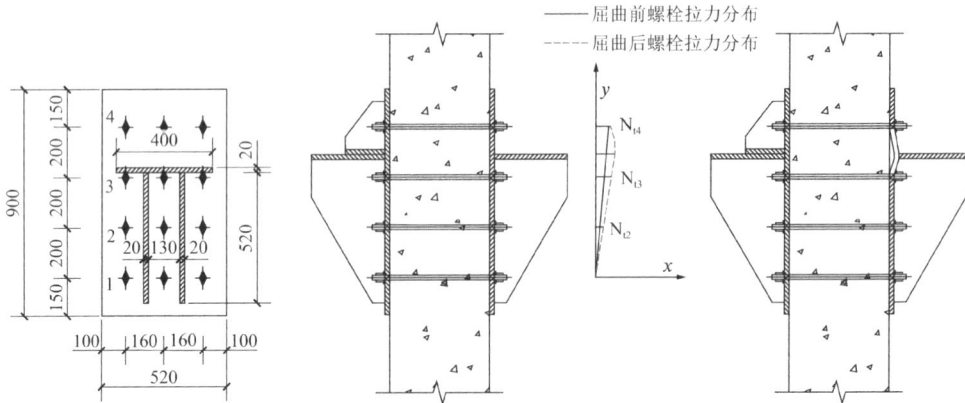

图 4.3.1 钢牛腿后锚固螺栓示意图

假设作用在钢牛腿最大处的支座内力为：剪力 $V = 750\text{kN}$，偏心距 $e = 0.175\text{m}$。采用 Q355 材质钢板，M24 8.8 级螺杆。

作用于牛腿根部的弯矩：

$$M = V \times e = 750 \times 0.175 = 131.25\text{kN} \cdot \text{m}$$

锚栓屈服强度标准值 $f_{yk} = 640\text{N/mm}^2$，则单个锚栓抗拉、抗剪强度设计值分别为：

$$N_{Rd,s}^s = \frac{f_{yk}A_s}{\gamma_{Rs,N}} = \frac{3.14 \times 21.2^2}{4} \times 640/1.3 = 173.7 \times 10^3\text{N} = 173.7\text{kN}$$

$$V_{Rd,s}^s = \frac{0.5 \times f_{yk}A_s}{\gamma_{Rs,V}} = \frac{0.5 \times 3.14 \times 24^2}{4} \times 640/1.3 = 111.3 \times 10^3\text{N} = 111.3\text{kN}$$

式中：$\gamma_{Rs,N}$、$\gamma_{Rs,V}$——分别为锚栓受拉、受剪破坏承载力分项系数。

此时，锚栓所受拉力、剪力分别为：

$$N_{Rd,s} = \frac{My_{i\max}}{\sum y_i^2} = 46.7\text{kN}, \ V_{Rd,s} = \frac{V}{12} = \frac{750}{12} = 62.5\text{kN}$$

式中：y_i——第 i 排螺栓距最下排螺栓的距离；

$y_{i\max}$——最外排螺栓距最下排螺栓的距离。

$$\left(\frac{N_{Rd,s}}{N_{Rd,s}^s}\right)^2 + \left(\frac{V_{Rd,s}}{V_{Rd,s}^s}\right)^2 \leqslant 1，螺栓承载力满足要求。$$

需要指出的是，按混凝土设计规范锚栓拉力设计值为：

$$N_{Rd,s} = \frac{M}{1.3 \times \alpha_r \times \alpha_b \times z} = \frac{210}{1.3 \times 0.85 \times 0.81 \times 0.45 \times 12} = 43.45\text{kN}$$

该公式考虑了锚筋层数等因素，这与后锚固技术规程计算值差异较大。同时，与钢梁栓焊拼接时腹板螺栓群弯矩分配不同的是，钢梁栓焊拼接时由于连接板平面内刚度极大，螺栓群受力与螺栓距形心的距离成正比，而锚板弯矩作用于钢板平面外，其拉力未必与距离成线性比例关系，没有加劲板时其内力分布非常复杂。

当有后锚固螺栓排列在牛腿之外时，在弯矩作用下为确保锚板可以传递螺栓的拉力，锚板厚度需满足：

$$t \geqslant \sqrt{\frac{6j_{\max}N_t e}{f_y b}}$$

式中：$j_{\max}$——螺栓列数；

b——锚板宽度。

即使如此，在弯矩作用下锚板仍有屈曲的可能，此时外排螺栓的实际拉力较难确定，而千斤顶顶升过程中荷载较大，为确保安全，建议按 $N_{t,i\max} = N_{t,i\max-1}$ 复核后锚固螺栓群的抗弯能力，同时所计算的外排螺栓拉力小于外排螺栓的强度。

当采用长圆孔释放外排螺栓剪力，并由其承担全部拉力时，必须采用加劲板或者增加锚板板厚等措施。

假设角焊缝高度取 $h_f = 10\text{mm}$，焊缝长度 $l_w = 650\text{mm}$，则：

$$\tau_V^b = \frac{V}{h_e \sum l_w} = \frac{1200 \times 10^3}{0.7 \times 10 \times 4 \times 630} = 68.03\text{N/mm}^2$$

$$\sigma_V^M = \frac{6M}{h_e \sum l_w^2} = \frac{6 \times 1200 \times 0.175 \times 10^6}{0.7 \times 10 \times 4 \times 630^2} = 113.38\text{N/mm}^2$$

$$\sqrt{\left(\frac{\sigma_f^M}{\beta_f}\right)^2 + (\tau_f^v)^2} = \sqrt{\left(\frac{113.38}{1.22}\right)^2 + 68.03^2} = 115.17 < 160\text{N/mm}^2, \text{满足要求。}$$

钢牛腿托换节点详见图 4.3.2。

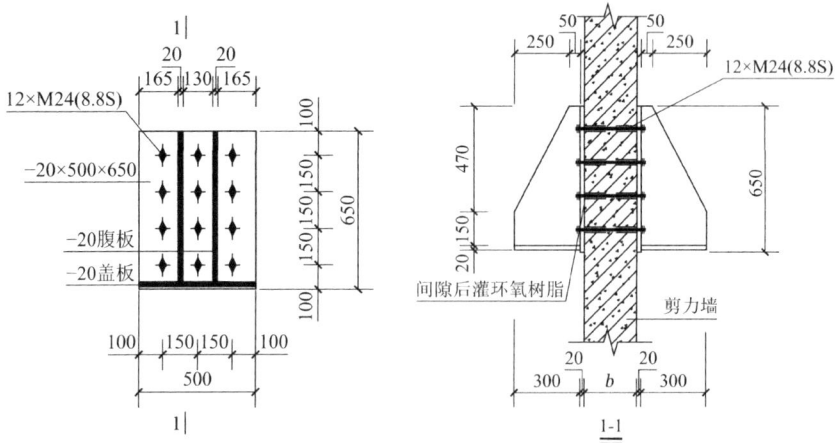

图 4.3.2　钢牛腿托换节点详图

4.3.2　托换结构—抱柱梁（底盘或托盘）托换设计

柱下托换结构应进行正截面抗弯、抗冲切以及抗剪验算。结构托换过程中被托换柱截面种类繁杂，各柱间承载力差异也较大，工程计算量大，托换结构作为顶升作业的重要环节，需要一套完善的计算体系确保其安全合理。然而，由于此类工程相对较少，缺乏大量的工程实践和试验数据，目前尚未形成统一的计算理论。根据托换结构和千斤顶的实际工作状态，抱柱梁托换结构受力机理类似于柱下承台，其计算可参照桩基础的承台计算原理，其中抱柱梁相当于承台，而千斤顶相当于基桩。

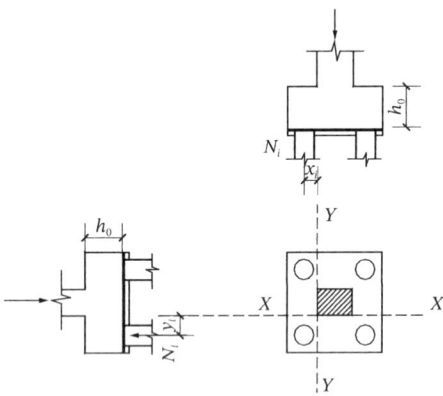

图 4.3.3　弯矩计算示意

柱下托换结构应进行正截面受弯承载力计算，其弯矩可按《建筑桩基技术规范》JGJ 94—2008 第 5.9.2～5.9.5 条的规定计算，受弯承载力和配筋可按现行国家标准《混凝土结构设计标准》GB/T 50010—2010（2024 年版）的规定进行。托换结构弯矩计算截面位于柱边（图 4.3.3），可按下列公式计算：

$$M_x = \sum N_i y_i$$
$$M_y = \sum N_i x_i$$

式中：M_x、M_y——分别为绕 x 轴和绕 y 轴方向计算截面处的弯矩设计值；

x_i、y_i——垂直 y 轴和 x 轴方向自千斤顶中心线到相应计算截面的距离；

N_i——荷载效应基本组合下的千斤顶竖向反力设计值。

由于托换构件混凝土浇筑于已经硬化的混凝土表面，顶升过程中沿新旧混凝土交界面的破坏可能大于柱边与千斤顶边缘连线所构成的锥体（图 4.3.4），并且受交界面粗糙程度的影响。其中，沿柱边与千斤顶边缘连线所构成的锥体的冲切计算可参考《建筑桩基技术规范》JGJ 94—2008（图 4.3.5）。沿新旧混凝土交界面剪力为摩擦剪力，参照美国规范 ACI 318M-05，摩擦剪力应满足：

$$V \leqslant 0.2 f_c A_c$$

式中：A_c——新旧混凝土交界面面积；

$\quad\quad\ f_c$——新旧混凝土抗压强度设计值的较低值。

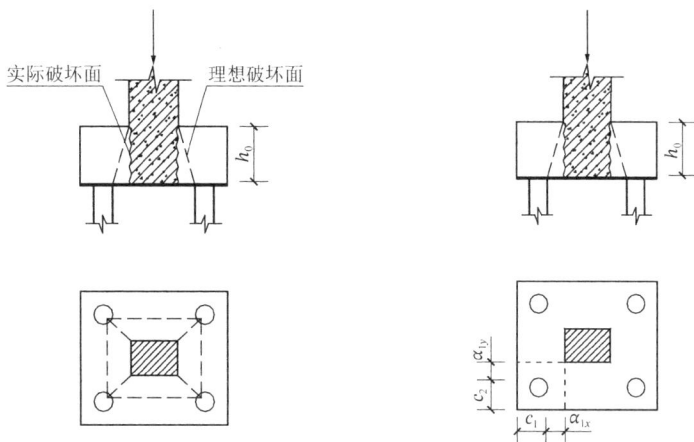

图 4.3.4　柱对承台的冲切计算示意图　图 4.3.5　承台角部千斤顶冲切计算示意图

结合《建（构）筑物托换技术规程》T/CECS 295—2023，新旧混凝土交界面受剪承载力应满足：

$$V \leqslant 0.16 f_c A_c + 0.56 f_s A_s$$

并要求：

$$f_s A_s \leqslant 0.07 f_c A_c$$

式中：A_s——垂直通过交界面的钢筋面积；

$\quad\quad\ f_s$——新旧混凝土交界面配置植筋钢筋抗拉强度设计值。

按照美国规范 ACI 318M-05，交界面受剪承载力应满足：

$$V \leqslant A_c K_1 \sin^2 \alpha + f_y A_s (0.8 \sin \alpha + \cos \alpha)$$

式中：$K_1 = 2.8 \text{N/mm}^2$；

$\quad\quad\ f_y$——新旧混凝土交界面配置植筋钢筋抗拉强度设计值。

显然，为了取得更高的抗剪能力，抱柱梁植筋时不应垂直于柱表面，而应具有一定的角度从而利用钢筋拉力的竖向分力抗剪。为确保连接的可靠性，托换结构的外伸宽度需要满足连接筋的锚固要求，以确保钢筋拉拉强度可以充分发挥。

当交界面形成裂缝，则新旧混凝土交界面抗剪承载力应满足：

$$V \leqslant f_{yv} A_s (\mu \sin \alpha + \cos \alpha)$$

式中：μ——摩擦系数，取 1.0（表面凿毛深度大于 5mm）或 0.6（交界面未凿毛）。

与常规的受弯类构件受剪承载力公式按 $V \leqslant 0.7 f_t b h_0$ 相比，托换承台作为环梁结构，是一个复杂的受力体系，新旧混凝土接触面不单是剪力作用，环梁对原有结构的握裹、粘结、摩擦等作用将导致新旧结构间承载力的增大。这与梁、承台冲跨比的减小，环箍对柱承载力的提高有类似之处。因此，部分工程为简化计算，假定新旧混凝土结合面上的剪应力分布均匀，结合面的冲切承载力仅与结合面的面积和强度有关，忽略托换梁配筋以及抗剪连接筋（或抗剪键）的结合面冲切破坏的影响，而采用下式进行冲切墩截面高度估算：

$$h = \frac{V}{kf_t C}$$

式中：C——柱截面周长；

　　　k——新旧混凝土交界面混凝土强度折减系数。

这种做法忽略了环梁的有利作用，是不经济的。当无法采用包裹式节点托换时（如墙下托换），建议按 $V \leqslant 0.7f_t bh_0$ 进行计算。托换节点设计图见图4.3.6。

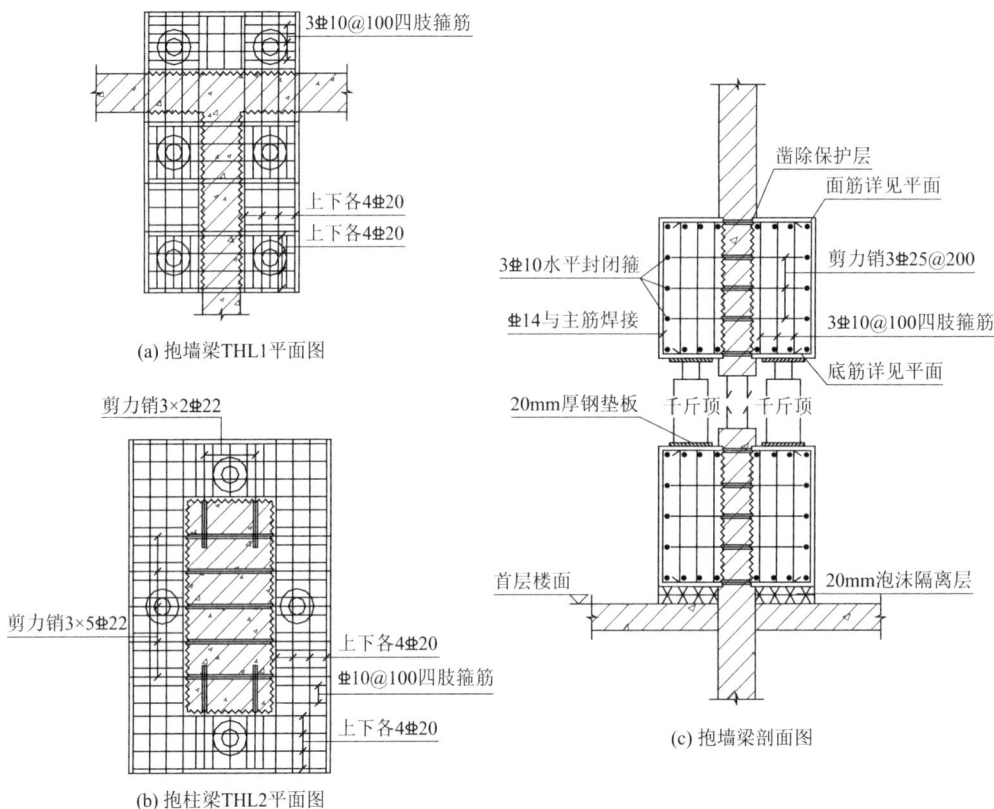

(a) 抱墙梁THL1平面图

(b) 抱柱梁THL2平面图

(c) 抱墙梁剖面图

图 4.3.6　托换节点设计图

对于柱（墙）冲切破坏锥体以外的千斤顶，可参照《建筑桩基技术规范》JGJ 94—2008按下列规定计算托换墩受千斤顶冲切的承载力：

托换承台受角部千斤顶冲切的承载力可按下列公式计算（图4.3.5）：

$$N_l \leqslant \left[\beta_{1x}(c_2 + a_{1y}/2) + \beta_{1y}(c_1 + a_{1x}/2)\right]\beta_{hp}f_t h_0$$

$$\beta_{1x} = \frac{0.56}{\lambda_{1x} + 0.2}$$

$$\beta_{1y} = \frac{0.56}{\lambda_{1y} + 0.2}$$

式中：N_l——荷载效应基本组合作用下角部千斤顶反力设计值；

β_{1x}、β_{1y}——角部千斤顶冲切系数；

a_{1x}、a_{1y}——从托换承台底角千斤顶内边缘引45°冲切线与托换承台顶面相交点至千斤顶内边缘的水平距离；

　　h_0——托换构件有效高度；

　　λ_{1x}、λ_{1y}——冲跨比，$\lambda_{1x} = a_{1x}/h_0$，$\lambda_{1y} = a_{1y}/h_0$，其值均应介于 0.25～1.0 之间。

4.3.3　复杂托换节点的有限元分析

　　柱的托换（底盘或托盘）一般采用四周包裹式托换，通过新增部分混凝土与柱表面之间的粘结力来传递柱上荷载。为确保荷载传递的有效性，不发生冲切破坏，柱表面需要凿毛，并设置连接筋或抗剪键等措施。

　　此类节点受力复杂，尚无明确可靠的设计计算公式，需对其进行有限元分析，评估构件节点的承载能力，确保工程安全。

　　对典型的柱下托换节点进行有限元分析，结果见图 4.3.7～图 4.3.9。

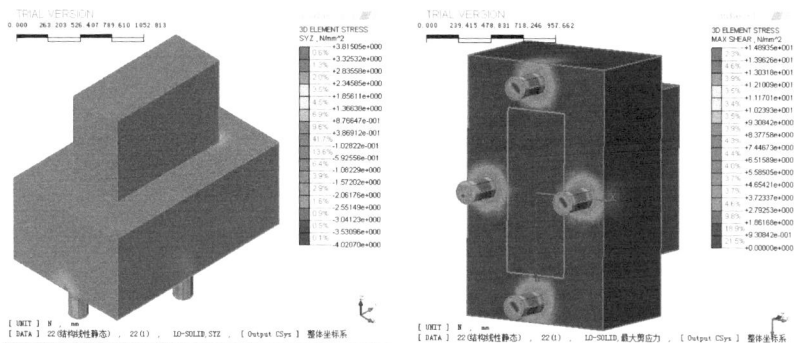

图 4.3.7　托换承台剪应力图（单位：N/mm^2）

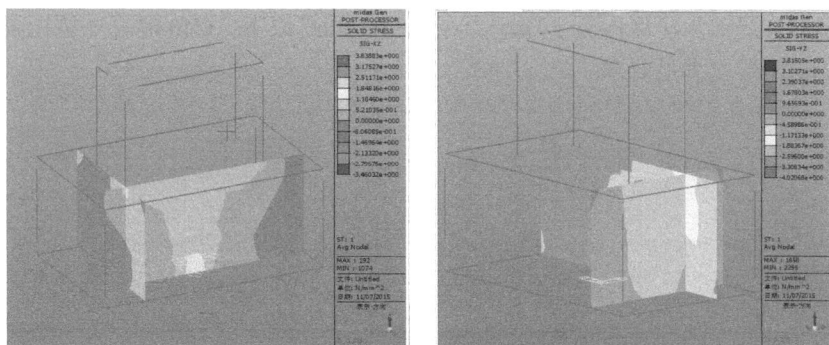

图 4.3.8　托换承台交界面剪应力图（单位：N/mm^2）

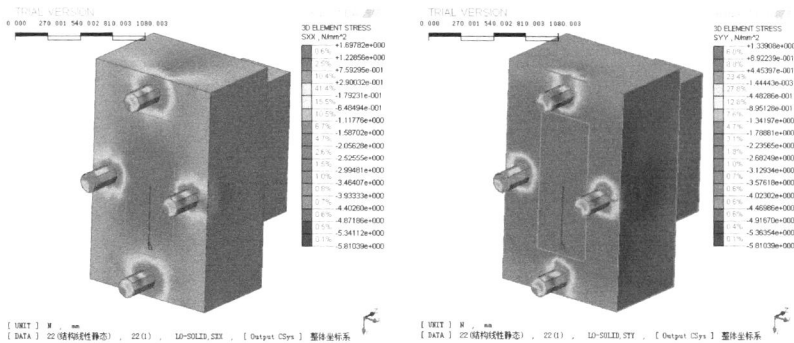

图 4.3.9　托换承台正应力图（单位：N/mm^2）

图 4.3.7 为托换承台剪应力图，承台部分混凝土剪应力基本在 1.0N/mm² 之内。然而，不像整浇承台，混凝土抗冲切呈斜截面锥体破坏，由于托换构件后浇筑，构件整体抗剪能力由新旧混凝土交界面的抗剪能力决定。

图 4.3.8 为托换承台交界面剪应力图，由图可知，该控制截面混凝土剪应力基本在 1.8N/mm² 以内，远小于 $0.20f_c = 3.34$N/mm²（f_c 为 C35 混凝土的抗压强度设计值），也小于 $0.16f_c = 2.67$N/mm²。

图 4.3.9 托换承台正应力图显示，承台底部柱周拉应力集中，承台部分混凝土拉应力接近 0.9N/mm²，局部最大部位达到 1.3N/mm²，接近混凝土抗拉强度设计值。当千斤顶布置离柱边距离较大时，应进行正截面抗弯计算并配置底部受拉钢筋。

顶升过程中，千斤顶接触部位应力较为集中，混凝土应满足局部抗压要求。也可通过设置钢板提高该部位的局部抗压能力。

千斤顶所承担荷载设计值为 525kN，因为承台材质为混凝土，其强度小于千斤顶，需验算千斤顶上承台局部受压承载力：

$$F_l = \omega\beta_l f_{cc}A_l = 1.0 \times 3.0 \times 14.2 \times 21382.5/1000 = 910.9\text{kN}$$

$$f_{cc} = 0.8f_c = 0.85 \times 16.7 = 14.2\text{N/mm}^2$$

式中：ω——荷载分布影响系数，取 1.0；

     β_l——混凝土局部受压强度提高系数；

     f_{cc}——素混凝土轴心抗压强度设计值；

     A_l——局部受压面积。

与千斤顶接触面混凝土局部受压承载力 910.9kN，承台局部受压承载力满足规范要求。图 4.3.10 显示，局部承压区混凝土压应力在 23.5N/mm² 以下，C40 混凝土抗压强度标准值为 23.4N/mm²，可以满足要求。

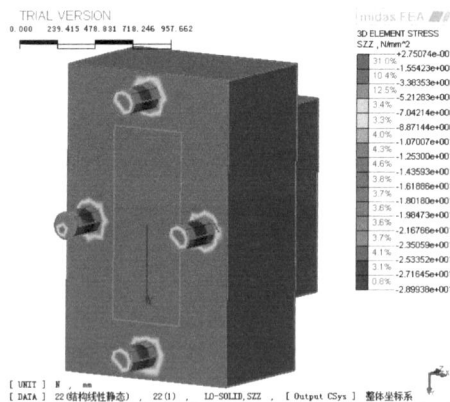

图 4.3.10　托换承台局部抗压应力图（单位：N/mm²）

4.3.4　托换构件（底盘、托盘或牛腿）承载力检验

托换构件节点受力较为复杂，重要性极高，可靠度应能充分保证，因此在千斤顶安装结束、竖向构件分离前应进行托换构件的承载力检验。

托换构件承载力检验时，千斤顶的作用力应达到设计值的 100% 以上，连续持荷应不小于 24h。若发现混凝土开裂，应查明原因，及时采取可靠的加固补强措施。此外，钢牛腿尚应进行抗滑移检验，在 1.2 倍设计荷载作用下，钢牛腿不应发生滑移。

4.4　顶升系统

4.4.1　STC 同步顶升控制系统

顶升施工可采用国内最先进的 STC 同步顶升控制系统。

该系统采用变频调速闭环控制系统，依靠调节供电的频率，来改变电机转速，达到油泵的流量连续可调的目的，再配以先进的电控装置和高精度的位移、压力检测系统，就可以精确控制千斤顶的升降速度，实现多点同步升降，满足同步顶升、同步降落、重载称重等功能。

该系统通过计算机指令来控制液压千斤顶，系统通过力的平衡自动调整各台千斤顶的压力，从而在顶升过程中保持各顶升力的平衡性，各顶升点所需的顶升力值与实际提供值能够相符。同时这种控制系统通过位移指令来控制液压千斤顶行程，保证了各台液压千斤顶顶升的同步性，是一种力和位移综合控制的顶升方法，这种力和位移综合控制法建立在力和位移双闭环的控制基础上，以便控制建筑物顶升的位移和姿态。

1. 系统组成

STC 同步顶升控制系统由液压系统、计算机控制系统及检测传感器三部分组成。其中液压系统由变频泵站、液压千斤顶、平衡保护阀、比例阀、进出油管、分流器、快换接头等组成；计算机控制系统由计算机、计算机软件、操作台、电控箱等组成；检测传感器由位移传感器、力传感器组成。部分元件如图 4.4.1 所示。

(a) 变频泵站

(b) 位移传感器

(c) 平衡保护阀

图 4.4.1　顶升控制系统元件

2. 系统技术参数

系统工作电源：AC380V/50Hz 三相五线制；

系统泵站电机功率：6kW；

系统最高工作压力：65～70MPa；

系统泵站流量：4.6L/min；

系统同步控制精度：≤±0.50mm；

系统泵站工作介质：N46—N68 号抗磨液压油；

工作油温：0～70℃；

环境温度：−25～45℃；

油箱容量：250L；

泵站重量：350kg；

操纵台重量：100kg。

3. 系统特点

（1）分散布置

大型建筑物一般体积庞大，要对其进行顶升，执行机构必须满足分散布置的特点，使千斤顶能够分散布置在建筑物下任意指定的顶升支点。

（2）集中操作

液压千斤顶集群分散布置在较大范围内，现场直接控制这些千斤顶将需要大量的人员，且需考虑安全问题。应能在中央控制室内遥控操作千斤顶群，且能检测现场各千斤顶的工作参数。

（3）同步（比例同步）升降

即使结构荷载分布不均，该系统也能保证各千斤顶在受力不均的工况下同步升降。

（4）实时监控

由于操作人员要在中央控制室内遥控操作千斤顶，因此，在中央控制室内，不仅能够实时监控各千斤顶的压力、位移大小，而且还能够监测压力、位移的变化趋势、历史记录等；对于泵站各阀件的工作状态也能够实时监控，便于排除故障。

（5）智能管理

能够在不改变硬件系统的基础上满足千斤顶的任意分组布置、分组同步以及千斤顶和位移传感器的任意关联，同时，该系统也能满足千斤顶的单独动作。操作人员只需与电脑进行人机交互便可完成所有操作。

（6）硬件功能

千斤顶平衡保护阀可防止任何形式的系统及管路失压，从而保证负载有效支撑；千斤顶内置式位移、压力传感器、均载阀，保证了顶升系统在恶劣工作环境下的高度可靠性。

4.4.2 控制模式的确定

1. 控制模式的分类

系统的控制模式可分为位置闭环和力闭环两种。下面分别介绍这两种控制模式的工作机理。

位置闭环是指选择位置闭环工作状态时，输入的指令值为位置，需要外配位移检测传感器，用于位置检测反馈，如图 4.4.2 所示。

力闭环是指选择力闭环工作状态时，输入指令为力，液压系统内配有压力传感器，用于力检测反馈，如图 4.4.3 所示。

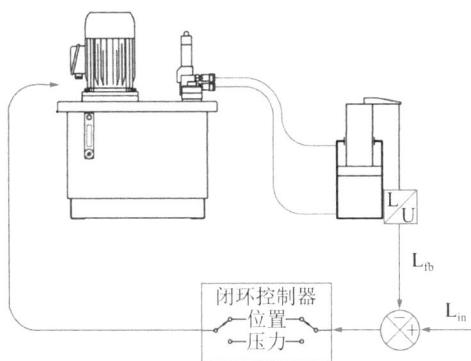

图 4.4.2　位置闭环　　　　　　　　　　　图 4.4.3　力闭环

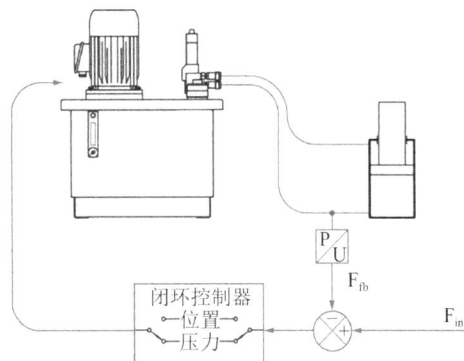

2. 控制模式的选用

在实际使用中究竟是用位置闭环还是力闭环要视工程对象而定。若顶升相邻两点发生 0.5mm 的同步误差，千斤顶的负荷变化不超过 5%，则选用位置闭环模式控制；若顶升相邻两点发生 0.5mm 同步误差，可引起千斤顶负荷发生 20%以上的变化，则选用力闭环模式控制。高层建筑分离顶升纠倾宜采用位置闭环模式控制。

4.4.3　千斤顶分组原则及优化

为实现同步顶升控制，需要对千斤顶进行分组。一般来说，千斤顶的分组越多，各顶升点的顶升协同越好，顶升作业对上部结构的影响也越小，但受顶升设备和调压控制泵站数量的限制，千斤顶的分组数量往往会受到一定的限制。

按比例调坡顶升纠倾时，被分在同一组的千斤顶的油压是始终相同的，当千斤顶型号相同时，同一组每台千斤顶的顶力是相同的，而每台千斤顶的顶升量可按系统预先设定的线性比例进行分配。按照平面轴线每个竖向构件顶升位移和顶升力基本相等的原则划分控制点。

每一步顶升纠倾作业时，由于同一组千斤顶的顶升力是相同的，这与竖向构件刚开始被截断分离时的千斤顶反力是有差异的。因此，应根据千斤顶分组情况对截断分离面以上的高层结构的内力、变形和构件承载力重新进行复核，结构计算模型应使同一组千斤顶的计算反力相等。当复核结果存在问题或出现较多构件不满足承载力要求时，应对千斤顶的分组进行优化和调整。

4.5　称重顶升工况结构计算和顶升误差控制

4.5.1　称重顶升模式对分离后结构内力的影响分析

从理论分析层面出发，常用的顶升方式主要有"力"控制与"位移"控制两种。本节以 4.2 节模型中②轴的一榀框架为分析对象，通过调整柱底边界条件，研究下列三种顶升控制模式对分离后结构内力变化的影响。

（1）"位移"控制模式一：同组千斤顶的顶升量始终保持相同，各轴号对应的底层柱顶升位移量如图 4.5.1（a）所示，顶升工况下的构件附加弯矩如图 4.5.2（a）所示。

（2）"位移"控制模式二：所有柱下千斤顶满足"共面"要求，各轴号对应的底层柱顶升位移量如图 4.5.1（b）所示，顶升工况下的构件附加弯矩如图 4.5.2（b）所示。

（3）"力"控制模式：同组千斤顶反力始终保持基本相同，各轴号对应的千斤顶顶升力如表 4.5.1 所示，顶升力与竖向荷载工况下构件弯矩如图 4.5.2（c）所示。

当采用位移控制模式一时，底层梁、柱构件内会产生较大附加内力，附加内力在二层以上开始迅速减小，存在安全隐患，须对底层构件进行承载力验算，必要时进行局部加固。此控制模式下，各组千斤顶的顶点未处于同一平面，同组千斤顶的反力不同，反力差在柱底形成附加弯矩。

采用位移控制模式二可使所有柱下千斤顶满足"共面"要求，实现同步顶升，上部结构中不会产生附加弯矩，安全隐患较小。

采用力控制模式时，构件内力计算结果与柱截断分离后无明显差异，未产生较大附加弯矩，安全隐患较小。另外，如果原结构柱底弯矩较大，同一柱底千斤顶间反力差异大，若采用该控制模式进行托换顶升，尚应复核由此引起的千斤顶竖向变形差及托换承台附加内力。

综上所述，考虑到实际千斤顶的工作原理，应采用"力为主、位移为辅"的"双控"顶升模式，通过主控千斤顶反力，实时监测各组位移量，完成顶升施工。

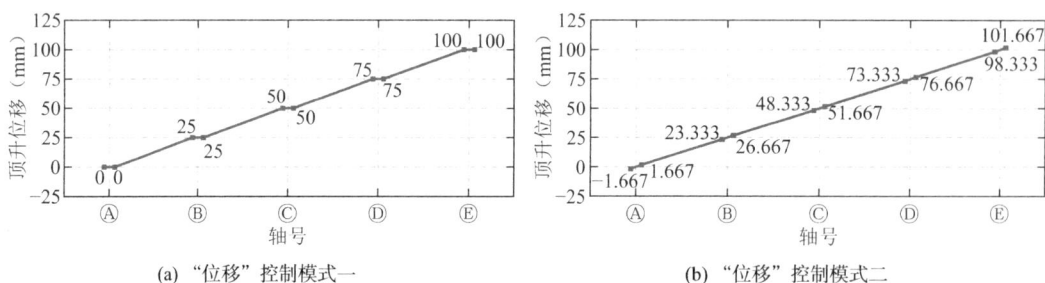

(a) "位移"控制模式一

(b) "位移"控制模式二

图 4.5.1　两种位移控制模式顶升位移

"力"控制模式千斤顶顶升力（单位：kN）　　　　　　　　表 4.5.1

千斤顶编号	轴号		
	Ⓐ/Ⓔ	Ⓑ/Ⓓ	Ⓒ
千斤顶 1	844.6	1356.9	1390.9
千斤顶 2	863.4	1359.4	1391.0
千斤顶 3	882.2	1390.8	1422.6
千斤顶 4	863.4	1388.2	1422.5
平均值（顶升反力）	863.4	1373.825	1406.75

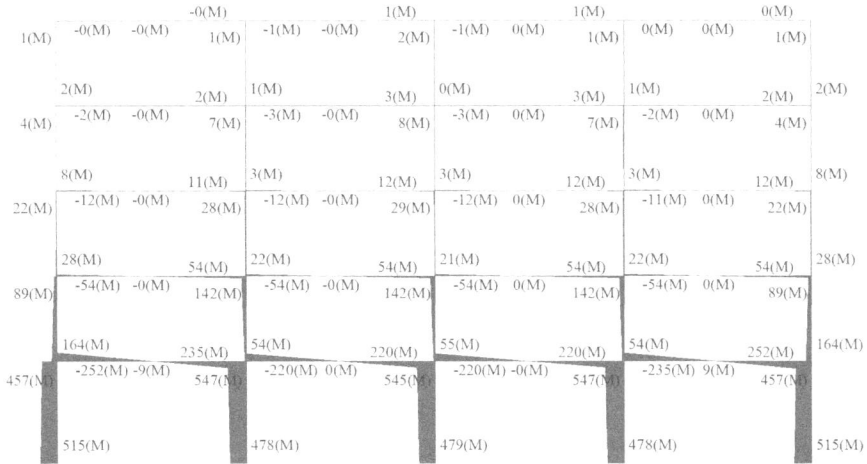

(a)"位移"控制模式一（顶升工况）

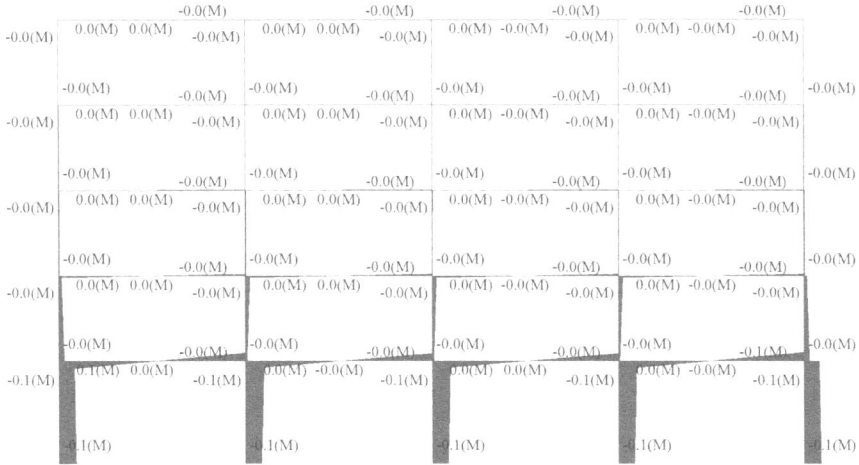

(b)"位移"控制模式二（顶升工况）

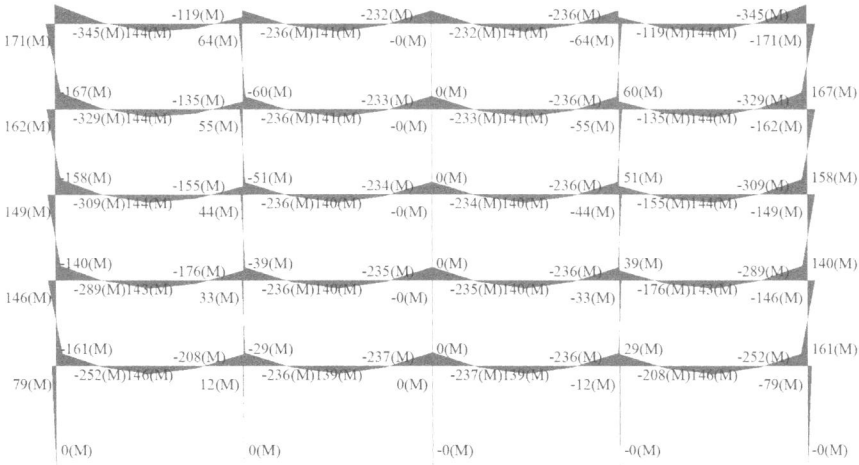

(c)"力"控制模式（竖向荷载＋顶升力工况）

图 4.5.2　各控制模式下，典型框架附加弯矩图（单位：kN·m）

4.5.2 顶升误差对分离后结构内力的影响分析

顶升纠倾过程中，微小的顶升误差即有可能引起结构开裂。故设计过程中，须模拟顶升误差对顶升过程中结构内力的影响，分析得到既有结构承载能力条件下允许的施工误差限值，用以指导实际施工过程。

顶升误差主要可分为柱间顶升误差和柱下顶升误差两类。本节以 4.2 节所述模型中②轴的一榀框架为分析对象，通过调整柱下节点位移，研究柱间顶升误差与柱下顶升误差对分离后结构内力变化的影响。

对中柱底部同组千斤顶均施加 2mm 节点位移，模拟柱间顶升误差，结构附加弯矩结果如图 4.5.3（a）所示；对中柱下某一千斤顶施加 1mm 节点差异位移，模拟柱下顶升误差，结构附加弯矩结果如图 4.5.3（b）所示。

计算结果表明，2mm 柱间顶升误差导致本跨及相邻跨梁、柱各层均存在附加弯矩，周边各组千斤顶反力相应变化；1mm 的柱下顶升差异位移会导致对应柱首层形成较大附加弯矩；同组其他千斤顶的反力变化极大，有脱空趋势，柱下托换承台、千斤顶有可能破坏，影响不可忽略。

综上所述，微小顶升误差可能引起极大的结构附加内力，导致局部千斤顶因反力过大破坏，上部墙肢因附加内力过大而开裂；这也从侧面印证了上一小节的结论：实际工程不应采用纯"位移"顶升控制模式。

实际工程采用"力为主、位移为辅"的"双控"顶升模式时，因为结构的整体性较强，且千斤顶上下均设有钢垫板，一般不会出现千斤顶脱空的情况，所以顶升误差常表现为千斤顶反力数据突变异常，而非位移数据异常。在顶升纠倾设计阶段，应当对既有建筑的顶升误差允许值进行计算分析，用以指导顶升控制系统的选择及施工精度的控制；施工过程中也应实时监测反力、位移数据，及时发现反常现象，防患于未然。

(a) 2mm 柱间顶升误差

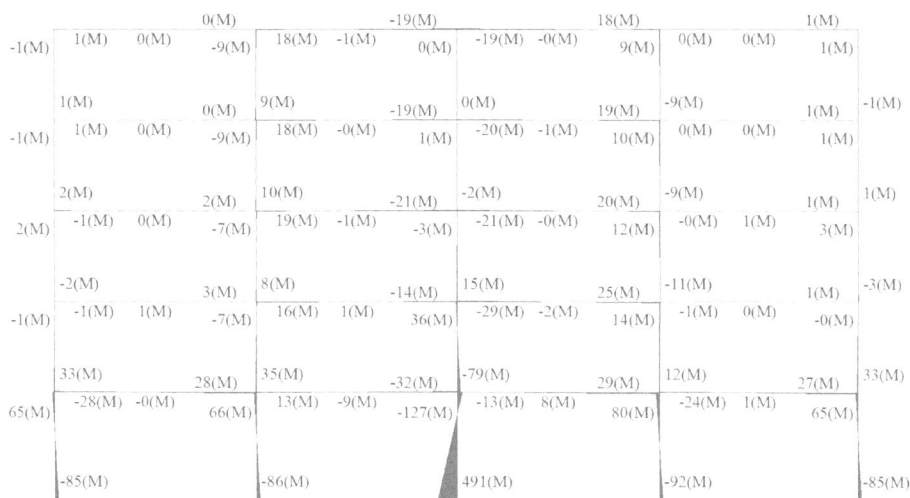

(b) 1mm 柱下顶升误差

图 4.5.3　顶升误差附加弯矩图（单位：kN·m）

4.5.3　千斤顶分组优化

前述称重顶升工况和顶升误差分析过程中，均须根据构件内力结果复核现有结构的承载能力，若发现大量构件承载力不足，应分析原因，调整千斤顶整体布置方案；若发现局部构件承载力不足，应当对千斤顶局部布置及分组进行优化。若构件承载能力确有不足、顶升误差允许值过小、现场施工精度难以满足，应先对构件进行加固。

4.6　高层建筑顶升阶段的水平限位和防倾覆装置

整体截断顶升常用于不均匀沉降房屋的纠倾，顶升过程中，由于竖向构件被截断，上部结构与下部结构一般仅通过千斤顶连接。此时，建筑物的整体刚度下降，抗侧及抗倾覆能力削弱。

多层房屋受水平风荷载影响较小，房屋截断顶升过程中水平方向通常不采取限位措施而直接施工。而高层建筑由于自身荷载大、场地复杂以及设计、施工不合理等原因易产生不均匀沉降。顶升过程中遭遇强风、小型地震等偶然因素影响时，建筑易发生难以复位的侧向位移，为避免出现此类情况，需采取稳定限位措施。

4.6.1　水平限位与抗倾覆

（1）顶升过程的构件稳定

建筑物顶升过程中柱底切断引起的约束释放将使底层柱的计算长度发生变化。图 4.6.1（a）为底部带穿层柱结构，由于基础（地下室）的嵌固作用，柱底处于完全固接，柱底截断后，柱底约束由固接改为铰接。

当柱底为固接时，图 4.6.1（a）中普通框架柱计算长度系数理论值为 $\mu_{1,a} = 1$，考虑到非理想端部约束条件，其设计值一般取 1.2。

当柱底为铰接时，图 4.6.1（b）中普通框架柱计算长度系数理论值为 $\mu_{1,b} = 2$，考虑到非理想端部约束条件，其设计值一般仍取 2.0。根据欧拉公式 $N_{cr} = \pi^2 EI/(\mu l)^2$，底部约束改为铰接后，穿层柱承载力之比为 $\kappa = \dfrac{\pi^2 EI/(\mu_{2,b}l)^2}{\pi^2 EI/(\mu_{2,a}l)^2} = 0.36$。

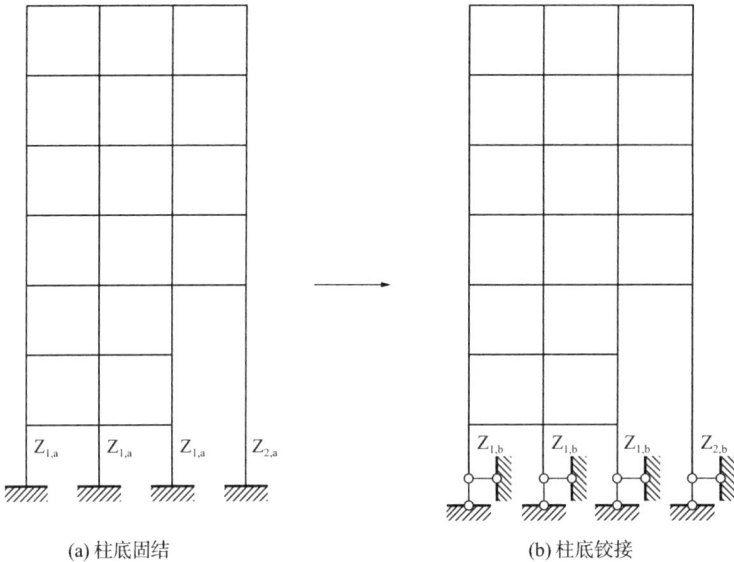

(a) 柱底固结　　　　　　　　　　　　　(b) 柱底铰接

图 4.6.1　底层柱简图

由此可见，柱底截断后约束条件的变化将使柱的极限承载力减小到原有设计承载力的 36%。对于一般由稳定控制的钢柱，稳定承载力的迅速下降将导致柱子失稳破坏。对于混凝土结构，非抗震以及低烈度设防区域内抗震等级为四级的框架，多层框架柱截面一般由轴压比控制，设计时轴压比一般在 0.8～0.9 之间。

图 4.6.1（a）中普通框架结构层高 4.0m，柱 $Z_{1,a}$ 截面 500mm × 500mm，混凝土强度等级为 C35，轴压比为 0.85，则柱承载力为 $N = 3.54 \times 10^6$N。柱底截断后其稳定承载力 $N_{cr} = \dfrac{\pi^2 EI}{(\mu_{1,b}l)^2} = 1.58 \times 10^7$N。显然对普通混凝土柱，承载能力是足够的。然而，建筑物底部设置多层通高大堂时，柱底切断引起的约束释放将使穿层柱的计算长度同样发生变化。

图 4.6.1（b）所示穿层柱计算长度为普通柱的 3 倍。穿层柱由于计算长度大，自身容易发生屈曲失稳，柱底截断并释放约束后其竖向承载力迅速下降，柱 $Z_{2,b}$ 的稳定承载力 $N_{cr} = \dfrac{\pi^2 EI}{(\mu_{2,b}l)^2} = 2.15 \times 10^6$N，即使其轴压比较低时（0.5），柱轴力 $N = 2.08 \times 10^6$N，此时承载力并不满足要求。考虑到建筑物活荷载占建筑物总荷载的 10%～20% 左右，移位过程中中断使用功能并去除所有活荷载，取活荷载所占比重为 15%，则此时普通框架柱承载力为 2.16×10^6N，安全隐患仍然极大，必须采取加强措施以确保移位过程中的结构安全。轴压比较大的穿层柱应设置支撑或者底部约束以提高构件的稳定承载力。

目前规范、工程设计软件在计算竖向构件轴压比时，风荷载并不参与组合。柱叠加风荷载引起的压力后，其失稳的概率会进一步增大。

钢结构承载力高，柱截面相对较小，其稳定问题更为突出。因此，多高层钢结构的升迫降过程中，其竖向构件由于约束变化而引起的稳定承载力下降问题必须予以重视。

实际上，对于采用框架-核心筒或者框架-支撑体系的高层结构，由于核心筒等支撑构件的支援效应，采用上述公式计算的穿层柱计算长度比实际值大，可采用屈曲分析做进一步精确分析。

（2）顶升阶段的结构整体稳定

另外需要指出的是，柱截断后由于抗弯约束同时释放，不仅柱构件计算长度系数变化导致单构件承载力下降，高层结构的整体稳定承载力也必将下降。图 4.6.2 所示高层建筑，底部采用千斤顶拖换时，如不采取任何侧向限位措施，在风荷载作用下将发生倾覆。因此，高层结构在移位过程中应对整体稳定进行复核。

剪切型结构失稳往往是整体楼层的失稳，纯框架的梁、柱因双曲率弯曲产生层间侧向位移，显现出整个楼层的屈曲。其临界荷载为：

$$\left(\sum_{j=i}^{n} G_j\right)_{\mathrm{cr}} = D_i h_i$$

式中：$\displaystyle\sum_{j=i}^{n} G_j$——第 i 层的临界荷载，等于第 i 层及以上各楼层的重力荷载的总和；

D_i——第 i 层的抗侧刚度，取该楼层剪力与层间位移的比值；

h_i——第 i 层的层高。

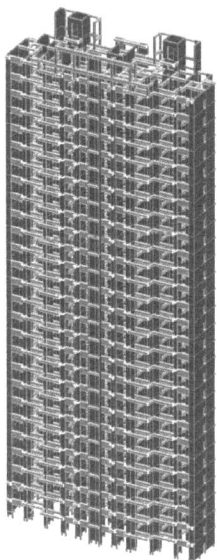

(a) 高层建筑整体模型

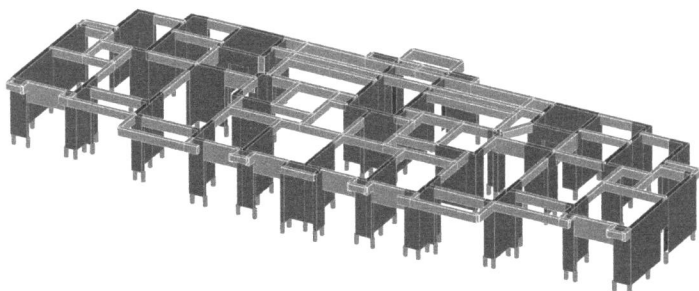

(b) 托换千斤顶布置图

图 4.6.2　高层建筑托换示意图

对于单跨框架，柱底刚接时，其稳定承载力为：

$$P_{cr} = \frac{10EI_c}{h_2} \times \frac{1+6K}{2+3K}$$

当柱底铰接时，其稳定承载力为：

$$P_{cr} = \frac{10EI_c}{h_2} \times \frac{K}{1+2K}$$

式中：K——梁柱线刚度之比。

如果梁柱线刚度之比为1，则单层框架的稳定承载力下降了76.2%。

对于弯曲型结构，其整体稳定临界荷载为：

$$P_{cr} = \frac{\pi^2 E_J}{4H^2}$$

式中：P_{cr}——作用在悬臂杆顶部的竖向临界荷载；

$\quad\quad E_J$——悬臂杆的弯曲刚度；

$\quad\quad H$——建筑物高度。

剪弯型高层结构考虑P-Δ效应后，其侧移可近似采用下式计算：

$$\Delta^* = \frac{\Delta}{1 - \left(\sum\limits_{i=1}^{n} G_i\right)/P_{cr}}$$

式中：Δ^*和Δ——分别为考虑P-Δ效应和不考虑P-Δ效应的结构侧向位移。

根据现行国家标准《高层建筑混凝土结构技术规程》JGJ 3，为控制结构整体稳定，P-Δ效应增幅控制在10%之内，考虑实际刚度折减50%，效应增幅控制在20%之内，则需满足：

$$\frac{\Delta^* - \Delta}{\Delta} \leqslant 10\%$$

作为需要纠倾的托换建筑，倾斜所引起的初始缺陷位移大于正常使用建筑，刚度弱于底部嵌固建筑。而弯曲型结构在失稳时由于底部约束的释放，将进一步影响其稳定性。

顶升过程中，竖向构件底部截断以后，上部结构与下部结构一般仅通过千斤顶连接，建筑物的整体刚度下降，抗侧及抗倾覆能力被严重削弱，作业期间应有可靠的限位及抗倾覆措施。

4.6.2 水平限位设计

沿海地区高层建筑受风荷载影响显著，部分建筑高宽比大，自身抗倾覆能力弱。为避免整体截断顶升、迫降过程发生倾覆或者难以复位的侧向位移，需设置平面限位装置，限制纵横向可能发生的位移。

以秦山核电国光宾馆（详见4.8节）为例进行顶升过程整体稳定限位控制分析。

该工程采用一层底部截断竖向构件的方式进行顶升纠倾。

为确保顶升过程的安全，我们研发了一种建筑结构截断顶升纠偏过程的水平限位装置，如图4.6.3、图4.6.4所示。该装置由上、下限位墩、橡胶垫层以及填充聚苯乙烯泡沫板四部分组成。其中：上限位墩与被顶升结构连接，下限位墩与下部结构连接，限位墩中部设置橡胶垫层，其余部位填充泡沫塑料板。

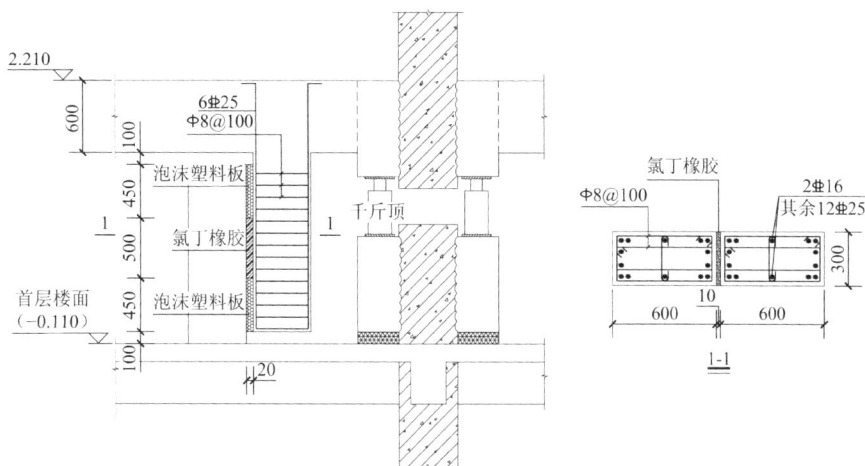

图 4.6.3　水平限位装置图

图 4.6.4　水平限位实景图

　　首先通过现场植筋并将下限位墩混凝土与下部结构浇筑为整体；上限位墩与上部顶升托换结构整体浇筑；上、下限位墩之间的缝隙直接采用橡胶垫层和聚苯乙烯泡沫板作为浇筑的模板，限位墩浇筑完毕后无需拆卸及另行安装，下部聚苯乙烯泡沫板可作为水平传力橡胶垫层搁置点，可避免橡胶垫层与限位墩之间的锚栓连接。一组限位装置能限制单方向的建筑移动，实施时需要根据风、地震等水平荷载的大小成对设置。该装置施工简单，可有效确保在水平力作用下建筑结构顶升施工过程的安全。该装置现已申请国家发明专利。

　　根据规范，施工过程中基本风压按 10 年重现期基本风压取值，且不考虑地震作用，本工程风荷载作用下 x、y 向水平力分别为 770kN 和 1218kN。如图 4.6.5 所示，工程沿 x、y 向分别布置了 8 处限位装置，考虑 x、y 向风荷载的正负风向，则每处限位装置所受剪力为 $V_x = 192.4$kN，$V_y = 304.4$kN。

　　由于本工程南北向倾斜 8.2‰，东西向倾斜 6.4‰，顶升过程中结构通过线性比例同步顶升进行整体纠偏，因此必须保证限位装置允许结构转动。在限位墩间中部设置氯丁橡胶，氯丁橡胶性能满足表 4.6.1 中的性能指标，同时在限位装置上、下两侧设置泡沫塑料，以确保限位装置的转动。在 x、y 向风荷载作用下，氯丁橡胶板所受应力为：

$$\sigma_x = \frac{V_x}{A} = \frac{192.4 \times 10^3}{300 \times 500} = 1.28\text{MPa}, \quad \sigma_y = \frac{V_y}{A} = \frac{304.4 \times 10^3}{300 \times 500} = 2.03\text{MPa}$$

其相应变形为：

$$\Delta h_x = \varepsilon h = \frac{\sigma}{E} h = \frac{1.28}{18.63} \times 20 = 1.37\text{mm}, \quad \Delta h_y = \varepsilon h = \frac{\sigma}{E} h = \frac{2.02}{18.63} \times 20 = 2.17\text{mm}$$

限位墩的转动变形为：

$$\Delta x = \varphi_x h = 0.0064 \times 500 = 3.2\text{mm}, \quad \Delta y = \varphi_y h = 0.0082 \times 500 = 4.1\text{mm}$$

式中：h——限位墩间的橡胶层厚度；

φ_x、φ_y——房屋南北向及东西向倾斜角。

抗剪墩所受剪力为$V_x = 192.4\text{kN}$、$V_y = 304.4\text{kN}$，小于其自身抗剪强度：

$$V \leqslant 0.25\beta_c f_c b h_0 = 643.5\text{kN}, \quad V \leqslant 0.7 f_t b h_0 + f_{yv} \frac{A_{sv}}{s} h_0 = 629.8\text{kN}$$

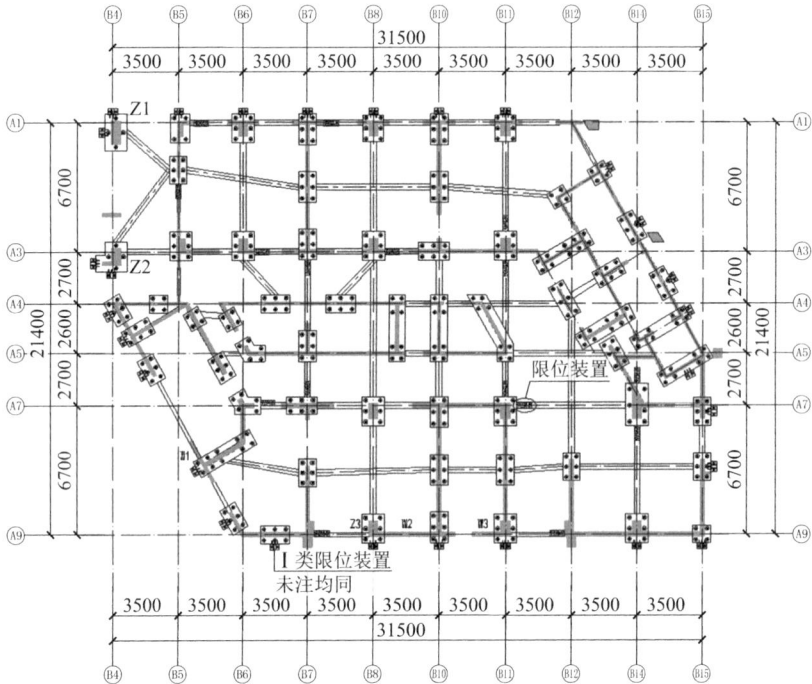

图 4.6.5　Ⅱ段顶升限位装置平面布置图

橡胶支座所用胶料物理性能指标　　　　　　　　　　　　　　　　表 4.6.1

胶料类型	邵氏硬度（度）	拉伸强度（N/mm²）	拉断伸长率	拉断永久变形	300%定伸强度（N/mm²）	脆性温度（℃）
氯丁橡胶	60 ± 5	$\geqslant 18.63$	$\geqslant 450\%$	$\leqslant 25\%$	$\geqslant 7.84$	-25
天然橡胶	60 ± 5	$\geqslant 18.63$	$\geqslant 450\%$	$\leqslant 20\%$	$\geqslant 8.82$	-40

这表明，在10年一遇风荷载作用下，即使不考虑顶升状态的摩擦作用，结构x、y向变形分别为1.37mm和2.17mm，结构整体位移很小。在纠倾顶升过程中，氯丁橡胶板的最大变形为4.2mm，可以满足纠倾转动的需要。该装置可以有效地抵抗水平荷载，确保顶升过程中千斤顶不受水平荷载的干扰。

4.6.3　抗倾覆设计

高层建筑结构刚度一般由地震作用、风荷载等水平荷载控制，工程纠倾一般工期较短，其时间跨度小于新建工程工期，一般可不考虑地震作用。仍以秦山核电国光宾馆为例，该工程位于浙江东部沿海地区，风荷载较大，必须确保纠倾工程在风荷载作用下的抗倾覆安全。

表 4.6.2 为各荷载工况下典型构件内力标准值。

各荷载工况下典型构件内力标准值（单位：kN）　　　　表 4.6.2

工况	Z1	Z2	Z3	W1	W2	W3
x 向风	63.6	94.7	33.4	94.2	45.9	1.7
y 向风	−196.8	−46.9	83.8	208.5	368.5	152.8
恒荷载	−1401.7	−1558.6	−841.0	−1368.9	−2515.9	−962.3

由表可知，在风荷载作用下框支柱底处于受压状态，各墙肢底部不出现拉应力。这表明在风荷载作用下，结构不会倾覆。为避免极端恶劣天气以及顶升过程中的一些偶然状况影响出现重大事故，对工程外围墙、柱采取了抗倾覆措施。首先，在抱柱墩安装钢牛腿；然后，将上、下钢牛腿通过螺杆进行连接，同时螺母与钢牛腿预留一定空隙，以确保结构能竖向位移。抗倾覆限位装置见图 4.6.6，竖向限位装置见图 4.6.7。

螺母与钢牛腿预留空隙应略大于千斤顶一次顶升行程。其中钢板厚度应满足如下公式：

当 $e_f/e_w < (e_f + c)(e_w + d)$ 时：

$$t_f \geqslant \sqrt{\frac{6N_t e_w e_f}{((e_f + c)e_f + be_w + 0.5be_f^2/e_w)f}}$$

当 $e_f/e_w > (e_f + c)(e_w + d)$ 时：

$$t_f \geqslant \sqrt{\frac{6N_t e_w e_f}{((e_f + c)(2e_f + e_w^2/e_f) + 0.5be_w)f}}$$

顶升工程在底部截断后完全依靠自重抵御倾覆荷载，一旦倾覆，其危险程度堪比结构垮塌，若在建筑物倒塌范围内存在其他建筑物，建议考虑地震作用的影响。

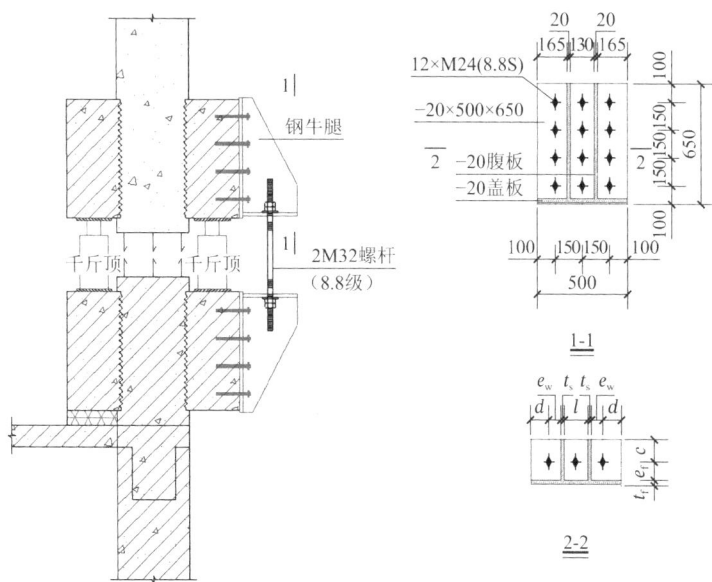

图 4.6.6　抗倾覆限位装置

图 4.6.7　竖向限位装置

4.7　竖向构件截断分离顶升法纠倾施工

高层建筑顶升纠倾工程是一项高难度、高风险、高技术含量的特种工程。顶升纠倾时，高层建筑物的重量全部由托换结构和顶升设备承担，顶升设备若不能保持荷载或突然卸载，将会导致托换结构受力严重不均匀甚至破坏，进而危及高层建筑物的安全。因此顶升设备的可靠性和托换结构的施工质量是决定顶升纠倾能否成功的关键因素。施工关键点包括托换结构施工、水平限位和防倾覆装置施工、顶升系统设备安装及调试、托换结构加载试验、竖向构件截断、顶升纠倾及竖向构件连接恢复施工等。

4.7.1　施工准备工作

竖向构件截断分离和顶升纠倾施工前，应完成下列准备工作：

（1）完成纠倾工程设计，深化纠倾工程专项施工方案。

（2）完善现场监测系统，条件具备时宜委托第三方专业单位并行监测。

（3）完成建筑物的倾斜、楼面高差、电梯井倾斜等测量，确定顶升量值。

（4）完成地基基础的加固控沉施工，确保沉降趋于收敛的前提下顶升施工。

（5）预先完成上部结构必要的加固。

（6）组织纠倾施工所需的人力、机械、材料进场，并做好相应材料、机械设备的检测、检验。

（7）做好现场的安全、文明施工措施，做好施工应急预案。

（8）做好现场质量保证等技术措施。

4.7.2　施工步骤

竖向构件截断分离和顶升纠倾施工，应按下列步骤进行：

（1）顶升托换系统安装部位的结构构件检查检测。

（2）托换结构、水平限位和防倾覆装置的施工。

（3）顶升系统设备安装及调试。

（4）托换结构加载试验，千斤顶预紧、竖向构件截断分离。

（5）称重，试顶升，同步顶升纠倾施工。

（6）顶升到位纠倾量经工程各方验收通过后，进行竖向构件连接。

（7）拆除顶升设备及托换系统，恢复机电管线装饰装修。

4.7.3　托换结构施工

托换结构可采用钢筋混凝土结构，也可以采用钢结构。托换结构的施工涉及新旧结构连接，其节点可靠性将对整体承载力产生极大影响，选择托换结构材料时首要考虑连接可靠性问题，并根据现场施工条件衡量施工难度。

1. 钢筋混凝土托换

钢筋混凝土托换构件主要包含托盘（上抱柱梁）、底盘（下抱柱梁）等。应先施工底盘，后施工托盘。托盘和底盘托换构件的工艺流程：凿毛→种植剪力销→钢筋绑扎→模板安装→混凝土浇筑与养护。

新旧结构连接面的混凝土表面应凿毛。凿毛前，用墨线在既有柱或墙上标明凿毛区域边界线，用手提式切割机沿边界线预先切割，切割深度不宜大于 20mm，避免非凿毛区混凝土受损。切割完成后采用人工与电镐相结合的方法对混凝土表面进行凿毛，要求凿毛后全表面露出新鲜混凝土，形成凹凸均匀的粗糙基面，凹凸深度不小于 8mm。凿毛完毕后及时把混凝土基面上的粉尘、污物冲洗干净，并保持界面洁净；在浇筑新混凝土前应淋水冲洗，混凝土基面保持湿润不少于 12h。

在原墙柱钻孔植筋时应避免切断主筋，且应分批间隔进行，每批钻孔削弱的墙柱净截面应满足安全要求。植筋的钻孔直径、锚固深度应符合设计要求，施工质量应满足现行国家标准《建筑结构加固工程施工质量验收规范》GB 50550 的有关要求。采用植筋施工的穿墙钢筋宜采用后灌注胶工艺。

钢筋制作应按设计图纸提前备好各类型钢筋下料单，按下料单中钢筋规格、形状、尺寸进行钢筋下料。抱柱梁的主筋应优先采用焊接或机械连接，连接构造应满足现行国家标准《混凝土结构设计标准》GB/T 50010 的有关要求。

模板的设计与制作应保证足够的强度和刚度，支模架具有足够的稳定性，能承受混凝土浇筑和振捣产生的侧向荷载，防止胀模、炸模及漏浆，确保混凝土构件外形尺寸准确。

混凝土采用泵送商品混凝土，浇筑与振捣从一端向另一端分层进行，分层厚度宜控制在 300～400mm。浇筑完成后应及时进行覆盖塑料薄膜浇水养护，养护持续时间不少于 14d。

2. 钢牛腿托换

钢牛腿按受力形式可分为剪切型钢牛腿和摩擦型钢牛腿两种，对于剪切型钢牛腿，穿墙螺杆应采用后注胶工艺；对于摩擦型钢牛腿，穿墙螺杆应缩小孔径。钢牛腿安装主要施工内容包括钢牛腿制作加工、弹线定位、钻孔、安装螺杆、安装钢牛腿、拧紧螺母及基层面和螺杆孔壁灌注环氧树脂胶等。

钢牛腿制作宜统一在工厂加工，钢板与钢板连接均采用等强坡口全熔透焊，焊缝质量等级为一级。钢牛腿施工，应保证安装和拆除作业的安全，安装质量应符合现行国家标准《钢结构工程施工质量验收标准》GB 50205 的有关规定。

在原墙柱钻孔穿螺杆时应避免切断墙柱主筋，且应分批间隔进行，每批钻孔削弱的墙柱净截面应满足承载力计算要求。穿墙螺杆宜采用静力取芯机钻孔，钻头始终与墙面保持垂直，以保证对穿螺栓的准确定位，钻孔直径应比螺杆直径大 2～4mm；螺杆孔应分批开孔，及时安装螺杆，禁止连续多个构件开孔后暴露未设置螺杆。若采用电钻钻孔时应设置导引孔，避免钻孔另一侧墙面混凝土表面出现碎裂掉落。

安装钢牛腿前应对混凝土接触面打磨平整，混凝土面不平处涂刷粘钢胶找平，安装后对称按顺序拧紧螺母固定钢牛腿，保证传力可靠。对于剪切型钢牛腿，混凝土面应满涂粘钢胶，确保粘结牢固。螺杆与钢承板螺栓孔之间的空隙应用结构胶填实；对于摩擦型钢牛腿，应确保穿墙螺杆预紧力，穿墙螺杆的扭矩不应小于设计值。

4.7.4 水平限位及抗倾覆施工

上部结构切断分离后，竖向构件抗侧力性能大大减弱。因此，需在分离面上下结构之间设置水平限位块，确保水平力的可靠传递。水平限位块构造上应能同时满足上部结构顶升时的竖向自由滑动。具体限位块的安装位置及数量应符合设计要求，其钢筋安装、混凝土浇筑和新旧混凝土界面的连接施工质量应符合现行国家标准《混凝土结构工程施工规范》GB 50666 及《建筑结构加固工程施工质量验收规范》GB 50550 的有关规定。

另外，上部结构截断后，千斤顶支承上部结构，仅承受竖向力，结构抗倾覆能力被削弱。一般情况下，高层建筑由于结构自重较大，在自重作用下结构能满足抗倾覆要求，但是在施工期间不能预见是否会遭遇极端恶劣天气或其他不利因素，截断后的上部结构可能存在倾覆隐患。为避免极端恶劣天气以及顶升过程中的突发状况导致重大事故，应做好抗倾覆保护措施。防倾覆装置宜布置在房屋外墙周边的上、下底盘托盘上，在上、下钢牛腿之间通过螺杆进行连接，同时每级顶升时预留螺母空隙，确保结构竖向顶升过程中不受阻碍。

4.7.5 顶升系统安装

1. 顶升系统检验

顶升系统进场前应按表 4.7.1 的内容进行检验，检验合格后方可投入使用。

控制系统和机具检验要求　　　　　　　　　表 4.7.1

检验对象	检验内容	检验批数量	检验数量	检验方法
主控系统	可靠性	1 套	每套	质量检验，设备正常运行 24h
数控液压泵站	可靠性	1 台	每台	质量检验，设备正常运行 24h
千斤顶	测量精度	20 台	1 台	标定
	保压性能			轴力施加至额定压力后，24h 油压降幅小于 5MPa

2. 顶升系统安装及调试

顶升千斤顶应选用带自锁螺母功能的液压千斤顶，防止任何形式的系统及管路失压，从而保证负载的有效支撑。安装千斤顶时要保证其轴线垂直，以免因安装倾斜导致其在顶升过程中产生水平分力。千斤顶的上下均设置钢垫板以分散集中力，防止混凝土局部受压破坏。千斤顶顶升力宜控制在其额定压力的 80%以内，千斤顶压力误差应小于 3%。

按顶升位移和顶升力基本相等原则划分控制点，每一控制点应安装一台位移传感器，以位移闭环控制同步顶升纠倾。同时根据控制点的数量配置数控液压泵站，数控液压泵站应通过油管和数据线分别与千斤顶、主控系统连接，并应确保连接接头完好。

顶升系统正式安装后，应对主控系统、数控液压泵站和千斤顶进行调试，调试合格后方可正式实施顶升作业。调试的主要内容包括：①液压系统检查；②控制系统检查；③监测系统检查；④初值的设定与读取。

4.7.6　托换结构加载试验

千斤顶安装结束、竖向构件分离前，应进行底盘托盘等托换系统的承载力检验，在千斤顶受荷达到设计值的 100%以上并连续持荷 24h 以上后，检查钢牛腿是否发生滑移或抱柱梁混凝土是否开裂等异常情况。若发生滑移或混凝土开裂的应及时查明原因，采取加固补强措施，确保安全。

4.7.7　顶升施工

1. 竖向构件切断分离

竖向构件应采用无震动的绳锯设备进行静力切割水平分离，切割时用水冷却，无粉尘噪声污染。切割前应预先安装角钢导轨，避免切口出现不顺直。分离施工前应满足下列条件：①托换结构的混凝土强度应达到 100%设计强度；②监测设备安装调试完成；③按顶升力的 80%对千斤顶加压，进行油缸保压试验，试验完成后将千斤顶压力稳压在 80%顶升力，并关闭截止阀和锁紧千斤顶螺母。

2. 顶升纠倾

顶升前应对建筑物进行称重，测定每个顶升点处的实际荷载，当每点的实测值与理论计算值相差较大时，应调整控制点划分，分析原因并采取相应措施。

顶升过程中应对每个竖向构件设置顶升标尺。顶升施工应分步实施，单级顶升量不超过 10mm，各点顶升量的偏差应小于设计允许顶升误差控制值。顶升系统界面见图 4.7.1，顶升示意图见图 4.7.2。

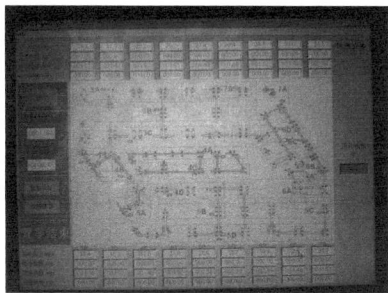

图 4.7.1　控制系统界面　　　　　图 4.7.2　顶升示意图

千斤顶更换前，应伸出随动千斤顶的油缸支顶保护，同时在竖向构件截断分离处增设钢垫块。

顶升达到设计高度后，应立即在主要受力部位塞紧钢垫块支承，并尽快完成结构构件的连接施工。顶升高度较大时，应加强侧向稳定保护措施。竖向构件连接节点达到设计强度后方可分批撤除千斤顶。

顶升纠倾施工前应落实应急预案。施工期间应避开恶劣天气，遇八级及以上大风时应停止顶升纠倾施工。顶升过程中应加强变形监控，分阶段复核顶升误差并动态调整，确保顺利实现纠倾目标。

3. 顶升注意事项

（1）顶升关系到主体结构的安全，各方要密切配合。

（2）整体顶升纠倾过程中，进行相关检查，认真做好记录工作。

（3）顶升过程中，应加强巡视工作，应指定专人观察整个系统的工作情况。若有异常，直接通知指挥控制中心。

（4）结构顶升空间内不得有障碍物。

（5）顶升过程中，未经许可非作业人员不得擅自进入施工现场。

4. 竖向构件连接恢复

顶升到位后竖向构件的连接应遵循先四周构件后中间构件的原则，竖向构件截断处的纵向钢筋应优先采用绑条焊，当钢筋的焊接接头不能错开时宜将焊接长度增加50%。竖向构件截断处的混凝土应一次浇筑成型，并应优先采用特种混凝土或高强无收缩灌浆料进行浇筑（图4.7.3、图4.7.4）。对位于地下的连接面施工，应按规定做好防水抗渗措施。

钢筋混凝土抱柱梁、底盘梁和托盘梁等托换结构构件应使用静力切割分块拆除，原构件混凝土表面应修凿平整，穿墙钢筋切断时应预留保护层厚度并采取防腐封闭措施。原构件主筋被切断时应进行焊接补强处理，混凝土表面凹凸不平处应采用强度等级高一级的高强砂浆进行找平。

钢牛腿拆除时应处理穿墙（柱）螺杆，并采用强度等级高一级的高强砂浆对螺杆孔进行封堵。混凝土表面的粘钢胶应打磨清除。

图4.7.3 顶升切断口钢筋恢复　　　图4.7.4 顶升切断口恢复成形

4.8 工程实例1：浙江海盐国光宾馆高层建筑截断分离顶升法纠倾工程

4.8.1 既有建筑结构体系及主体倾斜概况

秦山核电国光宾馆（图4.8.1）由主楼（图4.8.2）和裙房组成，建筑面积13800m²，于1995年建成。国光宾馆整体平面近似呈凹形，裙房Ⅲ段及裙房Ⅰ段分别位于主楼Ⅱ段东侧和南侧，地下一层，局部设置夹层，地下室平面布置图见图4.8.3。主楼与裙房间设有沉降缝，Ⅰ段和Ⅲ段裙房为纯框架结构，主楼（Ⅱ段）地上16层、高56.16m、建筑面积9940m²，房屋总重约13000t，采用剪力墙结构，底部带局部框支剪力墙。主楼标准层建筑平面图见图4.8.4。工程结构安全等级为二级，抗震设防烈度6度，设计基本地震加速度0.05g，设计地震分组为第一组，建筑场地类别Ⅳ类。基础采用400mm×400mm预制方桩，桩长约27m，基础埋深约8m，地面以下80m内均为粉质黏土、淤泥质黏土、粉土和黏土层，且桩端存在较厚的软弱下卧层。

图 4.8.1　宾馆实景图 　　　　图 4.8.2　主楼实景图

2013 年改造之前的安全鉴定中发现主楼倾斜超标，现场调查发现：房屋 I 段出现局部填充墙体严重开裂、外墙大理石脱落等现象；房屋 II 段出现屋面漏水、绝大多数窗台处出现外墙渗水现象，14 层出现管道漏水，15 层出现局部外墙渗水现象。实测表明，外墙向北倾斜 6.6‰～8.2‰，楼面高差达 100～120mm，工程总体沉降及倾斜情况详见图 4.8.5，具体情况如下：

1）现场不均匀沉降测量结果

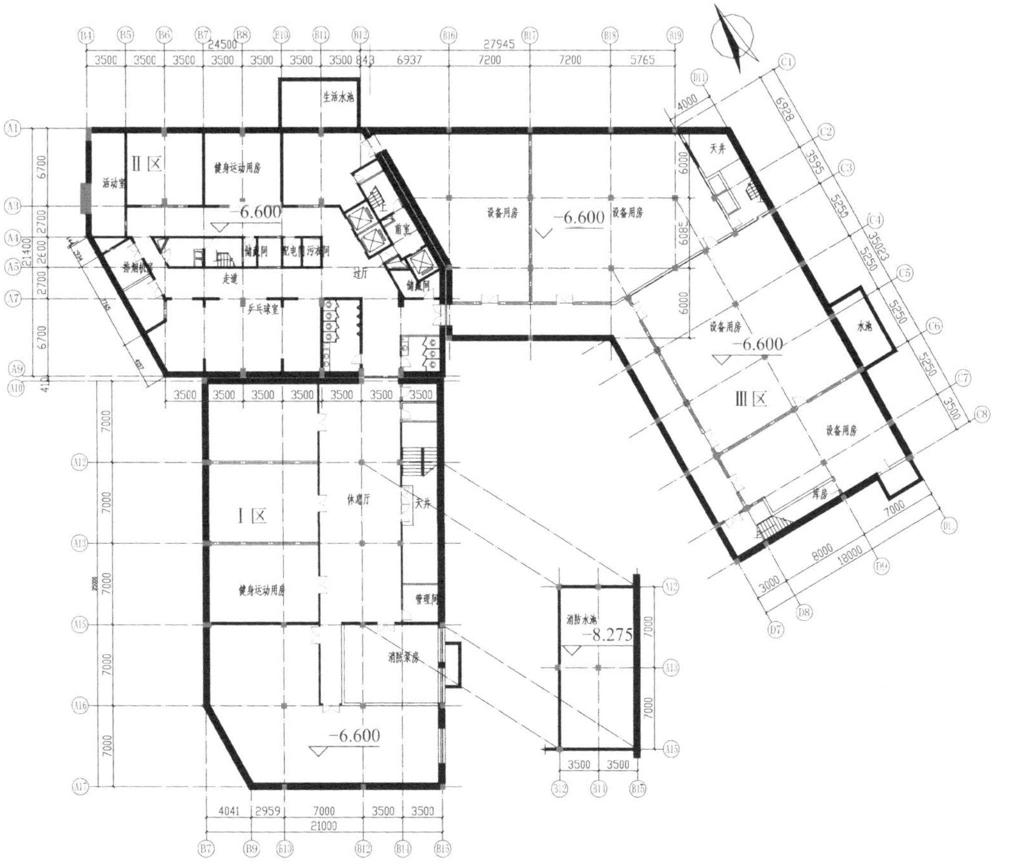

图 4.8.3　地下室平面布置图

（1）房屋 I 段由西南往东北方向、由东南往西北方向倾斜，由西南往东北方向的平均（楼面）倾斜率为 4.6‰，由东南往西北方向的平均（楼面）倾斜率为 0.7‰。

159

（2）房屋Ⅱ段呈由西南向东北方向、由西北向东南方向倾斜，由西南往东北方向的平均（楼面）倾斜率为6.6‰，由西北往东南方向的平均（楼面）倾斜率为1.7‰。

（3）该房屋Ⅲ段呈由南往北，由西往东倾斜，由南往北的平均（楼面）倾斜率为5.7‰，由西往东的平均（楼面）倾斜率为6.4‰。

2）房屋的倾斜测量结果

（1）房屋Ⅰ段由南往北向倾斜，房屋的最大倾斜率为3.72‰。

（2）房屋Ⅱ段由西南往东北向倾斜，房屋的最大倾斜率为5.16‰。

（3）房屋Ⅲ段呈由南往北，由西往东的倾斜趋势，东西方向的最大倾斜率为4.95‰，南北方向的最大倾斜率为2.56‰。

上述监测数据表明，房屋Ⅰ、Ⅱ段西南往东北向倾斜以及房屋Ⅲ段两个方向的楼面倾斜均超过了《建筑地基基础设计规范》GB 50007—2011规定的3‰限值。

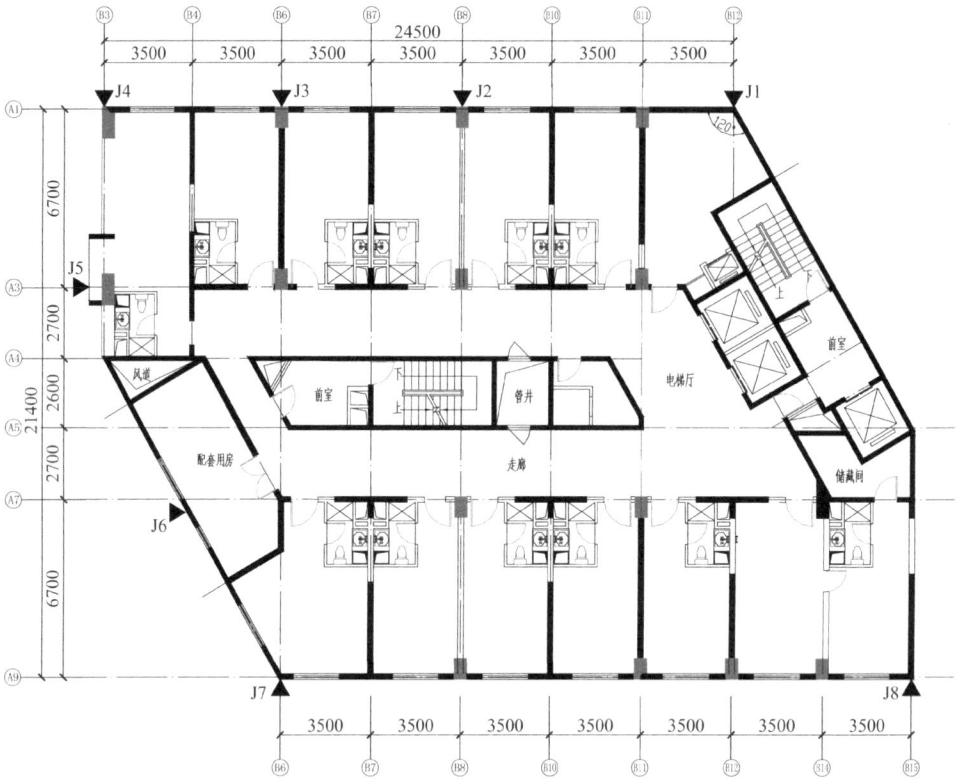

图4.8.4　标准层建筑平面图

为了监测房屋近期的沉降情况，在2013年12月至2014年3月对国光宾馆Ⅱ段进行了为期3个月的沉降观测，沉降观测点布置如图4.8.4所示，沉降数据如表4.8.1所示。沉降观测期间，8个测点中相对高差最大值为0.004m，平均高差值为0.002m，平均沉降速率0.022mm/d，主体结构在近3个月内基本处于沉降稳定状态。

各土层的地基承载力特征值和压缩模量设计参数表　　　　表4.8.1

层号	$①_1$	$②_2$	$②_3$	$②_4$	$②_5$	$③_1$	$③_2$	$③_3$	$③_4$	$③_5$
地基承载力特征值（kPa）		120	150	75	95	190	85	80	85	100

压缩模量（MPa）		4.8	11.1	4.5	5.0	6.7	5.6	4.7	5.2	6.2
压缩性评价	中等	中等	中等	高	中等	中等	中等	中等	中等	中等

4.8.2　工程地质概况

工程场地地形平坦，标高在 4.80～4.95m 之间，地质条件较差，系典型的深厚软土地基，该区域第四系松散沉积层厚度大于 80m。场地《岩土工程补勘报告》显示，在勘探深度范围内的地基土可分为 3 个大层，10 个亚层，整体如下：

（1）①$_1$ 杂填土，松散稍密，主要为黏性土，夹少量碎石、砖块及少量建筑垃圾。层厚 5.5～12.50m。该层稳定分布于整个场地。

（2）②$_2$ 淤泥质粉质黏土，流塑，无摇震反应，光滑，干强度高，部分地段夹薄层粉砂或粉土。厚度 0.6～6.8m，分布在 Ⅱ 段和 Ⅲ 段地基之中。

（3）②$_3$ 粉土，中等密实，摇震反应中等，无光泽反应，干强度低，韧性低，夹薄层粉砂。厚度 2.60～7.40m，在 Ⅰ 段和 Ⅱ 段均有分布。

（4）②$_4$ 淤泥质粉质黏土，局部为粉质黏土，软塑～流塑，无摇震反应，光滑，干强度高，韧性高，部分地段夹薄层粉砂或粉土。厚度 11.00～14.30m，全场分布。

（5）②$_5$ 淤泥质粉质黏土，局部为粉质黏土、粉土，流塑，无摇震反应，光滑，干强度高，韧性高，部分地段夹薄层粉砂，底部 1～2.0m 夹贝壳碎片，含量 5%～30%。厚度 3.00～6.10m，全场分布。

（6）③$_1$ 黏土，局部为粉质黏土，硬塑～可塑，无摇震反应，切面光滑，干强度高，韧性高，层状构造，局部夹薄层状粉砂。厚度 7.60～8.60m，全场分布。

（7）③$_2$ 淤泥质粉土，该层以粉土为主，夹薄层粉质黏土，松散，摇震反应缓慢，切面稍光滑，干强度中等，韧性低。厚度 4.30～6.60m，全场分布。

（8）③$_3$ 黏土，可塑～软塑，无摇震反应，切面光滑，干强度高，韧性高。厚度 2.80～5.60m，全场分布。

（9）③$_4$ 粉质黏土夹粉土，软塑，摇震反应缓慢，切面稍有光泽，干强度低，韧性低，含少量腐殖质及云母碎屑，局部粉粒含量较高，表现为粉土。厚度 1.90～3.70m。

（10）③$_5$ 黏土，可塑，无摇震反应，切面光滑，干强度高，韧性高，该层未揭穿，最大揭露厚度 5.90m。

场地土典型地质剖面显示，26m 以上主要为杂填土、淤泥质粉质黏土和局部粉土，土层性质较差，在埋深 26m 左右全场分布③$_1$ 黏土层，厚度 7.60～8.60m，其下分布淤泥质粉土等软弱下卧层。各层土的物理力学指标详见表 4.8.1。

4.8.3　不均匀沉降原因分析

通过对本项目的三个部分——Ⅰ 段、Ⅱ 段、Ⅲ 段的地基条件、基础形式与埋深、主体结构特征以及邻近建筑影响等因素进行综合分析，结构不均匀沉降主要有如下原因：

（1）工程地处深厚软土地基，在 55m 深度之内无土性坚硬、层厚较大的理想持力层，主楼预制方桩位于③$_1$ 粉质黏土层、长达 26m，持力层厚度 7.60～8.60m，持力层属中等压缩性土，且其下存在软弱下卧层，预制桩基为端承摩擦桩，端承力占桩基总承载力不到 10%。

（2）由于采用摩擦型桩基，基底土层必然会承担部分竖向荷载作用，桩土共同作用现象明显。由于流塑态的②$_2$ 淤泥质粉质黏土分布在 Ⅱ 段和 Ⅲ 段局部区域，中等密实的②$_3$ 粉土在

Ⅰ段和Ⅱ段局部区域分布，即Ⅱ段的基底位于②$_2$淤泥质粉质黏土层和②$_3$粉土层上，由于两者的力学性质差异很大，且土层厚度变化较大，直接导致了土层在应力作用下的变形差异。

（3）Ⅲ段对Ⅱ段地基应力的叠加作用，使得Ⅱ段的东侧沉降加大。针对工程倾斜的实际情况，根据《秦山核电有限公司国光宾馆岩土工程补勘报告》，对基础沉降进行了建模计算，结果显示（图4.8.5）：桩基的最大整体沉降差为85mm，对应的整体倾斜为0.0035，不满足规范要求；相邻桩基的最大沉降差为6mm，不满足规范要求（≤0.002L_0）；该基础的最大沉降量为135mm，满足规范不大于200mm的要求。这表明，由于场地土分布较为复杂，原设计以满足承载力为原则的布桩设计存在缺陷，无法控制建筑物的沉降变形；而裙房基础的应力叠加效应又加重了这一趋势。

（4）Ⅱ段重心偏东，而桩基基本沿对角线呈反对称布置，东侧桩间土应力分布大于其他部位，在某种程度上有东倾现象。

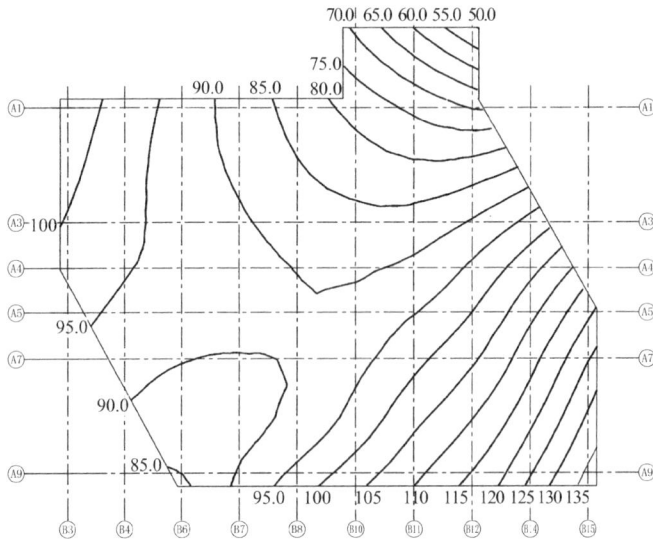

图 4.8.5　基础沉降图

（5）Ⅱ段系高层建筑，自身竖向荷载较大，其沉降量比Ⅰ段和Ⅲ段大，三者紧密相连引发拖带沉降，致使Ⅰ段和Ⅲ段产生不均匀沉降。此外，Ⅰ段、Ⅲ段地下室均处于①$_1$杂填土与②$_3$粉土层等土性相差很大的地基土上，容易引发不均匀沉降。

4.8.4　基础控沉设计

针对主楼下②$_2$淤泥质粉质黏土层和②$_3$粉土层两者的力学性质差异太大以及持力层以下软弱下卧层而导致的沉降不均匀问题，拟在地基承载力不足的建筑物基础底面下，采取土体加固以及静力压入基桩的方式，使桩端植入地基深部的持力层中，并将建筑物的部分荷载转移到新增基桩上，从而减小场地浅层软弱区域基桩内力以及地基土的附加应力，控制沉降的发展，达到加固的目的。

分析表明，Ⅰ段裙房基底应力均未超过地基土承载力特征值，并且从监测数据上显示房屋沉降已趋于稳定，故对本段基础不做加固处理。根据房屋沉降及倾斜状况，对Ⅱ段采用高压旋喷桩＋锚杆静压钢管桩加固基础，实施结构整体同步顶升纠偏处理（图4.8.6）。基于Ⅲ段地基应力对Ⅱ段地基的影响，采用锚杆静压钢管桩加固基础，通过钢管桩托换上部结构重量，以降低基底土附加应力对邻边基础Ⅱ段的影响。

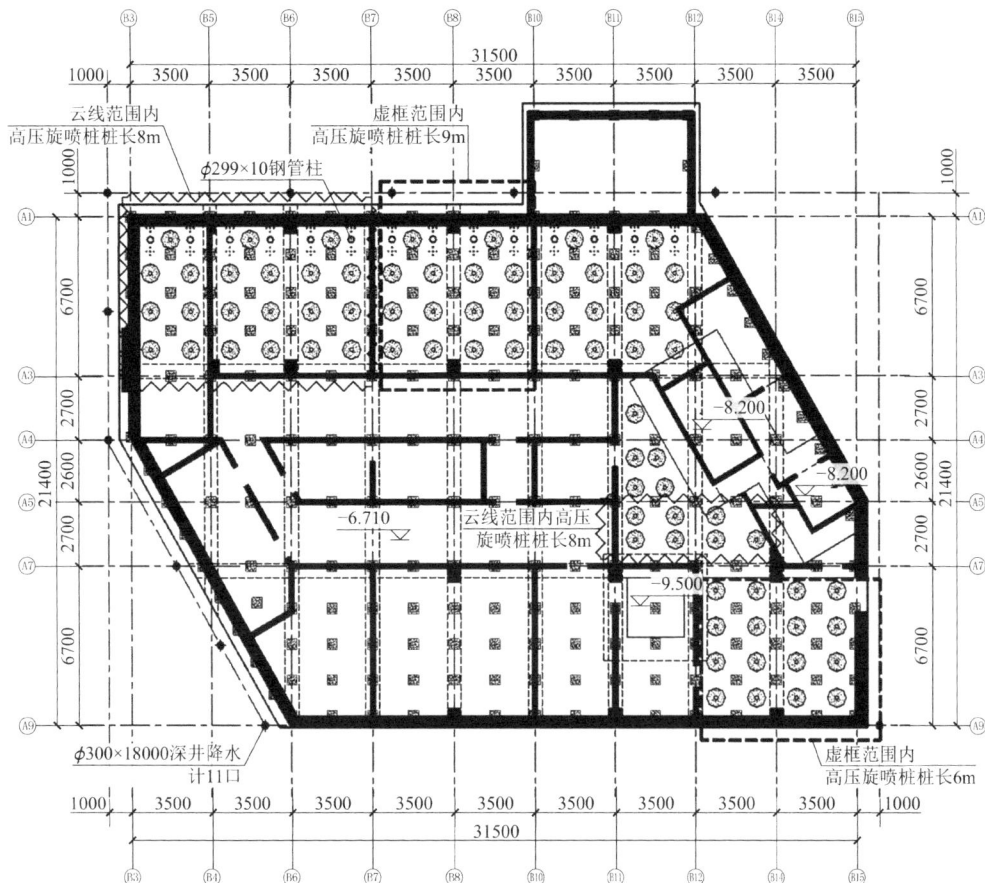

图 4.8.6　Ⅱ段基础补桩平面图

首先，采用高压旋喷工艺设置 77 根双重管高压旋喷桩，对沉降较大区域土体进行加固，以改良基底软土层。高压旋喷桩桩径 800mm，水灰比 1∶1，水泥掺量不小于 45%，选用优质 42.5级普通硅酸盐水泥，另掺混凝土早强剂 2%。高压旋喷桩采用二重管法喷射注浆，使用双通道的二重注浆管，通过在管底部侧面的同轴双重喷嘴，同时喷射出 ≥ 30MPa 的高压浆液和 ≤ 0.8MPa的空气两种介质的射流冲击破坏土体，通过旋转和提升，在土中形成圆柱状固结体。

其次，采用小口径钢管桩对北部区域进行控沉加固，并对Ⅱ段、Ⅲ段基础补入钢管桩托换，以达到Ⅱ段东部卸荷的目的。在地基承载力不足的建筑物基础下，静力压入基桩，使桩端进入地基深部较好的持力层中，将建筑物部分荷载传入该土层，从而减小浅层地基土附加应力，可有效防止沉降继续发展。

根据工程经验及相关的托换桩静载荷试验资料，按以下方法计算托换桩数：

$$n = \alpha \frac{Q_k}{R_a} \tag{4.8.1}$$

式中：n——需要补充桩数；

　　　Q_k——上部结构传至拟加固基础区域的竖向荷载；

　　　R_a——单桩承载力特征值；

α——托换率，即托换桩承载力与被加固建筑物基础竖向荷载之比。从已有的载荷试验可知，单桩压桩终止压力接近单桩极限承载力。托换率是托换设计中非常重要的系数，其大小直接影响加固效果及工程造价。影响托换率的因素很多，需综合考虑建筑物的沉降量、倾斜量、墙体开裂程度、建筑物的重要性、地基土特性等，本工程托换率取 0.2。

经计算，采用 14 根 $\phi299 \times 10$ 锚杆静压钢管桩进行补强，单桩受压承载力特征值为 300kN，持力层为③$_1$ 黏土层，桩长约 27m，压桩力不小于 600kN。钢管桩内用 C25 混凝土填实。钢管桩施工采用不卸载封桩，加载力控制在 $0.6R_a$。锚杆静压钢管桩桩身连接以及桩头封闭做法见图 4.8.7。

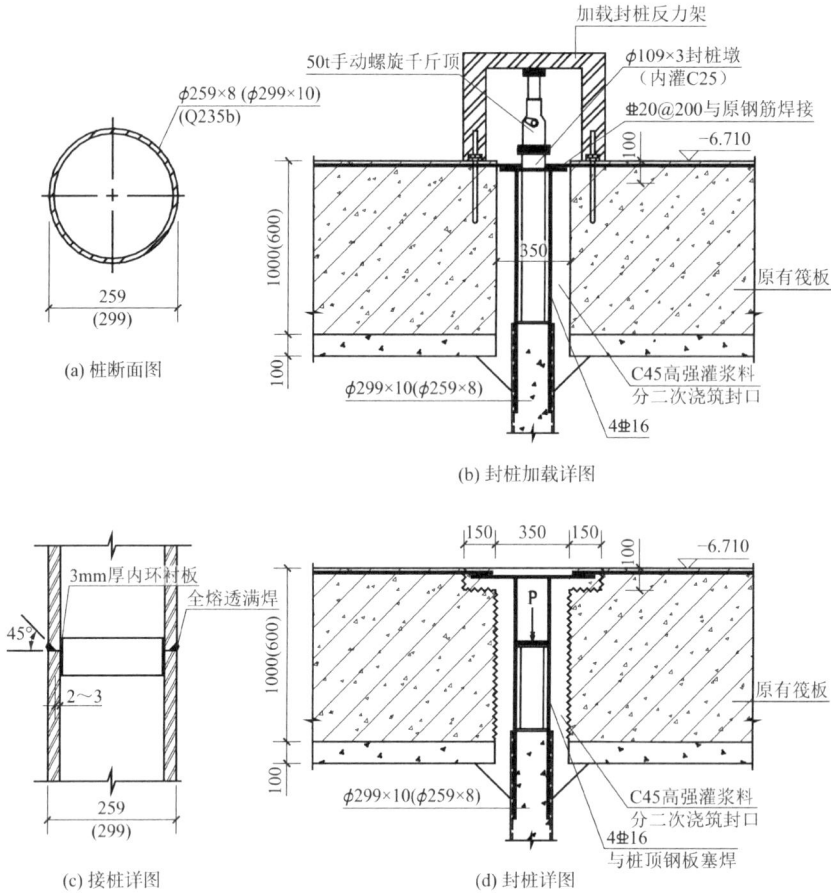

图 4.8.7　锚杆桩管桩桩身连接以及桩头封闭详图

4.8.5　顶升纠倾量计算

本次纠偏目标为：控制房屋外墙倾斜率不大于 1‰，楼面高差不大于 20mm。房屋倾斜合格标准为 3‰。

（1）房屋外墙及楼面倾斜

工程施工之前，对外墙面及楼面高差进行全方位测量，外墙倾斜详见图 4.8.8（图中 A、B、C、D、E 为监测点编号），楼面倾斜数据见表 4.8.2。

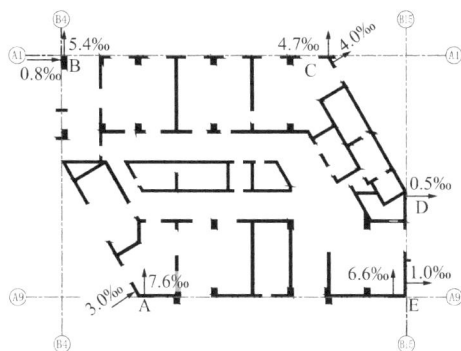

图 4.8.8　外墙倾斜观测

楼面倾斜数据表　　　　　　　　　　　　　　　　表 4.8.2

部位	方向	高差（m）	倾斜率
Ⅱ段 2 层	南北方向	0.1320	6.2‰
	东西方向	0.0125	0.4‰
Ⅱ段 3 层	南北方向	0.1109	5.2‰
	东西方向	0.0187	0.6‰
Ⅱ段 5 层	南北方向	0.1390	6.4‰
	东西方向	0.0027	0.1‰
Ⅱ段 8 层	南北方向	0.1239	5.8‰
	东西方向	0.0119	0.4‰
Ⅱ段 10 层	南北方向	0.1158	5.4‰
	东西方向	0.0007	0.0‰

（2）纠偏顶升量的确定

上述测量数据显示：南北向外墙倾斜最大点发生在西南角 A 点（往北倾斜 7.6‰），最小点在东北角 C 点（往北倾斜 4.7‰），平均倾斜率为 6.1‰，楼面平均倾斜为 5.8‰；东西向外墙倾斜最大点发生在东北角 C 点（往东偏北倾斜 4.0‰），最小点在东侧 D 点（往东倾斜 0.5‰），平均倾斜率为 2.2‰，楼面平均倾斜为 0.3‰。

上述数据表明，该楼南北向外墙倾斜实测值与楼面倾斜实测值基本接近，呈线性关系；而东西向外墙倾斜实测值与楼面倾斜实测值相差较大，但平均最大倾斜率均未超标。故仅对南北向实施纠偏，东西方向不作处理。南北向纠偏时以外墙平均倾斜 6.1‰作为变位设计控制值。

建筑物的抬升量以及纠倾过程中需要调整的抬升量可按下式计算（图 4.8.9）：

$$S_V = \frac{S_{H1} - S_H}{H_g} b \tag{4.8.2}$$

$$S'_V = S_V \pm a \tag{4.8.3}$$

式中：S_V——建筑物设计抬升量；

S'_V——纠倾施工需要调整的抬升量；

S_{H1}——建筑物水平偏移值；

S_H——建筑物纠倾水平位移设计控制值；

H_g——自室外地坪算起建筑物高度；

b——纠倾方向建筑物宽度；

165

a——预留沉降值。

各轴线位置顶升数据见表 4.8.3，各千斤顶具体顶升数据见图 4.8.10。

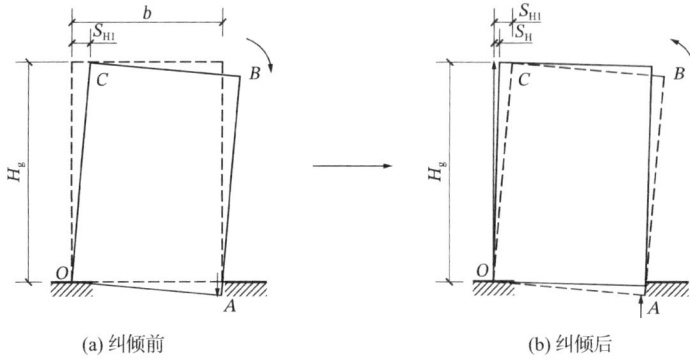

(a) 纠倾前   (b) 纠倾后

图 4.8.9　顶升法纠倾示意图

各轴线顶升量计算　　　　　　　　　　表 4.8.3

轴线编号	A1	A3	A4	A5	A7	A9
顶升量（mm）	131	90	73	57	41	0

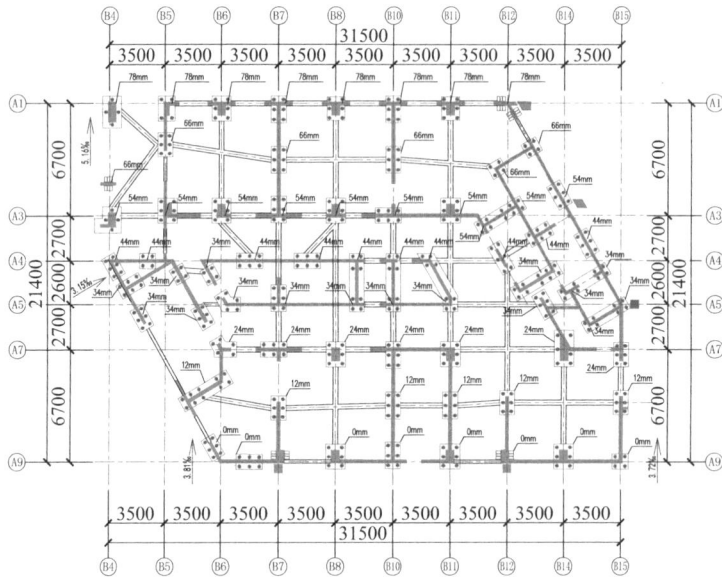

图 4.8.10　千斤顶顶升数据图

4.8.6　顶升千斤顶布置方案设计

图 4.8.11　千斤顶安装图

1. 千斤顶选用及安装

工程采用 100t 带自锁液压千斤顶，其技术参数：底径 196mm，高 420mm，工作压力 70MPa，工作推力为 100t，工作行程为 130mm，可偏载角度 3°。安装时要保证千斤顶轴线垂直，以免因千斤顶倾斜而在顶升过程中产生水平分力。千斤顶上下均应设置钢垫板以免应力集中（图 4.8.11），保证结构不损坏。

2. 千斤顶布置

根据设计图纸，采用有限元软件 SAP2000 和 SATWE 分别计算各墙柱的内力，并以此为依据布置千斤顶。千斤顶数量按下式估算：

$$n = k\frac{Q_k}{N_a} \tag{4.8.4}$$

式中：n——千斤顶数量；

$\quad Q_k$——顶升时建筑物总荷载标准值；

$\quad N_a$——单个千斤顶额定荷载值；

$\quad k$——安全系数，取 2.0。

本次实际布置 100t 液压千斤顶共计 359 台，具体布置见图 4.8.12。该房屋理论重量计算值为 13525.2t（含楼面活载 0.5kN/m²），顶升设备数量与总荷载之比：

$$k = \frac{nN_a}{Q_k} = \frac{35900}{13525.2} = 2.65$$

安全系数 k 大于 2，满足要求。

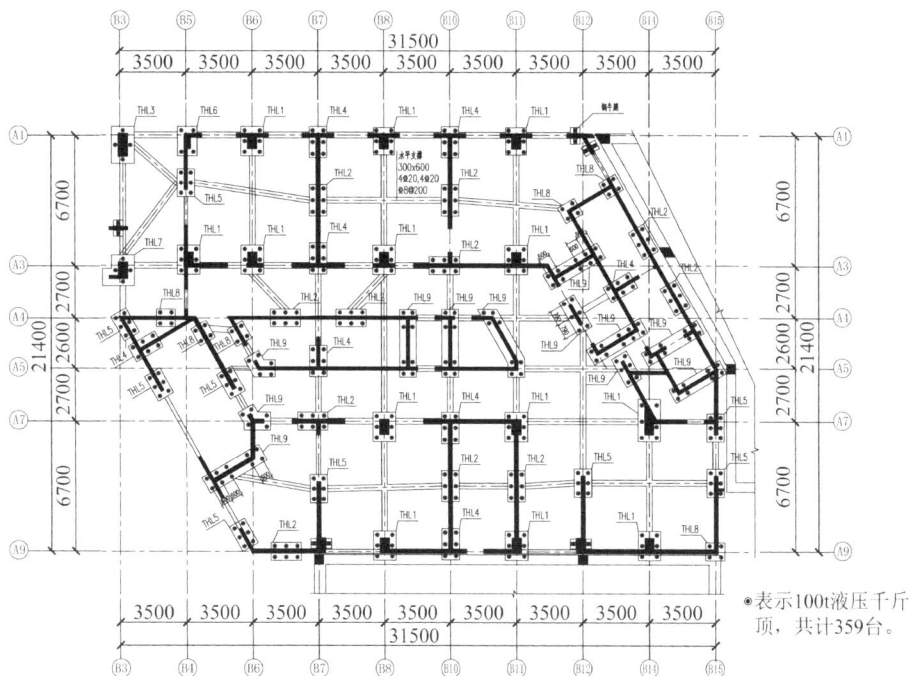

图 4.8.12　千斤顶布置图

3. 千斤顶分组

根据千斤顶数量和顶升纠倾量，本次顶升时划分 18 组进行控制（图 4.8.13），每组设置一个监控点，每个监控点安装一台位移传感器。通过布置 5 台变频调速控制液压泵站，可提供 18 点位移同步控制，并用专用的工业网络通信电缆将 5 台变频调速控制液压泵站和主控系统进行连接。

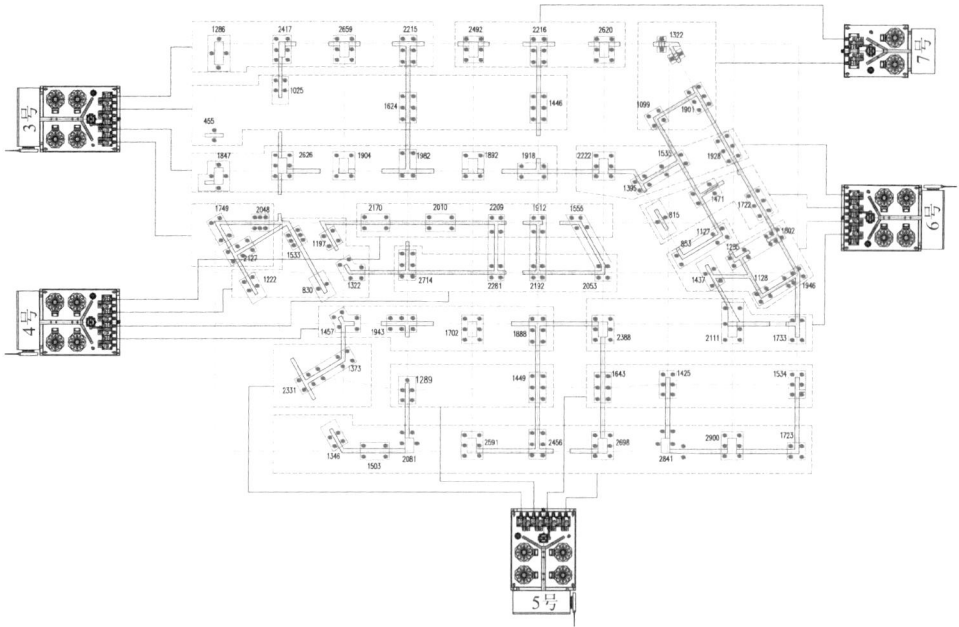

图 4.8.13　千斤顶分组

4. 顶升系统可靠性检验

千斤顶是整个顶升作业的关键,顶升过程中其作业状态的可靠性必须保证。施工过程中通过以下环节保证顶升系统的可靠性。

(1)元件的可靠性:元件的质量是系统质量的基础,为确保元件可靠,系统须选用优质产品。在正式实施顶升前,以 30%~90% 的顶升力在现场保压 5h,再次确认密封的可靠性。

(2)系统的可靠性:液压系统在运抵现场前进行 31.5MPa 满荷载试验 24h,进行 0~31.5MPa 循环试验,确保系统无故障无泄漏。

(3)液压油的清洁度:液压油的清洁度是系统可靠的保证,系统的设计和装配工艺,除严格按照污染控制的设计准则和工艺要求进行外,连接软管进行严格冲洗、封口后移至现场,现场安装完毕进行空载运行,以排除现场装配过程中可能意外混入的污垢。系统的清洁度应达到 NAS9 级。

(4)力闭环的稳定性:所谓力闭环就是当系统设定好一定的力后,力的误差在 5% 内,当力超过此范围后,系统自动调整到设定值的范围;力闭环是本系统的基础,力闭环的调试利用试点加压,逐台进行。

(5)位置闭环的稳定性:所谓位置闭环就是当系统给位移传感器设定顶升高度后,顶升高度超过此高度系统即自动降至此高度,当顶升高度低于此高度系统自动升至此高度,保证系统顶升的安全性与同步性。

4.8.7　顶升工况下上部结构整体分析

采用顶升法对建筑物进行纠倾,顶升前需对底部竖向构件进行截断,柱、墙底部的转动约束将被释放。为确保施工过程的结构以及人员安全,对本工程重新建模进行整体分析。同时为了模拟施工过程的实际受力状态,将底部约束释放后重新进行计算,并将计算结果与底部固接的原模型进行了对比,结果见表 4.8.4。

截断前后结构整体参数对比　　　　　　　　　　　表 4.8.4

计算模型		截断前（柱底固接）	截断后（柱底铰接）
水平地震作用下基底总剪力（kN）		2515	2541
风荷载作用下基底总剪力（kN）		1797	1218
前三阶周期	T_1（s）	0.63	0.62
	T_2（s）	0.47	0.47
	T_3（s）	0.31	0.30
风荷载作用下最大层间位移角		1/5095	1/4528
地震作用最大层间位移角		1/5417	1/4081
风荷载作用下顶点最大位移（mm）		3.0	3.3
地震作用下顶点最大位移（mm）		6.0	8.1
刚重比		32.39	35.12

注：1. 根据《建筑物移位纠倾增层与改造技术标准》T/CECS 225—2020，建筑物在移动过程中活荷载按实际荷载取值，本工程楼面活荷载取 0.5kN/m²，基本风压可按 10 年一遇风压取值，平移过程中可不考虑地震作用。考虑到安全性，本工程按后续使用年限 40 年设防标准计算了地震作用。

2. 表中所列基底总剪力、位移角等参数均为结构 y 向计算值。

本工程为局部框支剪力墙结构，整体刚度很大，刚重比远大于规范限值 1.4，底部铰接后结构整体特性变化较小。图 4.8.14 为 Ⅱ 段底层柱、剪力墙底部荷载标准组合内力图，可作为千斤顶布置依据。

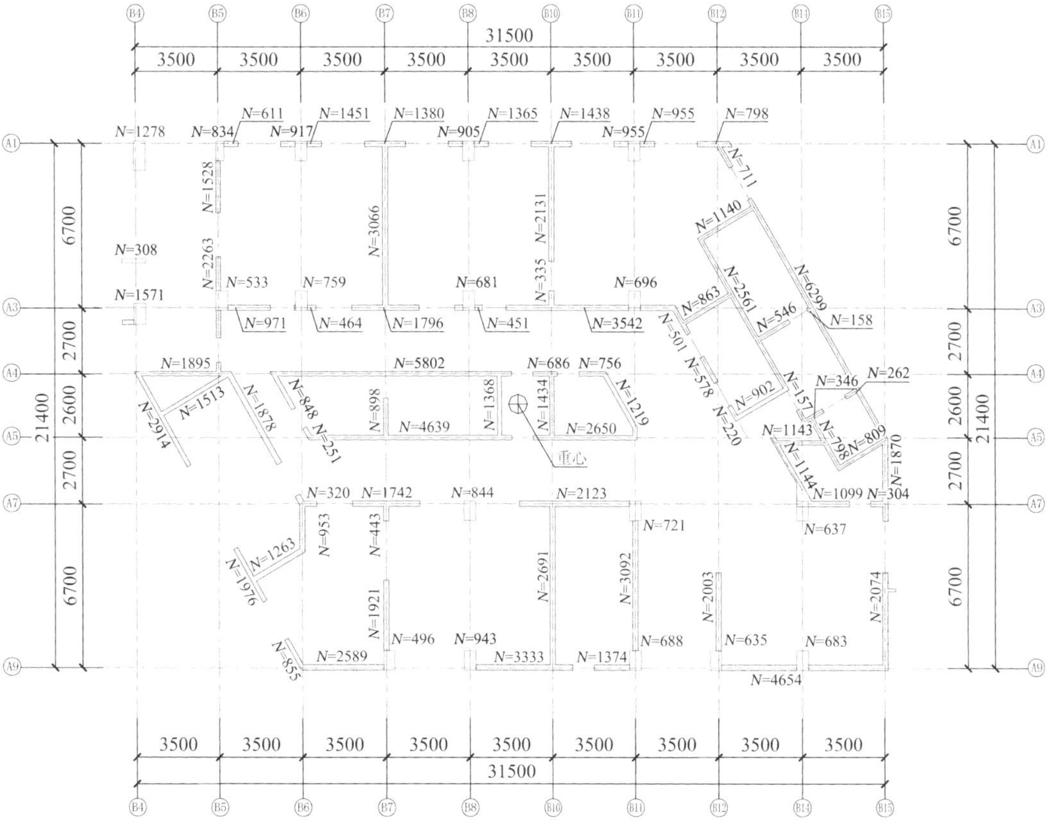

图 4.8.14　Ⅱ 段底层柱、剪力墙底部荷载标准组合内力（单位：kN）

4.8.8 框支转换部位的临时加强措施

建筑物门厅入口部位两层通高，由框支柱支承上部剪力墙，为底部带局部转换的高层结构（图 4.8.15）。其中，(A1)轴与(B4)轴交点柱截面 500mm × 1200mm，(A3)轴与(B4)轴交点柱截面 500mm × 1380mm，框支转换梁截面 400mm × 1000mm，上部剪力墙厚度 180mm。

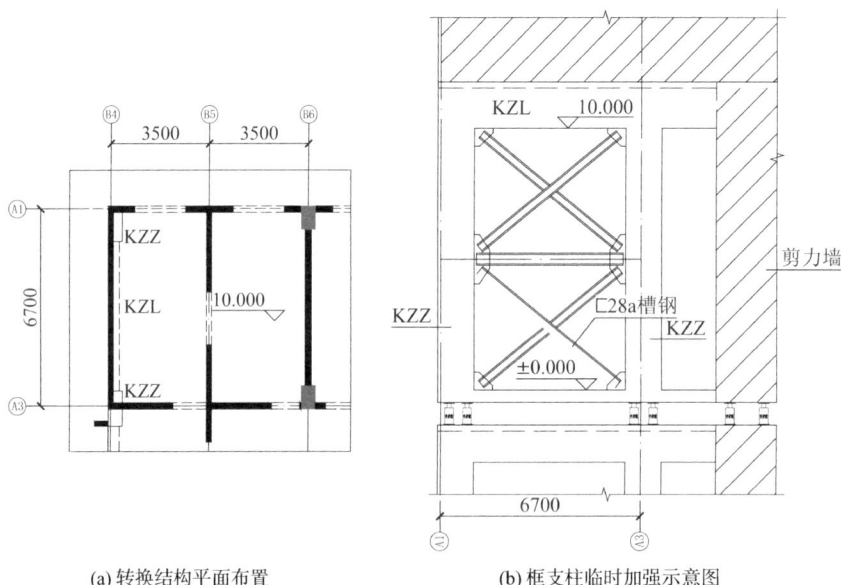

(a) 转换结构平面布置　　　　(b) 框支柱临时加强示意图

图 4.8.15　转换结构平面布置及框支柱临时加强图

底部截断前、后的结构弯矩结果显示：竖向荷载作用下，柱底截断后底层边跨柱顶弯矩由 85.94kN·m 减小到 74.69kN·m，减小了 13.1%；边跨梁端部弯矩由 65.60kN·m 减小至 56.05kN·m，减小了 14.6%；边跨梁跨中弯矩由 104.01kN·m 减小至 103.98kN·m，基本无变化；边跨梁内支座端部弯矩由 223.52kN·m 增大至 227.9kN·m，增大了 1.96%；中柱柱顶以及内跨梁各部位弯矩变化均很小，二层以上基本无影响。由于原结构布置了大量剪力墙，风荷载作用下梁柱控制截面弯矩变化同样很小。因此，底部截断后无需对框支部分体系进行抗弯加固。

原结构柱混凝土强度等级为 C30，框支结构抗震等级为二级，轴压比不得大于 0.7，则柱受压承载力为 $N = 6.0 \times 10^6 N$，施工过程不考虑地震影响，柱承载力可相应提高。当柱底为固接时，框支柱 Z1 计算长度系数理论值为 $\mu_{1,a} = 1.0$，当柱底截断后，框支柱 Z1 计算长度系数理论值为 $\mu_{1,b} = 2.0$。本工程底部两层高 10.0m，柱底截断后穿层柱计算长度为 20.0m，其稳定 $N_{cr} = \dfrac{\pi^2 EI}{(\mu_{2,b}l)^2} = 1.96 \times 10^6 N$，而柱轴力 $N = 2.10 \times 10^6 N$，此时承载力并不满足要求。考虑到建筑物活荷载占建筑物总荷载的 10%～20%，移位过程中中断使用功能并去除所有活荷载，取活荷载所占比重为 15%，安全隐患仍然极大，必须采取加强措施以确保移位过程中的结构安全。针对本工程中框支柱稳定承载力不足的问题，通过设置与剪力墙之间支撑的方式降低柱的计算长度系数，提高稳定承载力〔图 4.8.15（b）〕。

4.8.9　纠倾成果

本工程在进行高压旋喷桩土体加强以及增设锚杆静压桩对基础进行补强的基础上，采用底部截断的方式对上部 16 层结构进行顶升纠倾。顶升结束后，对外墙垂直度、倾斜率进行了测量，监测点布置见图 4.8.8，纠倾前后数值对比见表 4.8.5。纠倾完成后大楼外观实景见图 4.8.16。

纠倾前、后倾斜率对比　　　　　　　　　　　　　　　　表 4.8.5

监测点编号	纠倾前倾斜率	纠倾后倾斜率
A	北倾 7.6‰	北倾 0.59‰
B	北倾 5.4‰	南倾 0.62‰
	东倾 0.8‰	东倾 0.23‰
C	北倾 4.7‰	北倾 0.19‰
E	东倾 1.0‰	东倾 0.11‰
	北倾 6.6‰	北倾 0.34‰

由表 4.8.5 可知，顶升纠倾后，建筑物倾斜率 0.11‰～0.62‰之间，倾斜情况能满足《建筑地基基础设计规范》GB 50007—2011 的相关规定。

图 4.8.16　纠倾完成后大楼实景图

4.9　工程实例 2：浙江沿海某高层建筑截断分离顶升法纠倾

4.9.1　工程概况及工程地质水文条件

1. 工程概况

浙江滨海地区某高层建筑（以下称 A 楼）为地上 26 层，地下 1 层的剪力墙结构住宅，房屋长 59.8m，宽 18.25m，总建筑面积 18953m²，房屋总高度 78.9m。上部结构由东西两单元组成，两单元中间设有变形缝。A 楼南侧与大地库相连，北侧室外填土厚度约 5.5m，东西两侧连接汽车和自行车坡道。大楼南北侧立面图见图4.9.1，标准层结构与基础结构平面图见图4.9.2。

结构抗震设防烈度为6度，剪力墙抗震等级为四级，基础形式为桩筏基础，筏板厚800mm，采用ϕ800钻孔灌注桩，单桩竖向受压承载力特征值3900kN，以⑩₃中风化凝灰岩为持力层，总桩数117根，筏板面相对标高−6.05m。主体结构封顶后，发现该楼南北向差异沉降较大，且无收敛迹象，进行第一次补桩控沉加固。补桩采用锚杆静压钢管桩，桩径426mm，壁厚14mm，单桩竖向受压承载力特征值取2000kN，以⑩₂强风化凝灰岩为持力层，总桩数48根。

工程于2018年4月—7月桩基施工，2020年12月主体结构封顶，2021年9月进行了基础补桩控沉加固，2023年1月—3月室内精装施工和北侧室外大面积填土施工中，发现大楼北倾变形加大，大楼南侧地库顶板多处开裂。

(a) 南立面实景图   (b) 北立面实景图

图 4.9.1 实景图

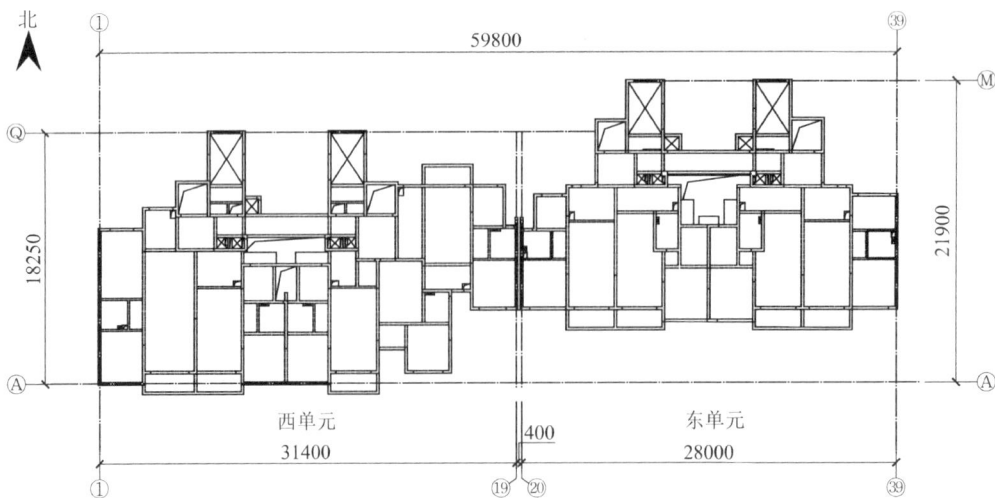

(a) 标准层结构平面图

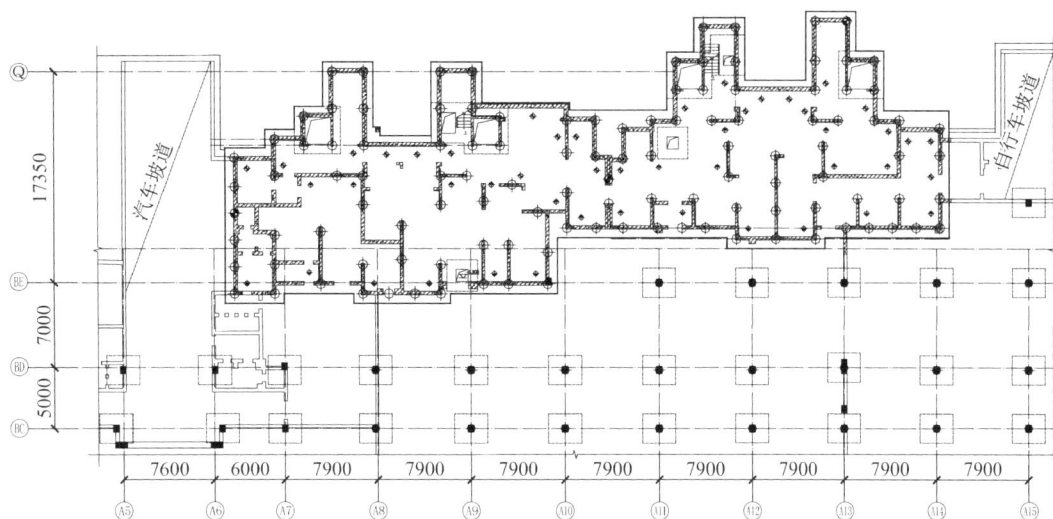

(b) 基础结构平面图

图 4.9.2　标准层与基础结构平面图

2. 工程地质与水文条件

建设场地原为海边滩涂，Ⅳ类场地，场地地面（绝对）标高为 $-0.13 \sim 1.21m$，基底标高 $-0.5m$，建造后地面标高约为 6.0m，北侧后期回填土厚度约 $4.79 \sim 6.13m$，桩基设计时考虑了其负摩阻力作用的不利影响。基底以下 25m 内均为高压缩性、低强度、高灵敏度及力学性质极差的软弱土层。基底下各土层主要物理力学参数见表 4.9.1。

土层主要物理力学参数　　　　　　　　　　　　　　　表 4.9.1

土层	状态	E_S（MPa）	预制桩	
			q_{sa}（kPa）	q_{pa}（kPa）
①₁ 塘泥	流塑	—	—	—
② 黏土	软可塑	3.0	12	—
③₁ 淤泥	流塑	2.0	5	—
③₂ 淤泥	流塑	2.5	6	—
④₂ 粉质黏土	软可塑	6.0	20	—
④₄ 黏土	硬可塑	7.5	26	—
⑤₁ 粉质黏土	软塑	5.0	22	—
⑤₂ 粉质黏土	软可塑	5.5	28	900
⑨₄ 含砾粉质黏土	硬可塑	7.5	40	2000
⑩₁ 全风化凝灰岩	岩石已大部风化成黏性土及砂土状	—	50	2500
⑩₂ 强风化凝灰岩	岩芯破碎成碎块状	—	85	5000
⑩₃ 中风化凝灰岩	较硬岩	—	—	—

4.9.2 沉降、倾斜变形状况

2018 年 4 月开始桩基施工，2020 年 12 月主体结构封顶，室内填充墙体砌筑期间测量二层楼面梁底标高，发现西单元梁底标高南北向差异 157mm（往北倾斜），东西向 27～89mm（往东倾斜）；东单元梁底标高南北向差异 150～153mm（往北倾斜），东西向 60～63mm（往东倾斜）；于 2021 年 9 月进行第一次钢管锚杆静压桩补桩控沉加固施工。补桩完成于 2022 年 12 月，沉降已趋于稳定。但 2023 年 1 月北侧室外土方回填后于 2023 年 4 月初，房屋监测点最大沉降速率达到−0.26mm/d。

2023 年 5 月 12 日—6 月 21 日期间（历时 40d），北侧累计平均沉降量为−4.28mm，平均沉降速率为−0.107mm/d；南侧累计平均沉降量−4.57mm，平均沉降速率为−0.114mm/d；北侧卸土完成后南侧沉降略大于北侧。各监测点沉降量及沉降速率见图 4.9.3。

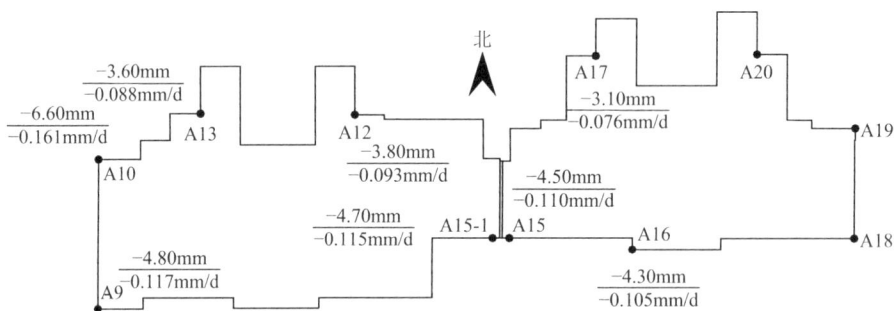

图 4.9.3 沉降量、沉降速率平面图（观测时间：2023 年 5 月 12—6 月 21 日）

2023 年 6 月 13 日，测得房屋南北向整体往北倾斜（图 4.9.4），最大倾斜率为 10.10‰，平均倾斜率为 8.8‰；东西向整体往东倾斜，最大倾斜 3.1‰，平均倾斜率 2.8‰；房屋南北向倾斜率远大于现行行业标准《危险房屋鉴定标准》JGJ 125 5‰的限值，且短期内无收敛趋势，地基基础处于危险状态。

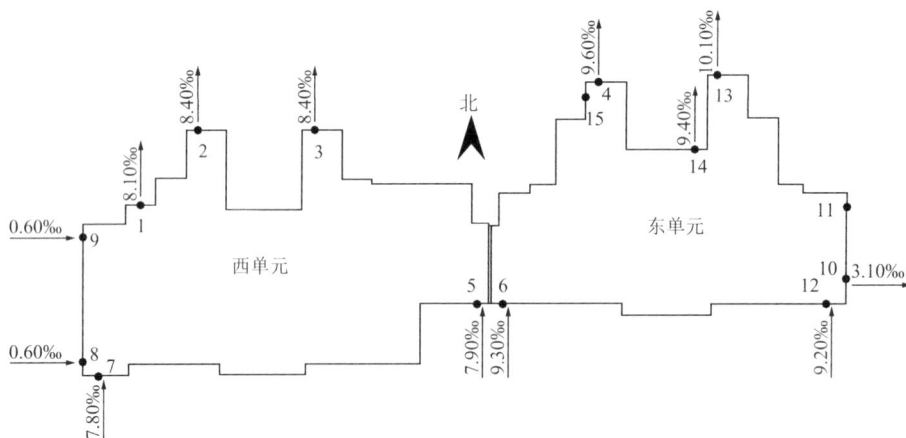

图 4.9.4 倾斜率平面示意图（观测时间：2023 年 6 月 13 日）

2023 年 4 月 28 日—6 月 13 日，共观测 12 次，测得房屋南北向平均倾斜率由 9.2‰回倾至 8.8‰，表明 5 月份北侧卸土后北侧沉降有所减缓。房屋整体倾斜率变化情况见图 4.9.5。

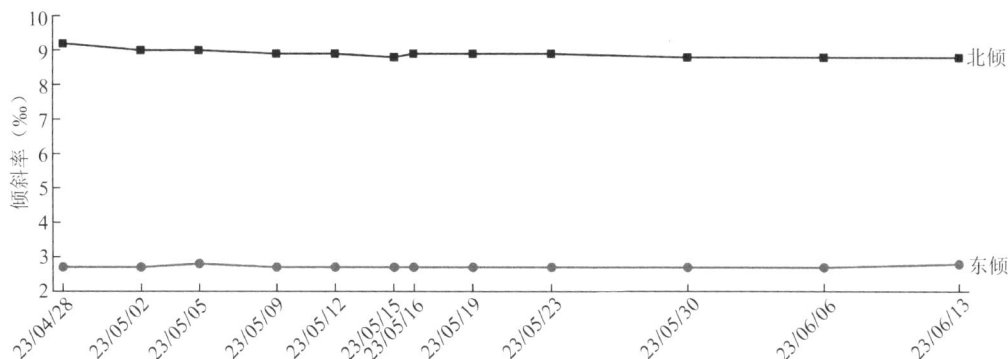

图 4.9.5　房屋整体倾斜率变化图

4.9.3　既有桩基承载力评估

1. 基桩检测

为研究既有工程桩的质量是否满足设计和规范要求，同时也为后续基础加固设计提供理论支撑，决定随机抽检部分基桩进行检测。同时考虑到既有工程桩为墙下布桩，常规的锚杆静压法单桩竖向抗压静载试验难以实施，故仅针对桩身完整性及钢筋笼长度进行探测。采用旁孔投射波法和高精度磁探法探测。共抽取 11 支工程桩检测（图 4.9.6），结果显示抽检桩桩端均位于⑩$_2$强风化凝灰岩层，进入深度 0.2～4.1m，钢筋笼平均长度仅达到探测桩长平均值的 88%，均未达到设计持力层要求。具体检测结果见图 4.9.7。

2. 既有桩基承载力评估

根据实测桩长按土层物理参数估算得到单桩竖向受压承载力特征值为 2200kN，考虑填土负摩阻影响后，北侧单桩承载力特征值仅有 1200kN，远小于设计单桩承载力特征值 3900kN。在正常使用荷载效应标准组合工况下，作用于基础顶面的竖向力为 360918.9kN，而不考虑负摩阻条件下实际基桩能提供的承载力为 2200 × 117 = 257400kN，桩顶荷载作用效应之比为 0.71，若考虑北侧填土负摩阻后桩顶荷载作用效应之比仅有 0.60，桩基承载力严重不足。鉴于累计沉降比较大，可认为北侧基桩处于极限状态。

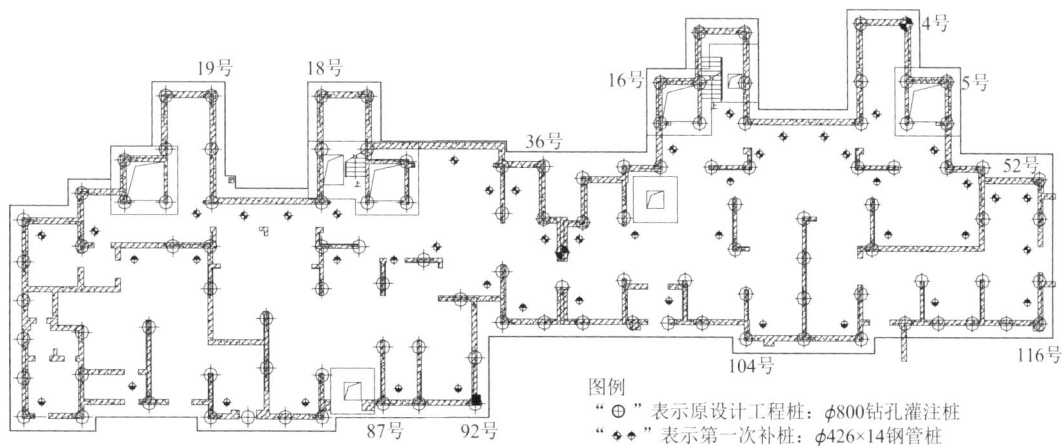

图 4.9.6　抽检桩平面图

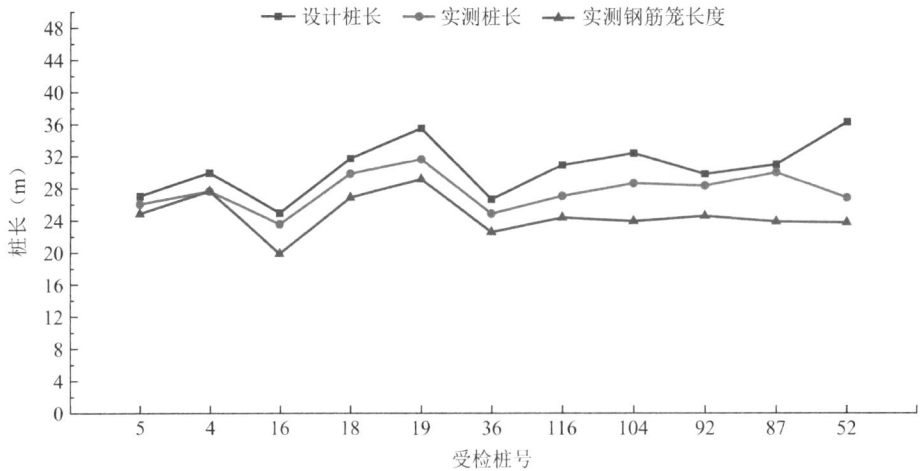

图 4.9.7　既有工程桩实测桩长图

4.9.4　房屋倾斜原因分析

通过对本工程的地基、基础、结构、场地环境以及补勘、桩基复检、变形监测等方面的综合分析研究，房屋产生倾斜的主要原因如下：

（1）根据旁孔投射波法和磁探法对既有基桩随机抽查检测，结果显示：桩端未进入⑩₃中风化凝灰岩设计持力层，导致桩基承载力严重不满足设计要求。

（2）后期北侧高位填土，对原桩基产生负摩阻力作用，进一步导致房屋往北倾斜。

（3）房屋北侧无地下室约束，南侧与大地库相连形成较强的约束，南北两侧边界条件不一致。

当时房屋精装施工已基本完成，尚未投入使用，该施工进度工况下竖向总荷载为331763kN，占建筑设计总荷重的 91.0%，房屋倾斜已远超规范的限值（2.5‰），且差异沉降仍在继续发展，处于极度危险状态，应紧急采取补桩控沉措施。结合场地土层情况及周边环境，经多方案比选，拟采用截墙分离顶升法纠倾处理。

4.9.5　基础控沉设计

结合既有桩基承载力评估，综合比较多种处理技术方案，本基础控沉设计时拟采用桩身强度高、土层穿透力强、地基扰动小、便于引孔的开口型微扰动高吨位锚杆静压钢管桩和预制方桩进行基础控沉托换，通过及时持荷控沉和预加载封桩，可控制沉降，保证地基基础安全。

1）桩型选用ϕ426 钢管桩和 300mm × 300mm 混凝土预制桩，分批次实施补桩控沉。具体控沉桩数量可按下列公式估算：

$$n = \frac{F_k + G_k - \alpha_1 n_1 R_a - \alpha_2 n_2 R_{a2}}{R_{a1}} \tag{4.9.1}$$

式中：n——控沉桩数量；

　　　F_k——相应于作用标准组合时，上部结构传至基础顶的竖向力值；

　　　G_k——基础自重；

α_1、α_2——修正系数，根据地区经验取值；

n_1——既有工程桩数量；

R_a——按检测桩长及岩土物理参数指标估算的既有工程桩单桩承载力特征值；

R_{a1}——控沉桩单桩承载力特征值；

n_2——第一次补入桩数量；

R_{a2}——第一次补入桩单桩承载力特征值。

实施补桩前在地下室内选取 3 根钢管桩进行设计试桩，试桩结果表明 ϕ426 钢管桩单桩竖向受压承载力可取 2000kN。具体试桩结果见表 4.9.2，图 4.9.8 为荷载-沉降曲线。

基桩竖向抗压静载试验结果　　　　　　　　　　　表 4.9.2

桩号	终止加载		最大回弹量（mm）	回弹率（%）	单桩竖向受压承载力极限值（kN）
	最大荷载（kN）	对应沉降量（mm）			
1-17	4250	36.81	25.93	70.4	4250
2-26	4250	32.06	25.67	80.1	4250
2-33	4250	27.15	26.28	96.8	4250

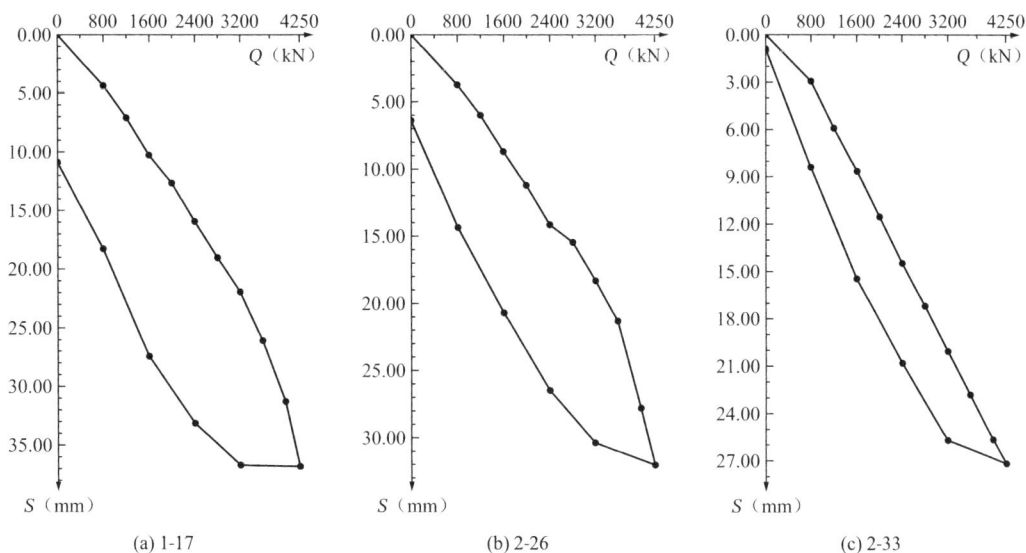

(a) 1-17　　　　　　　　　(b) 2-26　　　　　　　　　(c) 2-33

图 4.9.8　设计试桩荷载-沉降曲线图

2）经计算，基础托换控沉 ϕ426 钢管桩共计 66 根，300mm×300mm 钢筋混凝土方桩共计 36 根，桩长约 30～47m，以 ⑩₂ 层强风化凝灰岩为持力层，进入持力层深度 ≥1.0m，具体设计参数和平面布置见表 4.9.3 及图 4.9.9。

控沉桩设计参数　　　　　　　　　　　　表 4.9.3

批次	桩径（mm）	钢桩材质或混凝土强度等级	R_a（kN）	桩数
第一批	ϕ426×14/12	Q345b	2000	27
第二批	ϕ426×14/12	Q345b	2000	39

批次	桩径（mm）	钢桩材质或混凝土 强度等级	R_a（kN）	桩数
第三批	300×300	C50	1300	16
备用桩	300×300	C50	1300	20

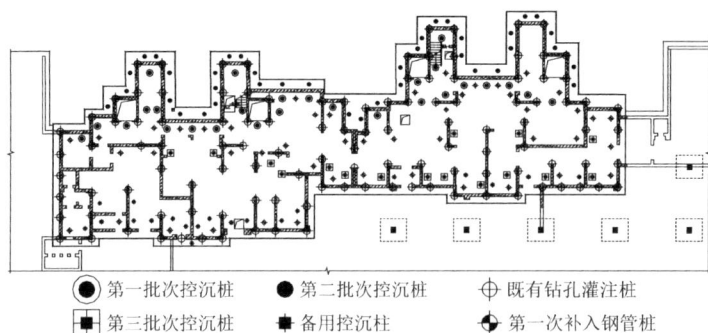

● 第一批次控沉桩　● 第二批次控沉桩　⊕ 既有钻孔灌注桩
■ 第三批次控沉桩　■ 备用控沉柱　◆ 第一次补入钢管桩

图 4.9.9　基础控沉桩平面布置图

3）应急控沉

大楼重心高、高宽比大，目前南北向整体倾斜严重超标，且沉降继续在发展，未有收敛趋势，地基基础处于极度危险状态，应立即实施抢险控沉，严格控制施工附加沉降，确保结构安全。

（1）北侧室内紧急补入第一批次微扰动控沉托换桩，压桩完毕立即临时加载持荷，持荷力不小于 $1.5R_a$。

（2）紧急完成北侧基础拼宽承台施工，待混凝土强度达到设计要求时应立即沉桩施工。

（3）待第一批次托换桩全部沉桩完成后，再统一采用 STC 同步控制技术，进行群桩加载持荷控沉和自动补载控沉。

4）补桩流程

根据房屋的沉降速率和倾斜状况，按分批次动态调整信息化施工原则，制定补桩施工流程图（图 4.9.10）。

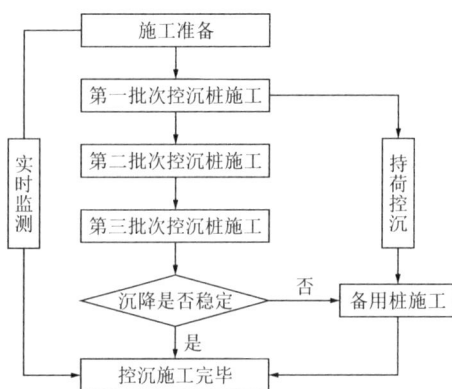

图 4.9.10　补桩施工流程图

沉桩完成后应立即采用组合反力架进行动态群桩持荷（图 4.9.11），控制附加沉降。持荷力宜取 $0.8R_a \sim 1.0R_a$，沉降较大区域取大值，反之取小值。

图 4.9.11　群桩持荷

4.9.6　顶升纠倾设计

1. 纠倾目标

现行国家规范《建筑地基基础设计规范》GB 50007，对于高度介于 60～100m 的建筑，允许倾斜率 2.5‰；现行行业标准《建筑物倾斜纠偏技术规程》JGJ 270，对于高度介于 60～100m 的建筑，纠偏合格标准 $S_H \leqslant 0.0025H_g$。基于上述要求，结合电梯安装及楼面高差，本次倾斜率目标控制值确定为 2.0‰以内，实施双向纠倾。

2. 顶升量计算

（1）2023 年 11 月 15 日（正式顶升前），测得房屋南北向整体往北倾斜，最大倾斜率为 9.5‰；东西向整体往东倾斜，最大倾斜 3.5‰；具体外墙倾斜数据见图 4.9.12。

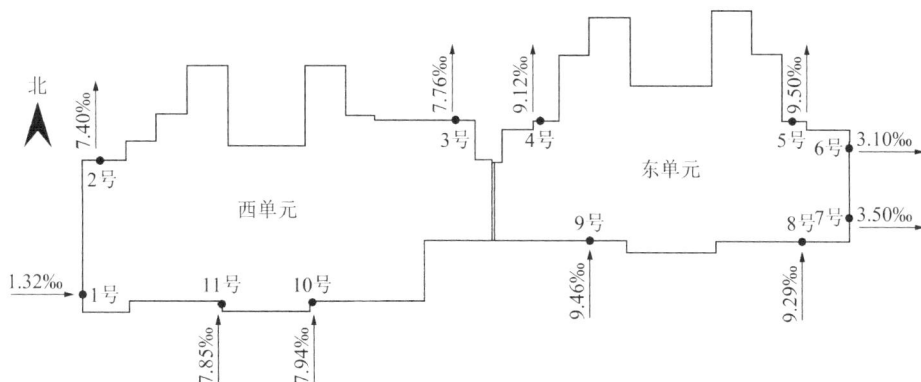

图 4.9.12　房屋外墙倾斜平面图

（2）建筑物的顶升量可按下列公式计算

$$\Delta h_i = (\theta - \theta_1) \times L_i \tag{4.9.2}$$

式中：Δh_i——建筑物纠倾设计顶升量（mm）；

　　　　θ——建筑物倾斜率；

　　　　θ_1——建筑物倾斜率目标控制值；

L_i——转动轴至计算顶升点的水平距离(mm)。南北向、东西向纠倾时分别以Ⓐ-Ⓐ
轴、①-①轴作为顶升转动轴,经计算:东、西单元南北向纠倾最大顶升量
分别为 170mm、138mm,东西向纠倾最大顶升量 90mm。理论计算顶升量
见图 4.9.13。

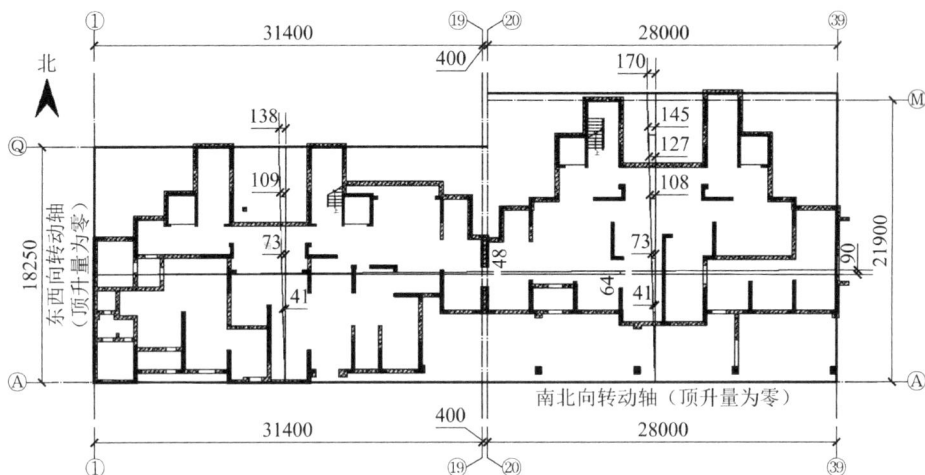

图 4.9.13　顶升量平面示意图（单位：mm）

3. 竖向构件截断面位置的确定

鉴于大楼结构南侧与大地库相连,东西两侧与汽车坡道和自行车道连接,且顶板覆土
已完成,为尽量减小对既有结构和周边环境的不利影响,将截断面设置在首层楼面以下
−1.0m 标高处。如图 4.9.14 所示。

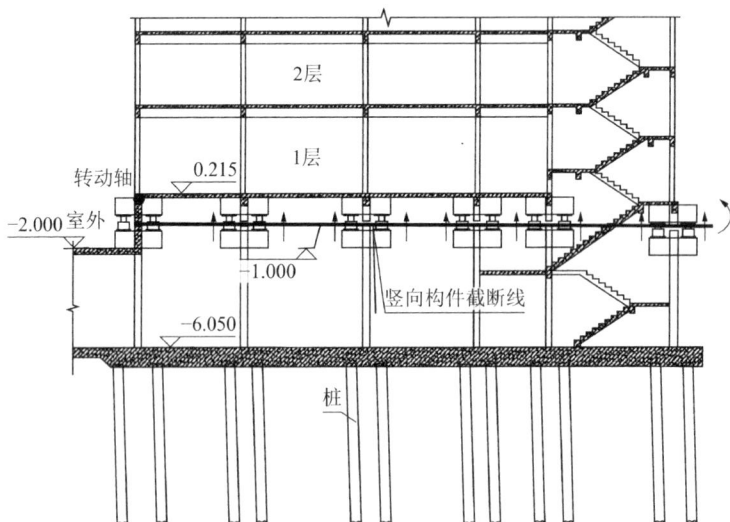

图 4.9.14　竖向构件截断点示意图

4. 托换系统节点设计

竖向构件截断之后,托换结构承受上部结构的全部竖向荷载,为确保顶升过程中结构
的安全,托换结构必须具有可靠性和一定的冗余度。

本项目采用上混凝土托盘、下底盘托换，简称抱墙梁。新旧混凝土结合面竖向承载力可参考《建（构）筑物托换技术规程》CECS 295—2011 第 4.2.3 条公式计算，同时应满足受弯、受剪、受冲切及局部受压承载力要求，做法见图 4.9.15。

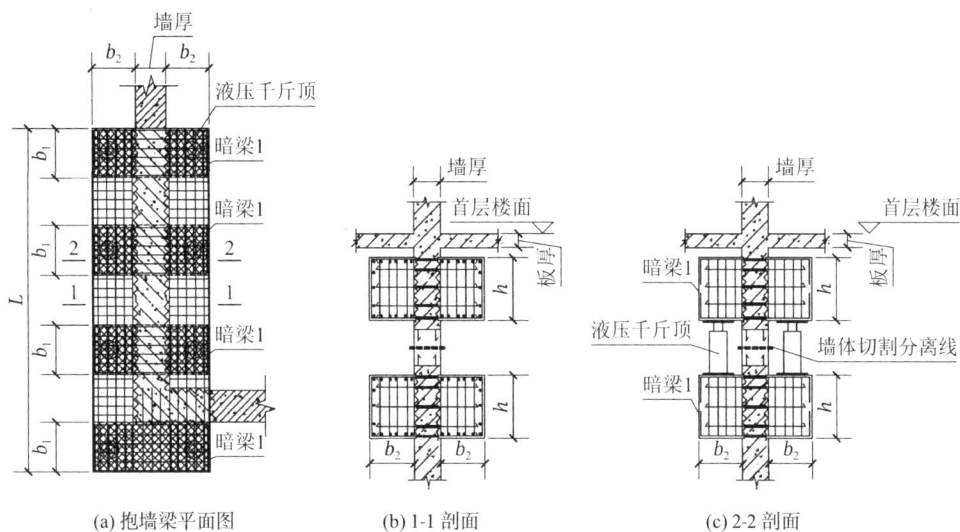

(a) 抱墙梁平面图　　　(b) 1-1 剖面　　　(c) 2-2 剖面

图 4.9.15　抱墙梁做法

5. 顶升液压系统设计

（1）千斤顶布置

根据设计图纸，计算各墙柱的内力，并以此为依据布置千斤顶。千斤顶数量按下式估算：

$$n = k \frac{Q_k}{N_a} \tag{4.9.3}$$

式中：n——千斤顶数量（台）；

　　　Q_k——顶升时建筑物竖向荷载标准值（kN）；

　　　N_a——单台千斤顶额定荷载值；

　　　k——安全系数，取 2.0。

本次实际布置 200t 液压千斤顶共计 408 台，具体布置见图 4.9.16。该房屋理论重量计算值为 29688t，顶升设备数量与总荷载之比：

$$k = \frac{nN_a}{Q_K} = \frac{81600}{29688} = 2.75 > k = 2.0，满足要求$$

（2）千斤顶分组

根据千斤顶数量和顶升量，依据顶升位移和顶升力基本相等原则划分控制组，每组可串联多台千斤顶（顶升力一致），并安装一台位移传感器，以位移闭环控制同步顶升纠倾。本次南北向顶升纠倾时划分 77 组（图 4.9.16），东西纠倾时划分 64 组，每组设置一个监控点，每个监控点安装一台位移传感器。通过布置 20 台变频调速控制液压泵站，可提供 80 点位移同步控制。并用专用的工业网络通信电缆将 20 台变频调速控制液压泵站和主控系统进行连接。

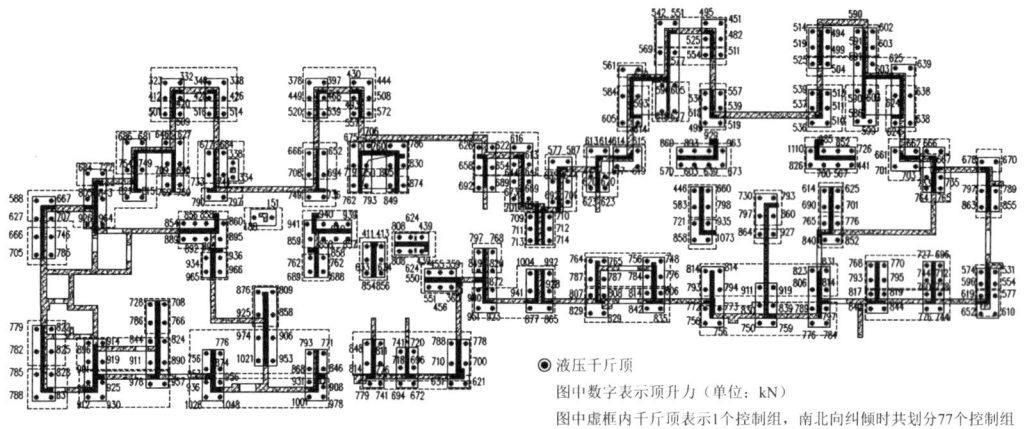

● 液压千斤顶
图中数字表示顶升力（单位：kN）
图中虚框内千斤顶表示1个控制组，南北向纠倾时共划分77个控制组

图 4.9.16　千斤顶及分组平面图

在正式顶升前应对抱墙梁作加载试验，加载值不应小于 1.35 倍顶升力，检验托换系统是否可靠。同时对全套液压系统进行 24h 保压试验，确保系统无故障无泄漏。

6. 顶升防护措施设计

（1）截断点以下剪力墙临时加固

截断分离后，地下室墙体顶部约束由固接变成自由，受力状态发生变化，造成部分墙肢稳定性不满足要求。需通过以下措施加强墙肢的侧向稳定：①下抱墙梁之间设置水平支撑和剪刀撑；②沿墙肢高度方向左右两侧对称设置斜撑。

（2）限位墩设计

顶升过程中由于顶升设备安装垂直度偏差、遭遇强风以及小型地震等因素影响时，建筑物容易发生难以复位的侧向位移，故应在双向主轴方向采取稳定的限位措施，避免发生侧向位移。本次设计采用混凝土限位墩，设置在上抱墙梁外侧，截面尺寸 400mm × 600mm，与上抱墙梁整体浇筑，与下抱墙梁之间预留 20mm 空隙，允许结构自由转动。具体限位墩构造做法见图 4.9.17。

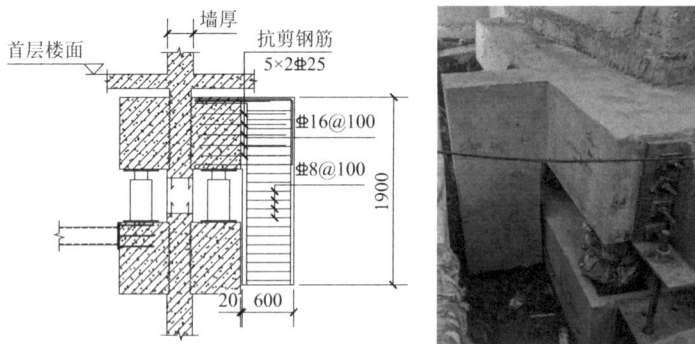

图 4.9.17　限位墩

本楼位于海边，受风荷载影响显著。顶升施工期间按 50 年重现期基本风压取值，在风荷载作用下 x、y 向水平力分别为 $V_x = 4648.4\text{kN}$，$V_y = 7092.4\text{kN}$。沿 x、y 向分别设置 20 处和 12 处水平限位装置，能有效抵抗水平荷载，满足顶升要求。

本次南北向、东西向设计纠倾量分别为 7.5‰ 和 1.5‰，按线性比例同步顶升双向纠倾，先实施南北方向纠倾，后东西方向纠倾。限位墩的转动变形为：

$$\Delta_y = i_y h = 0.0075 \times 1900 = 14.25 \text{mm}$$

$$\Delta_x = i_x h = 0.0015 \times 1900 = 2.85 \text{mm}$$

式中：h——限位墩高度（mm）；

i_x、i_y——分别为房屋东西向及南北向设计倾斜量。

限位墩与下抱墙梁间预留 20mm 空隙，能满足顶升纠倾结构转动需求。

（3）防倾覆装置设计

在顶升工况下，经整体计算在重力荷载与水平风荷载标准值共同作用下，千斤顶顶面均未出现拉应力区，满足结构整体抗倾覆要求。验算结果见表 4.9.4。

抗倾覆整体验算结果　　　　　　　　　　　　　表 4.9.4

工况	抗倾覆力矩M_r（kN·m）	倾覆力矩M_{ov}（kN·m）	比值M_r/M_{ov}	零应力区（%）
x向风荷载	8847589.000	333182.406	26.55	0.00
y向风荷载	2961119.000	503477.375	5.88	0.00

顶升纠倾工程在底部截断后完全依靠自重抵御倾覆荷载，一旦倾覆将产生灾难性后果。虽然在自重作用下结构能满足抗倾覆要求，但施工期间是否会出现灾害性天气等不利因素较难预见，因此通过构造措施提高抗倾覆能力十分必要，增大冗余度。在两主轴方向沿房屋四周的上下抱墙梁托换系统中共安装 51 套防倾覆装置。抱墙梁上下成对安装钢牛腿，钢牛腿通过预埋螺栓锚固在托换系统上。钢拉杆下端锚固在下钢牛腿上，上端穿过上钢牛腿用螺母锁住。顶升时分级松开螺母，允许竖向滑动，每级顶升完成应立即锁住螺母。具体构造做法见图 4.9.18。

抗倾覆计算简图见图 4.9.19，防倾覆装置提供的抗倾覆力矩可按下列公式计算：

$$M_r = G\frac{B}{2} + N_t(a + B) \tag{4.9.4}$$

式中：M_r——重力荷载标准值（kN）；

B——托换底盘宽度；

N_t——防倾覆拉杆提供的拉力设计值（kN）；

a——防倾覆拉杆中心至托换底盘外边缘的水平距离（m）。

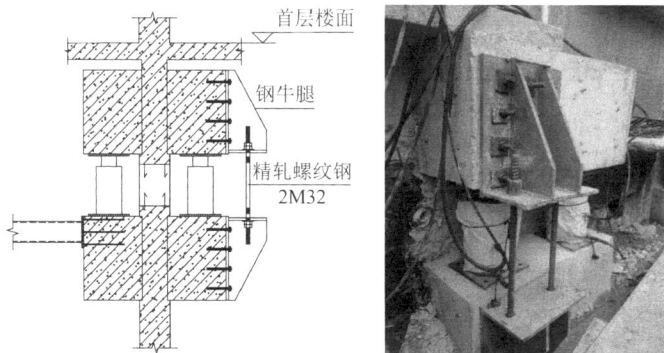

图 4.9.18　防倾覆装置

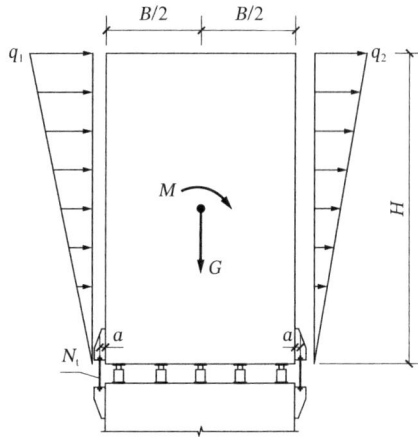

图 4.9.19　风力作用下抗倾覆验算计算简图

7. 顶升工况下上部结构受力分析

采用顶升法纠倾时，顶升前应对竖向构件进行临时截断，截断后墙肢的底部约束将被释放，由完全固接转变为铰接，内力将会重新分布。为了模拟施工过程的实际受力状态，释放底部约束后重新进行计算，并将计算结果与底部固接的原模型进行对比。对比结果如下：

（1）截断前后结构整体参数对比见表 4.9.5。

整体参数对比　　　　　　　　　　　　　　　表 4.9.5

计算模型		截断前（柱底固接）	截断后（柱底铰接）
风荷载作用下基底总剪力（kN）	x向	4864.5	4920.5
	y向	7334.1	7438.5
风荷载作用下最大层间位移角	x向	1/1371	1/1380
	y向	1/1220	1/1079
风荷载作用下顶点最大位移（mm）	x向	46.6	46.7
	y向	54.6	54.9
刚重比	x向	5.51	5.58
	y向	5.94	6.02

（2）截断前后内力对比

选取其中一榀剪力墙为分析对象，计算在首层楼板以下 $-1.0\mathrm{m}$ 处截断分离前后，竖向构件约束由"全固接"转变为"铰接"过程中的内力结果。计算结果显示，墙分离后竖向荷载作用下，底层 A 墙底部弯矩变化幅度较大，由 $-60.8\mathrm{kN\cdot m}$ 变为 $228.9\mathrm{kN\cdot m}$，顶部弯矩略有减小，减小幅度 14%。B 墙底部弯矩增大幅度约 27.8%，顶部弯矩减小幅度 8.8%，十二层以上墙肢内力变化可忽略不计。经复核结构构件截面配筋，上述内力变化在安全承载许可范围之内。具体对比见图 4.9.20。

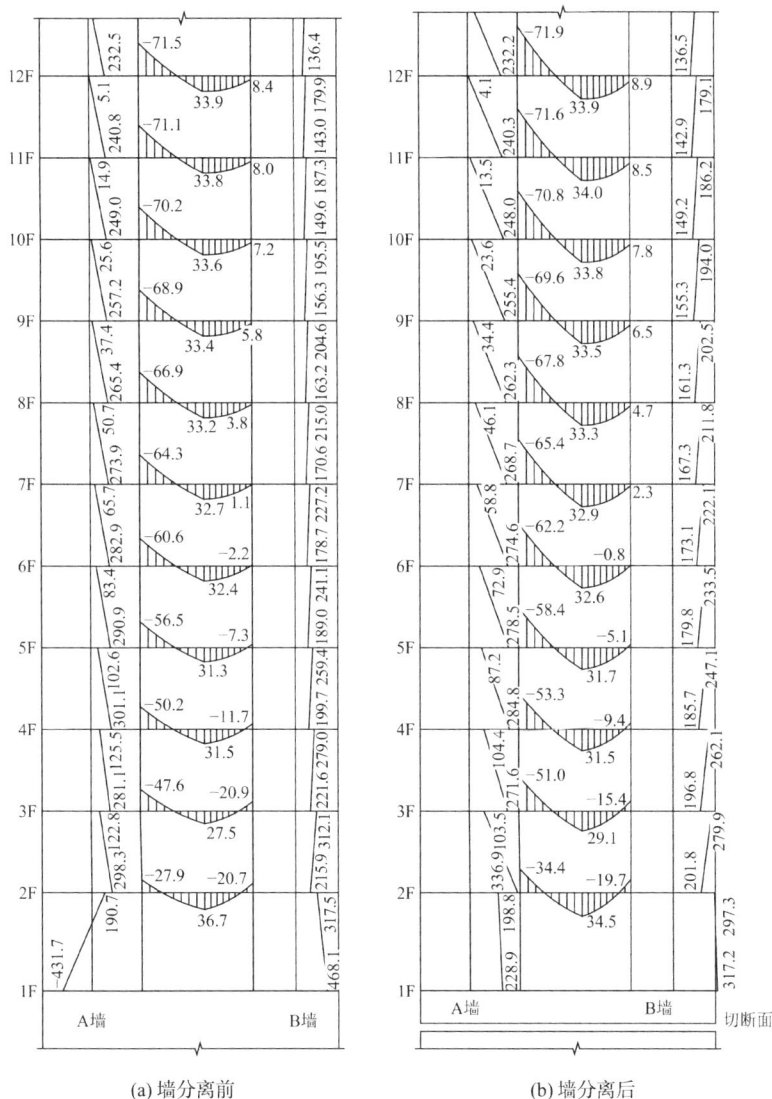

图 4.9.20　竖向荷载作用下的梁、墙弯矩对比（单位：kN·m）

4.9.7　顶升纠倾施工

1. 顶升施工流程

大楼地下 1 层，地上 26 层，总高度 78.90m，房屋总重 296880kN，该建筑物平面呈一字形，高宽比大、重量重、高度高、反力支撑设置难度大。共布置 408 台 200t 液压千斤顶，液压设备多，另外工程位于海边，风荷载较大，顶升纠倾期间各道工序的顺利衔接至关重要，故在施工之前编制施工流程（图 4.1.4），以指导施工。

2. 顶升前期准备工作

为全面了解建筑物的工程实际状况，尤其是了解建筑物的受损状况对结构本身的影响，对梁、板、柱等托换构件的截面尺寸及混凝土强度进行了实测，实测情况与设计图纸基本吻合。

为确保顶升工程的安全以及顺利展开，进行了如下准备工作：①对托盘系统混凝土抗压强度检测，确保混凝土强度达到设计标准。②清理各段之间的伸缩缝内杂物，确保顶升顺利；标定千斤顶编号；检查相关管道、管线及楼梯踏步是否脱离；检查顶升系统是否完好。③设立顶升总指挥部，对顶升相关人员做好安全技术交底工作和应急演练。④对结构中的薄弱部位采取了补强措施，并设置了水平限位和抗倾覆装置。为保证安全施工万无一失，专门邀请专家组对顶升前期准备工作进行评估。

3. 工程称重

在顶升前应测定每个顶升点处的实际重量。称重时先根据理论计算构件轴力，采用逐级加载的方式进行，在微小的顶升高度内（1～10mm），通过反复调整各组的油压，可以设定一组顶升油压值，使每个顶点的顶升力与构件轴力基本平衡。将每点的实测值与理论计算值进行比较，计算其差值，由液压工程师和结构工程师共同分析原因，最终确定该点实测值能否作为顶升时的基准值，如差异较大，应调整控制组划分，分析原因并采取相应措施。通过称重过程中各组油压的反复调整，设定各千斤顶顶升油压值，使每个顶点的顶升压力与其上部荷载基本平衡。

4. 工程试顶升

为了观察和考核整个顶升施工系统的工作状态以及对称重结果进行校核，同时确保正式顶升作业的安全性和稳定性，在正式顶升之前进行试顶升，试顶升高度为5mm。

试顶升结束后，提供房屋整体姿态、结构位移等情况，确定相关技术参数，可为正式顶升提供依据。

5. 正式顶升

试顶升后，若无问题，则进行正式顶升，千斤顶最大行程为130mm，每级最大顶升量不大于20mm，最大顶升速度5mm/min，各级顶升间隔时间初宜为1～2小时。正式顶升按下列步骤进行：

（1）操作，按预设荷载进行加载和顶升。

（2）观察，各个观察点应及时反映测量情况。

（3）测量，各个测量点应认真做好测量工作，及时反映测量数据。

（4）校核，数据报送至现场指挥组，比较实测数据与理论数据的差异。

（5）分析，若有数据偏差，有关各方应认真分析并及时进行调整。

（6）决策，认可当前工作状态，并决策下一步操作。

6. 换程

当实际顶升量达到液压千斤顶最大行程时，应进行换程。具体流程如下：

（1）在竖向构件截断分离处塞紧、敲紧临时钢垫块支承。

（2）在拟换液压千斤顶边设置随动千斤顶，伸出油缸支顶保护后分批进行换程。具体换程步骤见图4.9.21。

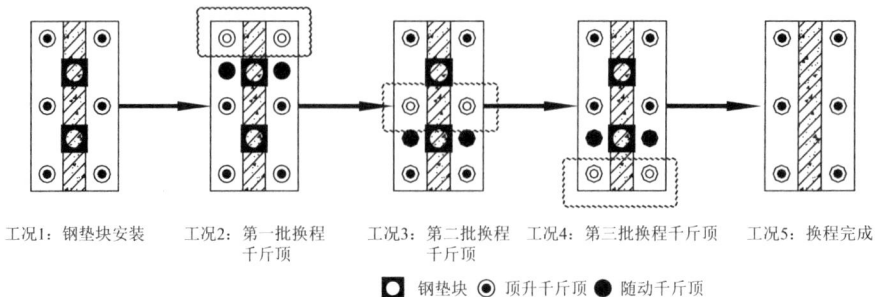

工况1：钢垫块安装　　工况2：第一批换程　　工况3：第二批换程　　工况4：第三批换程千斤顶　　工况5：换程完成
　　　　　　　　　　　　　千斤顶　　　　　　　千斤顶

■ 钢垫块　◉ 顶升千斤顶　● 随动千斤顶

图 4.9.21　换程示意

4.9.8　纠倾与控沉成果

1. 纠倾成果

本项目控沉加固施工完成后房屋沉降速率迅速收敛，并基本趋于稳定。顶升纠倾完成后，对外墙垂直度、倾斜率进行了测量，纠倾前后数值对比详见表 4.9.6 和图 4.9.22。从表 4.9.6 可知，顶升纠倾后，建筑物南北向倾斜率在 0.61‰～1.05‰之间，东西向倾斜率倾斜在 1.37‰～1.93‰之间，双向纠倾均满足《建筑地基基础设计规范》GB 50007—2011 的相关规定，纠倾达到预期效果。

纠倾前、后倾斜率对比表 4.9.6

观测点编号	纠倾前倾斜率	纠倾后倾斜率
1	东倾 1.32‰	西倾 0.25‰
2	北倾 7.40‰	南倾 1.04‰
3	北倾 7.76‰	南倾 0.67‰
4	北倾 9.12‰	北倾 0.64‰
5	北倾 9.50‰	北倾 1.05‰
6	东倾 3.10‰	东倾 1.37‰
7	东倾 3.50‰	东倾 1.93‰
8	北倾 9.29‰	北倾 0.72‰
9	北倾 9.46‰	北倾 0.90‰
10	北倾 7.94‰	南倾 0.61‰
11	北倾 7.85‰	南倾 0.66‰

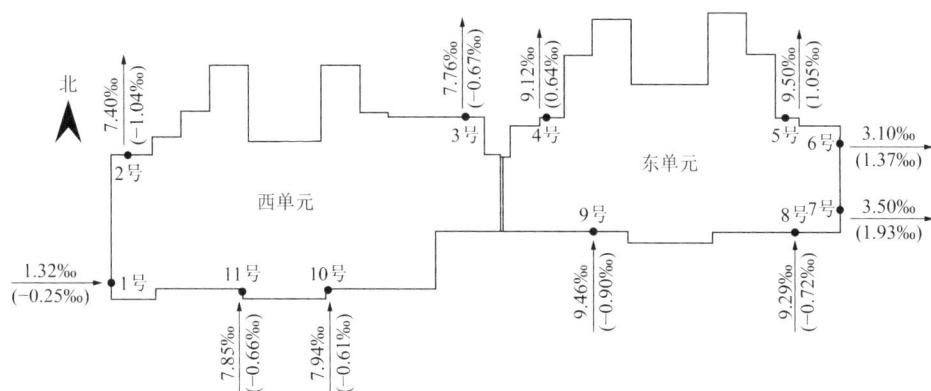

图 4.9.22　纠倾前、后倾斜率对比平面示意图

注：图中括号内数字表示纠倾后的倾斜率，负号表示与箭头方向相反。

2. 控沉成果

基础控沉与顶升纠倾施工结束后 73d，北侧累计沉降量在−0.6～−1.8mm 之间，最大点沉降速率−0.0246mm/d；南侧累计沉降量在−0.5～−2.2mm 之间，最大点沉降速率−0.030mm/d，沉降在较短的时间内收敛明显，已趋于稳定，控沉加固达到预期目标。纠倾完工后大楼实景见图 4.9.23。

图 4.9.23　纠倾完成后大楼实景

第 5 章

高层建筑补桩持荷提升法纠倾技术

5.1 补桩持荷提升法纠倾原理和流程

5.1.1 补桩持荷提升法纠倾原理

补桩持荷提升法是指采取补桩和持荷措施，提升倾斜建筑物的基础或结构，达到纠倾目的的方法。该技术的核心内容是在已有筏板（桩筏）基础下增设一定数量的提升桩（一般可采用锚杆静压桩），通过提升控制系统，以补入桩为支点，对基础与上部结构进行整体同步提升。待纠倾完成后，由既有筏板（桩筏）基础与补入桩形成新基础，共同承担上部结构荷载，保证结构整体稳定性。其技术原理如图 5.1.1 所示。

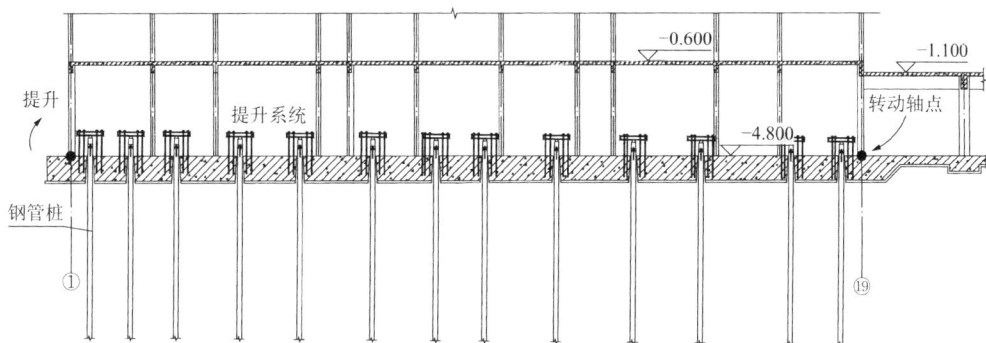

图 5.1.1 补桩持荷提升法纠倾原理图

5.1.2 补桩持荷提升法纠倾流程

纠倾施工前，需制定完善的基础提升方案；纠倾结束后，需进一步复核新补入锚杆静压桩的承载力是否满足要求，并且对上部结构的损伤部位制定相应的加固措施。上述步骤能够准确实施的前提是建立了能够反映建筑物实际情况的数值模型。

在补桩持荷提升法纠倾技术领域，高层建筑成功实施案例少，现有分析模型仅含上部结构与基础，而高层建筑倾斜的根本原因往往在地基与基础。现有分析方法较实际工程误差过大，难以指导施工，主要体现在以下三个方面：

（1）无法快速准确修改锚杆桩布置方案。建筑物纠倾属于应急抢险工程，施工周期短、速度快，补桩持荷提升纠倾工程需快速补入锚杆静压桩进行控沉作业。受限于地基的不可预见性，某些既定锚杆桩的终压桩力无法达到设计要求，需要快速准确修改锚杆桩布置方案。

（2）无法进行提升方案的设计与优化。现有提升方案的设计一般依靠既往工程经验，提升过程中经常出现边施工边修改方案的情况。若单次提升量过大，可能会造成结构关键部位损伤，甚至会有安全隐患；若单次提升量过小，又存在工期延长、效率低下的问题。

因此，如何准确把握安全与效率的统一，对提升方案进行合理优化是亟待解决的问题。

（3）无法预测上部结构损伤。补桩持荷提升纠倾工程的本质是解决上部结构的安全性与舒适性问题，如何避免因为纠倾而造成上部结构永久性损伤，做到未雨绸缪，也是该技术未来发展的重要研究方向之一。

针对现有技术不足，本书介绍了一种基于地基-基础-上部结构耦合系统的高层建筑不均匀沉降顶升设计方法，该方法可同时考虑地基、基础与上部结构，对建筑物的沉降和顶升过程均进行动态模拟。设计流程如图 5.1.2 所示。

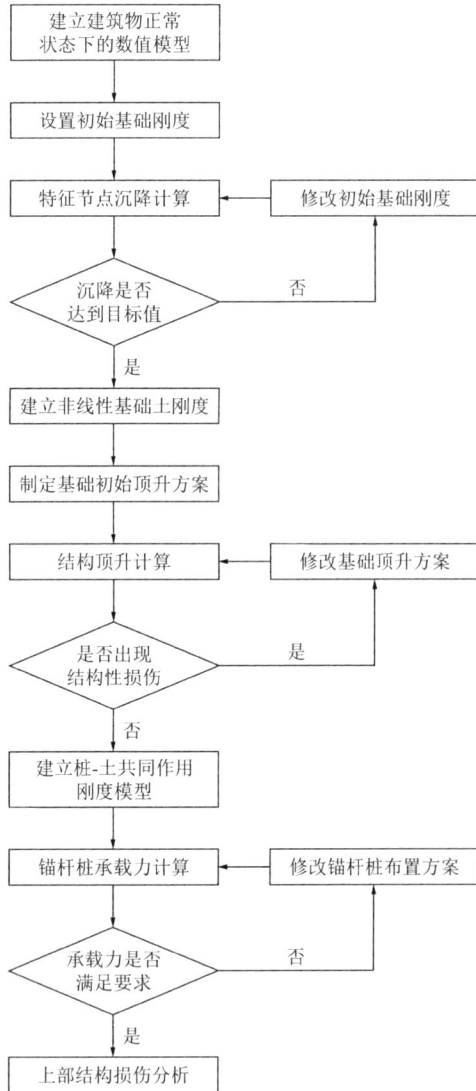

图 5.1.2 设计流程

该方法具有以下优点：①通过建立地基-基础-上部结构耦合系统，对建筑物的沉降和顶升进行全过程模拟，可预测纠倾过程的回倾效率，其计算分析结果可指导施工；②可进行顶升方案的设计与优化，准确制定安全与效率高度统一的施工方案；③可实现快速修改锚杆桩布置方案，符合解危工程的时效性要求；④可预测上部结构损伤，在顶升施工前对构件进行精准加固。

补桩持荷提升法纠倾施工，一般按下列步骤进行：

（1）准备工作。

（2）地下室降水排水。

（3）基础加固和补桩持荷。

（4）提升纠倾控制系统安装调试。

（5）建筑物称重、试提升、调整控制点。

（6）同步提升、基底跟踪注浆。

（7）新补桩持荷转换、桩顶预加载持荷封桩。

（8）拆除纠倾控制系统、基础承台防水处理和基础底板叠合层施工。

（9）全过程实时监测。

5.2　补桩持荷提升预测

5.2.1　倾斜状态下带缺陷基础预测模型的建立

部分研究人员采用强制位移模拟建筑物不均匀沉降，该方法忽视了强制位移带来的附加应力，计算结果误差较大。本书提出的模拟方法考虑了地基土刚度分布不均匀的影响，分区域布置不同刚度的弹簧，通过基础土刚度迭代使建筑物"自然沉降"，其流程如下。

1. 建立正常状态整体模型

以某 21 层筏板基础倾斜高层建筑为例，依据相关资料，正常状态下基础-上部结构整体模型如图 5.2.1 所示。

2. 设置初始基础土刚度

将筏板与上部竖向构件耦合后，进行网格划分，网格尺寸 1m 左右，每个节点下设置弹簧以模拟地基土刚度，每个弹簧初始刚度设定为 1000kN/m，筏板模型如图 5.2.2 所示。

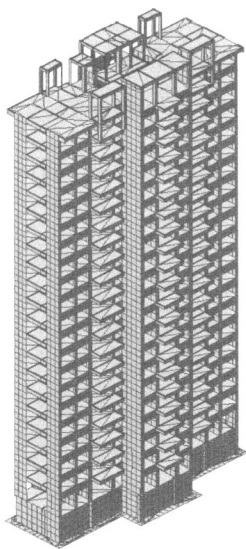

图 5.2.1　正常状态整体模型　　　　图 5.2.2　筏板模型

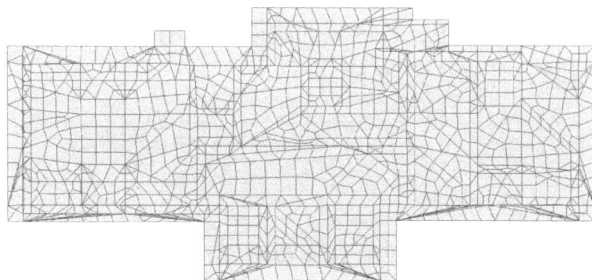

3. 基础土刚度迭代计算

模型中将筏板划分为图 5.2.3 所示的 6 个区域，选取各区域中的沉降监测点作为特征节点，迭代计算过程中，以特征节点的沉降位移作为该区域的弹簧刚度计算依据。各区域的沉降监测点布置如图 5.2.4 所示。

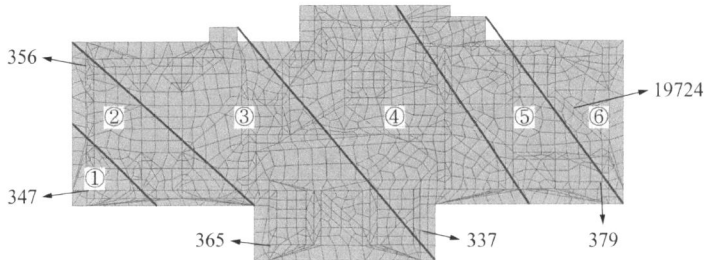

图 5.2.3　筏板区域划分及各区域特征节点

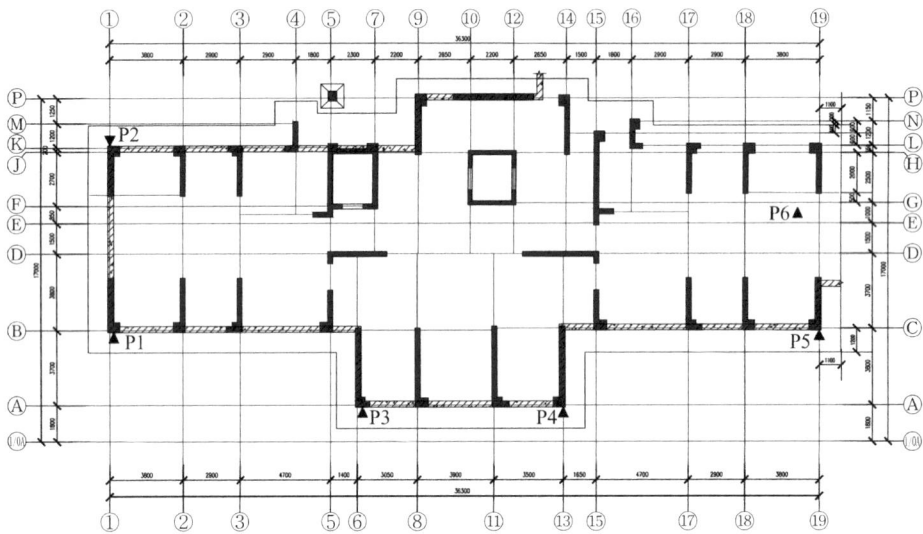

P1沉降量130mm　　P2沉降量90mm　　P3沉降量116mm　　P4沉降量88mm　　P5沉降量40mm　　P6沉降量28mm

图 5.2.4　各区域沉降监测点

迭代计算过程中，各区域的阶段弹簧刚度均以上次迭代结果中特征节点的位移作为依据进行计算，计算公式如下：

$$k_i = \frac{D_{i-1}}{D_0} k_{i-1} \tag{5.2.1}$$

式中：i——迭代次数；

　　　k_i——第i次迭代时节点弹簧刚度；

　　　D_{i-1}——第$i-1$次迭代结果中特征节点的位移；

　　　D_0——特征节点目标沉降值。

当各特征节点位移与目标沉降误差均小于10%时，迭代结束，并以该次迭代模型作为倾斜状态初始模型。本工程初始模型数据如表 5.2.1 所示，迭代过程如表 5.2.2 所示。

初始模型数据 表 5.2.1

弹簧区域	特征节点号	D_0（mm）	初始模型	
			k（kN/m）	D（mm）
1	347	130	1000	148.88
2	356	90	1000	125.32
3	365	116	1000	135.03
4	337	88	1000	110.76
5	379	40	1000	56.75
6	19724	28	1000	36.33

各区域弹簧刚度迭代过程 表 5.2.2

弹簧区域	特征节点号	第一次迭代		第二次迭代		第三次迭代		第四次迭代	
		k_1（kN/m）	D_1（mm）	k_2（kN/m）	D_2（mm）	k_3（kN/m）	D_3（mm）	k_4（kN/m）	D_4（mm）
1	347	1145.2	116.88	1029.7	117.39	929.8	117.1	837.5	116.74
2	356	1392.4	98.95	1530.9	98.68	1678.6	97.74	1822.9	96.73
3	365	1164.1	108.76	1091.4	108.94	1025.0	108.82	961.5	108.84
4	337	1258.6	90.9	1300.1	90.21	1332.8	89.65	1357.8	89.43
5	379	1418.8	48	1702.5	46.01	1958.3	44.59	2183.0	43.63
6	19724	1297.5	30.62	1418.9	29.41	1490.4	28.5	1517.0	27.85

4. 建立倾斜状态整体模型

根据上述迭代计算结果，倾斜状态模型如图 5.2.5 所示，倾斜状态下筏板的沉降云图如图 5.2.6 所示。

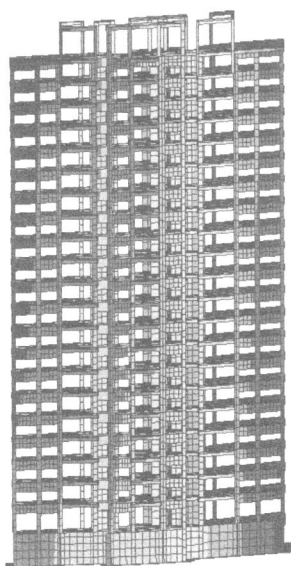

图 5.2.5　倾斜状态模型

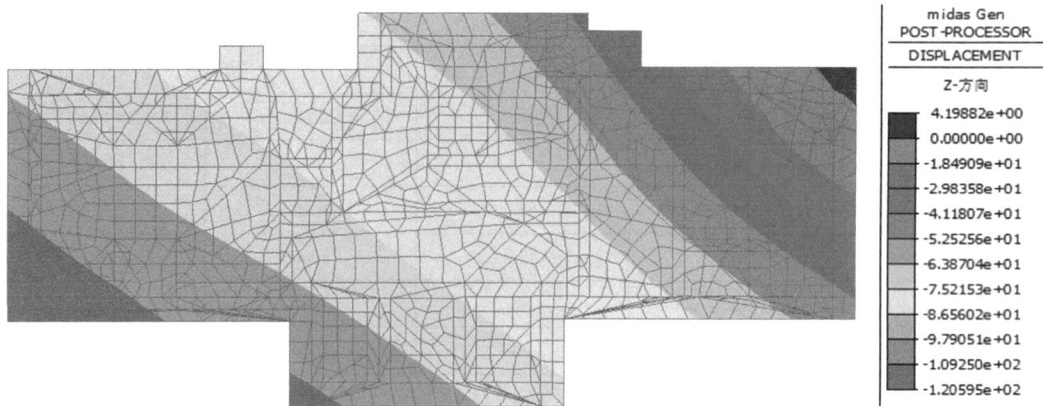

midas Gen
POST-PROCESSOR
DISPLACEMENT
Z-方向

4.19882e+00
0.00000e+00
-1.84909e+01
-2.98358e+01
-4.11807e+01
-5.25256e+01
-6.38704e+01
-7.52153e+01
-8.65602e+01
-9.79051e+01
-1.09250e+02
-1.20595e+02

图 5.2.6　倾斜状态下筏板沉降云图（单位：mm）

5.2.2　持荷提升工况桩土刚度的建立与模拟分析

提升纠倾过程采用 STC 同步提升控制系统，以锚杆静压桩为支点，对既有建筑进行纠倾。纠倾前，基础及上部结构荷载全部由土体承担；纠倾完成后，大部分荷载转由锚杆静压桩承担。为准确模拟工程顶升纠倾结束状态，必须建立有效的桩-土共同作用刚度模型。

1. 建立非线性基础土刚度模型

对于筏板基础纠倾工程，顶升区域的筏板会与基底土脱开，而沉降较小区域的筏板会继续沉降，导致该区域筏板所受基底土反力加大。为了模拟上述"部分脱空，部分沉降加剧"过程，采用图 5.2.7 所示非线性弹簧定义各区域节点弹簧刚度，各区域非线性弹簧斜线段刚度由前文迭代计算确定。另外，为准确模拟基底土对筏板的反力，各区域非线性弹簧刚度突变点需结合倾斜状态下筏板沉降计算结果确定，保证区域内各点弹簧位于刚度曲线斜线段。

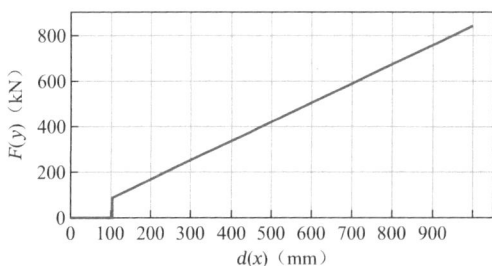

(a) 区域 1 非线性弹簧刚度曲线

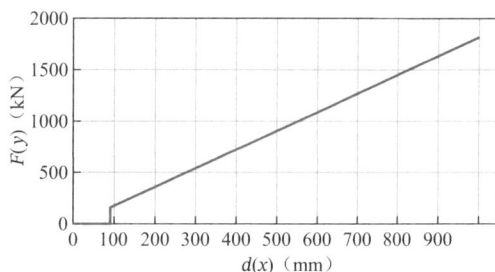

(b) 区域 2 非线性弹簧刚度曲线

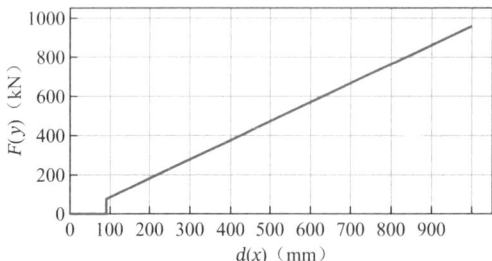

(c) 区域 3 非线性弹簧刚度曲线

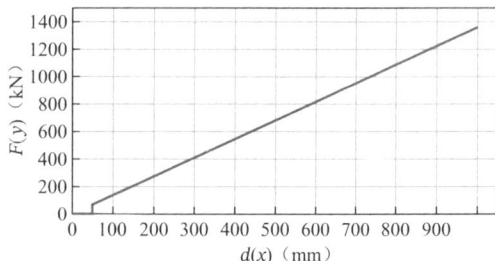

(d) 区域 4 非线性弹簧刚度曲线

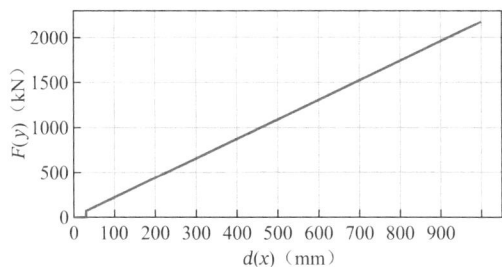

(e) 区域5非线性弹簧刚度曲线　　　　　　　(f) 区域6非线性弹簧刚度曲线

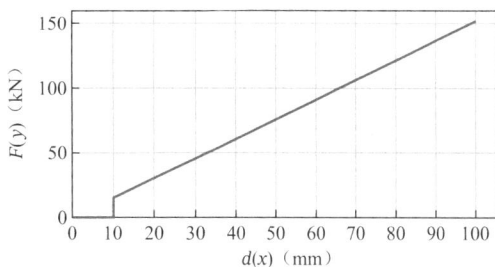

图 5.2.7　各区域非线性弹簧刚度曲线（单位：kN/mm）

2. 制定基础初始提升方案

实际纠倾工程受限于理论匮乏，无法准确预测纠倾过程整体结构内力变化，设计人员制定顶升方案时会预留较大的安全裕度，导致施工进度过于冗杂。本书提出的模拟方法，通过节点强制位移实现筏板提升，可依据筏板顶升目标值，制定多种顶升方案，对整体结构内力发展进行准确预测，实现安全与高效协调统一。

本工程的初始提升方案采用一次顶升模式，各点的顶升值如图 5.2.8 所示。

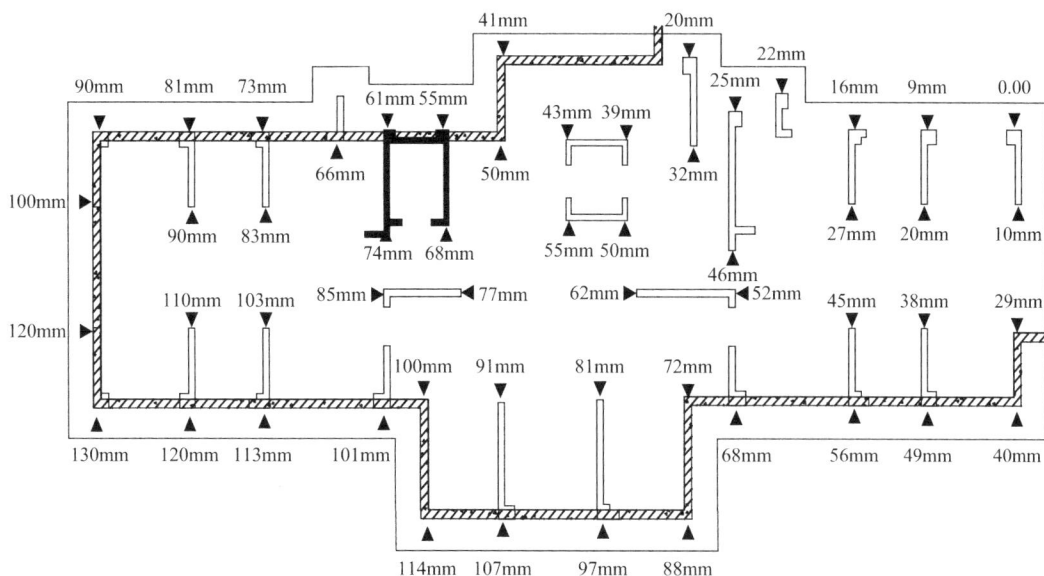

图 5.2.8　初始提升方案

3. 结构提升计算

对各区域特征节点（沉降监测点）施加节点强制位移，提升结束后，筏板各点位移如图 5.2.9 所示。

4. 提升方案优化

提升过程中，若出现大批量结构损伤，可认为单次提升量过大，可通过优化提升方案，减少结构损伤。本工程初始提升方案为一次提升，东西向提升值最大为 90mm，南北向提升最大值为 40mm，若出现大批量结构损伤，可优化为：第一次东西向提升 60mm，第二次南北向提升 40mm，第三次东西向提升 30mm，如图 5.2.10 所示。

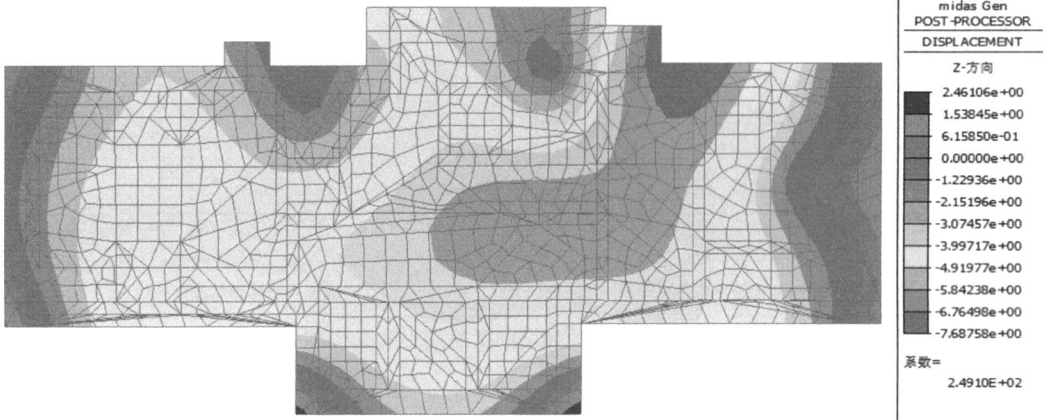

图 5.2.9　提升结束阶段筏板沉降云图（单位：mm）

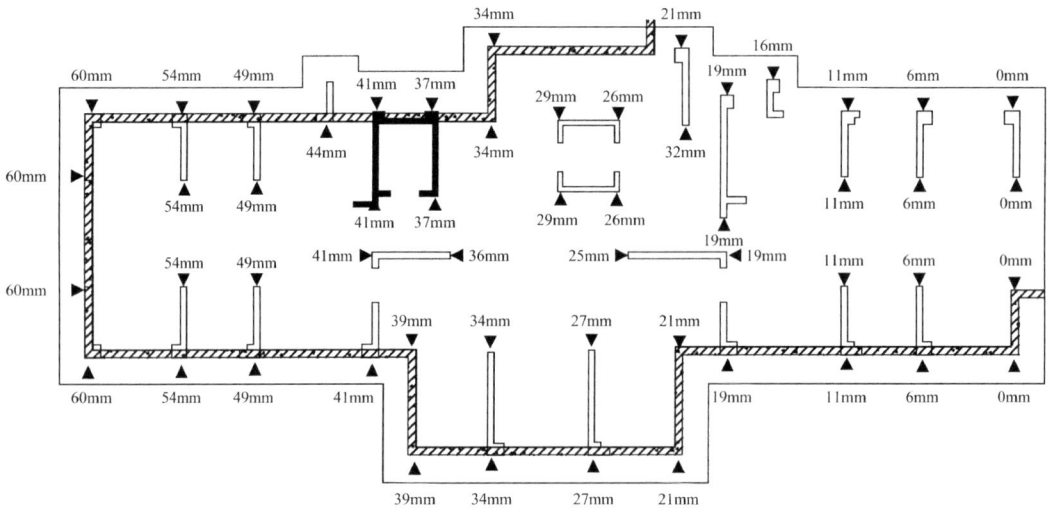

(a) 第一次东西向提升量示意图

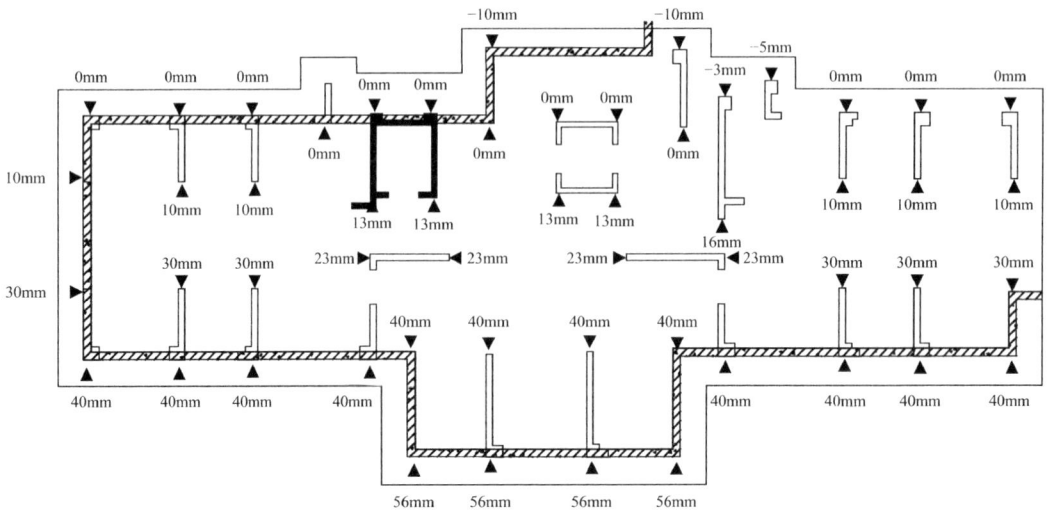

(b) 第二次南北向提升量示意图

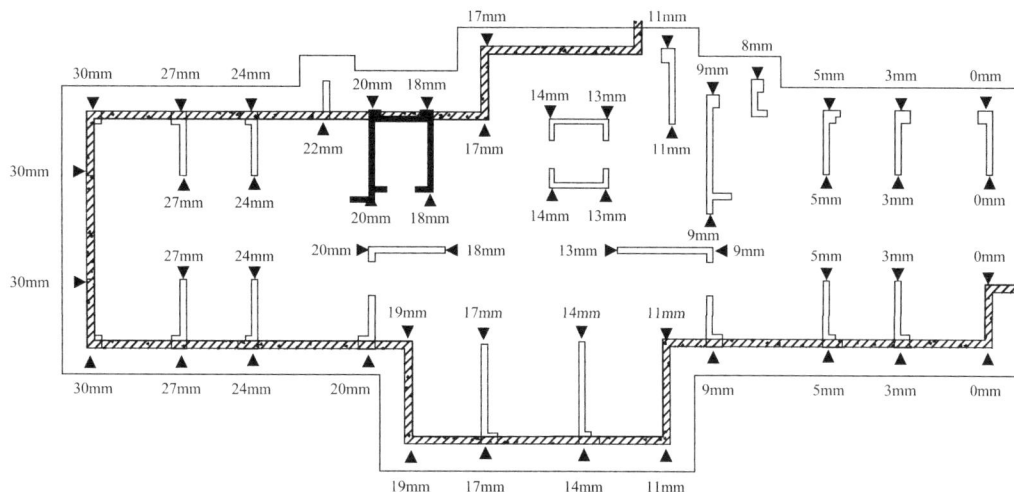

(c) 第三次东西向提升量示意图

图 5.2.10　优化后的提升方案

5. 建立桩土共同作用刚度模型

顶升结束后，对锚杆静压桩进行封桩处理，此时桩与土作为整体，共同承担基础及上部结构传递的荷载。锚杆静压桩布置图如图 5.2.11 所示。

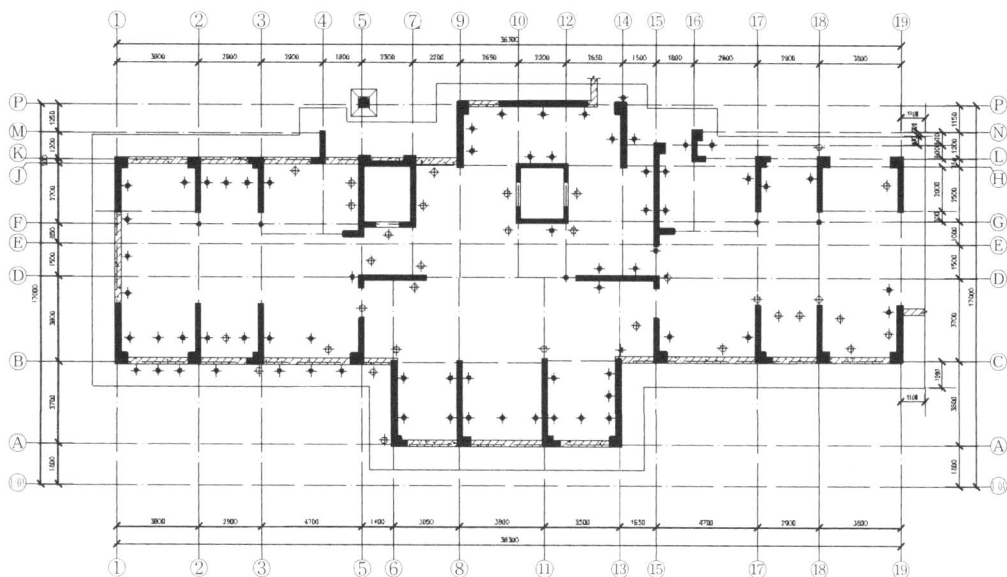

图例：
1. "●" 表示主楼内ϕ219×12钢管桩（Q355B）。
2. "⊕" 表示主楼内ϕ299×12钢管桩（Q355B）。

图 5.2.11　锚杆静压桩布置图

通过构件激活功能，建立桩土共同作用刚度模型，锚杆静压桩模型如图 5.2.12 所示。

建立桩土共同作用刚度模型后，对地基-基础-上部结构整体模型进行计算分析，筏板沉降云图如图 5.2.13 所示。结果显示，筏板整体沉降均匀，纠倾成功。

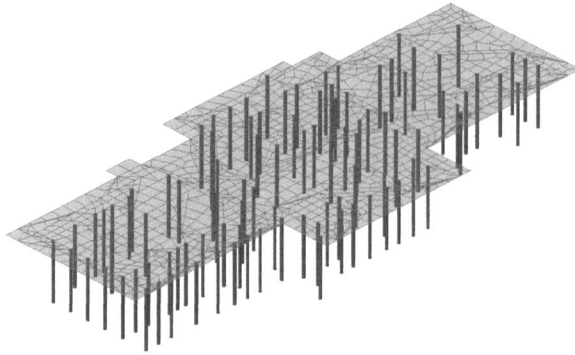

图 5.2.12　锚杆静压桩模型

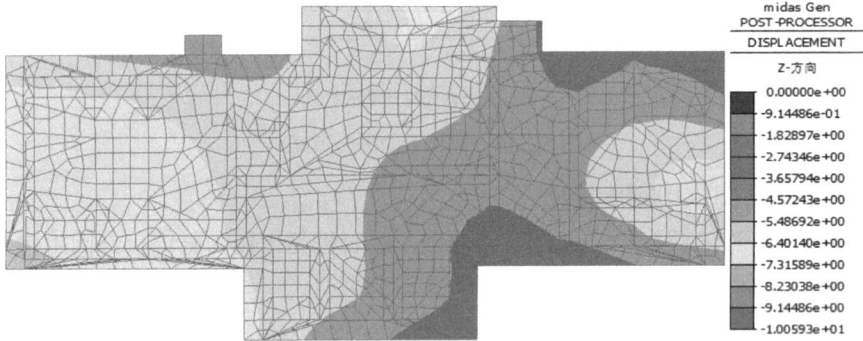

图 5.2.13　筏板沉降云图（单位：mm）

5.3　纠倾设计与结构复核

5.3.1　锚杆静压桩设计与优化

桩土共同作用后，锚杆静压桩计算结果如图 5.3.1、图 5.3.2 所示。

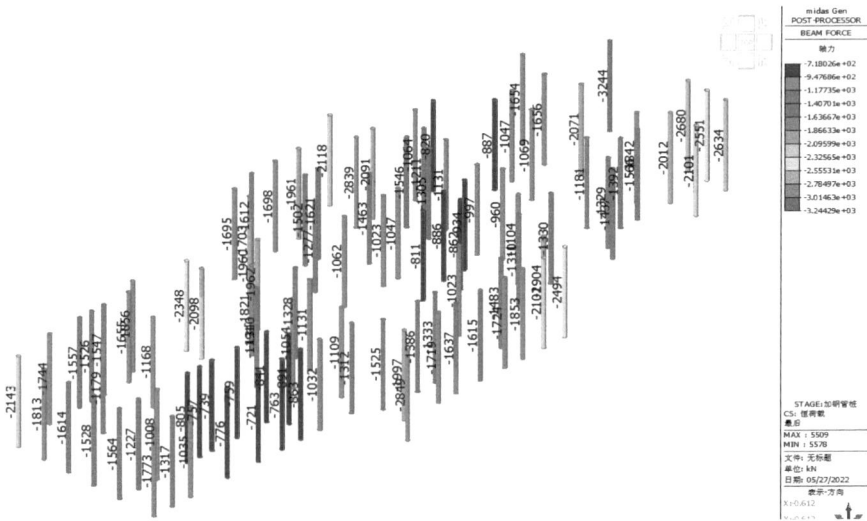

图 5.3.1　锚杆桩轴力图（单位：kN）

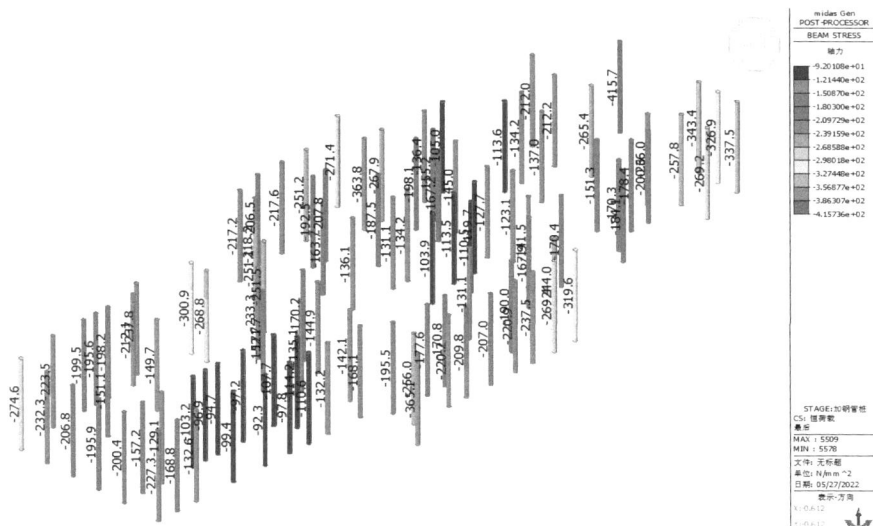

图 5.3.2　锚杆桩应力图（单位：N/mm²）

图 5.3.2 结果显示，部分锚杆静压桩应力比较大，可通过增加桩或增大桩截面来调整布置方案。本书采用增大桩截面方法，调整后钢管桩应力满足规范要求，计算结果如图 5.3.3 所示。

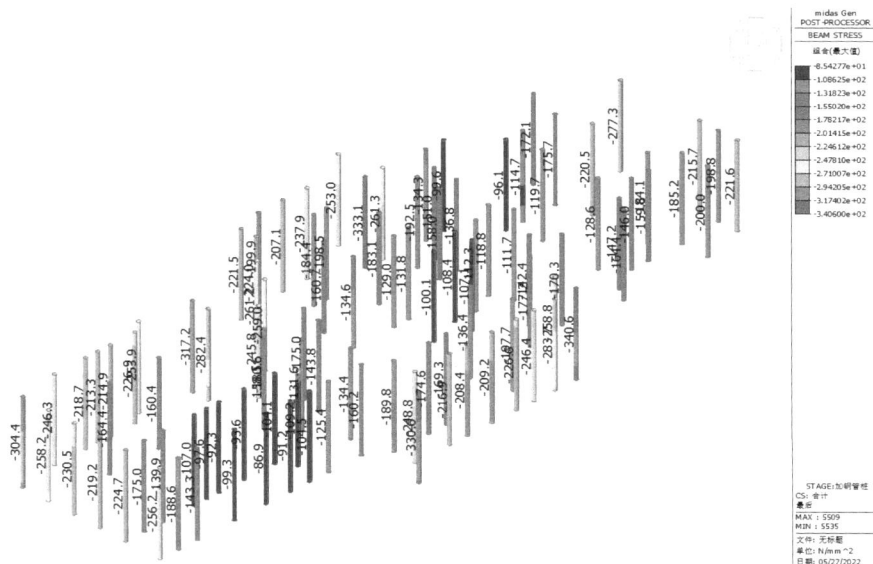

图 5.3.3　增大部分锚杆桩截面后的应力图（单位：N/mm²）

图 5.3.4 为纠倾结束后锚杆桩的实测轴力，结果显示，锚杆桩模型计算结果普遍大于提升阶段实测数据，但从变化趋势以及各点差异性方面来看，二者十分接近。上述现象主要原因为：①实际工程提升阶段，上部结构除结构自重外的荷载大部分已撤离，而数值模型中恒荷载按照设计条件输入，其总荷载大于实际工程；②由于筏板底土层分布不均匀，实际工程中为确保锚杆静压桩承载力，沉桩时以最小压桩力确定桩长，导致各锚杆桩桩长不一，而模型中未考虑该因素，采用统一桩长，二者锚杆静压桩应变不同是形成上述差异的因素之一；③与地库相邻的锚杆静压桩，二者的轴力差异较其他区域大，主要是因为模型

未考虑地库筏板，实际工程中，地库部分的筏板及其基底土层会分担部分荷载。

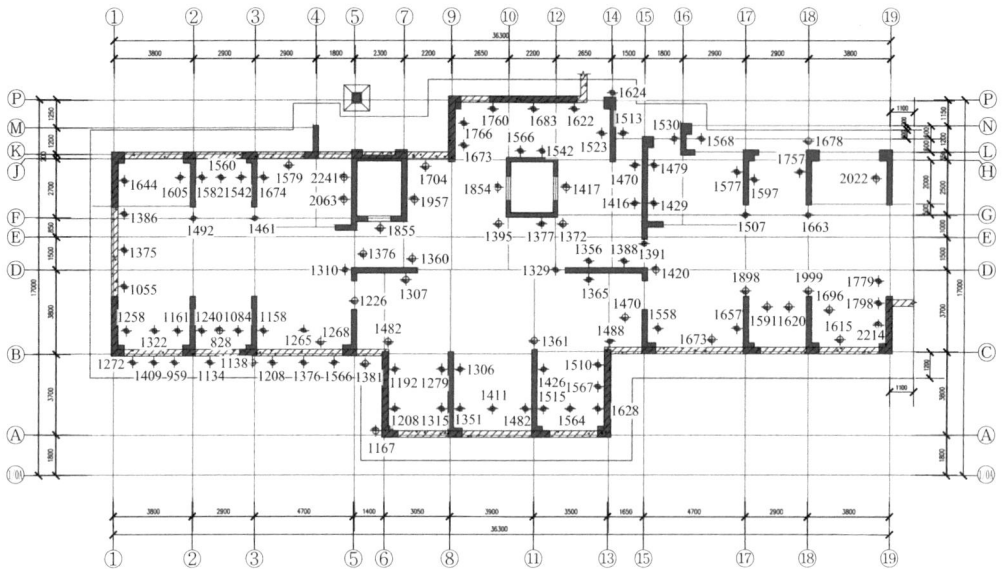

图 5.3.4　纠倾结束后各锚杆桩轴力图（单位：kN）

5.3.2　上部结构损伤分析

如前文所述，受限于纠倾过程中整体结构内力发展预测技术，无法在提升方案中实现安全与高效的协调统一。本书提出的模拟方法，可预测各提升阶段整体结构内力，依据其与施工图设计阶段计算结果的校核报告，必要时可在提升施工前对相关构件进行预加固，若预测过程中某阶段出现大批构件损伤，也可通过调整各提升阶段位移量优化提升方案。

图 5.3.5 为本工程提升结束阶段地下室顶板梁弯矩图，经校核，图中矩形框中梁端弯矩为 851.4kN·m，实际配筋面积为 12.71cm²，提升前，需对该梁进行加固。

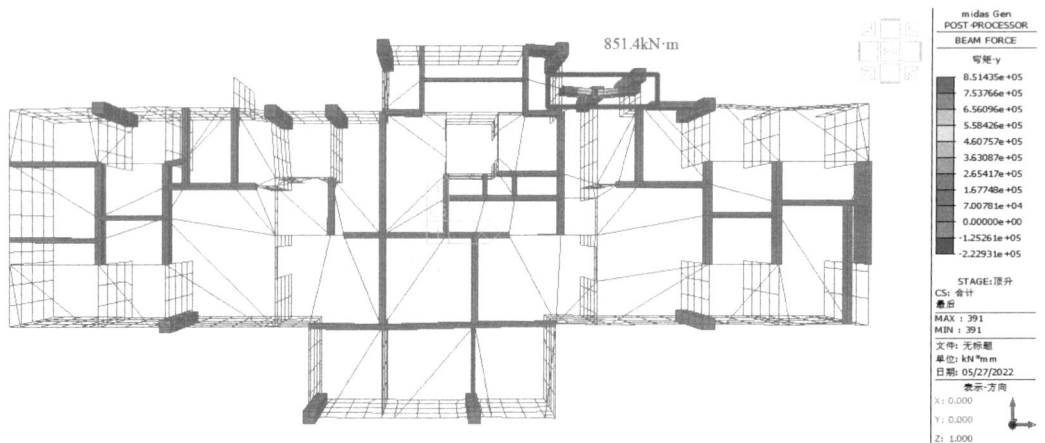

图 5.3.5　提升结束阶段地下室顶板梁弯矩图（单位：kN·mm）

图 5.3.6 为提升结束后，锚杆静压桩参与工作时，筏板水平方向的弯矩图。经校核，筏

板配筋基本满足受力要求，但在大部分桩位点，出现了应力集中现象，因此，封桩时必须采取相应措施进行加强。

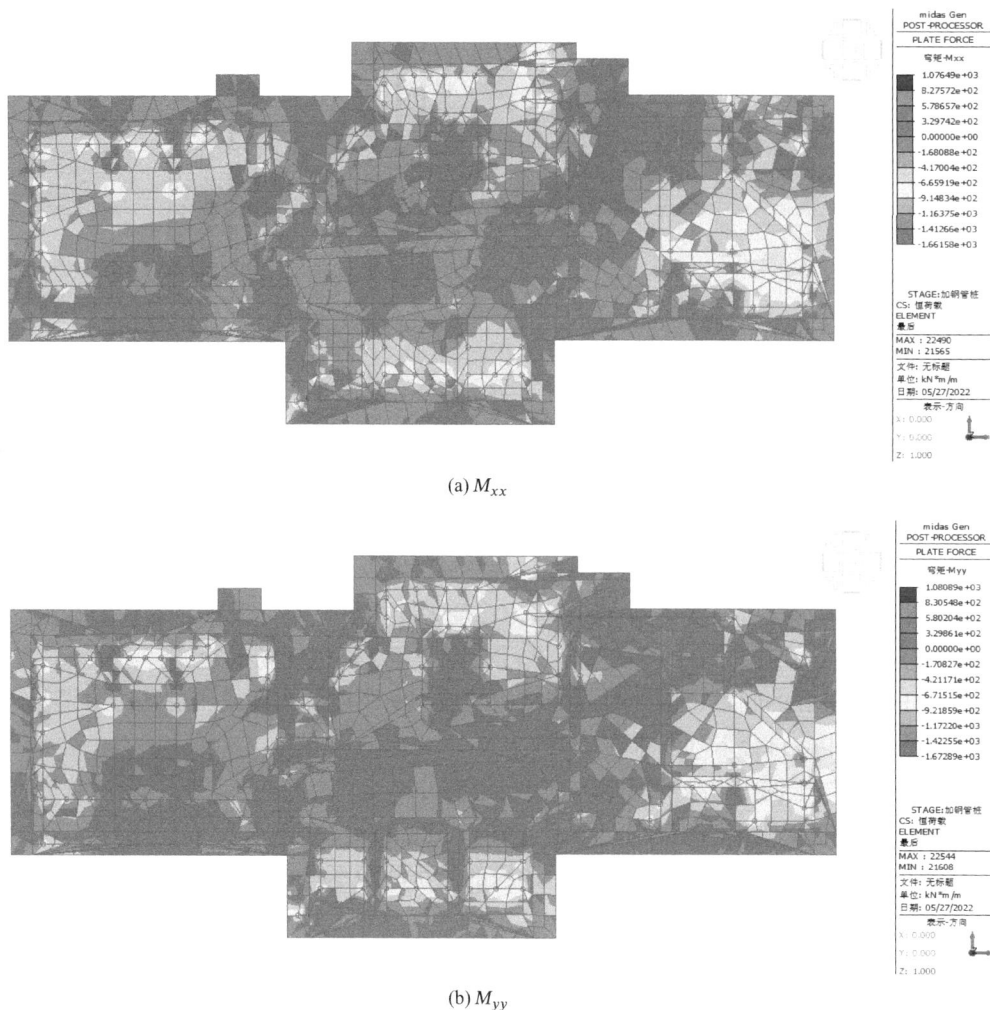

(a) M_{xx}

(b) M_{yy}

图 5.3.6　提升结束后筏板应力云图（单位：kN·m/m）

5.4　持荷和提升系统

5.4.1　持荷和提升系统的组成

目前高层建筑补桩持荷提升法纠倾中常用的持荷和提升系统由反力锚杆、提升架、自锁式液压千斤顶（伺服油缸）、数控液压泵站和主控系统组成，如图 5.4.1 所示。

5.4.2　提升架设计

提升架的设计应便于提升纠倾施工和千斤顶换程作业，提升架材质可采用 Q355B，反力钢梁应按现行国家标准《钢结构设计标准》GB 50017 的有关规定进行受剪、受弯和局部承压的承载力验算，钢梁计算挠度不应大于 $L/300$。

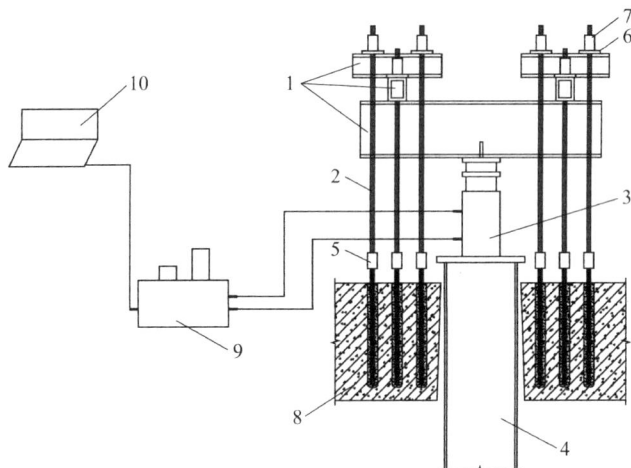

1—持荷反力梁；2—锚杆；3—伺服油缸；4—托换桩；5—连接件；6—垫板；7—螺母；8—基础；
9—数控液压泵站；10—STC 主控制系统

图 5.4.1　提升系统详图

反力锚杆材质宜采用高强预应力螺纹钢筋，强度等级宜为 PSB785、PSB830、PSB930、PSB1080、PSB1200。锚固长度不宜小于锚杆直径的 22 倍，无机锚固料抗压强度等级不应低于 C50，锚固料抗压强度达到 100%后方可受力。锚杆应对称设置，总数量不宜少于 12根。锚杆的承载力应按第 2.2 节的规定进行计算，并应通过现场试验确定。

锚杆与压桩孔的间距、锚杆与周围结构的最小间距以及锚杆或压桩孔边缘至基础承台边缘的最小间距应符合下列要求：

（1）锚杆与压桩孔边缘的间距不宜小于 150mm。

（2）锚杆与周围结构的最小间距不宜小于 300mm。

（3）锚杆或压桩孔边缘与基础承台边缘的最小间距不宜小于 200mm。

5.5　补桩持荷提升法纠倾施工

补桩持荷提升法是一种基础控沉和纠倾合二为一的纠倾技术，其施工工艺原理为：利用补入桩为支承点，安装提升系统，采用 STC 同步液压控制系统对基础与结构实施整体同步提升纠倾，纠倾过程中，对脱空的基底同步灌注水泥浆致密，纠倾到位后开始分批截桩和加载封桩。当高层建筑采用补桩持荷提升法纠倾时，对补入桩的桩型要求质量可靠、穿透性强、挤土效应低，且能适于室内狭小空间施工等。大多数情况下，宜采用高吨位锚杆静压钢管桩进行补桩。

高层建筑补桩持荷提升法纠倾施工的关键点主要包括锚杆静压桩施工、提升架安装、提升系统设备安装及调试、提升纠倾、基底注浆、持荷转换及加载封桩等。

进场施工之前，应安排施工人员深入理解纠倾加固设计图纸及有关技术文件；并编制专项施工方案，上报设计、监理审核，并经专家论证，然后按照论证意见修改完善方案后进行设计、施工技术交底。

做好地下室降排水措施，降水水位应控制在基础底以下 0.5m；对既有建筑物工作受力状况进行全面检测与评估，了解建筑物的受损状况对结构本身的影响，并提出保障提升施工的安全措施；完成基础控沉加固和上部结构必要的加固施工，建筑沉降处于受控状态；建立人工、自动化双重监测体系，确保做到信息化施工。

对进场的原材料、机械设备等进行全面检查，尤其是压桩和提升设备的校定；做好安全、文明施工措施和应急预案，保护好周边环境。

5.5.1　锚杆静压桩施工

反力锚杆的锚固承载力要满足沉桩、持荷及提升纠倾等多种工况的受力要求。锚固质量至关重要，是决定提升纠倾施工能否顺利进行的关键因素。因此反力锚杆的施工应满足下列要求：

（1）锚杆材料应选择延性较好的高强度钢，应优先采用精轧带肋钢筋。对于采用的精轧带肋钢筋严禁电焊。

（2）锚杆钻孔应避开基础面主筋，钻孔直径、深度与清孔应满足设计要求。

（3）无机高强灌浆料经检验合格方可使用，高强灌浆料拌制的掺水量应按厂家规定执行。

（4）锚杆应垂直，平面位置应准确，锚固深度 $\geqslant 22d$，锚杆灌浆料养护期不应小于48h。锚杆的抗拔承载力宜作试验确定。

当补桩数量较多、布桩较密集时，要预先设计沉桩路线图，按对称、跳打等原则进行，补桩施工过程中应采取减小挤土效应和控制基础附加沉降的措施。另外根据沉降状况，进行分批次沉桩，一般应先施工沉降较大区域，后施工沉降较小区域。对沉降较大区域压桩至设计标高后应及时进行持荷。

锚杆静压桩的垂直度、桩节焊接质量、终压桩力、进入持力层深度与混凝土灌芯施工应满足设计要求。当沉桩遇到障碍物或较硬土层难以穿透时，可采用专用钻机孔内引孔等辅助措施，确保桩端进入设计持力层。

5.5.2　提升纠倾施工

新补桩竖向承载力应经检验合格后，方可进入提升纠倾施工阶段。提升纠倾施工顺序：提升系统安装→筏板临时加固→提升纠倾→基底注浆→加载封桩。

安装提升架前应全面检查反力锚杆是否松动，若有异常应重新种植锚杆，确保每根锚杆锚固承载力满足提升需求。反力钢梁与锚杆之间采用双螺母连接固定，同时钢梁安装水平度误差不应大于 1.0‰，确保锚杆受力均衡。在钢管桩顶部设置钢垫板并安装 1 台自锁式液压千斤顶，千斤顶吨位大小应根据设计提升力和封桩转换时桩顶作用力变化幅度合理选择，且提升千斤顶的额定荷载应不小于 2 倍提升荷载设计值。根据各提升点的荷载、变频调速控制液压泵站的配置、监测系统布置和室内外环境等工程条件，给千斤顶分组，每组设置一个监控点，每个监控点安装一台位移传感器，以力闭环控制提升纠倾。提升液压系统的标定、安装与调试应符合第 4.7.5 节的有关规定。

当筏板配筋不满足提升阶段受力要求时，可增设预应力钢支撑进行临时保护加固。具体做法为：在竖向构件上安装水平钢梁作为钢支撑的上支点，利用千斤顶通过钢支撑对筏板施加竖向荷载，平衡部分提升力，降低筏板内力。亦可以剪力墙或框架柱为支点对称加设斜支撑对筏板进行预加固，确保提升纠倾过程中传力安全（图 5.5.1）。

图 5.5.1 筏板钢支撑保护加固

提升纠倾施工应采用自动化数控设备，满足提升力和位移双控要求。每个行程提升量不应超过 5mm，每天提升量不宜超过 20mm，各点的提升量应呈线性比例关系。提升顺序应按下列步骤进行：提升准备工作→监控系统设置→称重→试提升→第一次提升→换程→第二次提升→依次顺序循环提升直至纠倾合格。

提升纠倾期间应采用信息化施工，加强建筑物沉降、倾斜、既有结构裂缝、提升力与竖向位移监测，同时做好基础、筏板本身的上隆位移、裂缝监测。为防止补桩本身的沉降过大影响提升的同步性，施工中应对补入桩本身的沉降进行全过程监测。

基底注浆施工应及时跟进，压桩孔内应预先临时封填阻止水泥浆进入。基底注浆的目的：①预防地下室整体提升过程中底板"悬空"变形导致的底板开裂；②填充纠偏过程中因底板提升而产生的空隙，维持既有地基的受力状态。注浆施工参数为：水泥浆液水灰比为 0.6～0.7，采用 42.5 级复合硅酸盐水泥，并在正式注浆施工前，进行注浆试验，确定合适的注浆施工工艺参数。基底注浆应实施二次注浆和必要的钻孔取芯检查，确保基底填充密实。

提升纠倾到位后，应分区块、分批次浇筑封桩。在第一次封桩浇筑前，应该全数完成加载墩安装，按照设计要求调整好每根桩的实际加载持荷值。在此过程中，如果需要抵消持荷转换施工引发的附加沉降，则可以通过同步提升微调处理。

5.6 工程实例 1：南宁某 41 号高层住宅补桩持荷提升法纠倾工程

5.6.1 工程概况

某小区高层住宅地下 1 层，地上 21 层，建筑平面 36.30m × 15.20m，建筑高度 61.600m。主楼地下室东侧、北侧与大地库连为一体。上部结构采用剪力墙结构，嵌固端设置于地下室底板。标准层和地下室建筑平面图如图 5.6.1 所示，纠倾前建筑实景图如图 5.6.2 所示。本工程采用天然地基，基础持力层为卵石层，地基承载力特征值 $f_{ak} = 350$kPa，修正后地基承载力特征值不小于 574kPa。筏板厚度为 1100mm，配筋双层双向 Φ20@190，局部附加面筋。

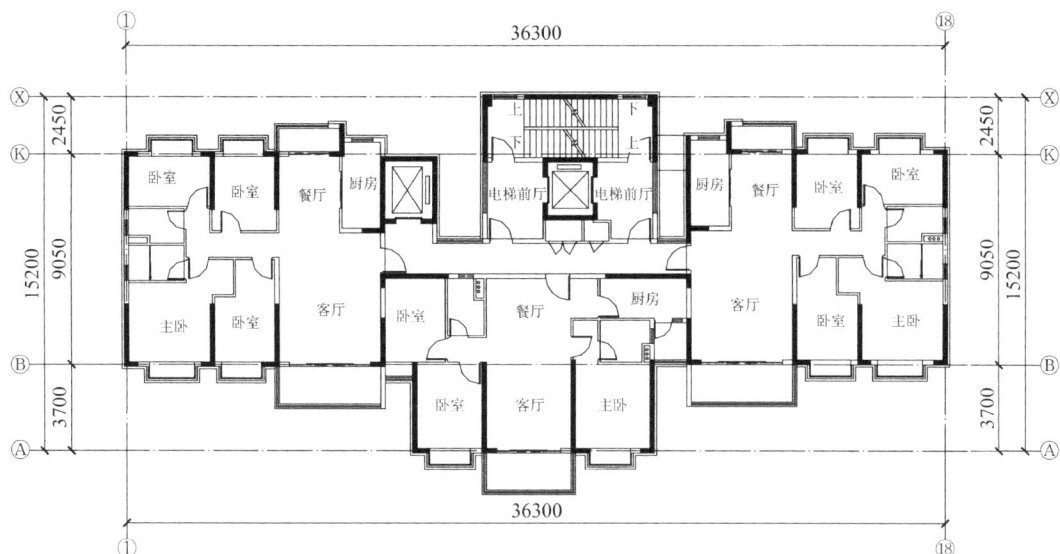

(a) 标准层建筑平面图

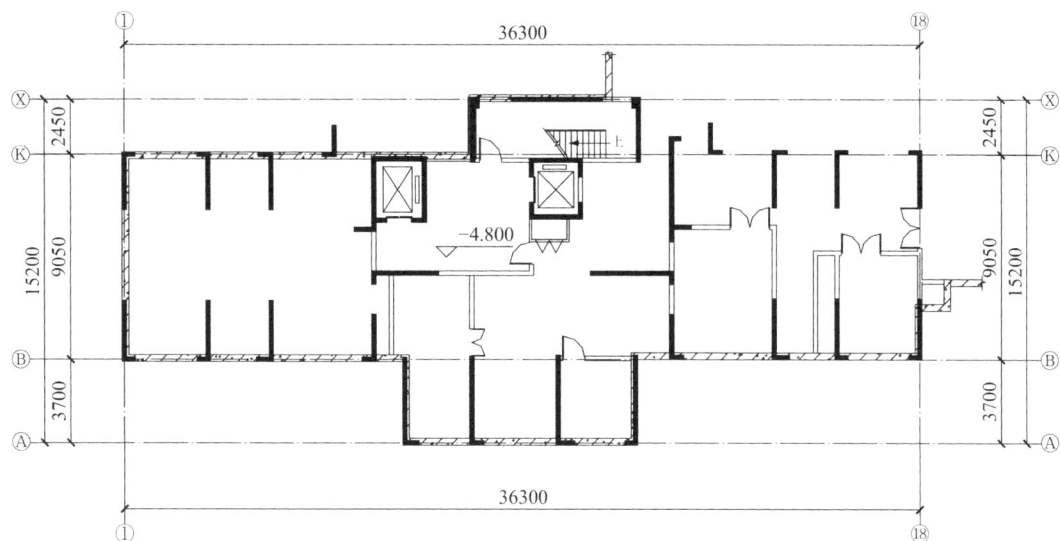

(b) 地下室建筑平面图

图 5.6.1　标准层和地下室建筑平面图

　　该楼装饰工程施工接近收尾阶段时，因发生了较大的差异沉降和西南方向整体倾斜，造成电梯无法安装、楼面等装饰施工无法收尾，工程处于停工状态。根据 2020 年 11 月 17 日提供的消防电梯倾斜数据，电梯井竖向构件从 1~21 层楼向南最大垂直偏差达 273mm，倾斜率约 4.63‰，向西最大垂直偏差达 180mm，倾斜率约 3.06‰。其值已超出《建筑地基基础设计规范》GB 50007—2011 关于同类建筑结构整体倾斜的限值（3.0‰），为确保上部结构安全及正常使用，亟须对房屋进行纠倾加固处理。

图 5.6.2　纠倾前建筑实景图

1. 沉降、倾斜状况

截止到 2021 年 2 月 23 日，建筑整体往南倾斜 4.71‰，往西倾斜 3.20‰，2020 年 11 月 9 日—2021 年 2 月 23 日（共 106d）各测点的沉降量及沉降速率如图 5.6.3 所示，其中西南角累积沉降量最大，为 −48.32mm，东北角累积沉降量最小，为 −20.79mm，沉降速率在 −0.198~−0.460mm/d 之间，各测点的累积沉降曲线如图 5.6.4 所示。沉降与倾斜持续发展，建筑处于危险状态。

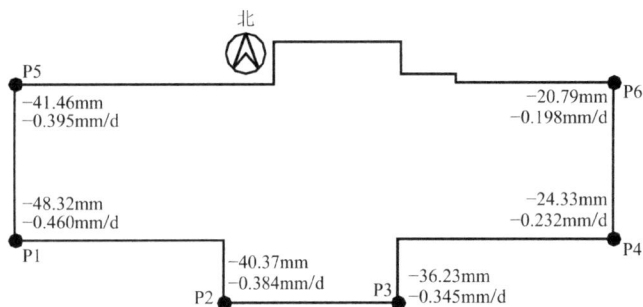

图 5.6.3　单位时间内各测点的沉降量及速率平面图（共 106d）

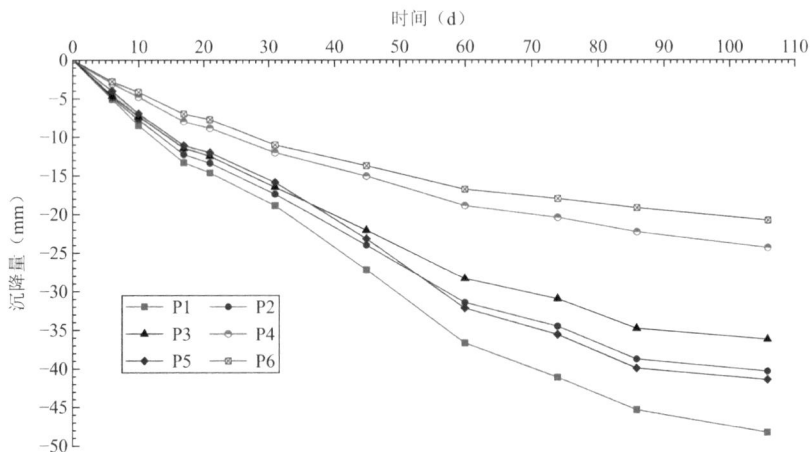

图 5.6.4　单位时间内各测点的累积沉降曲线

2. 地下室周边地库沉降变形受损状况

主楼地下室东、北角与大地下室相连，北侧为车库，东侧为配电房，未设置沉降缝，在主楼外一跨内设置了沉降后浇带。经现场排查，北侧、东侧地库外墙由于主楼沉降拖带作用，呈现非常严重的斜向拉裂裂缝，如图 5.6.5 所示。其他周边地库梁、柱、楼板均有裂缝，如图 5.6.6 所示。

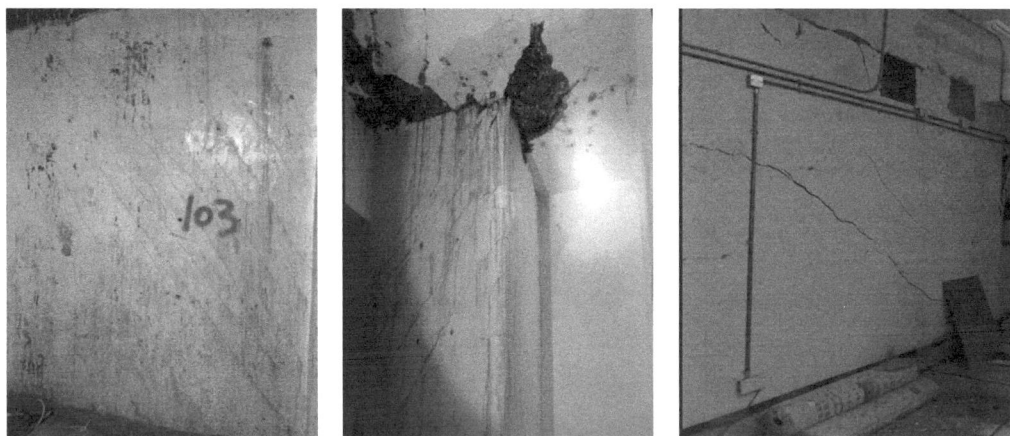

图 5.6.5　北侧地库、东侧地库外墙裂缝

图 5.6.6　地库柱、梁、楼板裂缝

3. 原岩土工程勘察与水文条件

建设场地原为农田、菜地、鱼塘等，地势较为平坦。根据调查，场地原为二级阶梯上的冲洪积平原地貌，在施工时场地大部分已经平整，建筑场地类别为 II 类。

详勘报告揭示，基底下存在 2 层土，关于各土层的性状见表 5.6.1。

土层性状表

表 5.6.1

层号	土名	层厚（m）	状态	f_{ak}（kPa）	钻（冲）孔灌注桩（标准值）	
					q_{sik}（kPa）	q_{pk}（kPa）
③	卵石	21.20～34.9	稍密～中密	350	150	2800
④	中风化石灰岩	未钻穿	较完整	10000	280	9800

本工程以③卵石层作为地基持力层。该层土呈灰黄色、灰褐色，稍湿～饱和，稍密～中密状，成分以石英、硅质岩为主，颗粒呈圆状、亚圆状，磨圆度较好，颗粒级配差，局部混杂有粒径超过 100mm 的漂石，粒径大于 20mm 的颗粒含量超过 60%，粒径 20～100mm 的颗粒最多，含量为 40%～60%，骨架间主要由中粗砂及少量黏性土充填。在该层做重型圆锥动力触探试验 80 次，平均值为 $N_{63.5} = 12.9$ 击/10cm，标准值为 $N_{63.5} = 12.5$ 击/10cm。该层分布于整个场地，基底下土层厚度 21.20～34.9m。典型地质剖面图如图 5.6.7 所示。

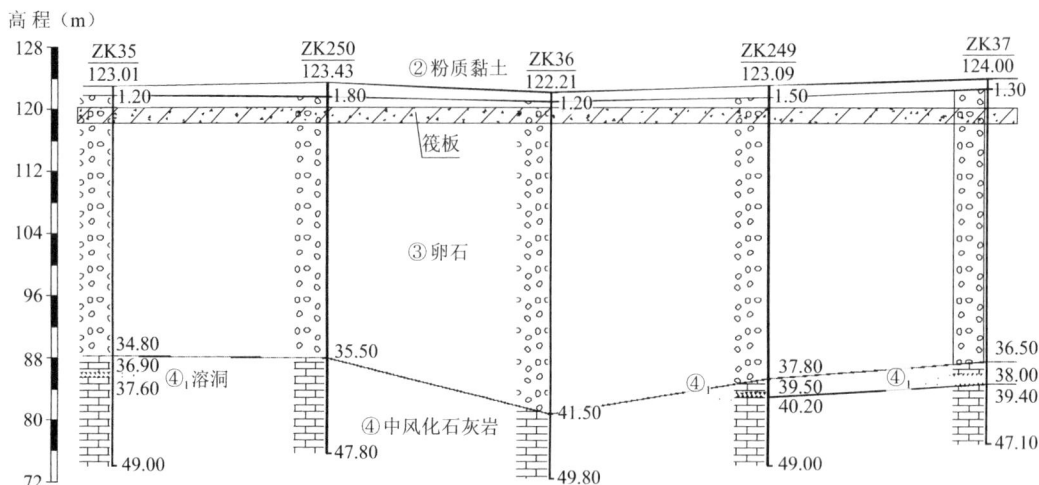

图 5.6.7 原勘典型地质剖面图

5.6.2 补充勘察与原因分析

房屋发生不均匀沉降及严重倾斜以后，对建筑物的四角及中部共 7 个勘探孔（图 5.6.8）进行补勘。补勘显示卵石层之下存在软弱的粉质黏土层或砂土层，且土层中存在若干填充型土洞，地下 6～28m 存在土洞分布，与原地质勘察报告存在极大差异。为研究地基的整体稳定性是否良好，进行物探以进一步探明地基宏观状况。

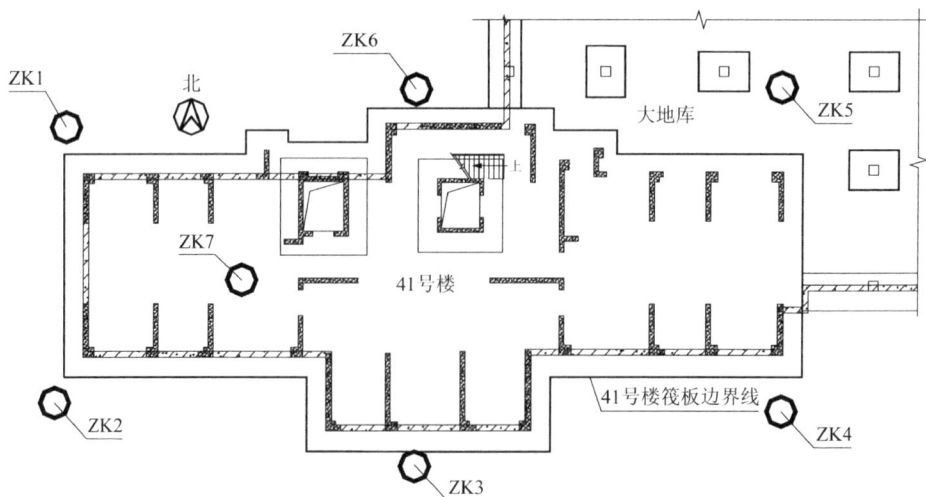

图 5.6.8 补勘勘探平面图

对主楼地下室及周边进行物探勘测，以探测地下 100m 以内是否存在土洞、溶洞等地质异常情况。采用地震共振成像法探测，共布置测线 8 条，测点共 74 个，测点间距为 4m，物探有效探测深度 100m。物探资料显示，在基底下 16～26m 之内的第四系地层中存在着多个土洞和软弱松散层；其下第一层为岩层，再往下为松散软弱土层，直到地下 70～80m 才存在相对完整的岩层，其中存在大量溶洞。由此可见，物探与补勘资料基本能够相互印证。物探平面图、典型南北向及东西向断面图如图 5.6.9～图 5.6.11 所示。

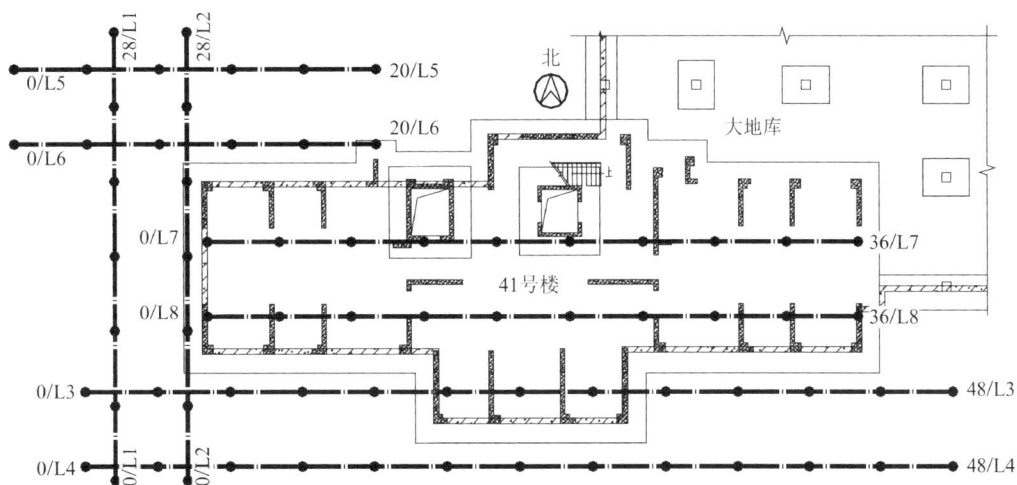

图 5.6.9　物探平面布置图

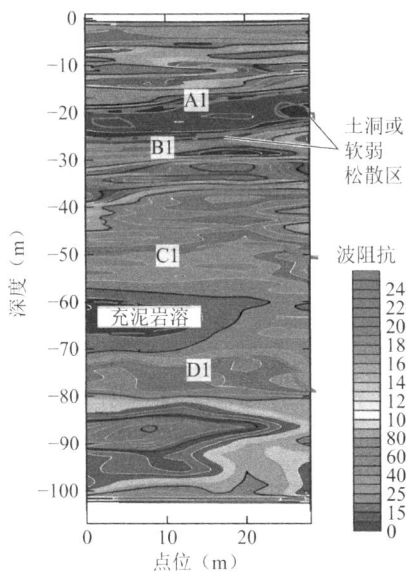

图 5.6.10　南北向典型 L2 断面图　　图 5.6.11　东西向典型 L8 断面图

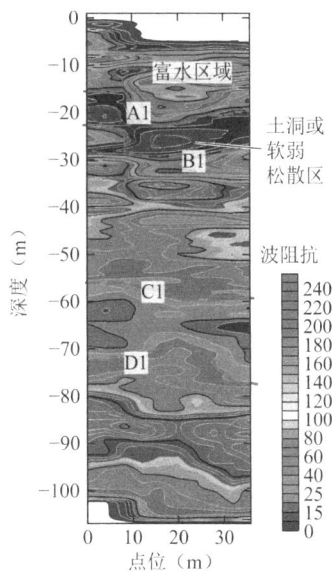

综合以上资料，对场地的工程地质条件、基础设计图纸及计算书、沉降观测数据及结构裂缝分布等进行整合分析，认为卵石层土洞对房屋整体沉降变形影响很大，是造成建筑物沉降不均匀及导致整体倾斜超标的主要原因，而西南角的降水井长期抽水对沉降的影响属于次要原因。

5.6.3 土洞处理

补勘及物探报告显示，位于基底以下 16～26m 之内的第四系地层中存在着多个土洞和软弱松散层；为保证该楼下部地基的稳定与长期安全，采用注浆填充方式对土洞地基进行处理。

1. 土洞处理

土洞填充方案可采用砂石料填充、混凝土填充和水泥浆液填充三种方案。该三种方案对于钻孔的直径有完全不同的要求，由于本工程卵石层钻孔护壁尤为困难，因此孔径受限，只能采用水泥浆填充的技术方案。

本工程土洞填充处理分为两个部分，第一部分为物探所确定的 15 个土洞；另一部分为地基边缘区域内可能存在的土洞，土洞分布平面图如图 5.6.12 所示。由此，我们确定了地基注浆范围（图 5.6.13）。填充目的是消除土洞，对填充体的固化强度不设过高要求。

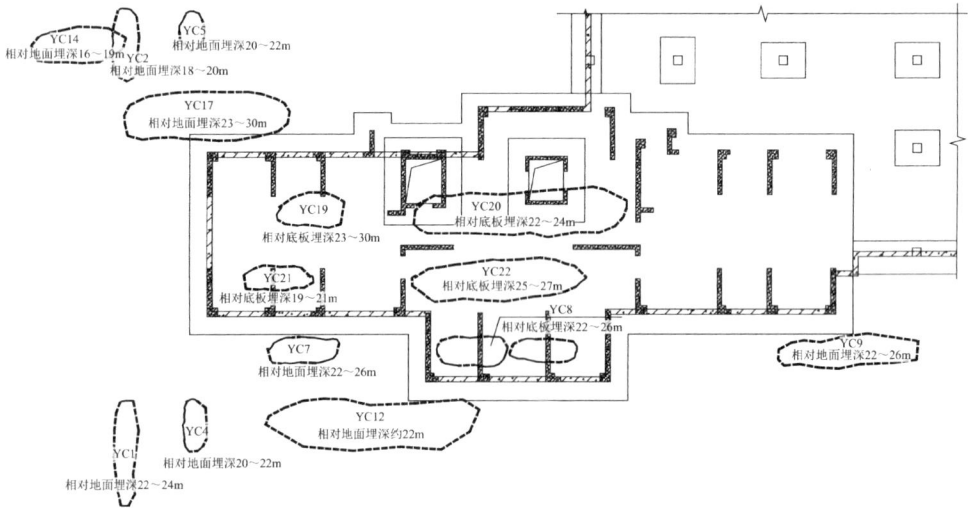

图 5.6.12 土洞分布平面图

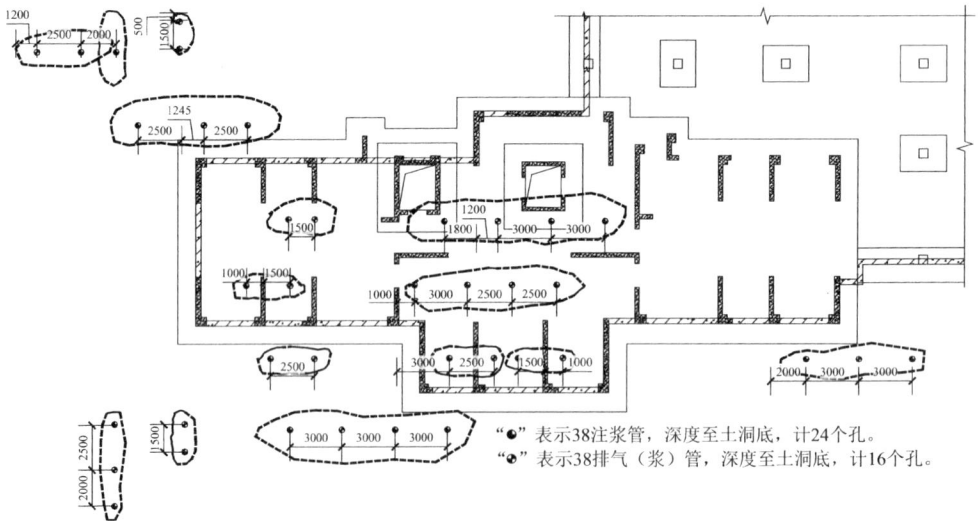

图 5.6.13 土洞注浆孔平面布置图

土洞注浆施工遵循先室外、后室内的顺序，室外分三批次注浆，按照北—西—南侧的顺序进行注浆；室内分两批次注浆。地基边缘注浆施工分三个批次跳间隔施工。

2. 土洞注浆施工要点及效果

土洞注浆的施工顺序：注浆孔定位→钻孔→下注浆管→配置注浆液→注浆→拔套管→二次注浆。

（1）注浆孔成孔。因本工程土层中存在卵石层，需采用专用钻机带偏心钻成孔，成孔孔径 150mm，并采用 $\phi146 \times 6$ 套管跟进成孔防止塌孔，钻孔位置纵横向偏差均不得大于 $\pm100mm$。在钻孔过程中揭露的溶、土洞要做好记录，以供注浆作业参考。

（2）下放注浆管。注浆芯管采用 $\phi38 \times 3.2$ 钢管，根据补勘取得的洞体数据，在溶洞、土洞范围内插入注浆管，进行注浆，具体位置详见注浆孔平面布置图。

（3）浆液配置。根据土洞面积及高度估算预配制浆液的体积，在搅拌台内输入配比即可自动进料、自动搅拌。

（4）终止注浆条件。土洞内的地下水和黏土泥浆被置换出孔口；孔口连续溢出纯水泥浆不少于 1min，停止注浆后孔口浆液不再回落。

（5）注浆效果的检验与验收。注浆施工完成后应提供水泥材质检验报告、试注浆记录、设计工艺参数、注浆作业记录等资料。

在土洞处理中强调，如果采用深层注浆填充与固化土洞，施工对土洞的扰动会引起地基一定的附加沉降，需要加强监控，做好在西南角紧急补入锚杆静压桩的预案，确保地基变形可控，保证注浆施工顺利进行。

注浆初期沉降反应不明显，注浆过半后沉降差异逐渐加大，西南侧注浆完成后沉降迅速加大，西南角沉降增量为 56mm，东北角沉降增量为 9mm（图 5.6.14），短期内加大了西南向倾斜，当晚起中断注浆并在西南侧加紧补入 10 根锚杆静压钢管桩并加载持荷紧急抢险施工，3d 后终于控制了沉降发展态势，于是工程暂停。考虑到倾斜激增，使本楼处于危险之中，故决定对东北部适度取土迫降，以减缓西南向倾斜量及持续倾斜趋势。

5.6.4　基础控沉与持荷提升设计

本工程最初采用"锚杆静压注浆钢管桩加载反压 + 高梯度渗流作用迫降纠倾"的技术方案。后根据 2021 年 1 月 5 日提供的补勘资料以及 2021 年 1 月 20 日提供的地下空洞物探探测报告，基底以下 10～20m 处的卵石层中存在软弱松散土层，土层厚度基本在 5～8m 之间，局部达到 10m 以上，且土层中存在若干土洞，对地基的整体稳定性非常不利。

基于以上现象，设计单位认为原筏板基底下卵石层地基因软弱下卧层和土洞问题使承载力不足以承担上部荷载，为不影响建筑物安全及正常使用，需通过后补钢管桩分担部分上部荷载。此外，由于前期倾斜较大以及地基土洞注浆施工使房屋整体倾斜增大。截至 2021 年 3 月，房屋两个电梯井整体倾斜率约为 7.7‰（往南方向）和 5.3‰（往西方向），外墙整体倾斜率约为 6.0‰～6.7‰（往南方向）和 3.8‰～5.6‰（往西方向），由于外墙已粉刷找平，倾斜数据小于电梯井数据，暂不作参考。为保证建筑物正常使用，需作双向纠倾调整，因此原纠倾方案也需另行调整，采用基础与结构整体提升纠倾法方案。

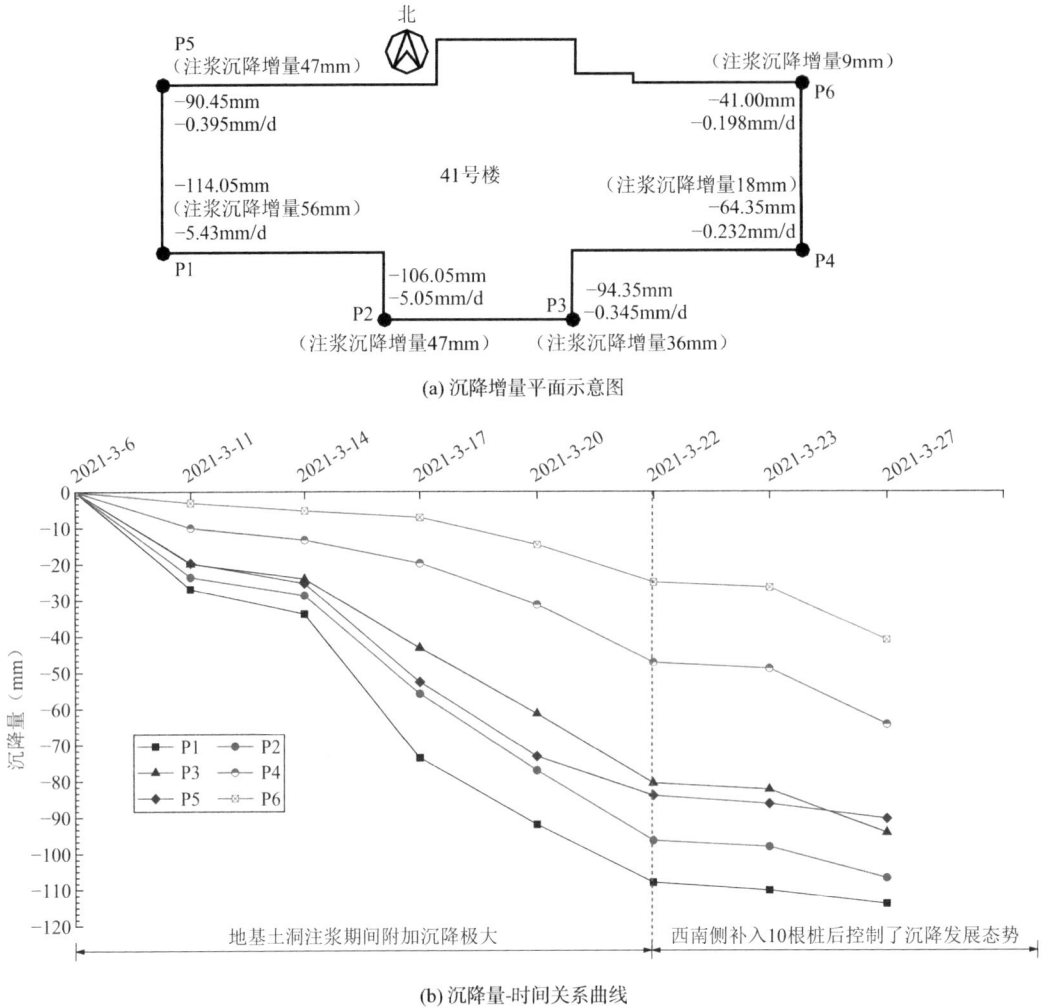

(a) 沉降增量平面示意图

(b) 沉降量-时间关系曲线

图 5.6.14　注浆期间沉降变化图

1. 紧急控沉与补桩加固设计

经计算，本次在西南区域需补入第一批紧急控沉抢险桩$\phi219 \times 12$ 共 32 根，其他区域补入控沉桩$\phi219 \times 12$ 共 59 根，$\phi299 \times 12$ 共 11 根，桩长 30m 以上，增加桩端注浆工艺，单根注浆量为 P·O42.5 级水泥 5t，单桩竖向受压承载力特征值$\phi219 \times 12$ 为 1000kN、$\phi299 \times 12$ 为 1500kN，均以⑦中风化石灰岩为桩端持力层，总补入控沉桩承载力占竖向荷载总和的比值（托换率）$\alpha = 60\%$。

为防止地下土洞、溶洞中承压水上涌释放，要求在钢管桩内及时注水加压平衡，以减小地层承压水释放引发的附加沉降。补桩施工顺序及持荷要求为：主楼西南区域补入第一批 32 根紧急控沉桩，其他区域补入第二批 70 根控沉桩，终压到位后立即群桩持荷，单桩持荷值均为 $1.5R_a$，控沉桩平面布置及施工顺序如图 5.6.15 所示，控沉桩剖面如图 5.6.16 所示。

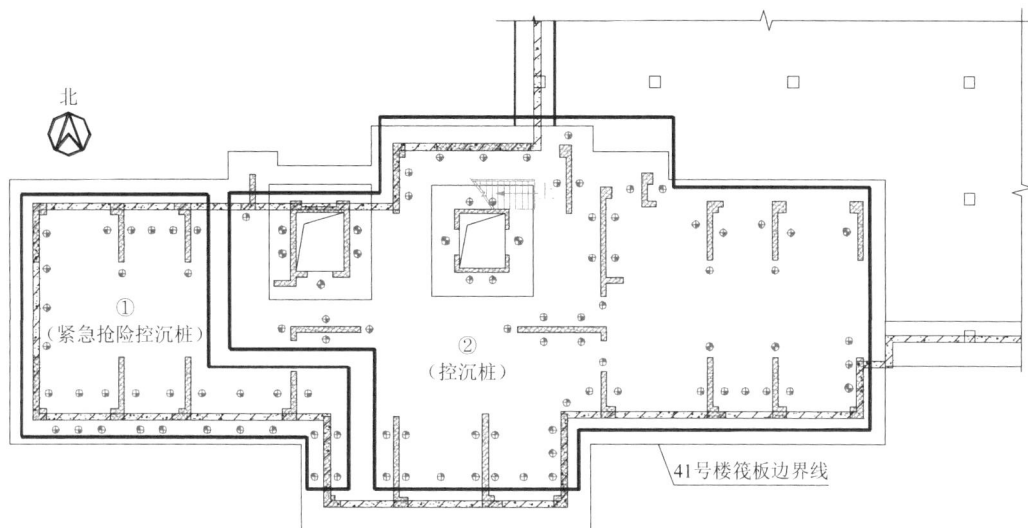

图中"⊕"表示φ219×12钢管桩（Q355B），共91根
图中"⊛"表示φ299×12钢管桩（Q355B），共11根

图中"①"表示第一批紧急控沉抢险桩，共32根，同时持荷，单桩持荷值1.5R_a
图中"②"表示第二批控沉桩，共70根，同时持荷，单桩持荷值1.5R_a

图 5.6.15　控沉桩平面布置及施工顺序

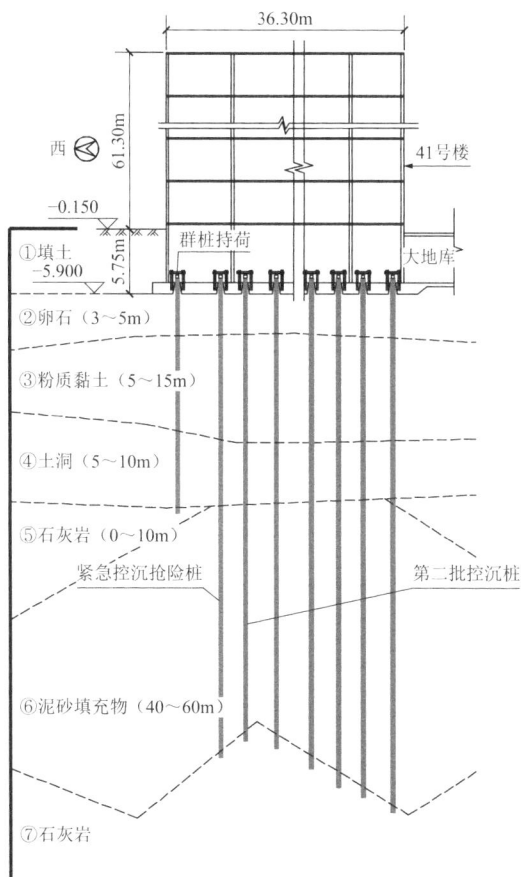

图 5.6.16　控沉桩剖面示意图

213

2. 持荷提升法纠倾设计

根据各层楼板底平面高差检测结果，制定各点顶升量目标值，如图 5.6.17 所示。提升纠倾时，先东西向抬升一半位移值，再南北向提升到位，后东西向再提升一半位移值，最后整体微调。东北角应适度取土迫降，以尽快减小差异沉降，提高地基稳定性。各提升工况如图 5.6.18 所示，各工况均不要求一次性提升到位，而是根据顶升过程制定多个子步骤。提升期间恒荷载作用下的桩顶反力分布如图 5.6.19 所示，提升纠倾剖面如图 5.6.20 所示。

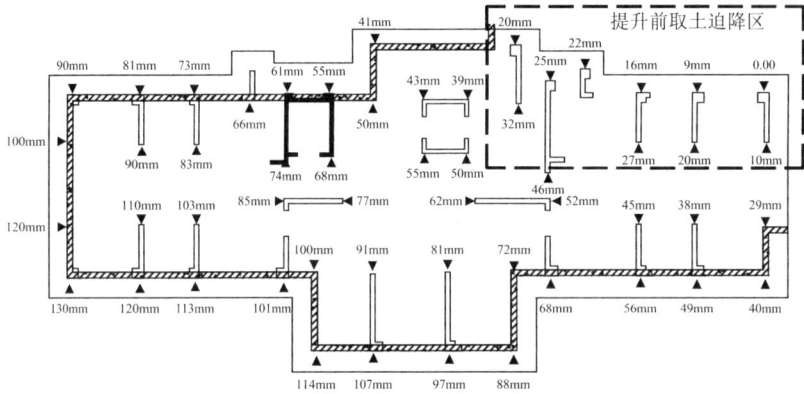

图 5.6.17　各点顶升量目标值示意图

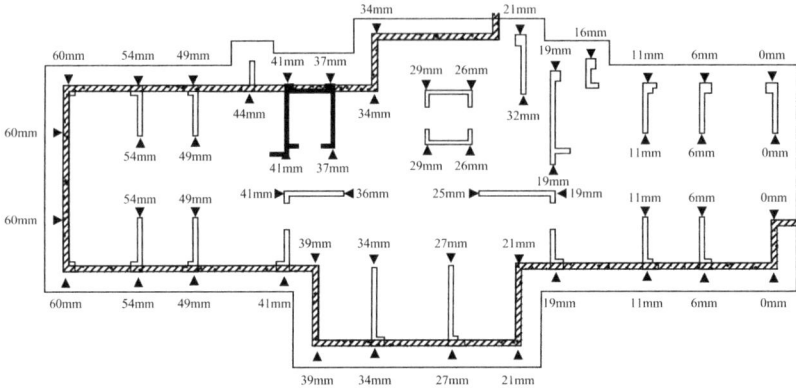

(a) 第一次东西向顶升量示意图

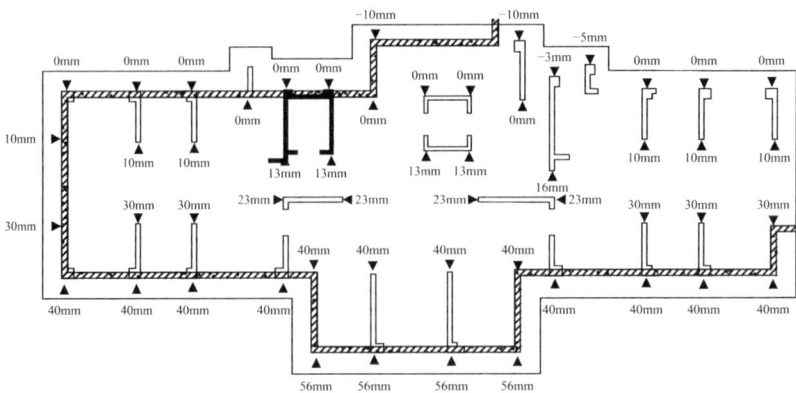

(b) 第二次南北向顶升量示意图

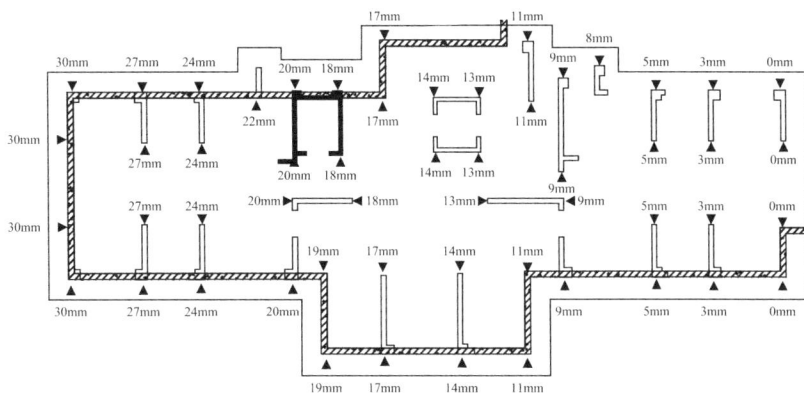

(c) 第三次东西向顶升量示意图

图 5.6.18　提升工况示意图

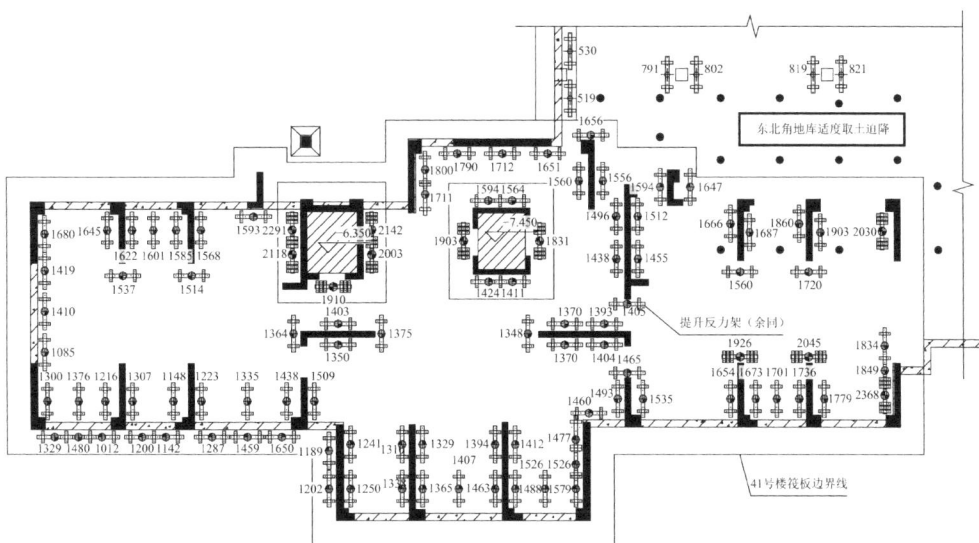

图 5.6.19　提升期间恒荷载作用工况下桩顶反力分布图（单位：kN）

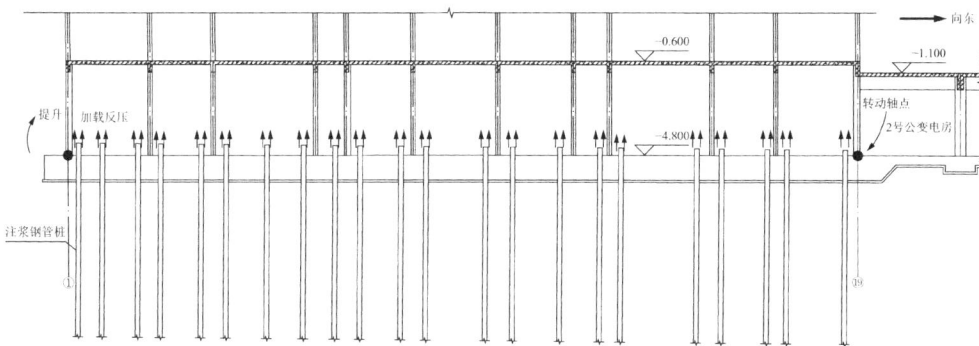

图 5.6.20　提升纠倾剖面

5.6.5　工程重难点

（1）对喀斯特地貌的地基处理方式，具有多种不确定因素。

（2）建筑物的体量较大，属高层建筑。地基的土层分布不均匀，桩体的持力层分布深浅不定，对于压桩施工过程中的各项控制措施必须实施严格监控。桩体的垂直度、接头的焊接质量和终压力的控制等各种参数都须由专人现场监督，各工序质量必须严格把控。

（3）卵石层沉桩困难，须采用桩内多次反复引孔后才能成桩。

（4）持荷提升的反力架安装工序是确保正常提升施工的关键，其持荷千斤顶和反力梁的质量均在 300kg 以上，安装过程中的安全性、稳固性必须严格把控，才能保证提升施工的安全顺利进行。

（5）本工程地下水极其丰富且水位较高，为不影响各工序的正常施工，必须投入大量的降水设施，安排专人 24h 值班降水。

（6）由于基底下土质的特殊性，土体变化灵敏度极高。为尽量减小该建筑及周边建筑的施工附加沉降，需合理安排各项施工流程，控制压桩施工速度，及时调整各部位的持荷力，切实做好动态控制施工。

（7）双向抬升纠倾的复杂性及风险性较高，其抬升工序的编程和施工监控最为关键。东西方向和南北方向偏差量不同，在提升纠倾过程中的控制措施必须严格把控，结合各项监测数据实施动态化、信息化的施工，防止在顶升纠倾时对建筑结构产生破坏。

（8）持荷封桩压力较大，封桩期间周边水位须降至基础底，封桩完成后必须确保基础不渗水。

（9）地基灵敏度非常高，土洞注浆过程中产生的附加沉降控制措施、土洞注浆浆液流向控制、注浆量的确定、注浆压力控制等方面的不确定性。

（10）主楼与相邻地库因沉降引起的既有裂缝较多，地库与主楼相连的梁、板、墙、柱均有大小不等的裂缝，修复量大且措施繁杂。

5.6.6 紧急控沉与补桩加固施工

根据设计要求钻压桩孔和埋设反力锚杆，压桩时采用跟管偏心锤专用引孔钻机，边引孔边沉压，分次重复引孔，每次引孔约为 2m，并压桩一节跟进，实施交替引孔、压桩作业，直至达到设计深度要求。

完成压桩后，检查注浆管，并回灌混凝土至桩顶，然后进行桩端桩侧注浆。注浆浆液采用 42.5 级复合硅酸盐水泥，水灰比 0.5～0.6，配置好的浆液应过滤，滤网网眼应小于 40μm，注浆流量不大于 75L/min，注浆压力 2～4MPa，单桩注浆量约 5t。注浆完成后采用预应力加载封桩，加载值取 $0.6R_a$～$1.0R_a$，且长桩加载值应大于短桩加载值。

根据现场压桩施工情况，实际岩土层构造非常复杂，实际补入桩的持力层分为两层，即浅部的溶洞顶板岩层（薄、破碎、不稳定）和溶洞底的稳定岩层。地勘资料所提供的 25m 深处的石灰岩持力层相当于大溶洞顶板，其层厚分布极其不均匀，其中局部缺失，岩层裂隙与破碎为强发育。故静压桩的桩长离散性很大。实际施工桩长 16.8～97m。桩长平面分布图如图 5.6.21 所示。

5.6.7 持荷提升法纠倾施工及成果

1. 提升施工

1）荷载确定

根据设计图纸估算，提升总荷重约 160247.1kN（计入底板自重及覆土自重，不计入上部结构活荷载、地基土对底板的吸附力），依据原设计墙柱布置原则及相应荷载，共布置 91 台 200t 液压千斤顶和 11 台 320t 液压千斤顶，提升安全储备系数 $K = 1.36$。

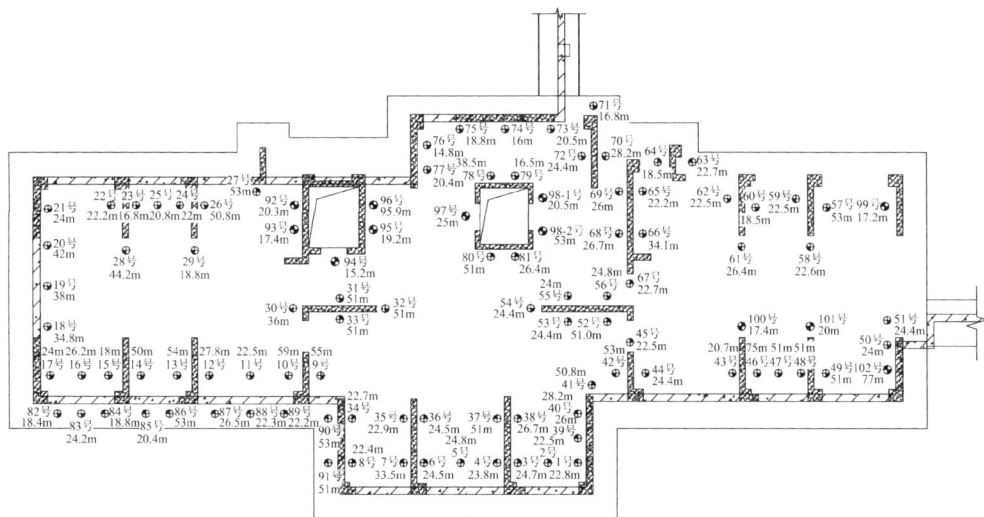

图 5.6.21　实际施工桩长平面分布图

2）基础与整体提升纠偏技术要点

（1）压桩完成后，以补入桩为支承点，利用压桩架和千斤顶，采用 STC 全自动液压控制系统对房屋基础结构进行整体同步提升纠偏，边提升边板底注浆施工，确保板底与基底土不脱离。每次提升各点的提升量呈线性比例关系。

（2）提升系统精度要求：系统同步性误差在±2mm 内。

（3）液压系统：采用 200/320t 带自锁功能液压千斤顶，工作行程 150mm 以上。

（4）纠倾过程中应采用信息化手段进行施工，保证提升过程的同步精确性，确保房屋结构的安全。

3）提升反力架施工要求

提升反力架如图 5.6.22 所示，提升反力架的施工要求如下：

（1）钢结构的制作与安装应符合《钢结构工程施工质量验收标准》GB 50205—2020 中的有关规定。

（2）焊接要求：所有焊缝性能必须达到 Q355B 的指标；所有的对接焊缝要求等强熔透焊。

（3）钢梁在制作安装前，应先编制工艺流程和施工组织设计，认真执行，严格按各工序检验合格后方能进行下道工序。

（4）钢架化学螺栓应采用可靠的方法定位。

（5）以现场实际尺寸为准。钢构件经实际放样核对无误后方可下料，放样及下料时应根据工艺要求预留焊接收缩量和加工余量。

4）底板注浆施工参数

水泥浆水灰比为 0.6～0.7，采用 42.5 级复合硅酸盐水泥（掺入水玻璃 5%），注浆压力控制为 0.2～0.5MPa，配合压桩施工跟踪进行注浆作业，注浆压力可由小至大，并视基础结构纠偏速度和效果控制注浆压力和速度。在正式注浆前，可进行注浆试验确定合理的注浆施工工艺控制参数。注浆孔布置图如图 5.6.23 所示。

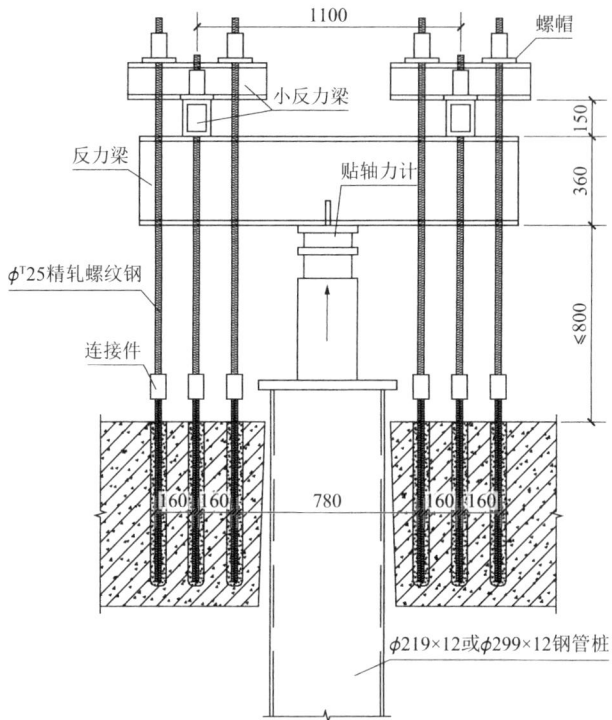

图 5.6.22 提升反力架详图

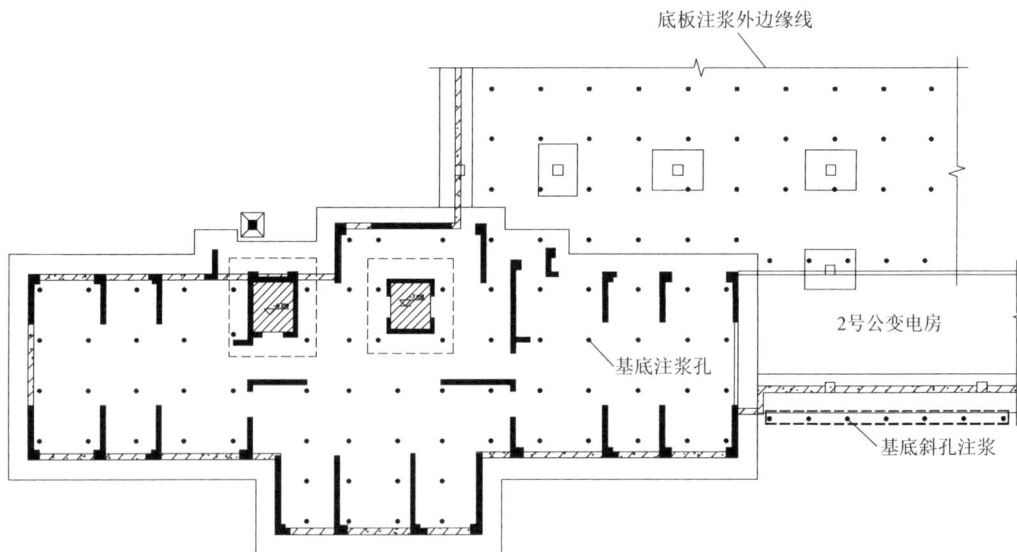

图 5.6.23 注浆孔布置图

2. 监测成果

（1）提升纠倾前补桩阶段沉降监测

提升纠倾前补桩阶段，每天进行三次沉降监测，2021 年 3 月 6 日—2021 年 5 月 26 日，历时 78d，见图 5.6.24。

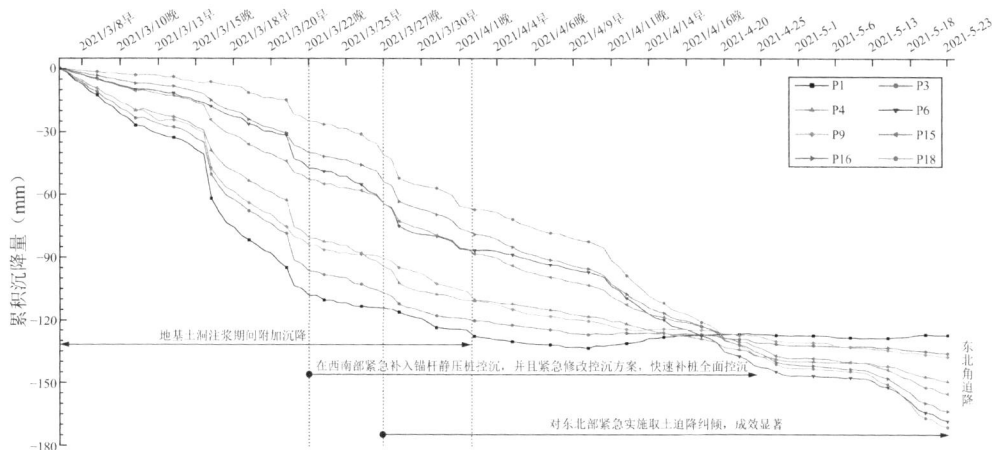

图 5.6.24　提升纠倾前补桩阶段沉降测量监测曲线

（2）提升纠倾期间沉降监测

顶升施工期间每天二次频率的沉降监测，2021 年 5 月 23 日—2021 年 6 月 2 日，历时 10d，见图 5.6.25、图 5.6.26。

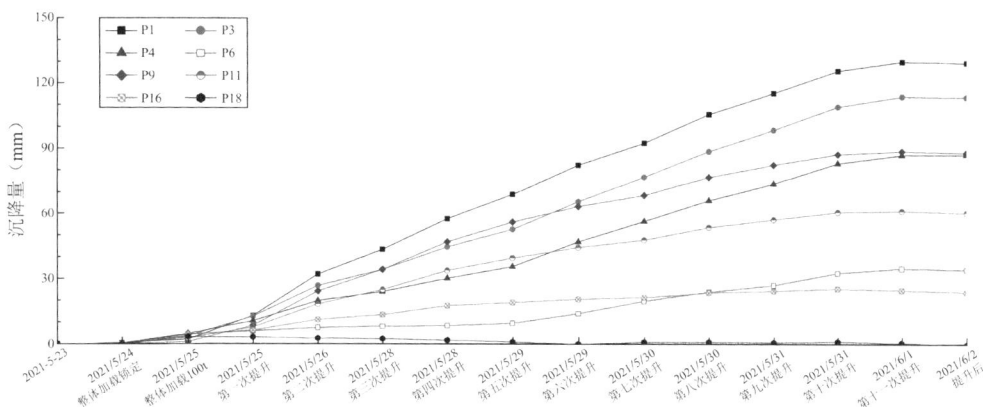

图 5.6.25　提升纠倾期间沉降测量监测曲线

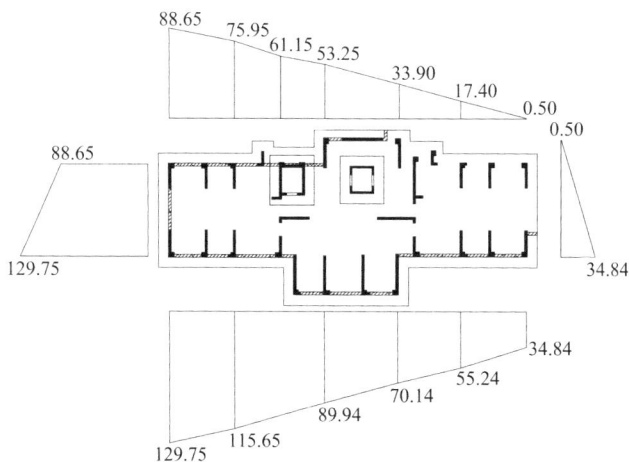

图 5.6.26　提升纠倾期间各点最终提升量展开图（单位：mm）

（3）全过程沉降监测

2021年3月6日至2021年8月10日历时157d,目前主楼已处于稳定状态,见图5.6.27。

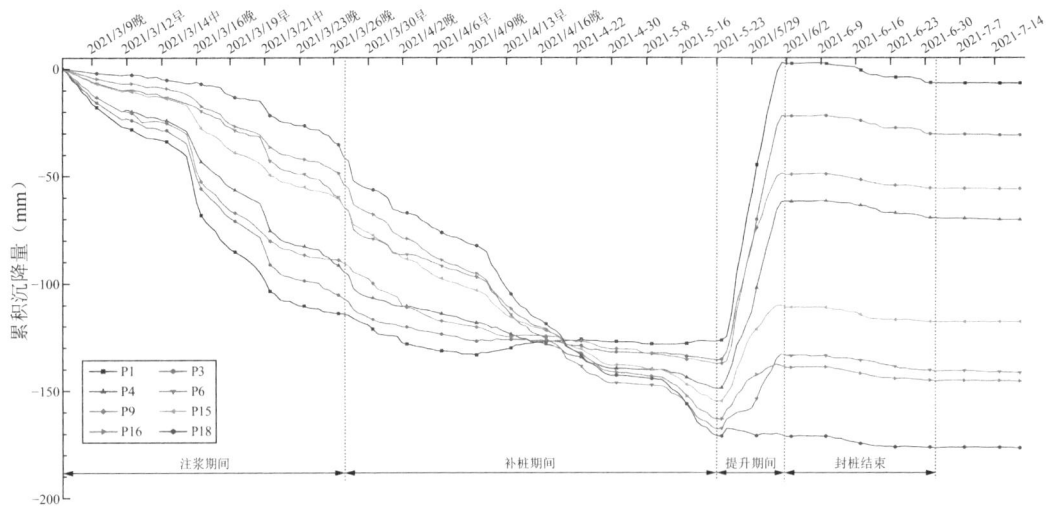

图 5.6.27　全过程沉降测量监测曲线

（4）纠倾成果分析

41 号楼加固前建筑整体倾斜率及西南角沉降速率均较大,西南角沉降速率达到 -0.46mm/d 且未有收敛趋势;基底土洞注浆期间建筑西南角沉降速率迅速加大到 -6.57mm/d,处于极度危险状态;在西南区域紧急补入 10 根钢管桩控沉并利用群桩持荷后,建筑沉降速率有明显下降趋势,在补入全部 102 根控沉桩后,建筑沉降速率显著下降,且逐渐趋于稳定。后续以补入控沉桩为支承点,利用压桩架和液压千斤顶,采用伺服持荷控沉技术,对筏板基础及上部结构进行整体同步提升,实施东西向及南北向双向纠倾,提升纠倾完成后南北向倾斜率从 8.6‰ 下降为 0.3‰、东西向倾斜率从 5.7‰ 下降为 0.3‰,纠偏顺利,完成既定目标。施工结束后实测平均沉降速率为 0.01mm/d,满足规范要求。

3. 控沉桩持荷量与沉降收敛对应关系

补桩前基底土洞注浆施工阶段,沉降反应非常灵敏,相比注浆前,西南角沉降增量为 56mm,东北角沉降增量为 9mm,向西南向倾斜进一步加大,建筑已处于极度危险状态,随时面临倒塌风险。立即在西南侧紧急施工 10 根钢管桩控沉,共补入西南区域控沉桩 32 根,其他区域 70 根控沉桩。在不同控沉桩持荷量比例状况下理论计算沉降量与西南角实测相对沉降速率对比见表 5.6.2 与图 5.6.28。

控沉桩持荷量与西南角沉降量对比　　　　　　　　　　表 5.6.2

控沉桩持荷数量（根）	控沉桩持荷量占上部恒载总量比例	实测相对沉降量（mm）	实测相对沉降速率（mm/d）	理论计算沉降量（mm）
注浆期间	0%	−56.00	−6.57	−386
4	3.7%	−17.85	−5.95	−352

控沉桩持荷数量 （根）	控沉桩持荷量占上部 恒载总量比例	实测相对沉降量 （mm）	实测相对沉降速率 （mm/d）	理论计算沉降量 （mm）
8	7.5%	−11.04	−2.76	−280
16	15%	−7.76	−1.67	−191
27	25%	−6.7	−0.96	−157
32	30%	−3.15	−0.38	−82
64	60%	−3.44	−0.21	−47
102	100%	−1.21	−0.06	−22

注：1. 理论计算沉降量为采用 YJK 基础设计软件进行沉降计算得到的结果。

2. 因补桩完成后采用持荷封桩措施，故实测沉降结果不考虑钢管桩桩身弹性压缩量。

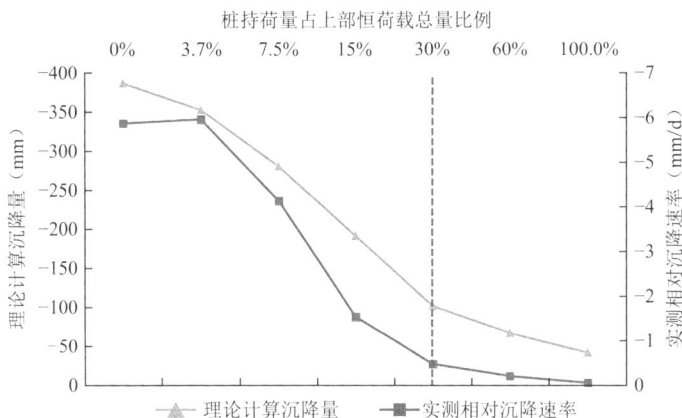

图 5.6.28　实际持荷力与沉降对应关系分析

从上述资料分析表明，补桩持荷期间，理论计算沉降量与实测相对沉降速率总体趋势大致吻合，当补桩持荷量占上部恒荷载总量比例（以下简称补桩托换率）约 30% 时，相对沉降速率由−6.57mm/d 下降到−0.38mm/d，建筑已逐步脱离危险状态，全部压桩完毕后，沉降速率为−0.06mm/d，建筑沉降速率持续下降并趋于稳定。

5.6.8　地下室周边地库的结构补强与防水处理

1. 混凝土裂缝修补与防水处理

施工前主楼和地下室无结构性裂缝，但东侧和北侧相连地库的外墙、底板和顶板等存在非常密集的结构性开裂，且渗漏较多，需按裂缝种类分别处理：

（1）无防水要求的结构性裂缝补强。

$w < 0.1mm$：采用表面封闭法施工，用低黏度专用裂缝修补胶液，封闭裂缝通道；
$w \geqslant 0.1mm$：采用恒压针筒法注浆施工，用低黏度专用裂缝胶注入缝内。

（2）有防水要求的地下室外墙及底板裂缝注胶防水补强均采用 HW 聚氨酯溶液。

（3）上部结构的结构性裂缝处理宜待纠倾完成后注胶补强。

裂缝注浆防水处理如图 5.6.29 所示。

(a) 柱裂缝注浆　　　　　　　(b) 剪力墙裂缝注浆

图 5.6.29　裂缝注浆防水处理

2. 结构补强加固

提升结束后，对地下室开裂的梁、板、柱、剪力墙进行排查检测，根据各构件损伤程度制定相应的加固方案。

（1）地库梁、板加固。损伤楼板采用板底新增 60mm 叠浇层方案，如图 5.6.30 所示；损伤较小框架梁采用梁底碳纤维加固方案，如图 5.6.31 所示；损伤严重框架梁采用置换混凝土方案，如图 5.6.32 所示。

（2）地库外墙加固。剪力墙采用新增叠浇层方案，如图 5.6.33 所示。

（3）框架柱加固。损伤较小框架柱采用截面增大补强方案，损伤较严重框架柱采用局部置换方案，如图 5.6.34、图 5.6.35 所示。

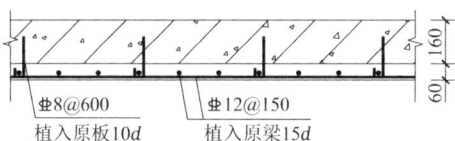

Φ8@600　植入原板10d　　Φ12@150　植入原梁15d

图 5.6.30　板底新增叠浇层详图

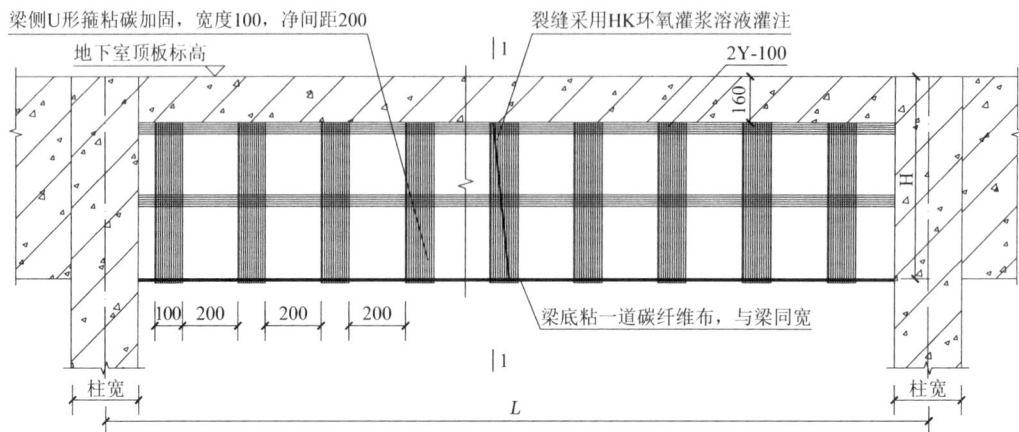

梁侧U形箍粘碳加固，宽度100，净间距200　　裂缝采用HK环氧灌浆溶液灌注

地下室顶板标高　　2Y-100

100　200　200　200

梁底粘一道碳纤维布，与梁同宽

柱宽　　L　　柱宽

图 5.6.31　梁底碳纤维加固详图

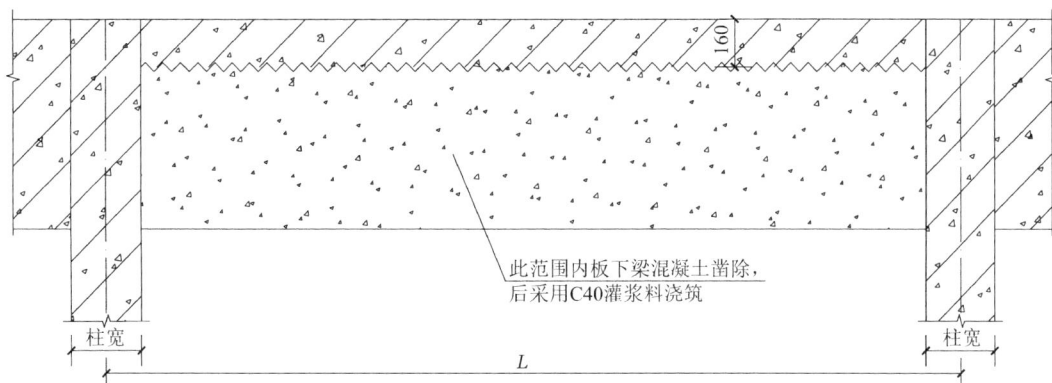

图 5.6.32　框架梁置换混凝土

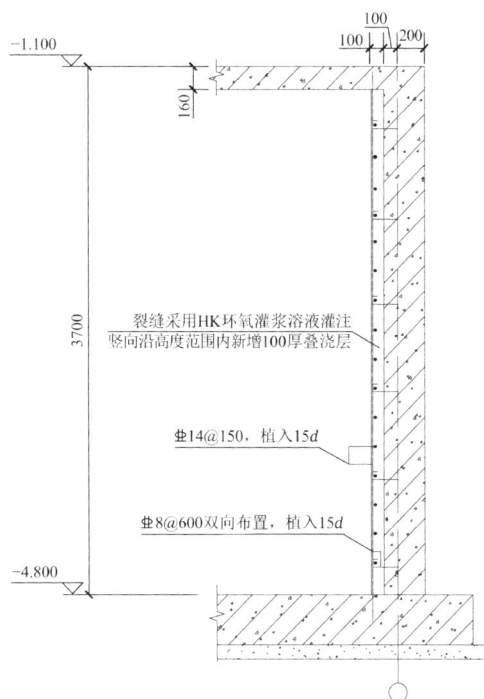

图 5.6.33　剪力墙新增叠浇层详图

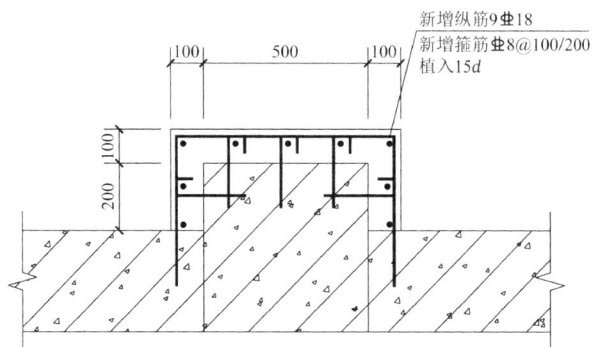

图 5.6.34　框架柱截面增大详图

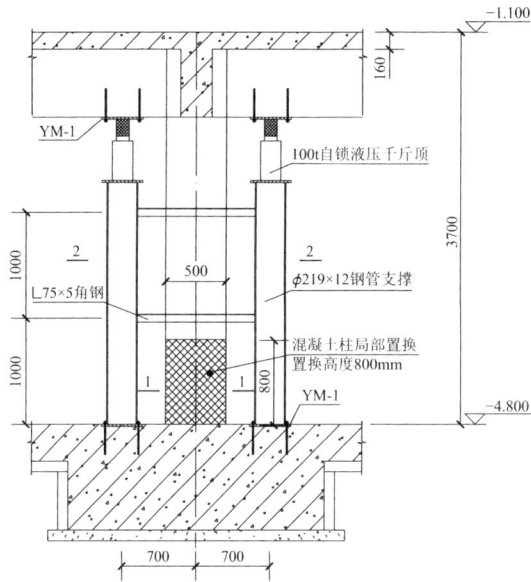

(a) 立面示意图

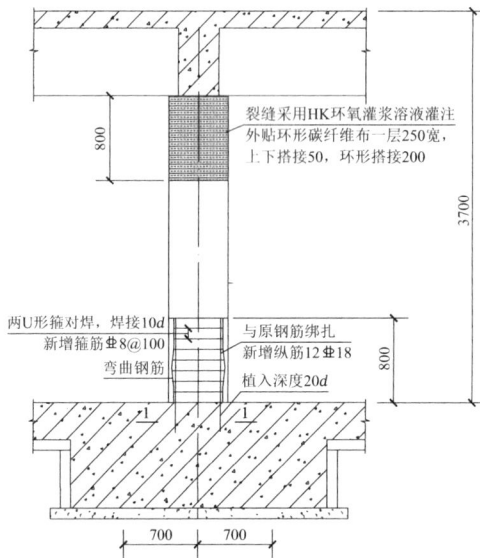

(b) 弯曲钢筋补强图

图 5.6.35　框架柱局部置换详图

5.6.9　结语

原岩土工程勘察报告未能真实反映基底以下超大超深填充型溶洞的分布状况，导致建筑物倾斜明显，给本工程造成了重大损失。

由于 41 号楼东北部和大地库相连，为更好地保护地库结构完整性，不宜采用迫降纠倾，最终通过整体提升纠倾予以解决。实际施工过程中，西南角总提升量最大达 129.75mm，东北角保持不变。提升纠倾完成后，南北向倾斜率从 8.6‰下降为 0.3‰、东西向倾斜率从 5.7‰下降为 0.3‰，顺利完成既定纠倾加固目标，完工后实景图如图 5.6.36 所示。

此外，因地下溶洞分布范围较大，41 号楼纠倾加固时，发现邻边 2 栋高层住宅也出现沉降过大现象，故在 41 号楼纠倾加固完成后，对邻边建筑也实施了相应的补桩加固处理。

图 5.6.36　完工后实景图

5.7　工程实例 2：贵州某岩溶地基高层住宅补桩持荷提升法纠倾工程

5.7.1　工程概况

贵州某住宅小区由 16 幢高层建筑和大地库组成，其中 7 号、10 号楼（图 5.7.1）位于小区的东侧。该两幢楼除东侧为地下室外墙外，其余三侧均与大地库相连。

图 5.7.1　实景图

7 号、10 号楼均为地上 11 层、地下 1 层的混凝土剪力墙结构住宅，建筑平面呈矩形，房屋长分别为 51.6m 和 49.8m，宽 12.9m，均由东、西两单元组成，中间设有防震缝，缝宽

200mm，房屋总高度 33.0m。两幢楼中间相连地库采用混凝土框架结构，长 60.40m，宽 41.40m。

场地处于开口型超深大溶洞之上，设计采用深回填强夯地基 + 筏板基础的应对方案（图 5.7.2），以强夯后的素填土为持力层，地基土承载力特征值取 $f_{ak} = 250kPa$，主楼筏板厚 1000mm，地库筏板厚 700mm，C35 混凝土浇筑。

该小区除 7 号、10 号楼及中央大地库采用强夯地基筏板基础外，其余楼栋和地库均采用钻孔灌注桩基础。

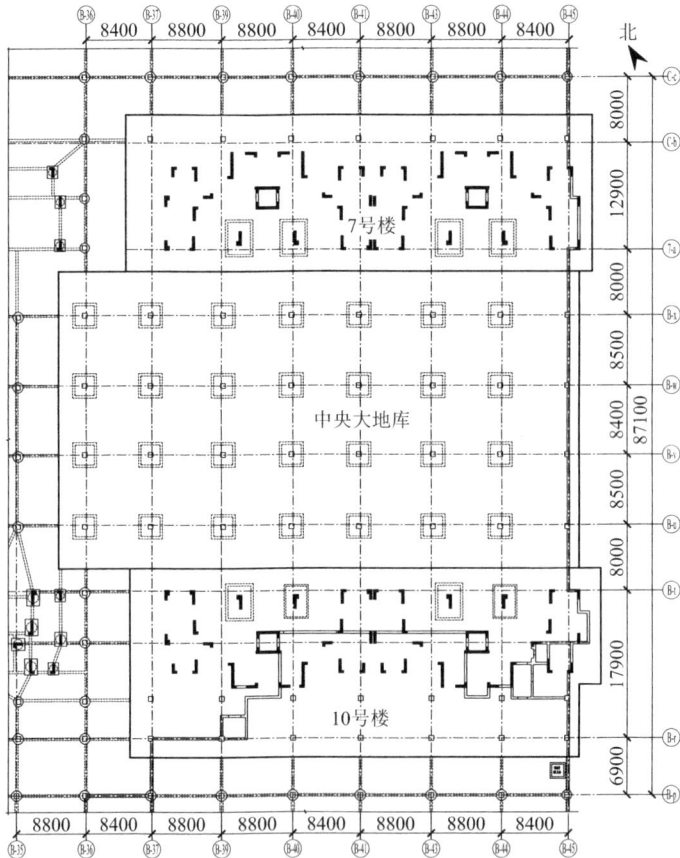

图 5.7.2 基础平面图

5.7.2 房屋沉降、倾斜及开裂状况

项目交付使用 1 年后发现，7 号、10 号楼的中间部位沉降均大于东西两端，南北方向均为中央大地库侧沉降大。2022 年 8 月 16 日—2023 年 2 月 13 日（历时 181d）观测周期内，7 号楼南侧最大累积沉降量 -17.89mm，平均沉降速率 -0.099mm/d，北侧最大累积沉降量 -9.21mm，平均沉降速率 -0.051mm/d；10 号楼南侧最大累积沉降量 -15.17mm，平均沉降速率 -0.084mm/d，北侧最大累积沉降量 -18.75mm，平均沉降速率 -0.104mm/d，远大于现行行业标准《建筑变形测量规范》JGJ 8 中同类建筑沉降稳定标准（0.04mm/d），房屋总体沉降未稳定，差异沉降仍在持续发展，未有收敛迹象，且地下室剪力墙产生较多结构性开裂，经安全鉴定，该两幢楼地基基础和结构处于危险状态。各点的累积沉降量见

图 5.7.3。

两楼南北方向均往中央大地库倾斜（图 5.7.3），东西方向由两端向中间防震缝处倾斜，截至 2023 年 2 月 3 日，7 号、10 号楼南北向最大倾斜率分别为 7.7‰和 3.9‰，南北方向整体倾斜率均大于《建筑地基基础设计规范》GB 50007—2011 的限值（3.0‰）；东西向一单元向东最大倾斜率分别为 2.9‰和 1.4‰，二单元向西最大倾斜率分别为 2.7‰和 2.8‰，东西向倾斜率接近于建筑地基基础设计规范的限值（3.0‰）。

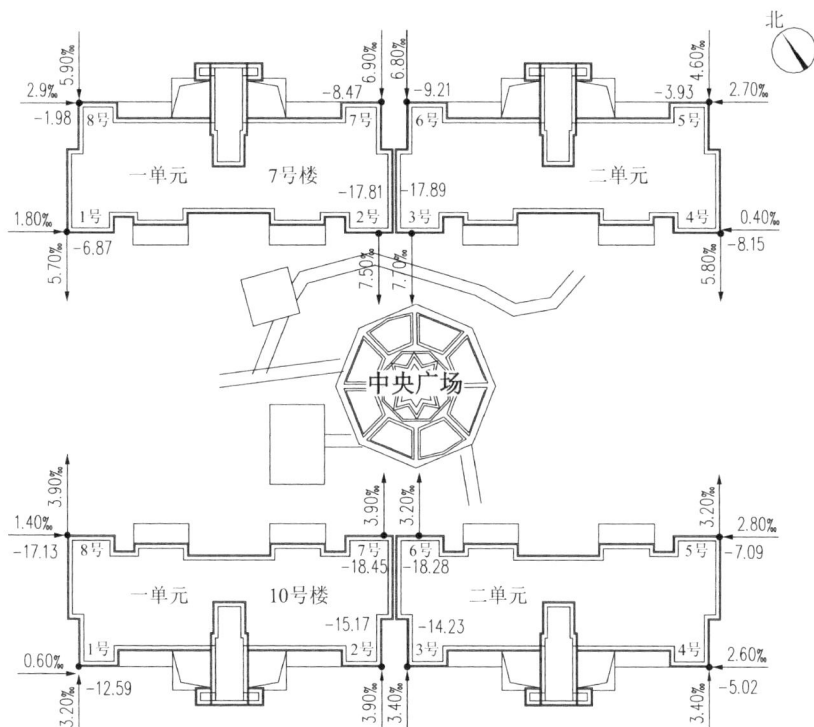

图 5.7.3　房屋沉降、倾斜图

注：图中数字表示累积沉降量，单位：mm

7 号楼、10 号楼地下室结构裂缝主要分布在竖向构件和防火分区墙上，其中 7 号楼 38 榀墙（其中剪力墙 21 榀，填充墙 17 榀）开裂，10 号楼 16 榀墙（其中剪力墙 9 榀，填充墙 7 榀）开裂，另外在首层的北立面和南立面外墙上出现正八字裂缝，裂缝走向基本呈 45°与差异沉降有关。

5.7.3　工程地质与水文条件

（1）经过工程地质勘探及补充勘察，结合地球物理勘探，查明 7 号、10 号楼场地属于喀斯特岩溶强发育地段，场地类别为Ⅱ类，地基构造差异巨大。7 号、10 号楼分别位于开口型大溶洞的南北两侧，溶洞深达 140m，洞内充满红黏土。场地总体呈漏斗状凹地，溶洞上口形成鱼塘，平面形态呈圆形。溶洞剖面呈漏斗状，漏斗底部直径约 40m，漏斗壁呈陡坎状。溶洞内岩土体自上而下大致分层如下：1.1～34.0m 为素填土层（主要为黏土夹杂碎石组成，结构中密～稍密，上部块石居多，下部为黏土夹角砾居多）；15.7～82.6m 黏土层（软塑～可塑状，底部见强风化岩块及碎石，均匀性较差）；下部为强风化至中风化石灰岩

227

（基岩面顶部风化节理、裂隙极发育，岩体极破碎，总体节理极发育，单轴抗压强度标准值52.0MPa）。岩土层厚度在水平向分布不均，厚度相差较大。

而溶洞上口边缘填土层分布趋薄，软塑状黏土层较薄，石灰岩埋藏较浅。基底下各土层的物理力学指标见表5.7.1。

各土层物理力学指标 表 5.7.1

层号	土名	重度（kN/m³）	黏聚力标准值（kPa）	压缩模量E_s（MPa）	桩极限端阻力（kPa）	桩极限侧阻力（kPa）	地基承载力特征值（kPa）
①	素填土	17.0	—	—	—	—	—
②	红黏土	17.2	39.027	5.543			152.61
③₁	强风化石灰岩	24.0					500
③₂	中风化石灰岩	26.9	—	—	15000	1200	4200

注：中风化石灰岩单轴抗压强度标准值42.4MPa。

场地典型地质剖面如图 5.7.4 所示。

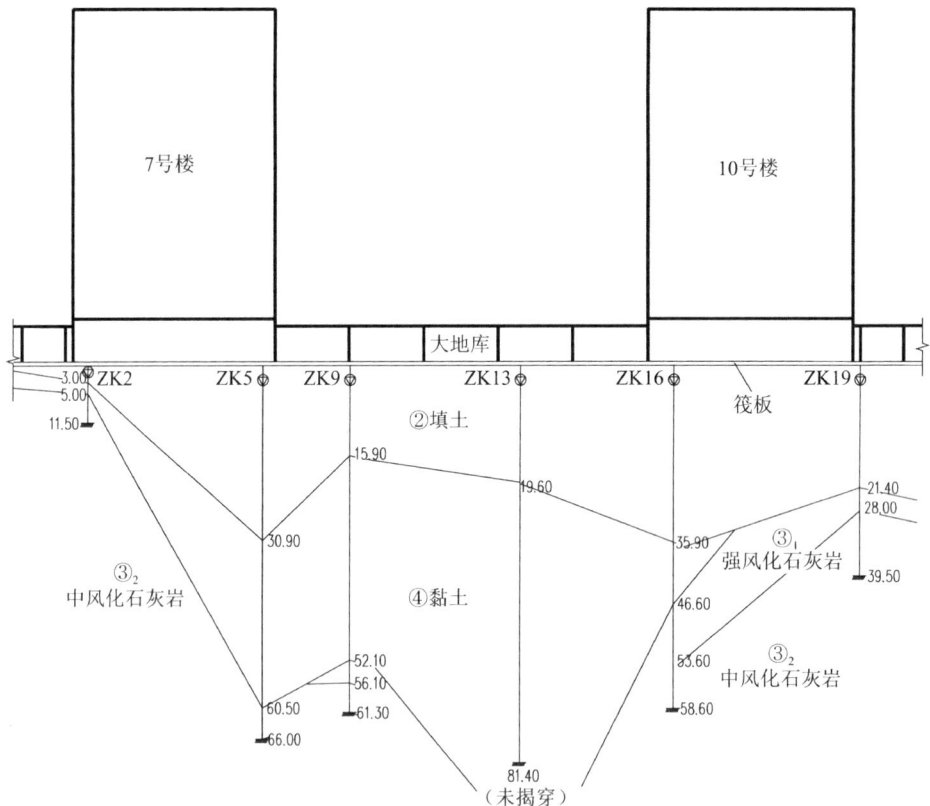

图 5.7.4 典型地质剖面

（2）场地水文环境类型为Ⅱ类环境，素填土和强风化层均为强透水层。场地水、土对混凝土结构及钢筋混凝土结构中的钢筋均具有微腐蚀性。

（3）通过地球物理勘探查明，7号、10号楼及中央大地库场地非溶蚀区域基岩面埋深一般在 20～30m，岩溶发育区形成了向下凹陷的溶蚀溶洞，低速溶蚀区底面深度 110～140m。本区溶洞或土洞主要发育在 30～140m 间的灰岩中。具体见图 5.7.5。

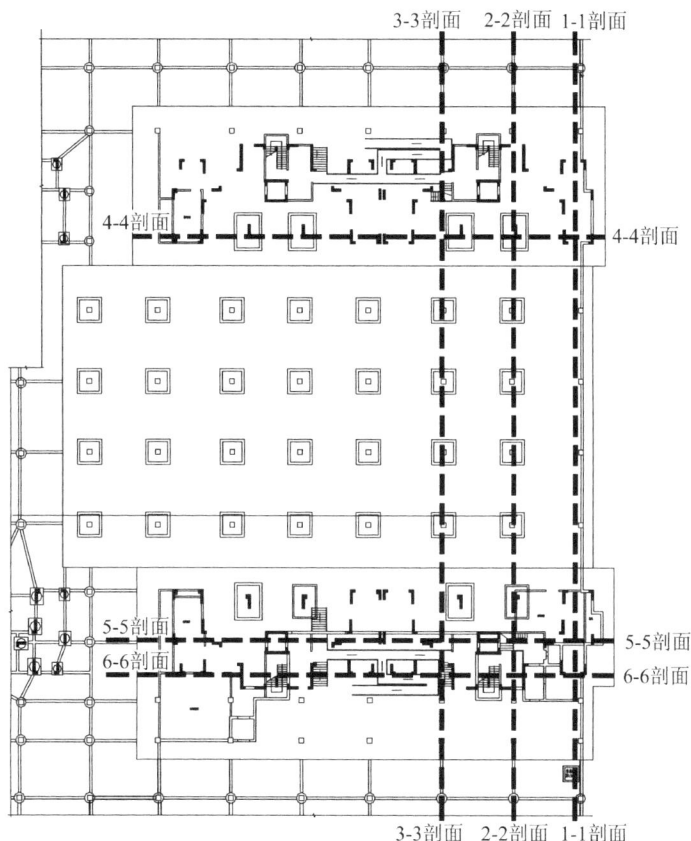

(a) 7 号、10 号楼地震被动源面波工作布置示意图

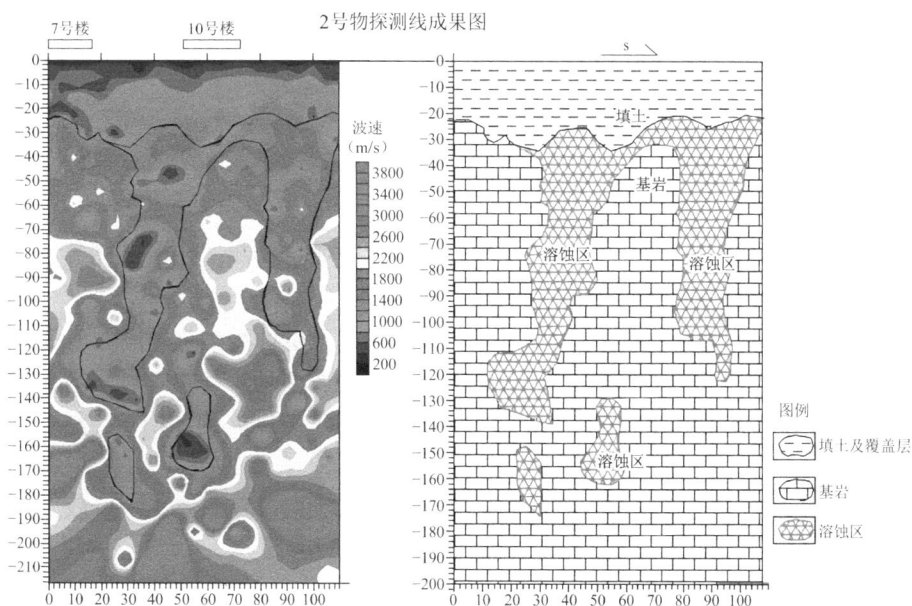

(b) L2 线地震被动源面波法横波速度断面图

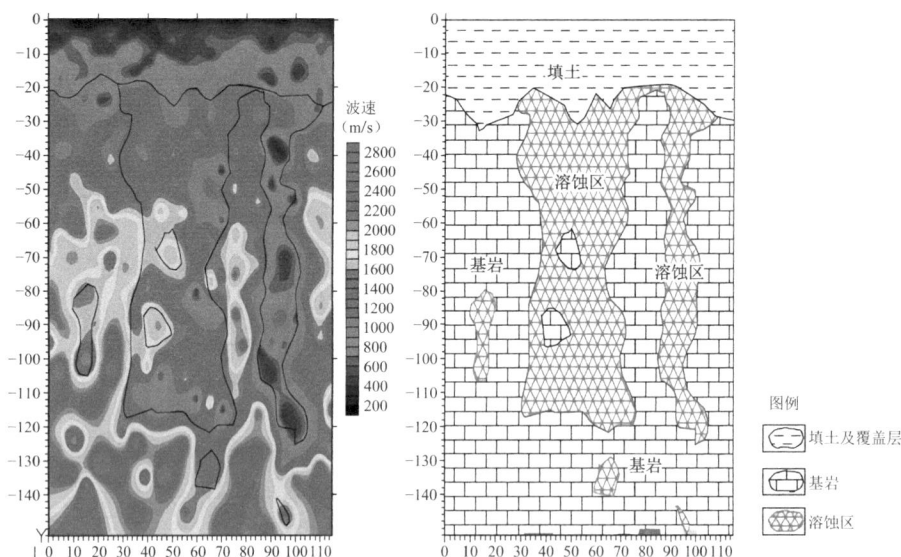

(c) L4 线地震被动源面波法横波速度断面图

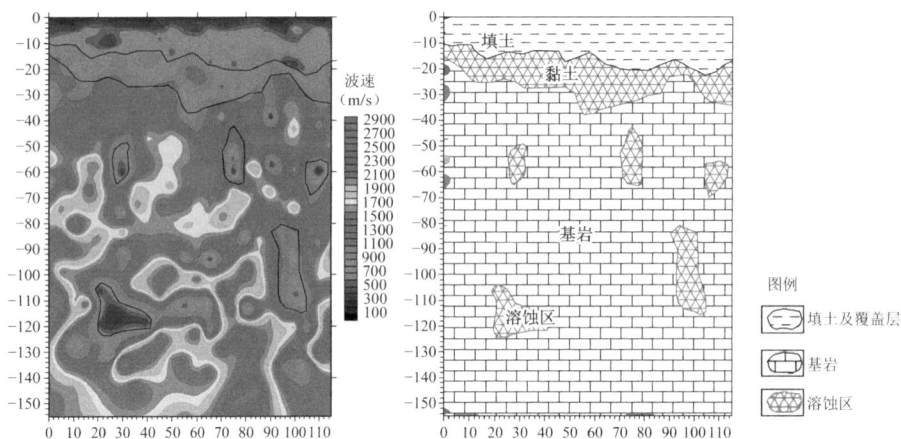

(d) L5 线地震被动源面波法横波速度断面图

图 5.7.5 物探成果图

5.7.4 结构不均匀沉降原因分析

通过对本工程的地基、基础、结构、场地环境以及质量检测、变形监测等方面的综合分析研究，发生不均匀沉降的主要原因如下：

（1）基底以下南北向和东西向地基条件（构造和岩土层种类）差异极大（图 5.7.6）；7号、10 号楼分别位于大溶洞"漏斗"边缘，土层厚度分布不均，其中 7 号楼南北向填土厚度差约 25.9m，黏土厚度差约 29.6m；10 号楼南北向填土厚度差约 14.1m，黏土厚度差约 9.5m。

（2）中间地库拖带沉降。中间地带素填土层和红黏土层分布最厚，沉降较大，存在着极为不利的沉降拖带影响。

（3）7 号楼北侧、10 号楼南侧地库均为桩（墩）基础，故楼栋南北两侧基础边界条件极为不一。而实际上原设计思路是通过将两栋主楼与中间地库形成一个整体刚度较强的结构体，以实现南北向整体跨越溶洞，但是鉴于地基总体上呈现南北两端强而中间偏弱的状态，且中间地库的结构刚度尚不足以跨越，以致形成目前的南北向正向弯曲沉降变形状态。

（4）建筑场地填土后进行了强夯处理，强夯处理无设计方案，且强夯质量未经规范性检测检验，工程质量缺乏保证。强夯施工的夯击能量约为 12000kN·m。根据《建筑地基处理技术规范》JGJ 79—2012，夯击能 1000～12000kN·m，对应有效加固深度范围为 4.0～11.0m，而该场地 7 号楼南侧至 10 号楼北侧填土厚度为 21.4～30.9m，强夯施工影响深度有限，从而引起房屋倾斜。

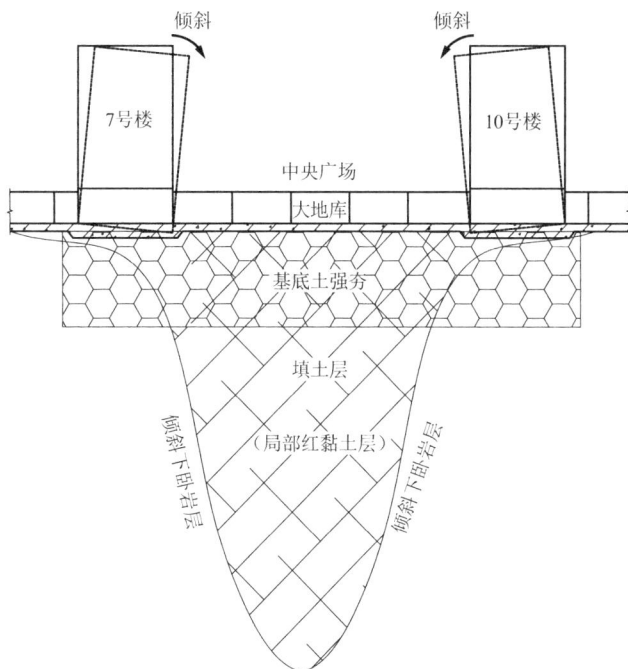

图 5.7.6　房屋倾斜、筏板及与土层位置关系示意图

5.7.5　纠倾实施难点

随着不均匀沉降的持续发展，房屋倾斜日益加剧，从 2022 年 12 月 5 日至 2023 年 2 月 3 日期间（历时 70d），7 号、10 号楼南北向平均倾斜率分别加大 0.19‰和 0.15‰。为了确保大楼的安全与正常使用，需要对 7 号、10 号楼进行基础紧急控沉和纠倾扶正。工程所面临的难点如下：

（1）纠倾平面范围大、自重大，导致纠倾难度加大

7 号、10 号楼与中间大地库的基底面积共计为 4775.8m²，建筑总荷载 459850kN，且主楼地下室周边都有相邻地下结构约束，另外纠倾施工期间不能破坏主楼首层以上结构和地下室顶板覆土绿化等相关配套设施，不能影响居民的正常生活，这给纠倾带来极大的难度。

在此条件下，选择合理的纠倾方法至关重要。目前环境条件下可供选择的纠倾方法仅有两种，即基底取土迫降纠倾和补桩持荷提升法纠倾。考虑到主楼地下室相邻结构为桩墩基础，地基刚度大，受周边地基条件约束，对主楼采取基底取土迫降法纠倾难以奏效。因此仅能选用补桩持荷提升法纠倾。

（2）差异沉降仍在持续快速发展，工程风险大

7 号、10 号楼南北向差异沉降在持续加剧发展，且未有收敛迹象，结构处于危险状态，工程风险大。当务之急是采取补桩持荷紧急控沉，待差异沉降发展态势得到有效控制后，再进行全面补桩和纠倾处理。

（3）补桩沉桩难度大

基底以下强夯填土层，主要由大块石夹杂碎石组成，填土厚度 3.0～17.5m。锚杆静压桩施工时穿越填土层遇到块密集石时，沉桩阻力大，难以穿透，需采取预引孔和管内引孔两大措施，确保顺利穿透填土层，进入设计持力层。另外基岩面起伏较大，沉桩过程中桩端可能产生滑移，故应采取复压持荷措施，确保桩端进入持力层。

（4）受周边结构约束，提升纠倾施工不确定因素多

两幢主楼连同中央地库整体同步纠倾，提升影响平面面积约 6300m²，提升总重（恒荷载）约 46000t，在国内尚属罕见。纠倾时必将受到四周地库结构的约束和东侧地下室外挑底板上覆土层重压等不利影响，给提升纠倾造成很大困难。

5.7.6 基础整体控沉与提升纠倾协同设计

工程实践中，当工程条件不能满足迫降纠倾和竖向构件分离顶升法纠倾时，可采用补桩持荷提升法纠倾。该纠倾方法将基础控沉和纠倾技术合二为一，即通过基础补桩控沉加固，然后以补入桩为支承点，通过提升架和自锁式液压千斤顶，采用 STC 电脑控制系统对基础与结构实施整体同步提升纠倾，纠倾过程中，对脱空的基底同步灌注水泥浆致密，纠倾完成后进行分批截桩和持荷封桩。

1. 基础整体控沉设计

经计算，7 号、10 号楼及中间地库作用于筏板顶面的竖向力分别为 123106kN、135156kN 和 79678kN；筏板自重标准值分别为 36452kN、44385kN 和 41073kN，合计 459850kN。

补桩数量不仅要满足上部永久荷载作用下的沉降变形控制要求，而且还要满足提升纠倾承载力需求。本次采用桩身强度高、土层穿透力强、地基扰动小、适用于有限空间下施工的高吨位锚杆静压钢管桩，桩径 426mm，有效桩长小于 45m 的钢管桩，桩端以上 4m 壁厚取 14mm，其余壁厚为 10mm；有效桩长 ≥ 45m 的钢管桩的壁厚均为 14mm。单桩承载力特征值均取 $R_a = 2400$kN，以③₁层强风化石灰岩或③₂层中风化石灰岩为桩端持力层，有效桩长约 5～88m，终压桩力 ≥ 4400kN。经计算，7 号、10 号楼和中央地库共需分别补入 84 根、90 根和 32 根钢管桩（包含应急钢管桩），托换率分别为 1.26、1.20 和 0.64，能满足控沉需求，具体补桩平面布置见图 5.7.7。

鉴于基底浅层为强夯块石填层和桩端为坚硬的强中风化土层，沉桩阻力大，必要时须采取管内引孔等辅助措施，故采用敞口型桩尖，同时在桩底端外侧加设环形钢板箍，防止钢管桩局部径向失稳。接桩采用上下节桩对焊连接，焊缝质量等级取二级。

锚杆采用高强预应力螺纹钢筋，直径 32mm，强度等级为 PSB930，锚杆埋深 800mm，孔径 60mm，锚固材料采用 C60 水泥基灌浆料，每侧布置 7 根，两侧共计 14 根。

正常使用工况下钢管桩桩身强度验算时按有效厚度计算，并计入灌芯混凝土的有利作用，最大承载力可达到 3460kN；压桩工况下钢管桩桩身强度验算时可直接按设计厚度计算，同时考虑到压桩力为瞬间荷载，钢管材料强度可取屈服强度，最大承载力可达到

4639kN。

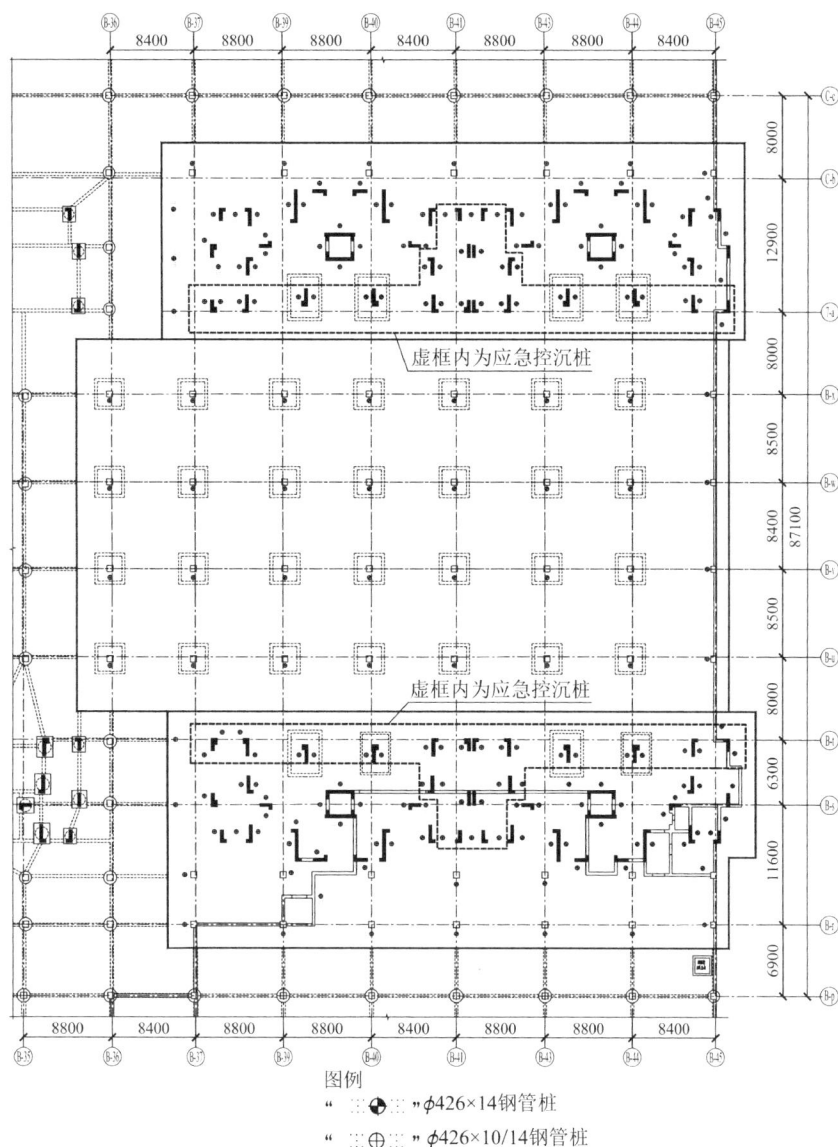

图 5.7.7　锚杆静压钢管桩平面布置图

补桩后，原强夯地基筏板基础变为复合桩筏基础，筏板的受力状态发生变化，建立三维有限元模型（图 5.7.8）进行整体分析计算。计算发现，在正常使用和提升工况下，筏板局部区域面筋不满足要求，因此采用叠浇层和临时斜撑进行保护加固（图 5.7.9）。

2. 应急控沉设计

针对房屋沉降状况，分区采取应急控沉措施，确保差异沉降得到有效控制。

（1）对已开裂的竖向构件采用临时预应力钢支撑卸荷保护加固，并实施裂缝注胶补强，恢复构件截面完整性，然后在混凝土表面粉刷高延性混凝土进行补强加固。

（2）对沉降速率发展较快的 7 号楼南侧、10 号楼北侧中部区域分别补入 30 根和 31 根应急钢管桩进行控沉（图 5.7.7），桩径 426mm，壁厚 10/14mm，单桩竖向承载力特征值

$R_a = 2400\text{kN}$，以③₁ 层强风化石灰岩或③₂ 层中风化石灰岩为桩端持力层，终压桩力 $\geqslant 4400\text{kN}$，复压次数不宜少于 6 次，每次复压持荷时间不应少于 5min，最终贯入度不应大于 2mm/次。沉桩完成后应立即利用群桩进行同步持荷，持荷力视沉降速率动态调整，一般宜取 $1.0R_a \sim 1.5R_a$，沉降速率大取上限值，反之取下限值。

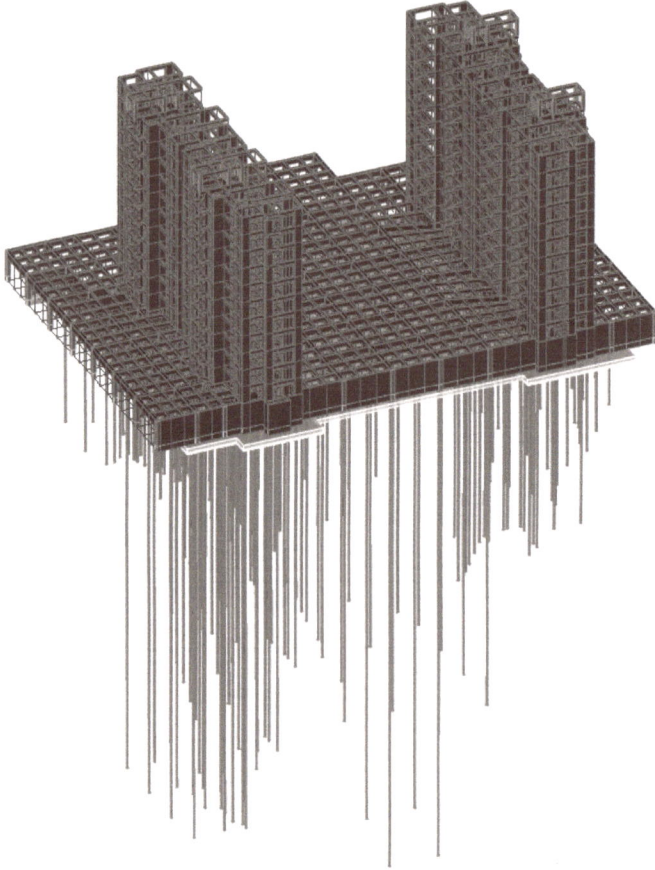

图 5.7.8　三维有限元模型

图 5.7.9　筏板临时斜撑加固图

3. 纠倾设计

（1）纠倾控制目标

7 号楼、10 号楼已交付使用 1 年多，部分住户在装修过程中已对楼地面标高进行适度找平，因此在制定纠倾控制目标时应从房屋倾斜率、楼地面及墙面装修的正常使用要求、电梯运行等方面综合考虑确定。本次纠倾以南北向纠倾为主，东西向适当兼顾微调，外墙主控角倾斜率控制在 0.6‰～1.0‰ 以内。

（2）整体同步提升纠倾流程设计

锚杆静压钢管桩沉桩完成并进行单桩静载荷试验合格后，可以进行两幢主楼和地库整体同步提升纠倾施工。提升纠倾时应按下列流程实施（图 5.7.10）。

（3）提升量计算

根据主楼房屋外墙倾斜数据和地下室顶板梁底高差等因素，合理确定提升量。并假定建筑物作为刚体转动，各点提升量可按下式计算：

$$\Delta h_i = \frac{l_i}{L} S_V \tag{5.7.1}$$

式中：Δh_i——计算提升量（mm）；

l_i——转动点（轴）至计算提升点的水平距离（m）；

L——转动点（轴）至沉降最大点的水平距离（m）；

S_V——建筑物纠倾设计最大提升量（一般相当于沉降最大点的提升量与转动点提升量的差值）（mm）。南北方向主要控制轴线提升量见表 5.7.2。

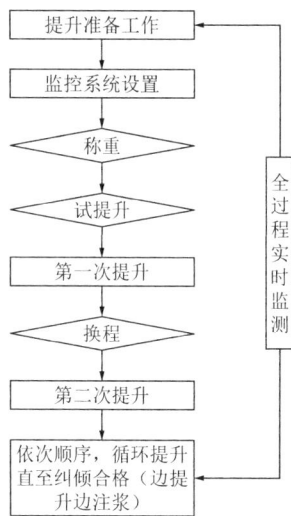

图 5.7.10　提升纠倾流程图

南北方向主要控制轴线提升量　　　　　　　表 5.7.2

楼栋号	10 号楼		中央地库		7 号楼	
轴号	B-r	B-t	B-v	B-w	C-b	7-a
提升量（mm）	30	75	133	148	30	100

（4）型钢组合提升架设计

提升架系统采用拆卸、组装简便的钢结构，主要由锚杆、反力钢梁、液压千斤顶和连接器组成。材质宜采用 Q355B，反力钢梁应按现行国家标准《钢结构设计标准》GB 50017 的有关规定进行受剪、受弯和局部承压的承载力验算。箱形反力钢梁截面尺寸分为两种：主楼为 200mm × 360mm、地库为 200mm × 600mm。

（5）千斤顶布置方案设计

本项目两幢主楼和中央地库分别采用 300t 和 500t 带自锁液压千斤顶，其中两幢主楼共布置 176 台，中央地库布置 32 台，可提供支撑反力 68800t，房屋理论重量计算值为 30432t，安全系数 $k = 1.81$，能满足提升需求。千斤顶具体技术参数见表 5.7.3。

每根钢管桩顶部安装一台千斤顶，安装时要保证千斤顶、反力钢梁及钢管桩三者中心对齐，且保证垂直，避免因千斤顶安装倾斜导致在提升过程中产生水平分力。千斤顶的上下均设置钢垫板以免应力集中。

千斤顶参数 表 5.7.3

千斤顶型号	工作压力（MPa）	工作行程（mm）	额定承载吨位（t）	本体高度（mm）	油缸外径（mm）	过载能力
SCLRGL-300-130	70	130	300	515	328	1.25 倍
SCLRGL-500-130	70	130	500	570	400	1.25 倍

保护功能：带机械螺母自锁和带±5°可倾斜式鞍座纠倾调节。

（6）千斤顶分组设计

根据提升位移和提升力基本相等原则划分控制组，每组可串联多台千斤顶（提升力一致），并安装一台位移传感器，以力闭环控制同步提升纠倾。本次提升纠倾时，7 号楼、10 号楼各划分为 34 组、中间大地库划分为 12 组，共计 80 组（图 5.7.11），每组设置一个监控点，每个监控点安装一台位移传感器。通过布置 20 台变频调速控制液压泵站（图 5.7.12），可提供 80 点位移同步控制，并用专用的工业网络通信电缆将 20 台变频调速控制液压泵站和主控系统进行连接。

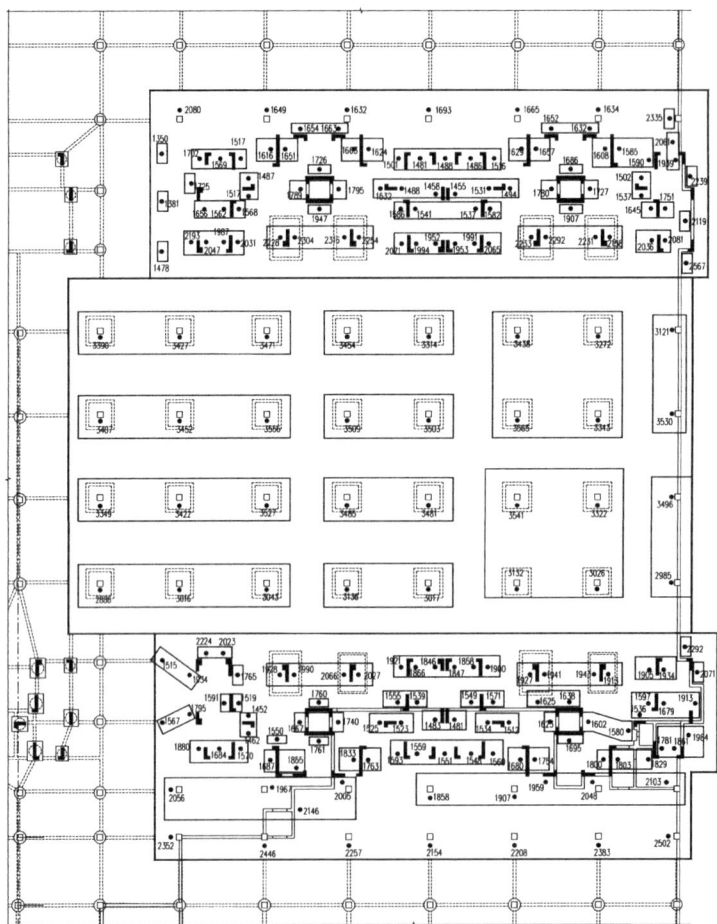

图 5.7.11 千斤顶分组示意图
（图中数字为提升力，单位为 kN）

图 5.7.12　液压泵站布置

（7）提升系统可靠性检验

在正式提升前应对提升架作加载试验，加载值不应小于 1.35 倍提升力，检验提升系统是否可靠。同时对全套液压系统进行 24h 保压试验，确保系统无故障无泄漏。

（8）提升换程设计

提升高度超过千斤顶工作行程时，应进行换程。具体做法为：在钢管桩顶部安装扁担梁和跟随装置，当千斤顶达到工作行程时，伸出跟随装置油缸，顶紧反力钢梁，收回千斤顶油缸，换上垫块后进行下一行程提升（图 5.7.13），依次进行直至纠倾完成。

图 5.7.13　千斤顶换程

5.7.7　基础整体控沉与纠倾施工

1. 总体施工流程设计

钢管桩沉桩期间，土体受到扰动会引发附加沉降，应合理安排施工顺序，减小附加沉降。按照先打沉降较大侧、后打沉降较小侧的打桩路线，预先对开裂的墙柱构件进行保护加固的总体部署，有序组织施工。具体施工顺序为：施工准备及监测系统设置→开裂墙柱临时保护加固→第一批次应急控沉桩压桩→其余批次控沉桩压桩→整体同步提升纠倾，基

237

底注浆同步跟进→分批次截桩转换、持荷封桩→筏板叠浇层施工→工后变形监测。

2. 开裂墙柱临时保护加固

由于受南北及东西双向差异沉降的影响，主楼地下室部分墙柱斜向开裂较为严重，故须采取临时钢支撑进行保护（图5.7.14），待纠倾完成后对裂缝进行注胶修复和高延性混凝土粉刷补强，恢复截面的完整性。

图5.7.14　临时预应力钢支撑保护加固

3. 控沉桩沉压施工

项目所在场地属于喀斯特岩溶强发育地段，地质条件特殊，持力层起伏变化十分大，沉桩时如何顺利穿透存在大量块石的素填土层，确保桩端进入设计持力层深度是本工程控沉面临的最大难度。本次主要采用液压驱动气动冲击设备进行预引孔和管内引孔等措施，确保压桩顺利进行。桩端进入持力层后，要求复压不少于5次，每次复压持荷时间不低于5min，最终贯入度控制在2mm/次以内，终压力4500kN以上。此外，大楼东侧室外补桩施工期间要保证小区道路的正常通行，不能进行大面积土方开挖，因此采用人工挖孔作业井压桩。压桩施工见图5.7.15。

(a) 预引孔　　　　　　　　　　(b) 沉桩

(c) 接桩

(d) 灌芯

(e) 人工挖孔作业井

图 5.7.15　压桩施工

　　沉桩完成后，主楼及地库的实际桩长统计见图 5.7.16。经比较，实际桩长与按地勘土层理论估算桩长基本吻合，实际桩长柱状图也能反映出持力层起伏变化大的特点。

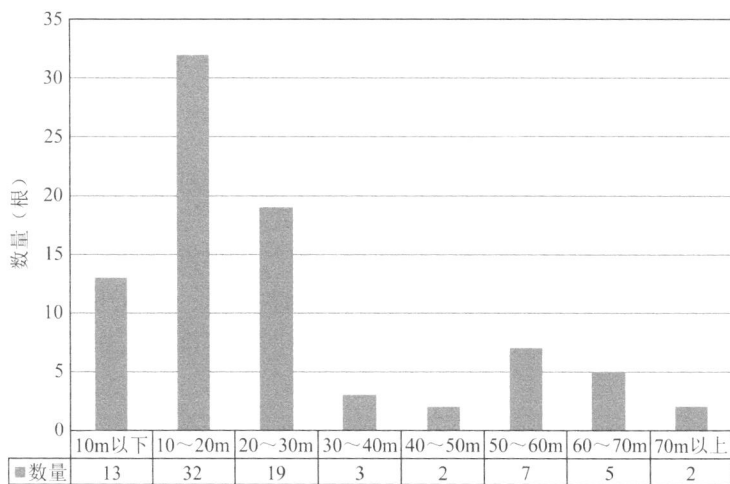

	10m以下	10～20m	20～30m	30～40m	40～50m	50～60m	60～70m	70m以上
■数量	13	32	19	3	2	7	5	2

(a) 7 号楼实际桩长统计柱状图

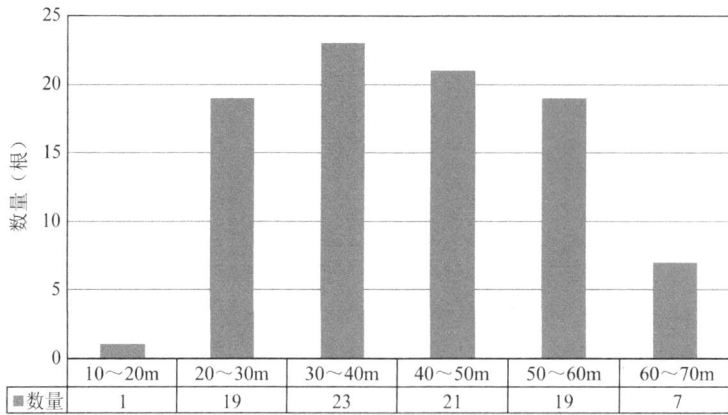

(b) 10 号楼实际桩长统计柱状图

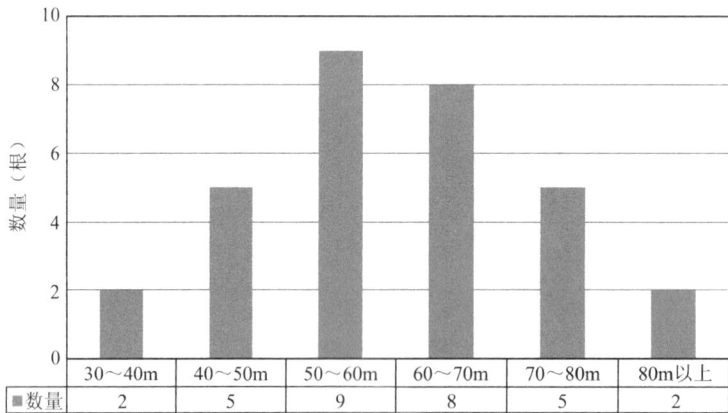

(c) 地库实际桩长统计柱状图

图 5.7.16　实际桩长统计图

4. 提升纠倾准备工作

（1）提升系统可靠性检验。

（2）对作业人员进行上岗前的培训和安全技术交底。

（3）提升系统结构部分检查。

（4）提升系统调试主要包括液压系统检查、控制系统检查、监测系统检查、初值的设定与读取。

5. 称重

为保证提升过程的同步进行，在提升前应测定每个提升点处的实际荷载。称重时依据计算提升荷载，采用逐级加载的方式进行，在一定的提升高度内（1～10mm），通过反复调整各组的油压，可以设定一组提升油压值，使每个顶点的提升压力与其上部荷载基本平衡。比较每点的实测值与理论计算值，计算其差异量，由液压工程师和结构工程师共同分析原因，最终确定该点实测值能否作为提升时的基准值。如差异较大，将作相应调整。

6. 试提升

在正式提升前进行试提升，试提升主要是为了消除预制桩的桩身压缩变形，并停放数小时进行观察，无任何变化后才能开始整体提升。试提升高度一般定为 10～30mm。

240

7. 正式提升

试提升后，观察若无问题，便进行正式提升。提升行程可根据工程具体的提升高度而制定。顶升 1 个段落（1 个设定的安全行程）后，将千斤顶机械锁母锁紧，然后安装换程支垫，进行下一个行程的提升，依次循环直到提升纠倾到位。

提升应分级同步协调进行，单级行程最大提升量不应大于 10mm，每级提升后应有一定间隔时间，当顶部回倾量与本级提升量协调后方可进行下一级提升。

8. 基底跟踪注浆

（1）注浆目的，一是预防地下室整体提升过程中底板"悬空"变形导致底板开裂；二是填充纠倾过程中因底板提升而产生的空隙，降低提升过程中发生提升局部失效引发的基础突沉带来的危害。

（2）注浆参数，水泥浆液水灰比为 0.6：1～0.7：1（掺入 5%水玻璃），采用 42.5 级复合硅酸盐水泥，并在正式注浆施工前，进行注浆试验，确定适宜的注浆施工工艺参数。

（3）注浆顺序，为防止浆液流失，注浆顺序宜先外围后中间，注浆压力由小至大，并视纠倾速度控制注浆压力和速度。

（4）注浆设备，高压注浆泵（注浆压力 0～8MPa）2 台，中低压注浆泵（注浆压力小于 0～5.0MPa）2 台。

（5）注浆施工，按既定的施工顺序进行有序注浆施工。

9. 持荷转换、截桩及封桩

提升纠倾和基底空隙注浆完成后，对钢管桩采取分批次、跳间隔持荷转换和截桩。每次截桩数量不大于 3 根，当某根桩卸荷时，应人为调节，加大相邻桩的持荷力，减小持荷转换引发的附加沉降。

待主楼及地库 206 根钢管桩全部截桩放入加载墩并完成持荷转换后，再按设计要求调整持荷力完成统一加载。加载值为纠倾完成时最后一次提升力。

封桩前必须对压桩孔口内壁进行凿毛和湿润，保证孔内洁净，孔壁凿毛可在沉桩前完成；封桩完成后做好养护工作。封桩材料采用无收缩灌浆料，分两次浇筑。第一次封桩混凝土强度达到设计强度后即可拆除封桩反力架，然后完成第二次封桩浇筑。

5.7.8　纠倾与控沉成果

本工程采用高吨位锚杆静压钢管桩对基础进行托换控沉加固，同时利用补入的钢管桩进行基础与上部结构整体同步提升纠倾。提升结束后，对外墙垂直度、倾斜率进行了测量，纠倾前后数值对比见表 5.7.4。

纠倾前、后倾斜率对比　　　　　　　　　　　　　　表 5.7.4

测点编号	7 号楼		10 号楼	
	纠倾前	纠倾后	纠倾前	纠倾后
1	南倾 5.7‰	南倾 1.2‰	北倾 3.2‰	南倾 0.7‰
	东倾 1.8‰	西倾 0.2‰	东倾 0.6‰	西倾 0.4‰
2	南倾 7.50‰	南倾 0.6‰	北倾 3.9‰	南倾 0.1‰

测点编号	7号楼		10号楼	
	纠倾前	纠倾后	纠倾前	纠倾后
3	南倾7.7‰	南倾1.1‰	北倾3.4‰	南倾0.4‰
4	南倾5.8‰	南倾1.3‰	北倾3.4‰	北倾0.3‰
	西倾0.4‰	东倾1.4‰	西倾2.6‰	西倾1.3‰
5	南倾4.6‰	北倾0.9‰	北倾3.2‰	北倾0.2‰
	西倾2.7‰	西倾0.0‰	西倾2.8‰	西倾1.6‰
6	南倾6.8‰	南倾0.4‰	北倾3.2‰	北倾1.2‰
7	南倾6.9‰	南倾0.5‰	北倾3.9‰	北倾1.1‰
8	南倾5.9‰	南倾0.1‰	北倾3.9‰	南倾0.4‰
	东倾2.9‰	东倾0.7‰	东倾1.4‰	东倾0.3‰

7号楼北侧平均提升量50.04mm，南侧平均提升量119.27mm；10号楼南侧平均提升量41.39mm，北侧平均提升量86.22mm；地库最大提升量达到204.32mm；具体各点实际提升量见图5.7.17。

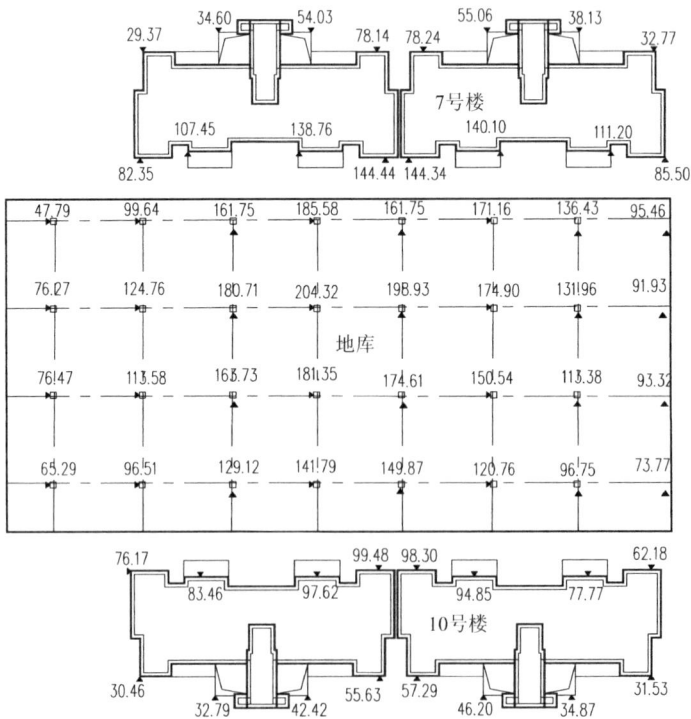

图5.7.17 实际提升量平面图（单位：mm）

锚杆静压钢管桩沉桩和提升纠倾完成后封桩墩转换期间，施工对地基的扰动和封桩墩安装时提升力的二次转换会使房屋产生少量附加沉降。这两阶段各点产生的具体附加沉降见表5.7.5。

施工阶段附加沉降数据 表 5.7.5

楼栋号	测点编号	沉桩阶段（158d）		封桩阶段（21d）	
		沉降量（mm）	沉降速率（mm/d）	沉降量（mm）	沉降速率（mm/d）
7 号楼	1	−3.73	−0.024	−0.52	−0.025
	2	9.36	0.059	−0.74	−0.035
	3	9.10	0.058	−0.78	−0.037
	4	−3.43	−0.022	−0.66	−0.031
	5	−2.66	−0.017	−0.32	−0.015
	6	−0.91	−0.005	−0.18	−0.008
	7	−1.73	−0.011	−0.21	−0.01
	8	−6.65	−0.042	−0.02	−0.0009
10 号楼	1	−9.39	−0.059	−0.43	−0.020
	2	−14.08	−0.089	−1.08	−0.051
	3	−15.14	−0.095	−1.09	−0.052
	4	−12.86	−0.081	−0.39	−0.018
	5	−11.73	−0.074	−0.63	−0.03
	6	−11.21	−0.071	−1.05	−0.05
	7	−11.00	−0.070	−1.86	−0.089
	8	−8.43	−0.053	−1.59	−0.075
备注		−表示该点位下沉，+表示该点位上升			

基础控沉与提升纠倾施工结束后 100d 阶段（2024 年 1 月 10 日—2024 年 4 月 26 日，历时 107d），7 号楼最大累积沉降量为−1.36mm（2 号监测点），沉降速率−0.0127mm/d；10 号楼最大累积沉降量−1.51mm（6 号监测点），沉降速率−0.014mm/d（图 5.7.18）；沉降速率均小于−0.04mm/d，沉降趋于稳定，控沉加固达到预期目标。

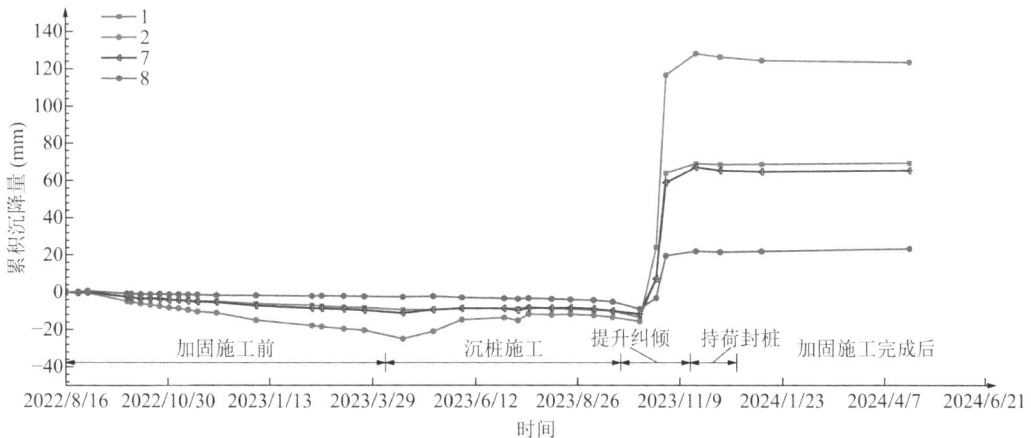

(a) 7 号楼沉降量-时间曲线图

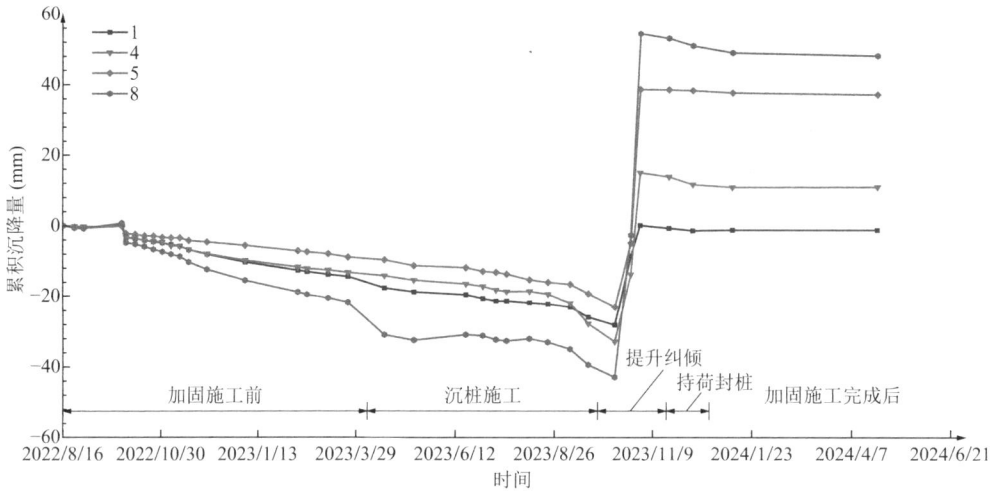

(b) 10 号楼沉降量-时间曲线图

图 5.7.18　主楼沉降量与时间S-T曲线图

本工程系我国喀斯特西南地区较为典型深大溶洞地基上高层建筑控沉加固与整体纠倾的成功案例，为同类型工程的纠倾加固提供了极具价值的解决方案。

第 6 章

高层建筑桩端和桩侧取土迫降法纠倾技术

6.1 引言

美国华盛顿纪念碑（图 6.1.1）由 19 世纪 40 年代的建筑师米尔斯设计，于 1848 年开工建设，建设期间由于南北战争被迫停建 22 年，然而在这一过程中已经建成的 46m 碑体发生了严重倾斜。后来，托马斯·林肯·凯西奉命继续完成建造，发现纪念碑的持力层为极不稳定的砂土和黏土层，凯西中校挖取了未沉降一侧的部分土壤来纠倾，并对地基进行了加固处理，防止复倾，最终于 1884 年完成纠倾，成为当时世界上海拔最高的建筑[1]。

图 6.1.1 美国华盛顿纪念碑

意大利比萨斜塔[2-3]是一个经典的倾斜建筑纠倾的案例（图 6.1.2）。比萨斜塔始建于 1173 年，历时近 200 年，直到 1372 年才竣工。在这 200 年的建设过程中，塔身持续倾斜，甚至竣工后仍未停止。塔顶的最大倾斜量曾经达到 5m。研究表明，造成这一现象的原因是塔的地基土中存在软黏土，压缩性大，地基土变形不协调，导致一侧地基的承载力不足，引发不均匀沉降，结果导致比萨斜塔发生倾斜[4-5]。直到 1990 年，意大利政府开始组织专家和学者，共同研究纠倾控制的方法。首先通过反向堆载，成功使比萨塔回倾 32mm；随后于 1995 年，通过斜向钻孔的方式，改变地基土体的应力场，在斜塔北侧的地基下抽掏土壤，导致北侧地基降低，斜塔重心向北移动，使比萨斜塔成功回倾了 30mm[6]。经过近 11 年的全面推理论证和模拟试验，耗费了超过 2500 万美元，最终在 2000 年初，决定采用堆载和掏土相结合的综合纠倾方案。通过这种综合纠倾技术，使得比萨斜塔基本上达到了未来 200 年内不会倒塌的标准[7]，成功挽救了这一具有历史意义的建筑。John B. Burland 等专家于 2006 年开始对比萨斜塔进行长达近 6 年的监测，通过整理监测数据发现，塔每年朝掏土侧回倾的速度逐渐减小，最终趋于稳定[8]。上述两个工程是国际上最早采用地基应力解除法概念的工程。

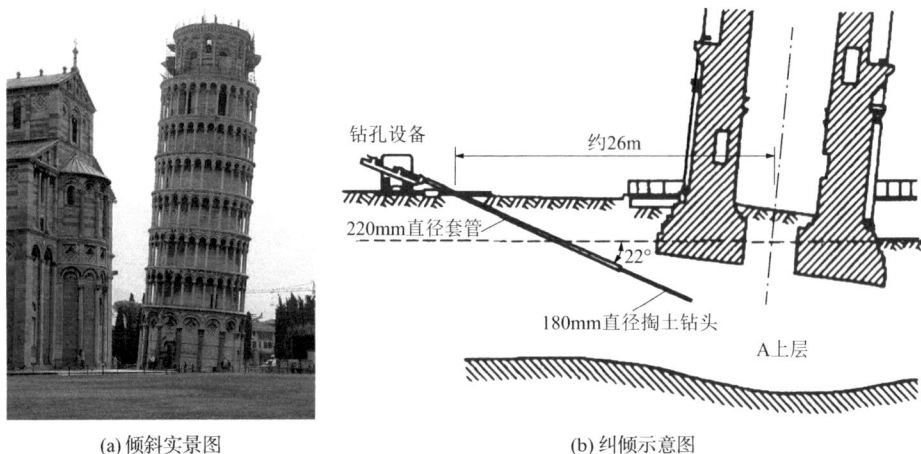

(a) 倾斜实景图   (b) 纠倾示意图

图 6.1.2   意大利比萨斜塔

6.1.1   我国地基应力解除法纠偏技术的发展

高层建筑桩端和桩侧取土迫降法属于地基应力解除法，该方法的概念最早由刘祖德教授于 1983 年提出，1989 年付诸实践，并在近百栋建（构）筑物纠偏中应用。刘祖德[9]教授针对倾斜建筑物地基深层处有淤泥质土的情况，在"地下抽土法"的基础上提出了地基应力解除法。在沉降较小一侧布置一定数量的大直径竖向钻孔，解除了沉降较小一侧深部软弱土层的侧向应力，促使淤泥土向该方向移动，从而增大该侧的地基沉降。该纠倾方法一般不用采取另外的加固措施，对施工场地要求宽松；纠倾过程中，基底压力不产生突变，对上部结构和基础的二次损害较小。经过多次工程实践后，该方法在地基含有软弱层的建筑物纠倾中取得了良好的纠倾效果。例如：湖北省花木协会 8 层综合大楼以及化工公司的 8 层宿舍楼[10]，两栋楼紧邻，引起倾斜的原因为地面以下 2～3m 处有较厚的高压缩性淤泥土层。武汉水利水电学院以及中南勘察设计院拟采用地基应力解除法对其进行纠倾，完工时经检测纠倾效果明显，达到验收标准。除此之外，还有武汉市某 18 层住宅楼[11]；营口市交通局办公楼[12]等建筑物采用了地基应力解除法进行纠倾。

唐业清教授借鉴地基应力解除法的原理，发明了辐射井射水取土纠倾法[13]。在建筑物沉降较小一侧设置辐射井，通过高压射水枪在地基土中形成若干水平孔洞，迫使建筑物沉降较小一侧下沉，通过调整成孔大小、深度、间距来控制建筑物的沉降速率和回倾量。该方法的适用范围广泛、施工安全、不受天气的影响，纠倾效果较好。哈尔滨齐鲁大厦[14]，箱形基础，由于上部荷载偏心以及地基土浸水不均匀导致大厦发生严重倾斜，曾尝试多种纠倾方法均未成功，经过专家讨论采用辐射井纠倾法，并最终成功纠倾。除此之外，还有山西化肥厂烟囱[15]、宁波市江东区某住宅[16]等纠倾工程采用了辐射井射水取土法。

俞季民[17]曾利用有限元模拟了武汉某住宅楼纠倾工程，采用"邓肯-张"非线性本构模型，模拟屈服前后土体非线性变形以及应力变化情况。结果表明：沉降差随应力解除系数的增大而增大；应力解除孔开挖时套管的使用阻止了浅层土体的侧向挤出，从而防止建筑物因浅层地基土变形过快而产生破坏。

吴宏伟[18]开展了离心纠倾模拟试验，结合弹性理论研究了地基应力解除法中应力解除孔的开挖顺序、间距、深度等对纠倾效果的影响。试验中通过电压差动式位移传感器和激光感应器来测量建筑物结构模型在纠倾过程中的回斜量，测量结果表明：应力解除孔的影响范围若重叠过多，会影响纠倾效果，即应力解除孔间距不宜过小；根据纠倾效用应力解除孔可以分为两部分，为尽可能释放上部建筑引起的附加应力，纠倾应力解除孔的深度必须达其影响区域。

梁志松[19]根据地基应力解除法纠偏原理和软土的变形机理，建立了土体非线性弹-黏弹流变本构模型，并将其成功运用于软黏土地基应力解除法纠偏工程实践。结合某 6 层住宅楼的倾斜扶正过程，运用本构模型和有限元技术进行了全过程的数值模拟，揭示了建筑物倾斜过程和扶正过程中地基应力-应变的变化规律，并预测了纠偏施工后建筑物的附加沉降量，所得结果与实测结果有较好的吻合。

衡涛[20]依据莫尔-库仑破坏准则和土体非线性理论的研究平台，应用 ADINA 软件，分析了应力解除法的挖槽深度与地基变形之间的关系和挖槽深度与地基应力分布之间的关系。得到挖槽深度与地基变形之间的规律和挖槽深度与地基应力分布之间的规律，找出最佳挖槽深度。确定应力解除法的最佳纠偏挖槽深度在 6～7.5m 之间，对建筑物纠偏具有重要指导意义。

王春艳[21]通过一个带有普遍性的纠偏工程实例，介绍了应力解除法的工作思路、方案选择原则以及应力解除法纠偏全过程。其基本方法为：在建筑物沉降小的一侧边缘布设相对密集的钻孔排，分期分批地在钻孔适当深度处掏出适量的软弱地基土，使地基应力在局部范围内得到解除或转移，促使软土向该侧移动，迫使该侧沉降，而对另一侧的地基土则不产生扰动效应，从而达到纠偏扶正的目的。

周清[22]通过介绍某危房用应力解除法纠偏的工程实践，说明了该方法成本低、收效高。该工程的实例表明，用应力解除法纠偏，既对房屋结构和环境无不良影响，又可于短期内达到纠偏的目的，不失为一种高效、可行的纠偏方法。应力解除法掏土纠偏实际上是一个动态的纠偏过程，需要采用信息化施工手段，跟踪每轮掏土前后沉降倾斜的变化以及上部结构裂缝的开展情况，如发现突变，需及时调整施工方案，使纠偏在有效的控制下平稳而温和地得到实施。

张贵文[23]针对地处自重湿陷性黄土地区的建筑物和构筑物的迫降纠倾进行了模型试验研究，给出了自重湿陷性黄土地区建筑物迫降纠倾时的以下参数：①地基应力解除、附加应力与建筑物倾斜量、沉降量及土体应力变化的关系；②附加应力与建筑物倾斜量、沉降量及土体应力变化的关系；③建筑物倾斜量、沉降量与孔内注水量的关系；④建筑物倾斜量、沉降量与孔径和孔间距的关系；⑤土体应力变化与孔内注水量、孔直径的关系。

6.1.2　地基应力解除法工作原理

地基应力解除法是一种软纠偏方法，它不同于一般的"浅层掏土法"，而是应用土力学原理，在倾斜建筑物原沉降较小一侧设置密集的地基应力解除孔，各孔上部设有护壁套管（长度视土质情况而定），分期分批从各孔内掏出适量的软土，并依靠螺旋钻上拔荷载来造成孔底真空环境，吸引周围软土进入空隙，以形成软土向孔心定向流动态势，使原来沉降较小的一侧下沉，带动楼房该侧多下沉一些。与此同时，保持沉降较大的一侧基底下软土严格不受扰动。这样就能最终达到纠倾目的，并兼收限沉的效果。

地基应力解除法的主要工作原理，概括起来就是："五解除，二均化"[24-26]。

所谓"五解除"的含义为：

（1）解除孔周土中径向应力，孔易由圆形压扁成不规则椭圆形或蛋形，直到挤瘪。

（2）解除沿孔身的总竖向抗剪阻力。

（3）有软泥夹层时，重点解除深部软弱土层中沉降较小一侧的侧向应力，便于挤淤和运土。

（4）局部解除原沉降较大一侧的基底压力，使该处基土处于卸载回弹状态。

（5）软弱层中两侧的土都有应力解除现象，随之出现的"跷跷板效应"使中心部位软土竖向应力短暂提高，沿水平方向由中心向四周的竖向应力梯度也增大，促使软土的变形和位移都能较温和地产生，有利于在纠偏过程中基础和上部结构的安全。

所谓"二均化"的含义为：

（1）地基土变形模量的均化，使原沉降较小一侧较硬的土产生一定的剪切变形，而切线变形模量有所降低，接近于另一侧未被扰动软土的初始变形模量，从而使整个建筑物下两侧地基土变形模量趋于均匀化。

（2）纠偏过程使基底压力均匀化，硬侧加载，软侧卸载。

若使用地基应力解除法来纠倾建（构）筑物，其"五解除，二均化"的工作原理不仅使建（构）筑物易于扶正，而且还能起到纠倾限沉的双重效果。

地基应力解除法纠偏施工大致可分为定孔位、钻孔、下套管、掏土、孔内排水和最终拔管回填等几个阶段。孔位（孔距）按楼房的平面形式、倾斜方向和倾斜率的大小、房屋结构特点以及土质埋藏条件等而定。钻孔用特制机具钻进。孔径尺寸一般为400mm。孔深及套管长根据掏土部位而定。掏土使用大型麻花钻或大锅锥。掏土次数、数量及各次掏土间隔时间按实测沉降和倾斜资料结合具体建筑物的施工方案灵活机动地设置。孔内排水采用潜水泵，作为临时降低孔壁水压力以促进挤淤。拔管也要间隔进行，并及时回填合宜的土料。总之，要在纠偏处理全过程中，尽量使基土在布孔范围内变形均匀，变形大小也应受到控制。此外，还有一系列备用促沉或隔离措施。

对于掏土纠倾反应灵敏的场地，施工全程高频监测沉降、倾斜，即采用"情报化施工法"，及时反馈观测成果，供决策者调整施工计划时参考，确保建筑物绝对安全。

6.1.3 地基应力解除法的特点

地基应力解除法纠偏的基本理论为深层垂直掏土，造成孔周土体向孔内流动。因此，该法适用于土质强度低或流动性较强的土质，如常见的淤泥质黏土（承载力不超过 120kPa）及流动性较强的细、粉砂。地基应力解除法的特点可以概括为以下几点：

（1）地基应力解除法强调，在掏土过程中应遵循掏下不掏上、掏外不掏里、掏软不掏硬的三项原则，它能够保护基底下持力层不受掏土的扰动，使它们构成调整底面压力的保护层，结合"信息施工法"，可以使纠倾工作平稳、有效、准确地进行。

（2）采用应力解除法，对沉降大的一侧地基土应尽可能保护，因为任何一种加固手段，在施工时都不可避免地要扰动地基土的力学状态，从而引起附加沉降。

用应力解除法进行纠倾符合基础工程自然沉降与变形的规律。它可以使建筑物按预定的规律沉降，地基土也会被加固。实践证明，不适当的加固方法会导致软侧地基土产生大幅度的附加沉降，并且该侧的沉降速率也会衰减得很慢。另一方面，加固施工的过程也会引起较大的不均匀沉降，所以，对用应力解除法纠倾后的建筑物是否需要加固要进行全面科学的分析。

（3）这种方法可避免基底的应力分布产生过于陡峻的变化，始终使基底面基本保持在一个平面上，从而减小基础和上部结构遭受损伤的可能。

（4）钻土孔上部的套管确保了挤出的土体主要是来自软土，防止上部地基土快速变形而危及建筑物基础的整体性和上部结构的安全。这说明掏土孔中的套管能明显改善地基的应力分布情况，使地基土变形能较温和、平稳地产生。

（5）应力解除孔的平面布置应尽量适应地质条件和纠倾任务的要求，可根据纠倾任务和施工监测成果随时灵活地安排掏土施工的顺序。这样就可以保证纠倾工程的合理进度，防止发生突然意外的工程事故，使纠倾工程按照原计划逐步完成。

（6）地基应力解除法的整个纠倾过程温和、平稳，且基底下部持力层受到保护。钻孔和掏土等工序都不在基底范围内进行，不会留下建筑结构和地基变形过大的隐患。

（7）地基应力解除法纠倾工期短、效率高、费用低，具有无振动、无噪声、无污染、劳动强度低的特点，可做到文明施工。

（8）应力解除法纠倾能有效减小对邻近建筑物的影响。应力解除孔有效地消除了沉降侧在沉降时对掏土孔外地基土的牵带作用，使纠倾沉降不会过多地引起孔外地基上下移动，从而有效地保护邻近建筑物。

（9）应力解除法纠倾能最大限度保护基础下的设施，对施工场地要求不高，若使用人工方法，即使在宽 3m 的狭窄胡同内也可以正常施工。

各种纠倾方法都有其应用的条件，在实际纠倾工程中要根据具体情况选择，合理使用。

6.2　桩端和桩侧取土迫降法纠倾原理和流程

6.2.1　桩端和桩侧取土迫降法纠倾原理

该方法要求场地条件能满足钻机设备沿建筑周边移动，或室内（地下室）具有净高不小于 3m 的空间，方便专用机械施工作业。适合于软黏土中桩长 ≤60m 的摩擦型桩基和桩持力层为桩端可刺入的可塑状黏性土、稍密的砂性土、松散的圆砾、碎石（卵石）土，但不适用于超长桩基础和端承桩基础。桩基础深层取土迫降施工对周边环境会造成不同程度的拖带沉降，因此应预先评估其工程适用性。

具体技术机理：在建筑物桩基沉降较小的一侧打设取土孔进行竖向（或斜向）钻孔取土，能逐步降低甚至解除所在一侧的桩基一定深度内的部分侧向摩阻力（也称地基应力）。如果有必要可以对桩端持力层钻孔取土，促进桩端土应力集中，迫使桩基局部范围下沉。这种人为的桩基础钻孔迫降效应，能够促使地基、基础与结构按照预定的要求协同迫降，从而实现迫降纠倾目标。

迫降纠倾同理分为单向迫降纠倾与双向迫降纠倾，双向迫降纠倾并非两种方向的单向迫降纠倾施工的简单叠合，根据工程实践经验，钻孔取土双向迫降纠倾施工亦能一次性实现。

单向迫降纠倾过程中，群桩基础平面可划分为三个区域，即取土卸载迫降区、中部加载迫降区和控沉持荷区。桩部分卸载后产生沉降趋势，整个桩基产生桩顶作用重分布，致中部区域桩顶作用力增大而促沉，控沉持荷区桩顶可能产生微量上翘变形趋势。如果中部的迫降区难以迫降，则需要扩大卸载区域，但应防止控沉持荷区拖带沉降。如图 6.2.1 所示。

在既有桩进入持力层深度正常的前提下，中部区域桩促沉的条件类似于截桩纠倾，即能否促沉取决于三个方面，即桩顶作用力大小、桩身强度匹配和桩端持力层可刺入性。设计时，应验算中部区域桩顶最大作用力预测值和桩身受压承载力，确保最不利工况下的桩基础承载安全。

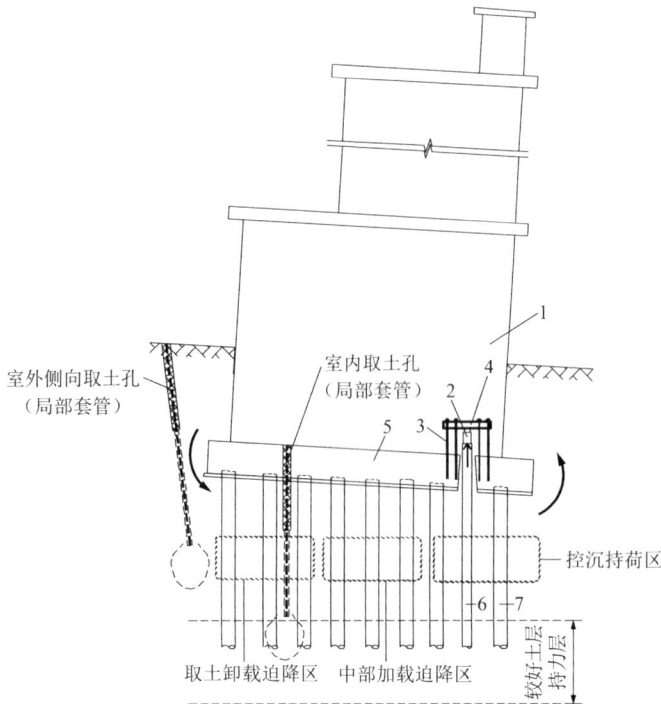

1—既有倾斜建筑物；2—液压千斤顶；3—反力锚杆；4—反力钢梁；5—既有底板；6—后补持荷控沉桩；7—既有工程桩

图 6.2.1　桩侧和桩端取土迫降法纠倾原理

6.2.2　桩端和桩侧取土迫降法纠倾流程

桩端和桩侧取土迫降法纠倾施工流程，一般按下列步骤进行：

（1）准备工作。

（2）地下室降水排水。

（3）沉降较大侧补入控沉桩持荷反压，迫降侧补入限沉桩。

（4）钻设取土孔。

（5）取土迫降。

（6）取土孔注浆加固。

（7）控沉桩、限沉桩预加载持荷封桩。

（8）基础承台防水处理和基础底板叠合层施工。

（9）全过程实时监测。

6.3　取土孔设计和迫降预测

6.3.1　桩端和桩侧取土迫降法纠倾设计

桩端和桩侧取土迫降前，应事先在沉降较大一侧补入适量的控沉桩，且应进行持荷加载；在沉降较小一侧也宜补入用于调节和控制迫降速率的限沉桩，限沉桩补桩率一般为上部总荷载的 10%～15%。纠倾完成和沉降趋于稳定后，应对控沉桩进行持荷封桩，限沉桩是否加载封桩应视后期的沉降控制需要而定。

桩端和桩侧取土迫降法纠倾设计时，应通过数值分析确定卸载桩数，卸载桩数试算分析时应将控沉桩持荷作用纳入地基基础整体受力体系，如图 6.3.1 所示。

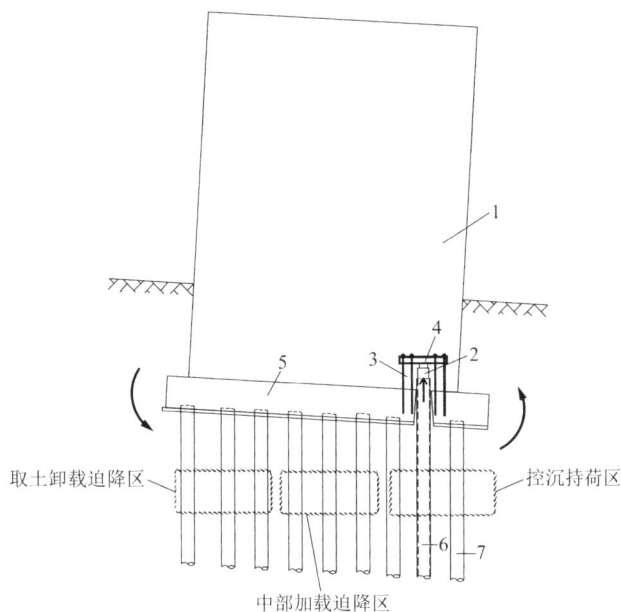

1—既有倾斜建筑物；2—液压千斤顶；3—反力锚杆；4—反力钢梁；5—既有底板；6—后补桩；7—既有工程桩

图 6.3.1　取土迫降纠倾剖面示意图

桩端和桩侧取土迫降法纠倾设计，应按照不同的工况验算上部结构和地基基础受力与变形。当结构构件承载力不足或变形过大时，应调整优化桩卸载数量、部位及施工顺序，并制定相关的临时加固设计方案。

桩端和桩侧取土迫降法纠倾应根据建筑物的结构类型、建筑高度、整体刚度、工程地质条件和水文条件等确定回倾速率，迫降速率不宜超过 10mm/d，顶部水平回倾速率不宜超过 50mm/d。

6.3.2　取土孔设计

桩侧取土孔不宜少于 2 个，且应对称布置，取土孔距桩外边缘水平距离不宜大于500mm；桩端取土距桩端以下垂直距离不宜大于 2.0m。筏板或承台取土孔径不宜大于200mm，并应评估承台开孔对承载力和刚度的影响。

当中部加载迫降区桩基存在迫降困难或桩顶反力超过桩身承载力时，应采取加大取土范围、调整取土位置等措施。纠倾完成后，应及时对取土孔采取注浆加固措施，减小取土对桩基承载力和沉降的影响。

6.3.3 桩端和桩侧取土的数值模拟分析

数值模拟分析是揭示地基土和既有桩基在纠倾过程中力学行为变化规律的有效手段，制定具体纠倾方案前，可根据目标建筑的场地情况和地勘资料，预先进行几次数值分析，用于指导布设桩侧或桩端取土孔设计，做好基础准备工作，使取土迫降纠倾获得理想效果。

桩侧取土通过解除桩周部分摩阻力，使单桩承载力降低达到促沉的目的，进而逐步减小建筑倾斜率，当纠倾达到目标要求后，再用水泥砂浆回填取土孔，补强地基土承载力，避免建筑物反向倾斜。对于桩端反力较大的情况，即使取孔至桩端持力层，桩体也未必发生显著沉降，无法满足迫降需求，这时还应考虑桩端取土，解除部分桩端反力以达到促沉目的。因此，在确定具体纠倾方案时，还应结合原有桩基特点，在桩侧或桩端附近选择最佳应力解除位置。以下通过一个实例进行参数化数值模拟分析，研究取土位置对原有基桩承载力及迫降效果的具体影响，为后续类似纠倾工程的方案设计提供理论依据和参考。

1. 有限元模型建立

建立了单桩桩侧取土的有限元模型，如图 6.3.2 所示。其中，单桩桩径取 0.5m，桩长 20m，模型整体尺寸取 5m×5m×25m，网格单元尺寸为 0.3m，桩体及取土孔周边网格加密至 0.05m。模型整体采用标准约束形式，地表面自由，自重重力加速度为 9.8m/s²。土层和桩体均采用实体单元模拟，采用界面单元模拟桩-土相互作用，取土孔径 150mm，孔深 14～22m，详见图 6.3.3、图 6.3.4。土层从上至下共有 4 层，水平成层分布，设为各向同性、连续均质弹塑性材料，土体非线性采用修正摩尔-库仑模型模拟。各土层采用的物理力学指标及桩体参数详见表 6.3.1 和表 6.3.2。

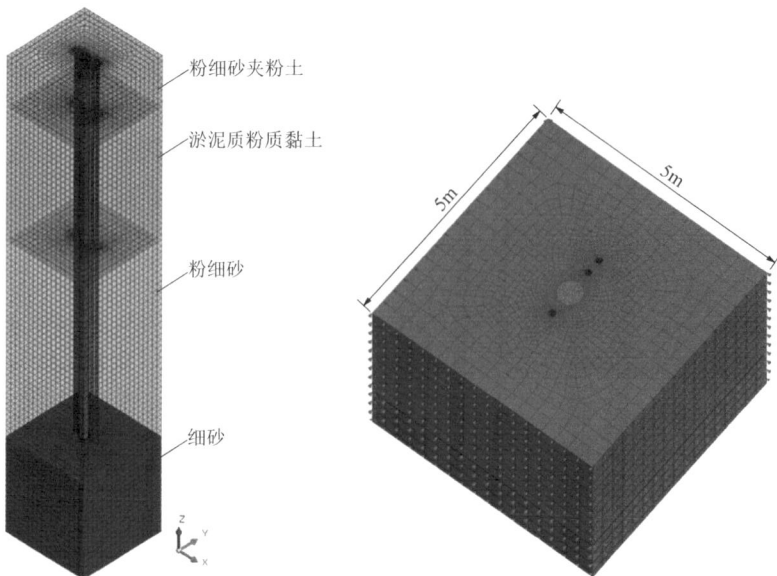

图 6.3.2 有限元模型

图 6.3.3　桩体网格
及界面单元

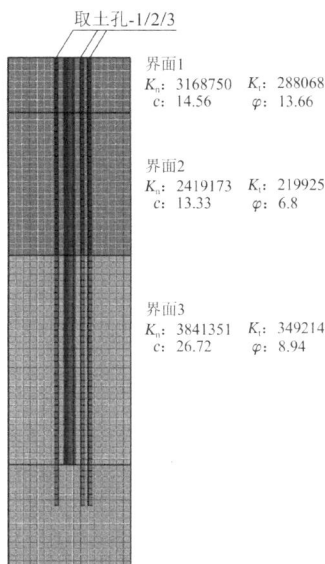

图 6.3.4　界面单元参数
K_n—法向刚度模量（kN/m³），
K_t—切向刚度模量（kN/m³），
c—黏聚力（kPa），
φ—摩擦角（°）

各土层计算参数取值　　　　　　　　　　　　　　　　　　表 6.3.1

土层名称	层厚（m）	本构模型	重度（kN/m³）	泊松比ν	压缩模量E_s（MPa）	c（kPa）	φ（°）
粉细砂夹粉土	2.7	修正莫尔-库仑	19.6	0.32	6.5	3	7
淤泥质粉质黏土	7	修正莫尔-库仑	18.5	0.33	5	12.5	25
粉细砂	10.3	修正莫尔-库仑	19.5	0.31	7.82	4.2	25.2
细砂	5	修正莫尔-库仑	19.5	0.30	9.23	5	26

既有桩计算参数取值　　　　　　　　　　　　　　　　　　表 6.3.2

桩径D（m）	桩长L（m）	本构模型	材料	重度（kN/m³）	弹性模量E（MPa）	泊松比ν
0.5	20	弹性	C30	25	31500	0.16

为了系统地模拟取土位置对既有桩沉降的具体影响，进行了不同桩-孔水平净距d、不同取土深度l、不同取土孔数量下单桩沉降的对比分析。其中，取土施工步采用杀死取土孔范围内单元的方式模拟，对桩侧部分地基土的切割、冲孔施工则采用改变土层压缩模量的方式模拟。具体计算工况设置见表 6.3.3：

计算工况　　　　　　　　　　　　　　　　　　　　　　表 6.3.3

工况名称	取土位置	桩-孔水平净距	取土孔深	桩顶加载值
工况一	取土孔-3	$d = 0.5m$	$l = 14m$、18m、22m	1400kN
工况二	取土孔-2	$d = 0.2m$	$l = 14m$、18m、22m	1400kN
工况三	取土孔-1、取土孔-2	$d = 0.2m$	$l = 14m$、18m、22m	1400kN

注：表中d为取土孔至单桩外边缘的水平距离；取土孔-1 与取土孔-2 为对称取土孔（$d_1 = d_2 = 0.2m$）。

2. 取土孔位置对桩身沉降的影响分析

（1）取土孔水平位置的影响

分别提取了工况一与工况二的桩身沉降结果，如图 6.3.5 所示。可见，取土孔距离桩体外边缘越近，由取土引起的桩身沉降量越大，迫降效果越明显。当取土孔深 14m 时，工况二比工况一的桩身沉降平均约增大 0.2mm；当取土孔深 18m 时，工况二比工况一的桩身沉降平均约增大 0.8mm；当取土孔深 22m 时，工况二比工况一的桩身沉降平均约增大 4.0mm。

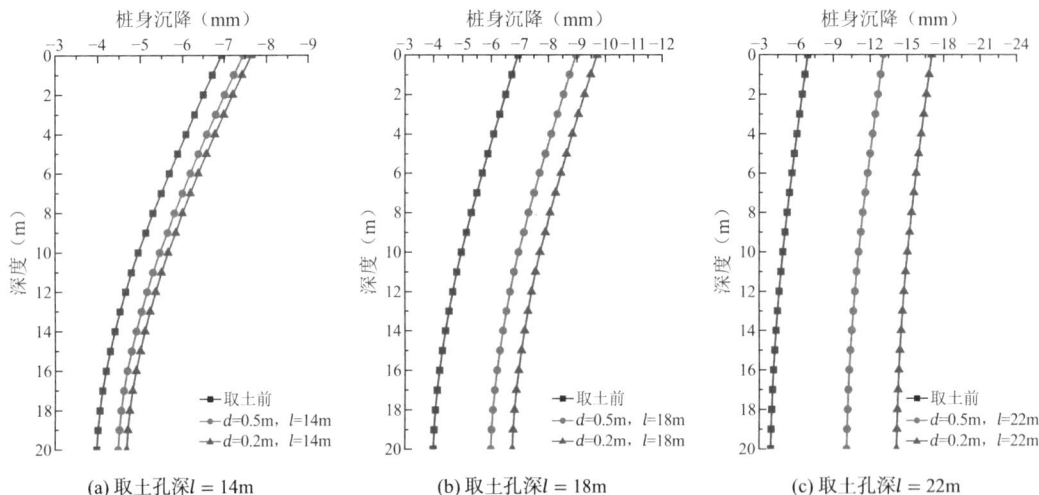

(a) 取土孔深 $l = 14$m   (b) 取土孔深 $l = 18$m   (c) 取土孔深 $l = 22$m

图 6.3.5 不同桩-孔水平净距下的桩身沉降对比

上述结果还表明，取土孔水平位置对桩身沉降的影响随孔深增加而更加显著。这与桩周侧摩阻力解除程度有关，当在距离桩外边缘 $d = 0.5$m 位置取土时，桩周侧摩阻力的减小幅度平均约为 7.2%；当 $d = 0.2$m 时，桩周侧摩阻力的减小幅度平均约为 18%。因此，布孔设计时要依不同迫降量需求，选择紧挨桩体的位置取土，以利于桩侧或桩端土的应力解除。

（2）取土孔数量的影响

提取桩侧单侧取土（工况二）和对称取土（工况三）的桩身沉降结果，如图 6.3.6 所示。结果表明，取土卸载造成的桩身沉降值随取土孔数量的增加而增加。当取土孔深 14m 时，对称取土相比单侧取土的桩身沉降平均约增大 0.7mm；当取土孔深 18m 时，对称取土相比单侧取土的桩身沉降平均约增大 2.5mm；当取土孔深 22m 时，对称取土相比单侧取土的桩身沉降平均约增大 8.7mm。

从桩侧土体的应力解除角度分析，单侧取土时，桩周侧摩阻力的减小幅度平均约为 18%；对称取土时，桩周侧摩阻力的减小幅度平均约为 42%。取土孔设计过程中，当仅在桩体一侧取土无法满足迫降量需求时，可考虑增加取土孔数量，且尽量对称布孔。

（3）取土孔深的影响

图 6.3.7 为以上 3 个工况在不同取孔深度下的桩身沉降结果，可见在其他条件（诸如取土孔水平位置、取土孔数等）均相同的情况下，桩身沉降随取土孔深度的增加而增加。例如，工况一条件下，当取土孔深分别为 14m、18m、22m 时，相比取土前初始条件的桩身沉降分别增大 0.5mm、2.0mm、6.2mm，而桩周侧摩阻力的减小幅度分别为 4%、6%、11%；工况二条件下，当取土孔深分别为 14m、18m、22m 时，相比取土前初始条件的桩

身沉降分别增大 0.7mm、2.8mm、10.3mm，而桩周侧摩阻力的减小幅度分别为 10%、16%、23%；工况三条件下，当取土孔深分别为 14m、18m、22m 时，相比取土前初始条件的桩身沉降分别增大 1.4mm、5.3mm、19.0mm，而桩周侧摩阻力的减小幅度分别为 25%、41%、60%。

显然，桩侧竖向取土深度是纠倾方案中影响布孔设计的重要因素，特别是当取土深度至桩底以下时，桩身沉降增量大幅提升。对于设计安全系数较大的桩基础，当解除桩侧摩阻力对纠偏效果影响不足时，可考虑解除部分桩端土体的应力，以提高纠倾效率。

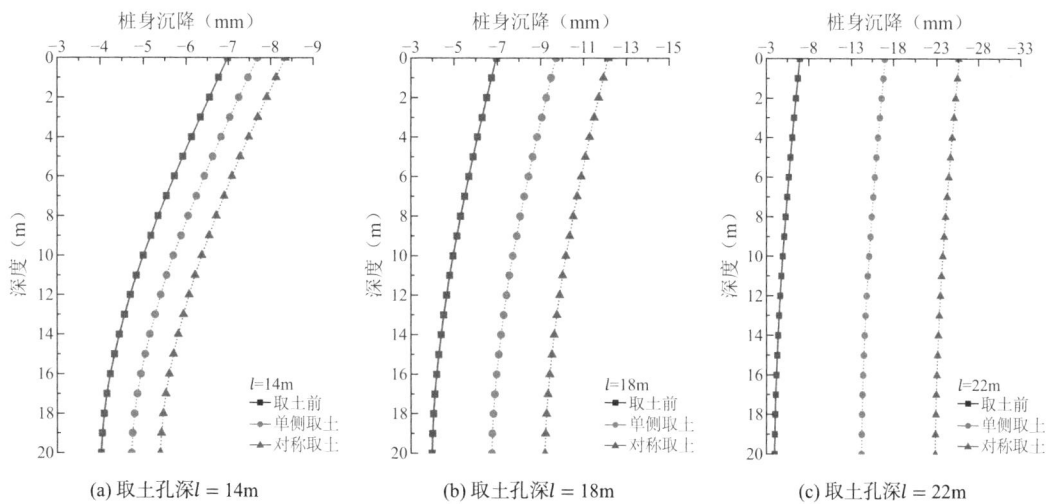

(a) 取土孔深 $l = 14m$　　　　(b) 取土孔深 $l = 18m$　　　　(c) 取土孔深 $l = 22m$

图 6.3.6　不同取土孔数情况下的桩身沉降对比

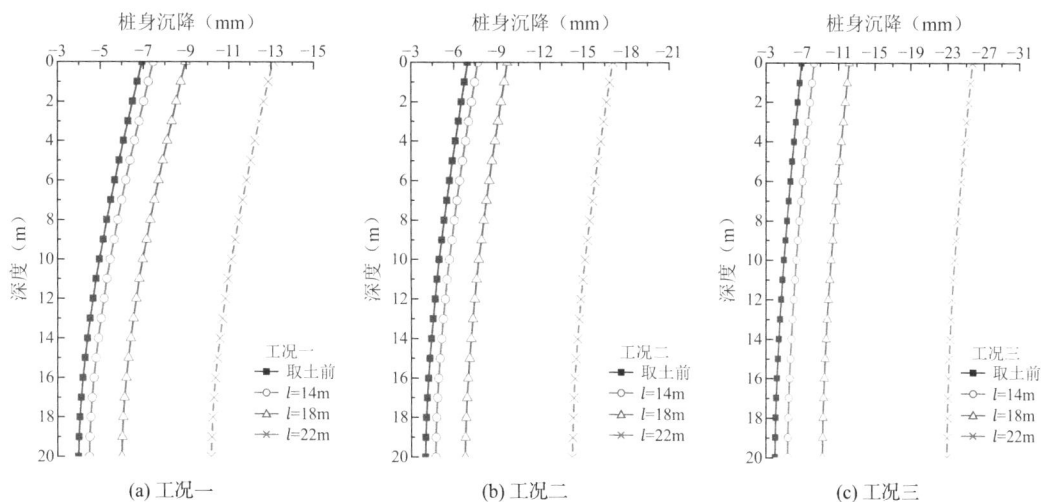

(a) 工况一　　　　(b) 工况二　　　　(c) 工况三

图 6.3.7　各工况下不同取土孔深度对应的桩身沉降对比

3. 取土卸载对单桩承载力的影响分析

图 6.3.8 为各工况下取土前后单桩竖向受压加载模拟的 $Q\text{-}s$ 曲线，取土深度为 $l = 22m$。取土卸载后既有工程桩的竖向受压承载能力明显降低，后续需对取土孔进行深层高压注浆地基补强，以恢复桩的竖向承载力。另外，在取土一侧增设迫降控制桩，避免过度纠倾，同时托换一部分上部结构荷载，提高地基基础承载能力。

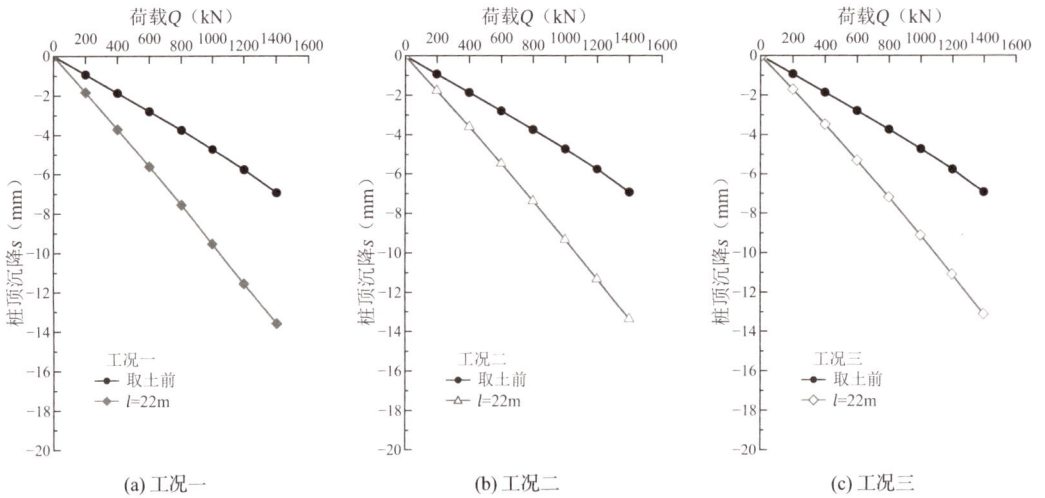

(a) 工况一　　　　　　　　(b) 工况二　　　　　　　　(c) 工况三

图 6.3.8　取土前后单桩竖向受压加载模拟Q-s曲线对比

4. 取土孔周应力分布云图

以工况二为例，取土孔-2的孔周剖面最大剪应力分布详见图 6.3.9。取土孔周地应力因应力解除而发生重分布现象，最大剪应力随孔深增大而增大。这使得孔周塑性区逐步发展至桩侧并扩大了桩端塑性区，进而促使桩侧摩阻力和桩端阻力减小，引起桩基沉降以满足迫降纠倾需求。

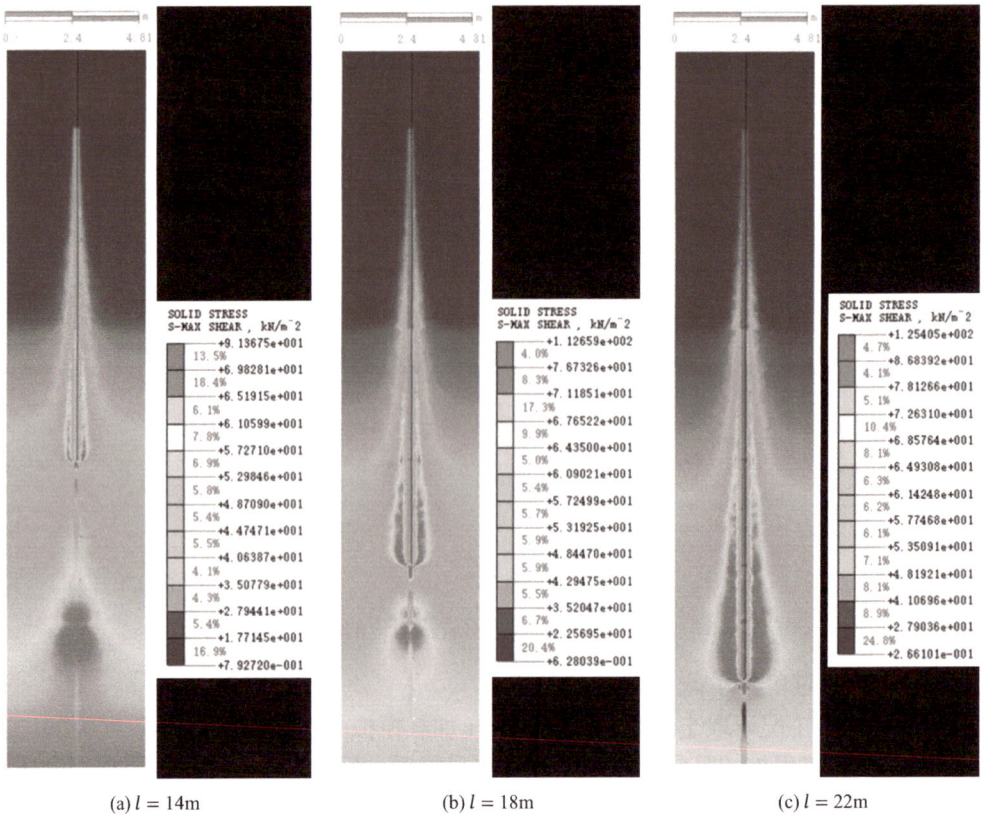

(a) $l = 14$m　　　　　　　(b) $l = 18$m　　　　　　　(c) $l = 22$m

图 6.3.9　取土孔周剖面最大剪应力分布情况

　　综上所述，通过数值模拟分析能够有效反映取土纠倾作用机理，探究取土孔各设计参数对纠倾效果的具体影响。因此，对于纠倾工程，应结合工程实际情况，包括建筑层高、倾斜现象成因、土质情况及原有桩基条件等，建立具体的精细化模型，通过模拟纠倾过程对取土深度、取土孔数量及定位等重要参数进行合理优化，为后续纠倾方案和措施制定提供基础。数值模拟方法的具体实施流程可参考图 6.3.10。当然，数值模拟是一种近理想化的分析手段，无法考虑施工因素方面的影响，纠倾实施效果还应依赖完整的变形监测体系，通过实时监测成果把控建筑物回倾速度，安全、有效地达到迫降纠倾目标。

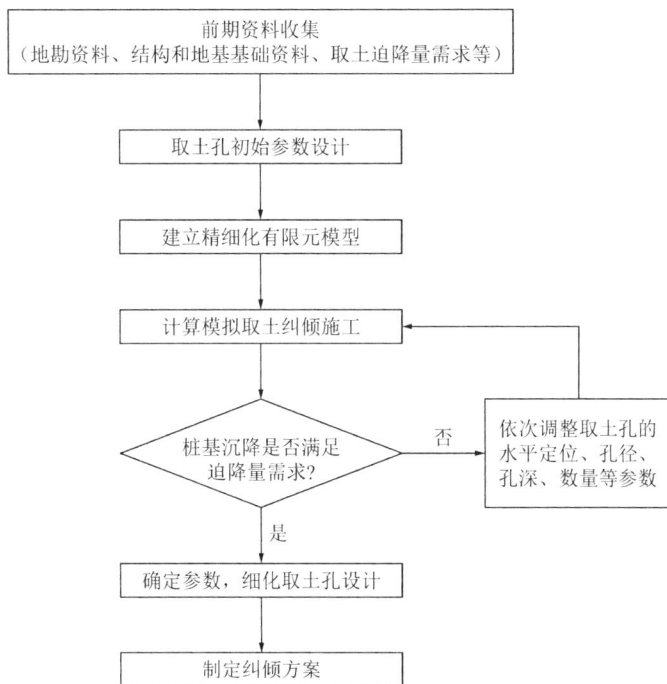

图 6.3.10　数值模拟方法实施流程图

6.3.4　取土卸载后既有桩承载力估算

　　（1）桩侧、桩端取土卸载后，既有工程桩的单桩竖向受压承载力可按下列公式估算：

$$R'_{\mathrm{a}} = \eta_{\mathrm{p}} q_{\mathrm{pa}} A_{\mathrm{p}} + \eta_{\mathrm{s}} u \sum q_{\mathrm{sia}} l_i \tag{6.3.1}$$

式中：A_{p}——桩端横截面面积（m^2）；

　q_{pa}、q_{sia}——桩端阻力特征值、桩侧阻力特征值（kPa）；

　　　　u——桩身周长（m）；

　　　　l_i——桩周第 i 层土的厚度（m）；

　　　　η_{s}——侧阻折减经验系数，单侧取土取 0.5～0.7，双侧取土取 0.2～0.4；

　　　　η_{p}——端阻折减经验系数，单侧取土取 0.6～0.8，双侧取土取 0.3～0.4。

　　（2）桩侧取土卸载产生的迫降应满足下列条件：

$$P \geqslant K R'_{\mathrm{a}} \tag{6.3.2}$$

式中：P——桩顶竖向力标准值（kN）；

　　　　R'_{a}——考虑桩侧取土卸载影响的既有工程桩竖向受压承载力特征值（kN）；

K——经验系数,当采用预制桩时,桩端土为黏性土时宜取 1.4~2.0,砂土时宜取 2.0~2.2;当采用钻孔灌注桩时,桩端土为黏性土时宜取 1.3~1.6、砂土时宜取 1.8~2.0。

6.4 桩端和桩侧取土迫降法纠倾施工

桩端和桩侧取土迫降与竖向构件截断顶升法相比而言具有造价低、对上部结构无影响及施工影响小等优点,但缺点是纠倾精度低、工期难以预估以及对建筑物标高有少量影响。该纠倾方法的施工工艺原理:在沉降较小侧对既有桩桩侧或桩端采用专用钻机反复循环进行干取土作业,解除桩侧阻力或端阻力,促使桩端土加速沉降,从而达到迫降纠倾的目的。另外在取土纠倾前应在沉降较大侧和较小侧分别补入控沉桩和限沉桩,防止纠倾过程中回倾速率过快。纠倾完成后对取土孔进行高压喷射注浆,以及恢复桩侧摩阻力或桩端阻力。取土可采用干钻法、湿钻法、气压法、高压喷射法等工艺,具体应根据工程地质和水文地质条件、基础形式、现场作业条件等因素综合确定。

桩端和桩侧取土迫降施工的关键内容包括控沉桩和限沉桩施工、取土纠倾、取土孔注浆加固、施工监测等。

6.4.1 取土施工方法

干钻法取土是指螺旋钻机通过液压传动系统驱动螺旋钻具旋转,同时利用钻具的自重和下压力将钻具压入土壤中。随着钻具的深入,土壤被螺旋叶片逐渐切削、破碎并排出孔外,最终形成所需直径和深度的钻孔。

湿钻法取土是指地质钻机通过钻进液体循环系统来冷却钻头、控制钻孔稳定性,并将钻屑从钻孔中排出。钻进液体(通常是水或泥浆)被泵送到钻杆内部,通过钻杆和钻头的喷嘴喷出,冲刷钻进面并带走钻屑,然后通过钻孔周围的空间返回到地面。

气压法是指空压机内的高压空气通过喷嘴向土体喷射高压空气吹成土屑返回地面,从而形成孔洞。

高压喷射法是指通过旋喷钻机的喷射管和带有一个或两个横向喷嘴的喷射头喷射成孔,成孔后,钻杆一边旋转,一边向上提升,向土体喷射高压水和空气切削四周土体,形成圆柱状的水与土混合的泥浆。有时根据纠倾需要,通过定向喷射也可形成"片状"泥浆,即在喷射高压水时,钻杆只提升,而不旋转。另外,也可只在一个限定的角度范围内往复喷射,即所谓"摆喷"取土。

6.4.2 控沉桩和限沉桩施工

正式施工前,相关技术管理人员应充分理解设计图纸内容及设计意图,并对实际操作人员、班组长等进行技术交底、操作培训等,同时做好降排水工作。正式降水前应进行试降水,防止因降水导致的附加沉降过大。试降完成后进行正式降水,在施工过程中,确保地下水最高水位线低于地下室底板以方便施工作业。

根据加固设计要求在沉降较大的位置补入控沉桩,在沉降较小的位置补入迫降调节限沉桩,控制迫降速率。沉降较大位置的控沉桩应根据迫降需要动态实施群桩同步持荷、各点精确控制加载。补桩施工的总体顺序应先沉压控沉桩，后沉压限沉桩。每批桩按跳打、对称原则沉压。当残余倾斜率降到设计要求时，对控沉桩及限沉桩进行持荷封桩。

6.4.3　取土纠倾

取土迫降前应处理好地下管线与地面设施，做好泥浆的临时安置与排放等准备工作，作业环境应符合施工的有关规定。对于在建工程，应消除脚手架、塔式起重机、人货梯等设施对迫降施工的影响。

取土孔直径一般取 130～150mm，桩侧取土孔不宜少于 2 个，且应对称布置，取土孔距桩外边缘水平距离不宜大于 500mm。根据以往施工经验，取土孔距桩外边缘的水平距离控制在 200～300mm，取土效果更佳。取土工艺流程：取土孔定位→钻孔→下套管（局部）→取土→拔管→取土孔注浆。

取土宜按分区块、分批、对称、间跳的原则进行，同时应多台机械同步作业。取土顺序应按设计文件要求实施，并应编制取土专项方案，取土深度宜先浅后深，循环取土。取土的速度应根据地基土的性质、建筑物回倾速度等动态调整。钻孔取土过程中，宜尽量施行定向取土，根据迫降量控制取土深度与出土量。施工中应做好每个孔的取土记录，及时分析各区域、各孔的取土进展与迫降量的内在联系，动态调整施工节奏与取土进度。

加强变形监测，施行信息化施工，确保建筑物迫降呈整体、基础结构变形同步的状态。若迫降启动困难，应增配取土钻机，增加取土孔的数量，控制取土深度，遵循稳健、耐心的原则，逐步均匀地启动迫降。迫降纠倾宜经历启动阶段、持续迫降阶段、减速迫降阶段、沉降收敛四个阶段。各阶段迫降速率宜符合下列要求：①启动阶段：1～3mm/d；②持续迫降阶段：4～8mm/d；③减速迫降阶段：1～3mm/d；④沉降收敛阶段：0.3～1.0mm/d。

施工中应促使转动轴的一侧始终保持微量上翘状态，且应控制上翘值不大于 5mm，若产生附带沉降，则应及时调整取土孔数量与深度和控沉桩的桩顶持荷力进行控沉，控制附带沉降不应大于 20mm。另外持续迫降阶段沉降速率过大时应启动限沉桩持荷，减缓迫降速率。

6.4.4　取土孔注浆加固

纠倾至目标值后，应对桩侧全部取土孔实施高压喷射注浆补强，以恢复既有桩的竖向承载力，控制滞后沉降。高压喷射注浆采用双管法工艺施工，水灰比宜取 1∶1，注浆喷射压力 25～30MPa，提升速度 10～20cm/min，转速 8～16r/min，加固土体每立方的水泥掺入量不宜少于 600kg，注浆喷射成孔直径范围约为 500～800mm。高压喷射注浆水泥宜采用普通硅酸盐水泥、复合硅酸盐水泥或矿渣水泥。冲孔区域经过注浆补强后，能缩短残余沉降变形期，减小残余迫降量，能有效防止矫枉过正，避免建筑物纠倾后产生开裂。

6.4.5　施工监测

监测是取土迫降纠倾最重要的一项工作，在迫降纠倾之前应根据设计图纸要求布置监测点，应做好初始数据的记录测量，记录建筑物倾斜量、各部位的不均匀沉降量、构件裂缝位置走向以及其他结构病害等。

取土纠倾的整个施工过程，须在严密的监控下进行。监测内容包括沉降监测、倾斜监测、裂缝及基础结构的敏感部位应力应变监测以及周边环境变形监测等。

纠倾过程中宜每天人工监测1～3次。对于重要工程或危险性较大的纠倾工程，宜采用计算机自动采集数据与可视化跟踪监控于一体的计算机智能实时监测系统，使建筑物纠倾过程处于可控制状态之下，做到信息化施工。

6.4.6 施工注意事项

桩侧桩端取土法纠倾是一项细致的工作，不能操之过急，施工中要随时观测。对纠倾达到要求的部位，要及时进行封孔，或对控沉桩及时持荷。整个施工应保持信息化施工，根据实时监测的数据指导并调整纠倾施工，做到动态设计与施工。

桩侧桩端取土法纠倾施工的主要方法和辅助措施应根据纠倾建（构）筑物平面形状、结构类型、地质条件、周边环境限制等因素优化选择和组合。

6.5 工程实例1：安徽某32层高层住宅取土迫降纠倾工程

6.5.1 工程概况

1. 前言

安徽省某新建高层住宅，位于该高层住宅小区的西南角，建筑平面轴线尺寸40.00m×15.90m，地下1层（北面、东面与大地库相连），地上32层，建筑高度99.85m，地上建筑面积14057.01m²。标准层建筑平面图如图6.5.1所示，纠倾前建筑北、南侧实景图如图6.5.2、图6.5.3所示。

该楼进行精装修施工阶段时，因发生了较大的差异沉降和西南方向整体倾斜，造成电梯无法安装、楼面等装饰施工无法收尾，导致工程处于停工状态。根据2020年11月1日第三方检测单位提供的倾斜率数据，外墙最大向南倾斜率达4.09‰，电梯井最大南倾4.4‰；东西向整体表现为向西倾斜，外墙最大倾斜率达3.27‰。其倾斜值均已超出国家标准《建筑地基基础设计规范》GB 50007—2011关于同类建筑结构整体倾斜的限值（2.5‰），且房屋沉降尚未稳定，相连的地库结构开裂渗水，为不影响上部结构安全及正常使用，亟须整体纠倾和基础控沉加固。

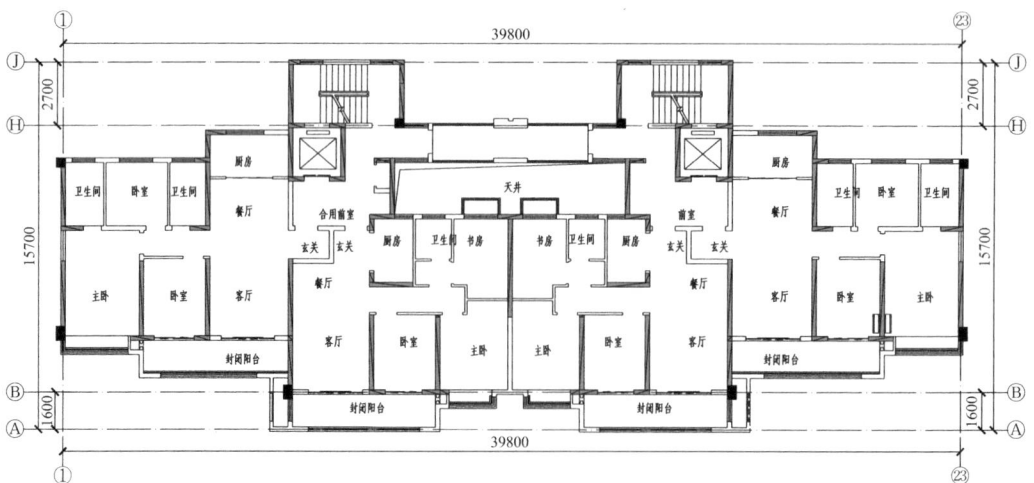

图6.5.1 标准层建筑平面图

图 6.5.2　纠倾前建筑北侧实景图　　　图 6.5.3　纠倾前建筑南侧实景图

2. 基础、结构设计与岩土工程条件

（1）基础设计

设计采用先张法预应力高强混凝土管桩＋条形承台＋筏板的基础形式，空心管桩型号为 PHC 500-AB-125，共计 134 支，设计桩长变更为 28m，单桩竖向承载力设计值 2250kN，以⑤细砂层为持力层，桩顶相对标高－5.70m。承台梁、筏板为 C35、P6 混凝土，条形承台截面尺寸 700mm×900mm，筏板面积约 570m²，筏板厚 400mm，内配 ϕ 12/14@200 双层双向钢筋，局部附加短筋。地下室设计抗浮水位绝对高程 18.950m。

在恒＋活标准组合工况下，基础结构总荷载为：273103kN（包含基础自重），其中上部恒荷载：237838kN，活荷载：35265kN。此外，目前施工进度状态下的竖向总荷载约为 237838kN，占建筑设计总荷重的 87%，若不考虑结构倾斜偏心因素则平均桩顶竖向力 1774kN。

（2）结构设计

该建筑为剪力墙结构，结构安全等级为二级，主体结构以基础底板为嵌固端。结构设计按 7 度抗震设防，建筑抗震类别为丙类，设计地震分组为第一组，设计基本地震加速度值 0.10g，场地特征周期为 0.45s，剪力墙设计抗震等级为二级，结构阻尼比 0.05，地面粗糙度类别 C 类，基本风压 0.35kPa，基本雪压 0.45kPa。剪力墙、梁板混凝土强度等级分别为 C45、C30，剪力墙厚 200mm、250mm、300mm，楼板厚度一般为 100mm、120mm，地下室顶板厚 160mm。

（3）工程地质与水文条件

建设场地整体有起伏，为建筑垃圾堆场。建筑场地类别为 Ⅲ 类，属软弱～中软场地土，特征周期 T_g 值为 0.45s，属建筑抗震不利地段。场地属湿润区，环境类型属 Ⅱ 类，地下水、土对混凝土结构具微腐蚀性，对混凝土结构中的钢筋具微腐蚀性。

该幢楼东侧与大地库相连，后期无填土，北侧采用通道与地库连接，西侧及南侧无地库相连。

详勘报告显示，基底下存在 10 层土，各土层的性状见表 6.5.1。

土层性状表 表 6.5.1

层号	土名	层厚（m）	状态	E_s（MPa）	预制桩（标准值）	
					q_{sik}（kPa）	q_{pk}（kPa）
③₁	淤泥质粉质黏土	4.20～7.80	软塑	5.00	15	
③₂	粉质黏土	0.00～2.60	可塑	7.00	15	
④₁	粉细砂	2.80～9.30	稍密～中密		25	
④₂	粉细砂	1.80～10.80	中密～密实		35	4000
⑤	细砂	0.00～3.90	密实		45	5000
⑤₁	粉质黏土夹粉土	0.00～1.00	可塑	7.00	45	2800
⑤₂	粉土夹粉细砂	1.60～4.30	中密～密实	9.00	55	3400
⑥	粉土夹粉质黏土	1.50～3.50	中密～密实	7.00	70	3400
⑦	中砂	1.80～2.20	密实		105	8000
⑧	全风化花岗片麻岩	未揭穿	砂粒状		55	

场地典型地质剖面如图 6.5.4 所示。

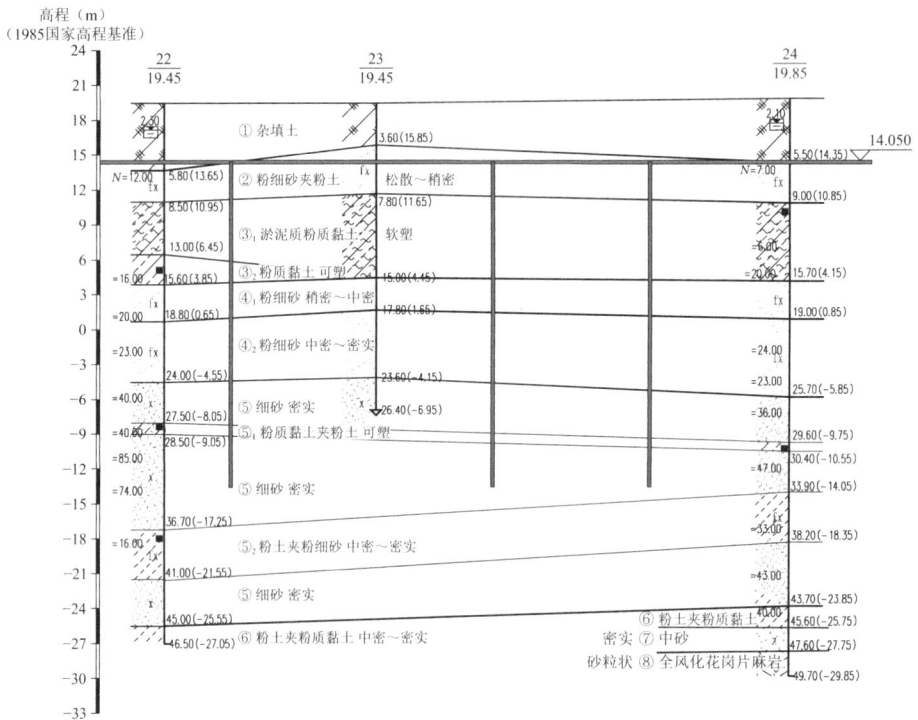

图 6.5.4 场地土典型地质剖面

3. 建筑沉降变形状况

（1）倾斜状况

2020 年 11 月 1 日测得的外墙倾斜数据：10 号楼南北向整体表现为向南倾斜，外墙最大倾斜率达 4.09‰；电梯井南倾最大倾斜率为 4.40‰；房屋东西向整体表现为向西倾斜，外墙最大倾斜率为 3.27‰，各点的倾斜监测数据见图 6.5.5。

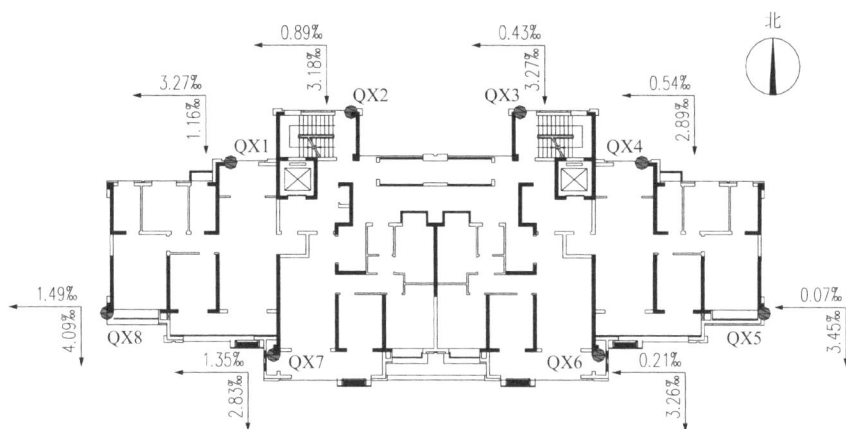

图 6.5.5　各点倾斜数据平面图

（2）沉降状况

第三方监测单位在 2020 年 9 月 28 日—2020 年 11 月 1 日期间（历时 34d），测得各点的累积沉降量，见图 6.5.6，沉降最大点平均速率接近 0.08mm/d，监测期过短，测量误差较大，仅作参考。

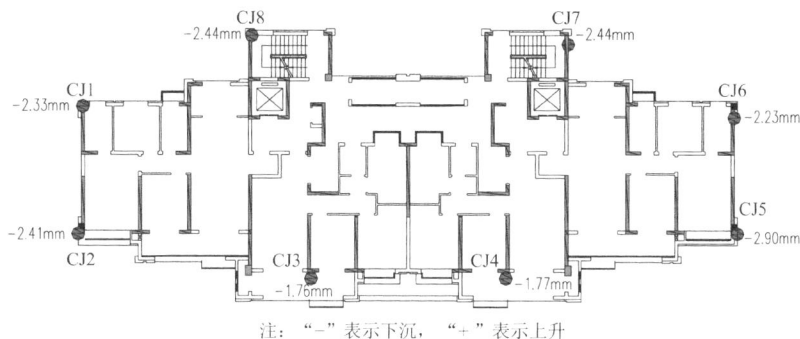

注："−"表示下沉，"＋"表示上升

图 6.5.6　各点累积沉降量平面图

（3）结构裂缝状况

经现场踏勘，上部结构无开裂现象，地下室结构裂缝主要分布在北侧连接口附近的混凝土外墙上，裂缝走向基本呈 45°与差异沉降有关。现场地库裂缝及监测照片见图 6.5.7。

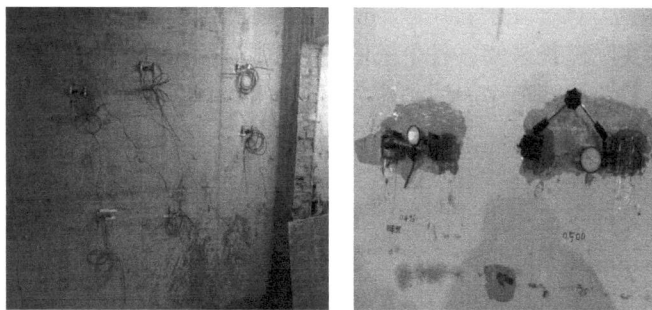

图 6.5.7　地库裂缝及裂缝监测照片

4. 房屋倾斜原因分析

地基发生过大差异沉降导致建（构）筑物倾斜，一般与地基勘察、工程设计或基坑支护设计、工程施工、竣工后是否合理使用或规范化改造等相关。另外周边环境急剧变迁、地下工程（如地铁穿越）施工、邻边深基础施工或地质灾害（山坡滑移）、自然灾难（地震、强风、洪涝等）也会导致建筑物倾斜。

通过综合分析研究，初步可以认定以下几个方面是构成建筑物沉降差异以及向西南倾斜的主要原因：

（1）地勘报告显示，本工程基底下浅部为软弱土层，中下部为土性较好的砂性土地基，但是桩端持力层存在性质不同的分层，一定程度上影响了桩的实际承载能力和沉降性能。

（2）管桩施工期间，由于静压桩施工速度较快，饱和中密的砂土层中会形成超静孔隙水压力，导致桩贯入困难，部分桩贯入深度很可能达不到设计要求，从而形成桩基承载力平面分布不均匀。

（3）该楼和地下室周边连接约束不对称，地下室的西侧、南侧和北侧部分区域存在厚度 5m 左右的新填土，使主楼桩基外周的荷载作用明显不均，这些差异可能也会导致主楼沉降不均匀。

（4）该楼桩基平面分布呈北强南弱状，在非抗风、非抗震工况下桩顶荷载分布存在南北向明显不均匀现象。

（5）业主方提供的相关资料表明该楼可以排除因桩身偏斜、断裂和桩连接接头焊接不良等引发的桩基局部失稳的问题。

（6）在后补钢管桩加固施工过程中，该楼南侧平均桩长明显超过北侧，这表明桩端持力层力学性质（承载力和密实度等）在南北向存在明显的差异，从而导致沉降不均匀。

5. 工程重点和难点

随着不均匀沉降的不断发展，结构倾斜日益增大。为了确保主体结构的安全，同时减小损失，亟须对本工程进行控沉和纠倾处理。目前，国内外近百米高层建筑发生倾斜案例极少，对如此规模的工程进行控沉和纠倾，设计和施工均存在较大的风险，本工程处理的重难点如下：

（1）建筑高度达 100m，工程风险大

该楼作为一幢主体建筑高达 100.15m 的高层建筑，工程体量大，国内可借鉴的工程处理经验少。而且，该楼为板式建筑，高宽比达到 6.4，对基础不均匀沉降和倾斜十分敏感，由于主楼倾斜发展态势较为严峻，纠倾过程中存在倾斜加剧甚至倾覆的风险，设计与施工过程中的风险控制是决定项目成败的关键因素。

（2）工程桩承载力状况复杂，纠倾不确定因素多

既有工程桩的实际桩长未知，各个桩的单桩承载力不同，对控沉设计时后补桩分担比控制较难。同时，目前沉降速率表明预应力管桩实际承受荷载可能已经超过桩基的承载力极限值，桩身存在压坏的可能。工程桩承载力的不确定性和地基土应力的变化，将对纠倾过程中房屋的局部及整体倾斜状态产生影响，从而给迫降纠偏带来很大困难。

（3）基底存在较厚的高灵敏度的软弱土层

由于地质条件和水文条件不同，建筑物纠倾工程具有很强的地域性。本工程地基土灵敏度较高且基底应力较大，压桩中易引发附加沉降。因此，需采取有效措施以应对最不利情况，并做好全程监控，实施信息化动态施工，确保工程施工处于安全可控状态。

（4）纠倾工程时空效应显著

纠倾过程中，掏土孔的布置位置与深度、数量，掏土孔的顺序和深度范围内的分段取土进度安排，掏土孔周边土体的蠕变、弹塑性应力发展和圆孔的变形过程，都会使掏土纠倾具有显著的时空效应。

（5）后补桩施工质量控制难度大

地基的土层分布不均匀，桩体的持力层分布深浅不定，对于压桩施工过程中的各项控制措施必须实施严格监控。桩体的垂直度、接头的焊接质量和终压力的控制等各种参数都须由专人现场监督，各工序质量必须严格把控。

（6）后补桩成桩难度大

后补钢管桩须穿透约 14～18m 粉细砂层，沉压难度大，须采取冲孔沉压或预引孔等措施进行引孔沉压，确保钢管桩终止条件达到设计要求。

（7）主楼与地库共同迫降纠倾

该楼东侧、北侧受地库限制，迫降纠倾难度增大。须预先对大地库连接口以外影响区域进行迫降，以适应主楼迫降变形，并通过南侧后补桩同步加载反压，北侧钻孔取土降低桩基侧向摩阻应力达到迫降纠倾目标。

（8）施工期间监测要求高

由于本工程的控沉、纠倾施工的特殊性，在施工过程中对该楼全面监测基础沉降、房屋倾斜和地下室结构裂缝及主要部位构件应力监测等内容，并及时反馈监测数据，进行科学合理的分析，及时进行动态调整，做到信息化施工管理。

6.5.2　基础控沉及纠倾方案

针对该楼的沉降、倾斜状况和地质条件，按照控沉和纠倾协同、有序施工的原则，本工程最终择优采用锚杆静压钢管注浆桩控沉加固与建筑物迫降纠倾相结合的技术方案，主要采取如下方法和措施：

（1）采用桩身强度高、地基扰动小的开口注浆钢管桩进行基础控沉托换，分批补入注浆钢管桩，通过预加载封桩，主动分担上部荷载，主动降低既有管桩的承载量，能显著控制后期沉降，进一步调节南北向沉降差，大幅度提高地基基础安全度，满足长期安全与正常使用要求。

（2）采用地基应力解除法结合地基反压技术实施南北向迫降纠倾，采取各项技术措施，加强施工管理，促使有序、安全、同步、可控地完成迫降目标。迫降完成时，对取土孔实施压密注浆或高压喷射注浆，以恢复既有管桩的竖向承载力。

（3）对补桩和取土等各个可能的工况均作了必要的验算，结合工程经验进行详细设计并提出关键的施工部署和专业工程施工要点，为专项施工方案的编制指明方向。只要严格按图施工、精心管理，就能够彻底解决桩基础病害问题，消除结构倾斜，提高桩基础的可靠性（安全性、适用性、抗震性和耐久性），保证建筑正常使用年限达到原设计要求（50 年）。

（4）主楼纠倾完成后，对主楼内受损剪力墙和筏板进行灌缝补强及截面扩大加固，对相连的周边地下车库筏板、顶板进行补强，包括开裂柱的置换以及梁、板加固等。

（5）施工前建立完整的变形监测系统，施工期间全程实时监测变形，施工结束后进行工后变形监测。

本工程沉降幅度大，工程桩承载力未知，地基应力解除法通过调整地层应力的分布，减小既有工程管桩的桩侧阻力，改变桩土及既有管桩的承载力以调整不均匀沉降，其时空效应显著。为了避免纠而不沉，矫枉过正及沉而不止等现象，增强迫降纠倾过程的可控性，本工程基础控沉和纠倾设计了如图6.5.8所示的作业流程。

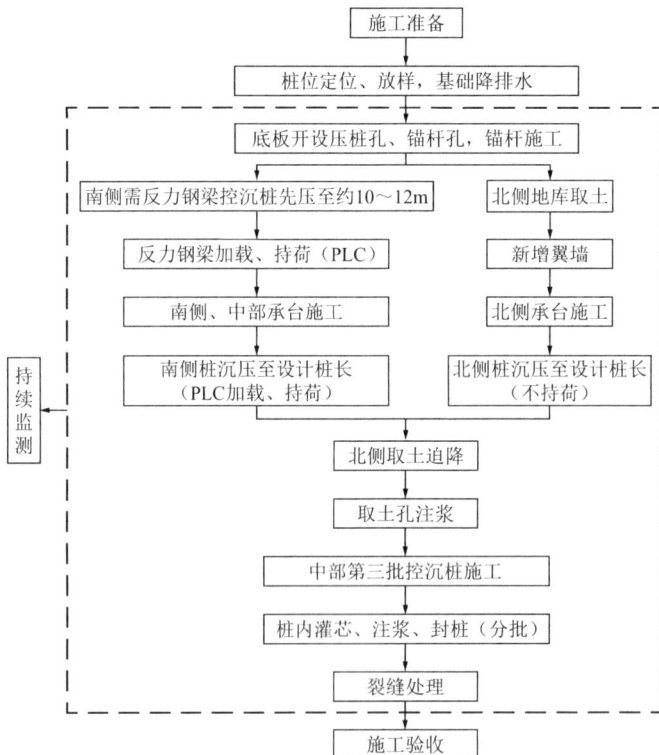

图 6.5.8　基础控沉和纠倾设计作业流程图

6.5.3　基础控沉补桩设计

1. 关于既有桩平均单桩竖向承载力的估算与取值

（1）根据桩基础受力与变形状态进行估算。鉴于加固前虽然倾斜超标但地基沉降仍处于收敛状态，近期平均沉降速率 0.080mm/d，可以判断桩基础受力与变形并非处于极限状态，而是处于弹塑性受力变形状态，因此既有管桩单桩竖向承载力特征值R_a可表示为：$1800/2 < R_a \leqslant 1800kN$（该楼在静力作用工况下平均桩顶反力为1800kN，南侧桩顶反力$\geqslant$2000kN，最大达 2200kN，见图6.5.9），如果取中间值，即单桩承载力特征值$R_a = (900 + 1800)/2 = 1350kN$。要使地震作用工况下边角桩反力不超过目前桩顶反力，则须保证房屋$R_a \leqslant 2200/1.5$（地震分项系数）$= 1467kN$，故在此条件下既有管桩单桩竖向承载力特征值取值$R_a = 1350kN$是合理的。

（2）根据桩顶卸荷法估算。凭工程经验，利用后补桩以主动卸除目前工况下的桩顶荷载，卸载达到30%～50%较为安全，剩余占比10%左右的活荷载由后补桩承担，即单桩承载力特征值取用$R_a = 1800 \times (0.50～0.70) = 900～1260kN$。鉴于桩基础并非处于极限状态，一般认为卸载30%即可满足其安全性要求，所以既有管桩单桩竖向承载力特征值取值$R_a =$

266

1260kN 同样合理。

综合考虑建筑结构倾斜引发的桩顶应力不均匀以及其他不确定因素,具体补桩设计中,名义上单桩竖向承载力特征值取 1350kN,实际设计时按$R_a \leqslant 1050$kN 进行补桩控沉设计。

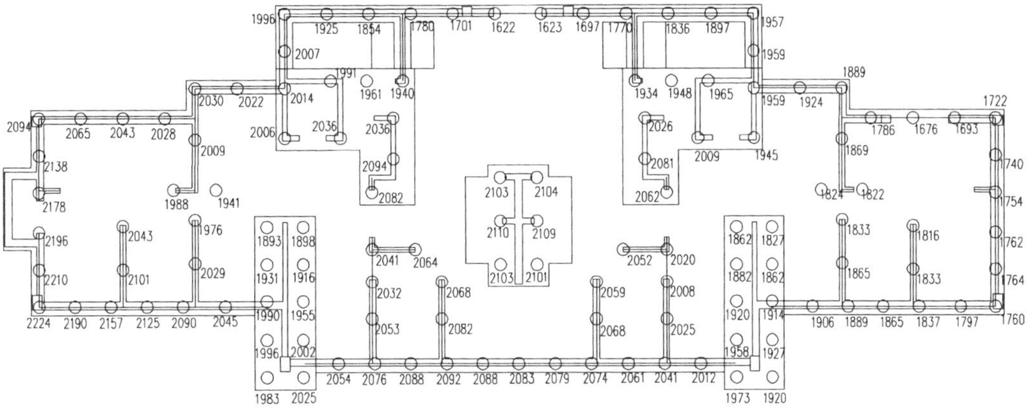

图 6.5.9 静力作用工况下桩顶竖向反力图(单位:kN)

2. 关于房屋倾斜对既有管桩安全性影响的分析判断

该楼桩基工程为高强预应力空心管桩,型号为 PHC-500-AB-125,设计桩长为 28m,焊接接桩,管桩的抗裂弯矩$M_k = 136$kN·m,桩身竖向承载力标准值为$R_p = 7402$kN。桩顶嵌入承台底面 50mm,并配有 6ϕ16 锚筋与承台连接,锚筋插入管桩顶部长 2000mm 段为灌芯段,使桩与承台形成半刚接支座。桩群不均匀下沉过程必然受到桩承台和上部结构共同作用约束,使桩群沉降形成线性差异的沉降,即承台底面基本上呈线性倾斜(平均倾斜角θ,$\tan\theta = 3.50$‰)。因为支座约束而产生次生内力——弯矩M_a、M_b和剪力V_a、V_b($V_a = P \times \tan\theta$,$V_a < 10$kN 忽略不计),桩顶轴力$P$因建筑整体倾斜产生了附加力矩而有所调整,$P \approx (1\pm4\%)N_k$,$N_k = 1800$kN 为桩顶静力作用下竖向力值。此时桩顶与承台连接变位模拟如图 6.5.10 所示。

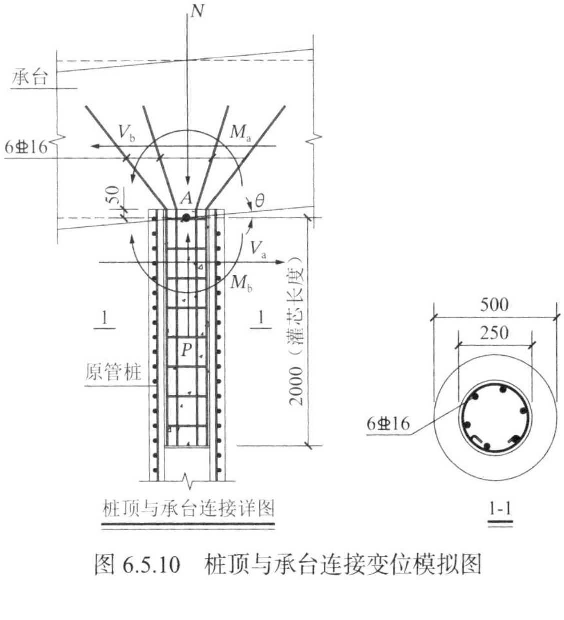

图 6.5.10 桩顶与承台连接变位模拟图

（1）管桩顶部与承台仅靠 6ϕ16 连接，当桩与承台连接处发生平均值 3.50‰ 转动变角时，假定桩与承台为刚接，变位引发桩身内力的计算式估算支座附加弯矩 $M_a \approx 4EI\theta/L$，E 取 $3.8 \times 10^4 N/mm^2$，I 取 $2.9 \times 10^9 mm^4$，$\theta = 0.2°$，桩刚性段长度 $L \approx 15m$，经计算 $M_a \approx 88.2 kN \cdot m$。此时 M_a 小于管桩抗裂弯矩 M_k，故桩与承台锚接支座所产生的次生弯矩几乎可以忽略不计。

桩与承台锚接支座所产生的次生弯矩 M_a 大小完全取决于锚筋配置，只有当锚筋受拉屈服时才会产生最大弯矩值，随后即使桩转动角度进一步增大也不会导致弯矩值增大，故最大弯矩值处于恒定或因锚筋拉长而降低，形成铰接时附加弯矩得以释放而降低，即最大值 $M_a \approx 1.30 \times 201mm^2 \times 360N/mm^2 \times 0.22m \times 2 = 42kN \cdot m$，则桩身需承受的弯矩 $M_b = M_a = 42kN \cdot m$，小于桩身的抗裂弯矩 $M_k = 136kN \cdot m$，$M_b < M_k$，故桩身顶部段处于安全状态。

（2）预应力管桩是受压构件，有一定的抗弯能力，桩身破坏需要受力超过桩身抗裂弯矩使桩受力成为大偏压构件（抗弯构件），但是上述计算已经证明这是不可能发生的。

桩身竖向受压承载力（极限）标准值 R_p 为 7402kN，远大于在未加固前静力工况下的桩顶反力值 $1800 \times (1\pm 5\%)kN$，因此即使未做补桩加固，桩基础也不会因承台支座节点变形而破坏，只有当建筑产生过大的倾斜和桩基础整体失稳时才破坏殆尽。

因此我们经过上述概念性计算分析，在承台发生南北向 3.50‰ 倾斜之下桩顶与承台连接处不可能发生破坏，补桩加固之前既有管桩仍处于安全状态。

3. 基础承载力补强与控沉设计

（1）锚杆静压钢管桩控沉设计

在地基承载力不足的建筑物基础下，后补锚杆静压钢管桩，使桩端进入地基深部承载力较高的土层中，将建筑物部分荷载传入该土层，从而减小浅层地基土附加应力，可有效制止沉降继续发展。

基础控沉托换率由建筑物的沉降速率、倾斜量、上部开裂程度、地基土特性等因素决定。经计算，本工程共采用 74 根 355mm × 12mm 高吨位注浆型锚杆静压钢管桩进行补强控沉，控沉桩桩长约 28m，以⑤细砂层作为桩端持力层，单桩受压承载力特征值 R_a 为 1800kN。采用桩端后注浆，单桩注浆量 ≥ 1.5t。其中桩基承载力复核时不考虑水浮力和基底土的分担作用，仅作为地基安全储备。房屋总重 273103kN，已含新增压桩承台自重，最终实际补强率为 51.4%，既有管桩的卸荷比达到 46%，管桩承载力利用率仅为 54%，即 $R_a = 1800 \times 0.54 = 972kN$，保证地基基础具有足够的安全度。若既有管桩的 $R_a = 1350kN$，则安全度 $K \geqslant 2.2$，地基基础安全度略超原设计，即安全系数 > 2。

通过补入应急止沉桩，将建筑物的部分荷载转移到新增桩基，通过减小场地浅层软弱区域内较短工程桩内力以及浅层地基土的附加应力，可以有效控制建筑物的大幅沉降并适当调整沉降的趋势。纠倾过程中，设置桩侧应力释放孔后，原本沉降较小区域桩基须逐步下沉，方可实现迫降纠倾，因此，控沉桩不能一次性补入。根据建筑物倾斜状况，在完成前期应急控沉后，结合地应力解除法迫降纠倾的需要，分三批次进行补桩，达到控沉和纠偏的协调作业。

（2）锚杆静压钢管桩布置

高吨位注浆型锚杆静压钢管桩施工批次如图 6.5.11 所示。

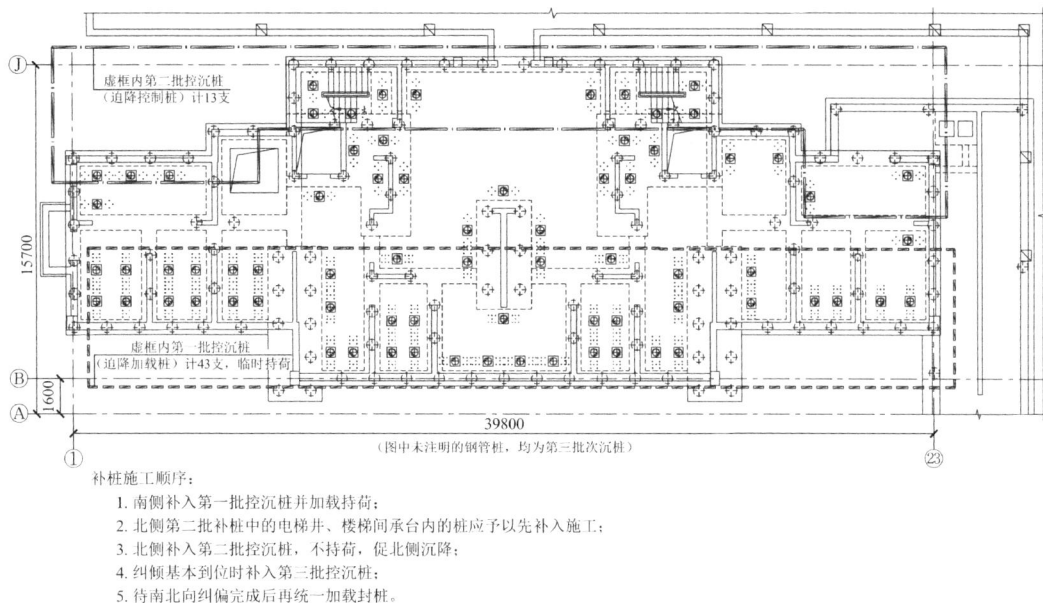

补桩施工顺序：

1. 南侧补入第一批控沉桩并加载持荷；
2. 北侧第二批补桩中的电梯井、楼梯间承台内的桩应予以先补入施工；
3. 北侧补入第二批控沉桩，不持荷，促北侧沉降；
4. 纠倾基本到位时补入第三批控沉桩；
5. 待南北向纠偏完成后再统一加载封桩。

图 6.5.11　锚杆静压钢管桩施工批次图

4. 预加载持荷封桩设计

本工程后补高吨位锚杆静压桩为紧急控沉桩，成桩到位后应立即发挥其承载力并参与工作，达到紧急控沉的效果，必须采用预加载持荷封桩的形式。若采用普通方式进行封桩，即一次性浇筑封桩混凝土，由于房屋沉降尚未稳定，混凝土达到设计强度前桩头与原基础连接处即受损，给桩头处防水处理留下隐患。

基于上述原因本工程设计了一种控沉桩预加载持荷二次封桩方法，其具体做法如下：

（1）成桩完成后，拆除压桩架及千斤顶。

（2）立即重新设置封桩架及千斤顶，对钢管桩施加 0.8～1.0 倍单桩承载力特征值的持荷力。

（3）采用 C40 高强无收缩灌浆材料，进行持荷状态下的第一次封桩。

（4）养护 3～5d 后撤除千斤顶、封桩架，进行第二次封桩，第二次封桩仍采用 C40 高强无收缩灌浆料。

6.5.4　整体纠倾设计

1. 纠倾目标及原理

（1）纠倾处理目标：实施南北向单向纠倾微调，东西向不作纠倾。做到预先充分考虑各层楼面实际高差和电梯安装要求，制订迫降纠倾目标值，最终尽可能将外墙主控角倾斜率控制在 0.6‰～1.0‰。根据房屋倾斜监测数据，北侧迫降量应为 30～45mm。

根据房屋倾斜情况及地基基础状态，为保证房屋有序、安全、同步、可控地完成迫降目标，本工程采用地基应力解除法结合地基反压技术进行南北向迫降纠倾。

（2）地基应力解除法结合地基反压技术纠倾原理：本工程采用地基竖向应力和工程桩侧向应力解除的整体迫降法结合地基反压进行纠倾微调。在沉降较小的一侧打设取土孔进行竖向（略偏斜）钻孔取土，降低所在一侧的桩基一部分侧向摩阻应力，改变桩基一侧特定范围内的受力边界条件，引起特定范围的桩基土应力和桩顶反力重分布，迫使该侧地基土产生侧向流动、沉降。经过分阶段的反复钻孔取土，同时在取土过程中对非迫降区域通过后补桩同步加载反压，促使迫降侧地基应力显著增大，以加快土体侧向流动和压缩变形，从而使地基、基础与结构协同变形迫降，能较快满足纠倾要求。

采用地基应力解除法纠倾，不易产生沉降不止或回倾等"后遗症"，而且在建筑物纠倾扶正的同时，建筑物的重心往沉降量小的方向回转，基底应力分布往有利的方向调整并趋于均匀。

2. 整体迫降纠倾设计

1）本工程房屋向南、向西倾斜，根据房屋的倾斜情况，其总体的迫降纠倾顺序为：先南北向纠倾，后东西向纠倾微调，最后进行地基、桩侧注浆加固和后续的补桩控沉封桩。迫降纠倾时不切断主楼与地库的连接，即北侧大地库与房屋有一处接口，房屋北侧受地下空间限制及地下室约束，须预先对大地库连接口以外影响区域进行预先迫降，适应主楼迫降变形。

2）加强变形监测，采用信息化施工，确保建筑物迫降呈整体、均衡线性（基础结构变形相对同步）的状态。若迫降启动困难，应该增配取土钻机，增加桩侧向取土孔的数量，控制取土的深度，遵循稳健的原则，逐步均匀地启动迫降。迫降纠倾分三个阶段完成：

（1）在启动阶段，速率为 1～2mm/d，通过动态调整使工程进入整体同步较均匀迫降变形状态，否则不得提速取土迫降。

（2）在持续较高速率进行迫降纠倾阶段，应按方案控制取土迫降速率，速率为 3～4mm/d。

（3）减速迫降阶段速率控制在 0～2mm/d。

3）施工中应促使迫降值为 0 的一侧始终保持微量上翘状态，并且控制上翘值≤5mm。如果产生附带沉降，则应及时调整取土孔数量与深度，控制附带沉降≤20mm。

4）纠倾至目标值后，应对所有干取土孔实施注浆补强，控制滞后沉降。在取土施工结束时及时插入注浆管至孔底，以高压注浆泵压入水泥浆液（水：水泥＝1：0.6～1：0.7），浆液用量应不小于理论体积的 2 倍，注浆压力不宜＞1.0MPa。而对于高压旋喷取土孔应予以高压旋喷注浆加固，旋喷工艺采用双管注浆，水灰比 1：1，注浆压力 25～30MPa，钻杆转速 20r/s，提速 200mm/s。

3. 迫降取土孔设计

根据房屋不均匀沉降及北侧受地下室约束情况，在主楼北侧地库内布置取土孔，同时在东侧主楼外侧一跨地下车库范围内布置取土孔，对沉降较小部分进行迫降。浅层取土孔径为 150mm，间距 1.0～2.0m，采用专用钻机干取土解压作业。迫降纠偏时，先对北侧地库内进行取土作业，然后按对称、分区、同步作业的原则，由东向西分段同步取土，浅层取土深度 5～10m。为提高迫降效率，在房屋北侧地库区域外，北侧原工程预应力管桩设置深层取土孔，深层取土孔径为 150mm，孔深 15～20m，图 6.5.12 为取土孔布置图。

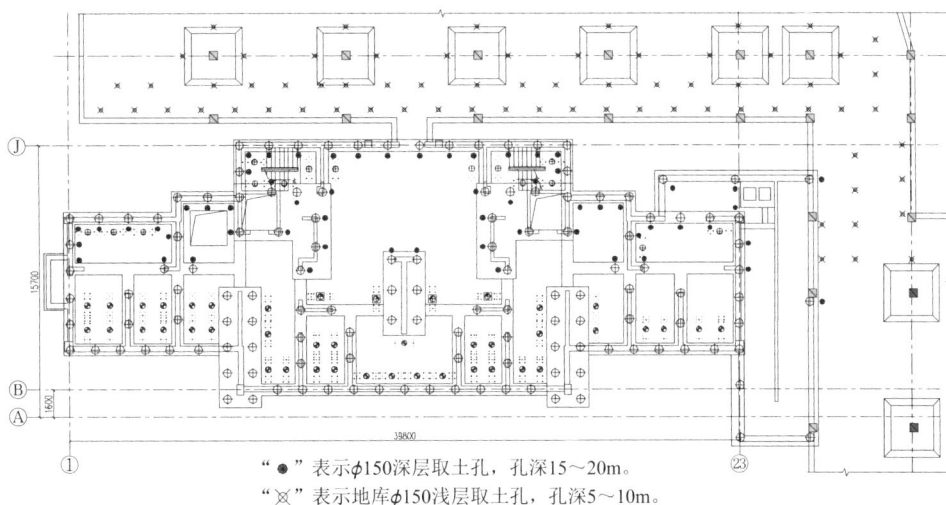

"●"表示 ϕ150 深层取土孔，孔深 15～20m。

"▨"表示地库 ϕ150 浅层取土孔，孔深 5～10m。

图 6.5.12　取土孔布置图

6.5.5　基础控沉与迫降纠倾施工

针对本工程房屋的沉降、倾斜状况制定的基础控沉、迫降纠倾相结合的总体施工顺序如下：建立完备的监测系统，并深化设计，编制专项施工方案→做好大地库以及大基坑内的降排水系统，确保地下水位控制到位→南侧应急控沉桩第一次沉桩，反力钢梁临时持荷，并进行南侧新增承台施工→北侧新增承台施工→南侧应急控沉桩第二次沉桩，南侧加载反压桩沉桩并加载持荷→补入北侧的迫降控制桩，不加载持荷，观察其地基反应→取土纠偏，南侧桩顶持荷反压→取土孔注浆补强，北侧桩持荷微调→南侧桩加载封固→北侧桩适量加载封固或卸载封固→结构裂缝处理→主楼与大地库连接口防水修复→实时跟踪监测。

1. 应急控沉桩施工

（1）根据房屋现状及前期的施工部署，首先在房屋南侧施工第一批应急控沉桩，在筏板基础开设压桩孔、锚杆孔，并进行反力锚杆埋设，利用锚杆孔内无收缩灌浆材料进行养护施工。

（2）为保证南侧第一批控沉桩施工时不会因反力过大使房屋倾斜加剧，第一批应急控沉桩在不引孔情况下先压至 10～12m。压桩停止后立即采用反力钢梁加载并采用 STC 液压系统进行持荷，如图 6.5.13 所示。

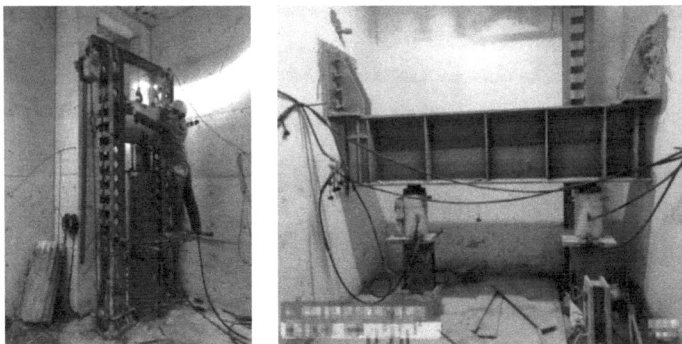

图 6.5.13　第一批控沉桩施工

2. 新增承台施工

第一批控沉桩补入后，南侧新增承台施工，植筋并绑扎钢筋，同时北侧增设压桩承台，如图 6.5.14 所示。

图 6.5.14　新增压桩承台

3. 二次沉桩施工

利用南侧新增承台二次沉桩，并采取引孔措施沉桩（图 6.5.15），桩长达到设计桩长后加载反压及加载持荷。同时补入北侧的迫降控制桩，沉桩完成后，不采取持荷措施，观察其地基反力。

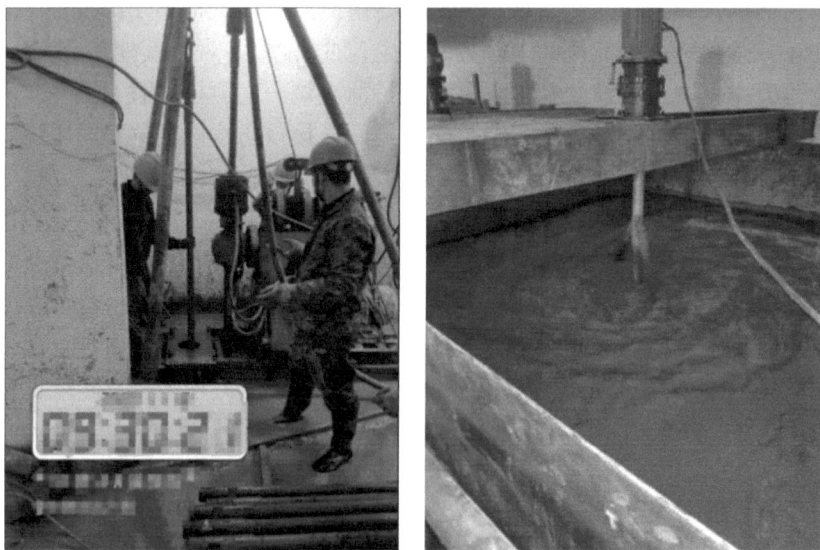

图 6.5.15　桩内引孔

4. 取土迫降及南侧加载反压

（1）在房屋北侧地下室利用地质钻机浅层取土孔预先取土，取土深度 5～10m，释放筏板下基底土应力以适应主楼迫降变形，后对房屋内北侧既有管桩周边进行深层取土，取土深度 15～25m，减小桩侧摩阻力迫使桩与房屋沉降变形一致。组织 8 台专用钻机取土钻孔，干钻取土和摆喷取土解压作业相结合，其中取土孔应对称、分区、同步作业，自东西向分段同步取土。现场取土施工如图 6.5.16 所示。

图 6.5.16　钻机取土现场

（2）北侧取土迫降的同时，南侧利用控沉桩桩顶同步加载反压，促使迫降侧地基应力显著增大，提高迫降速率。钢梁加载及现场施工如图 6.5.17 所示。

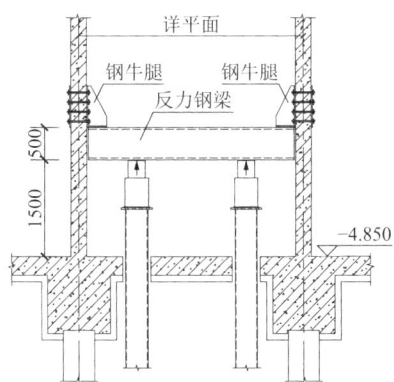

图 6.5.17　钢梁加载设计图及现场施工

5. 控沉桩持荷微调

进入减速迫降阶段，沉降速率控制在 0～2mm/d，为控制迫降速率，采用取土孔内注浆补强，并对北侧控沉桩进行持荷微调，逐步减小房屋迫降量。持荷施工如图 6.5.18 所示。

图 6.5.18　北侧控沉桩持荷

6. 桩端后注浆施工

待迫降纠倾完成后，控沉桩利用预埋注浆管，对桩端、桩侧进行后注浆施工。回灌混凝土至桩顶，然后进行桩端注浆，兼顾桩侧注浆。注浆浆液采用 P·O42.5 级硅酸盐水泥。控沉桩桩端后注浆施工如图 6.5.19 所示。

图 6.5.19　控沉桩桩端后注浆施工

6.5.6　变形监测

1. 监测内容与监测精度

（1）主楼的沉降、倾斜和结构裂缝监测，沉降监测精度达到水准测量Ⅱ级。

（2）主楼在迫降纠倾期间的钢管桩持荷监测，精度到 0.1kN。

（3）迫降纠倾期间主要部位构件（地下室剪力墙、连梁等）应力应变监测，精度满足 0.2%F·S，且不大于 $\mu\varepsilon$。

2. 施工阶段监测频率

（1）施工前，应对周围环境作一次全面调查，建立完整的沉降、倾斜、裂缝以及必要的应力应变监测系统，核准初始值，并记录必要的情况及数据，补充必要沉降与倾斜监测点。

（2）补桩施工期间，沉降监测每天不少于 1 次。

（3）纠倾施工期间，沉降与倾斜监测每天不少于 2 次；选取南侧 39 支钢管桩作持荷监测，每天不少于 1 次；应实时跟踪监测构件应力、裂缝，纠倾完成后监测改为 5～10d/次，至竣工。

（4）加固工程竣工后一年内，持续做好较周密的沉降监测，监测频率：前 6 个月每月不少于 1 次，后 6 个月每 2 月不少于 1 次。以后每年观测 2 次，至沉降稳定。

3. 监测点布置

本工程监测点布置见图 6.5.20，迫降纠倾施工期间，地下室外墙裂缝、北侧连接通道处裂缝监测不少于 1 次/d。

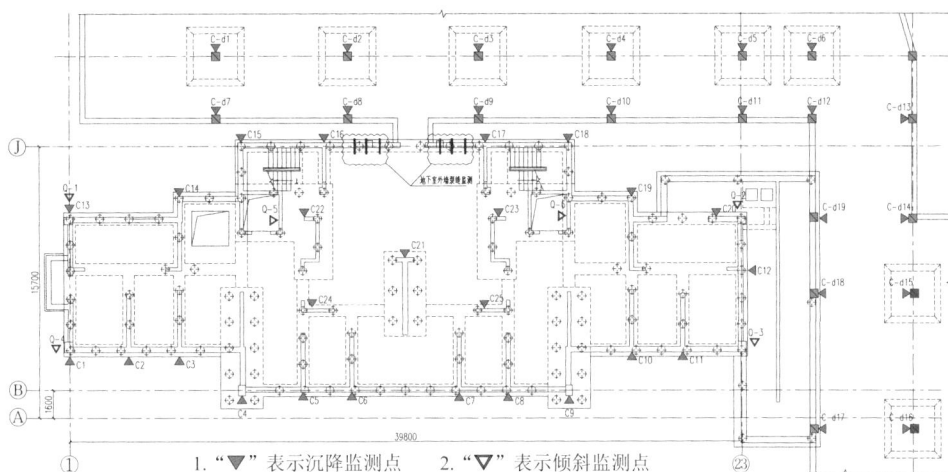

1. "▼" 表示沉降监测点　　2. "▽" 表示倾斜监测点

图 6.5.20　监测点平面布置图

6.5.7　控沉、纠倾施工成果

1. 沉降监测数据成果

（1）所有监测点房屋沉降测量数据

房屋控沉、迫降纠倾施工期间，所有沉降监测点沉降数据如下：2020 年 11 月 13 日—2021 年 2 月 27 日，历时 107d，详见图 6.5.21。

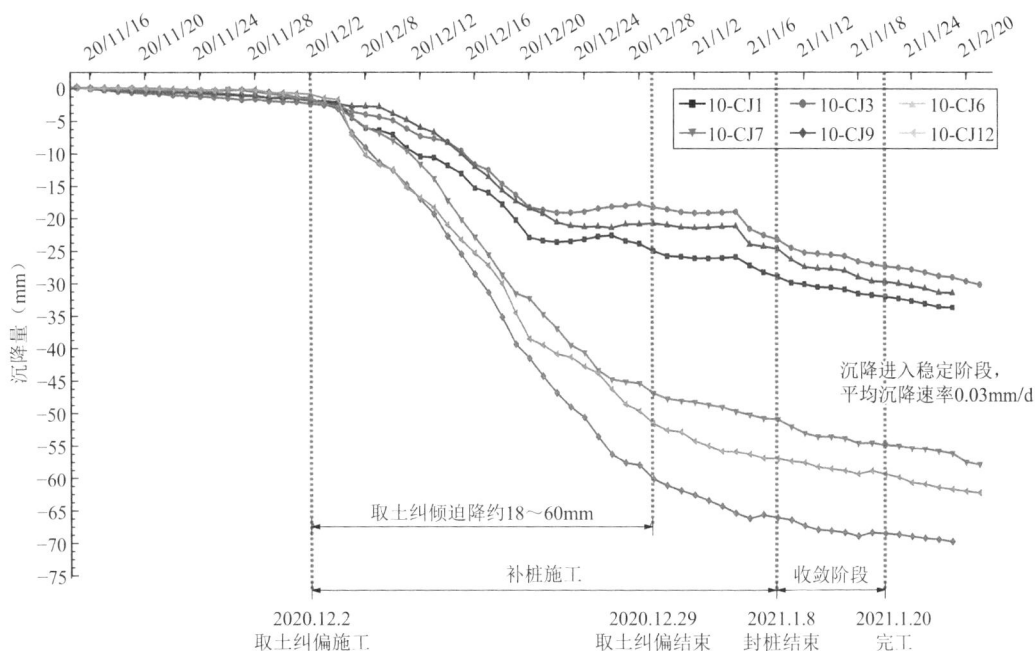

图 6.5.21　所有监测点沉降量-时间曲线

（2）典型监测点沉降数据

典型沉降监测点数据如下：2020 年 11 月 13 日—2021 年 2 月 27 日，历时 107d，详见图 6.5.22。

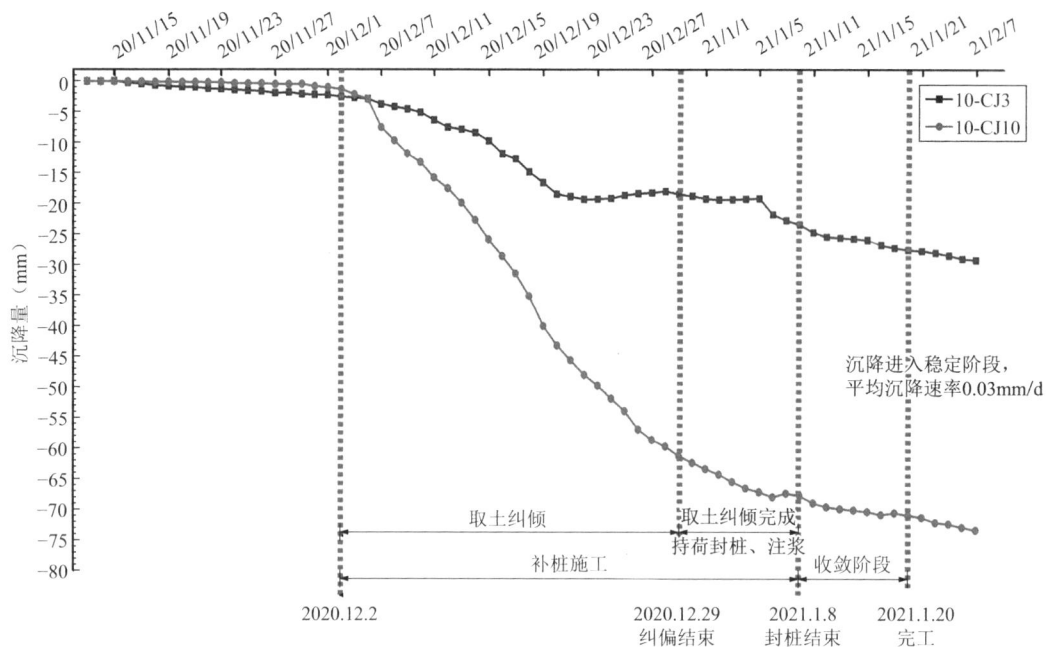

图 6.5.22　典型沉降监测点沉降量-时间曲线

（3）沉降成果评价

通过控沉补桩施工后，2021 年 2 月 27 日房屋整体沉降已收敛，沉降速率为 0.01～0.03mm/d，沉降速率满足规范要求。

2. 倾斜监测数据成果

（1）累积沉降量监测数据

待房屋迫降纠倾完成后，统计南、北侧累积沉降量，具体数据见表 6.5.2。

累积沉降量统计表

表 6.5.2

南侧监测点号	南侧累积沉降量（mm）	北侧监测点号	北侧累积沉降量（mm）	纠倾量（mm）
13	−27.11	12	−49.50	−22.39
1	−23.84	11	−52.93	−29.06
2	−18.61	16	−60.00	−41.39
3	−18.03	10	−59.15	−41.12
4	−17.90	9	−58.13	−40.23
5	−17.50	15	−60.13	−42.63
6	−21.23	8	−51.03	−29.80
14	−23.59	7	−45.60	−22.01

（2）迫降量监测数据

待房屋迫降纠倾完成后，统计各个监测点房屋累积迫降量展开图，具体数据见图 6.5.23。

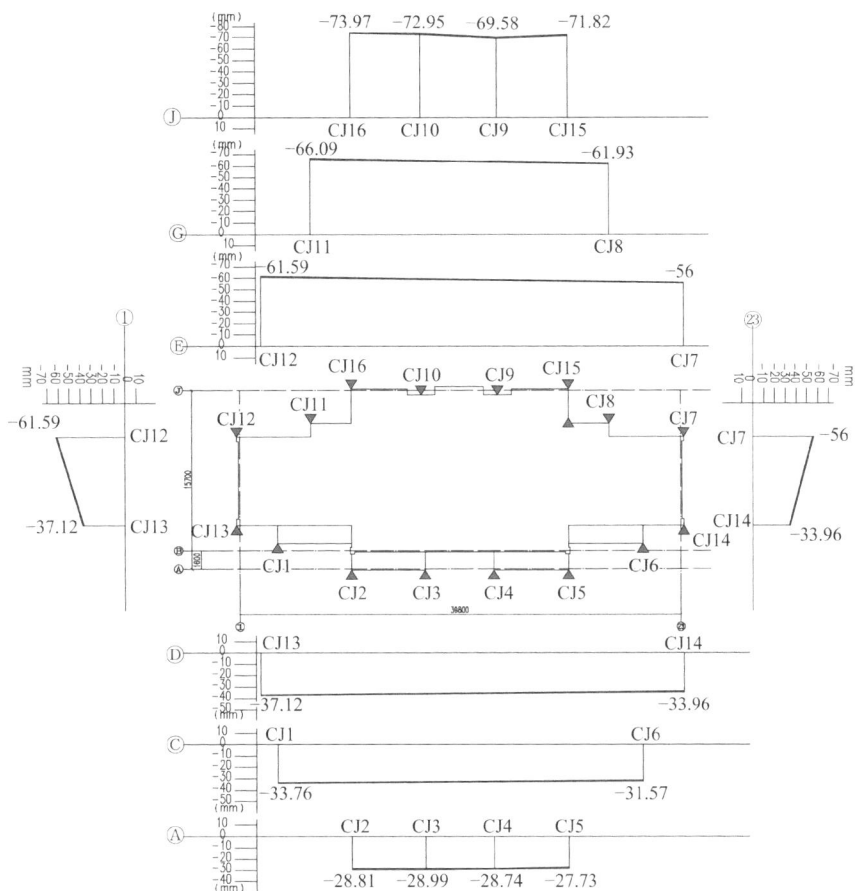

图 6.5.23　累积迫降量展开图

（3）楼面高差测量数据

迫降纠倾完成后，现场测量楼地面高差，统计典型楼层的楼面高差数据，具体数据见图 6.5.24。

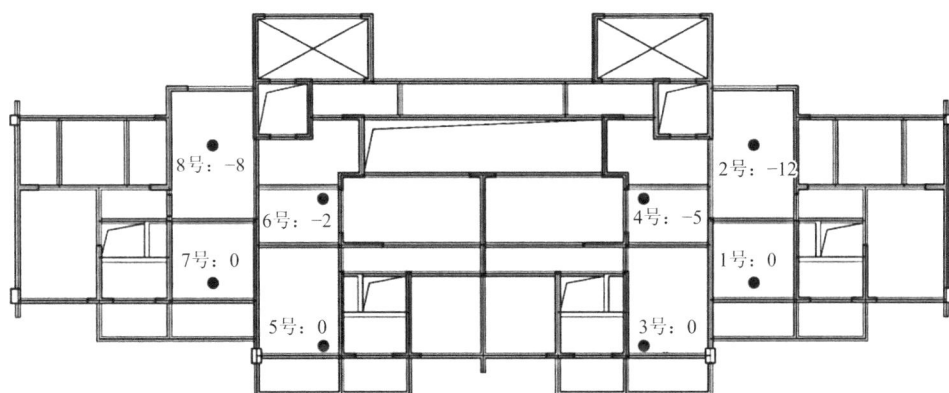

图 6.5.24　纠倾后典型楼面高差（单位：mm）

（4）纠倾前后倾斜对比

通过比较迫降纠倾前后的倾斜监测点的数据，纠倾效果明显，最大倾斜率从 4.09‰减小到 1.38‰，具体数据见图 6.5.25。

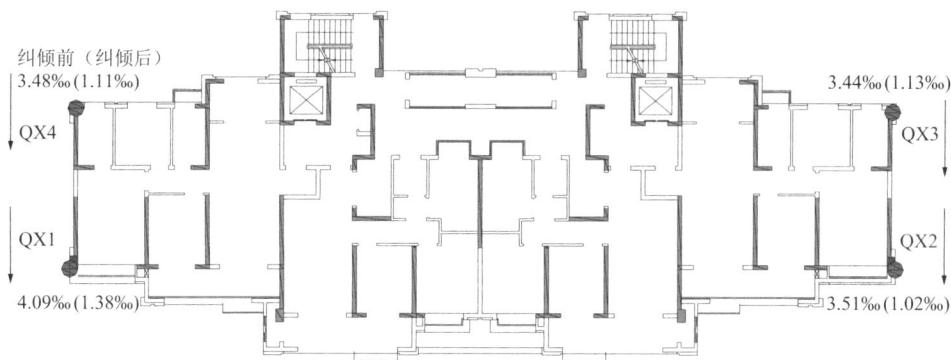

图 6.5.25　纠倾前后倾斜率对比图

（5）主楼北侧地库按设计要求实现同步迫降，为主楼顺利回倾创造条件，纠倾结束时，修复地库南外墙和柱子等细小裂缝。

（6）纠倾后倾斜成果分析

通过测量纠倾后的倾斜率，纠倾后最大倾斜点为 QX1（1.38‰）、最小倾斜点为 QX2（1.02‰），倾斜率均满足规范要求，整个工程通过建设单位及当地住建部门的验收，并成功交付。纠倾后实景见图 6.5.26。

图 6.5.26　纠倾完工后建筑南侧实景

6.6　工程实例 2：江苏某 34 层高层住宅基础控沉与取土迫降纠倾工程

6.6.1　工程概况

1. 既有建筑结构体系及主体倾斜概况

江苏省某新建住宅小区由多幢高层建筑组成，其中 17 号楼地上 34 层、地下 1 层，建筑高度 108.0m，其中主屋面高度 98.9m，层高 2.9m，总建筑面积 28209.2m²。图 6.6.1 为 17 号楼建筑实景。该楼平面长 69.7m，宽 15.8m，由东、西两个单元组成，±0.000 以上设置变形缝，缝宽 300mm，标准层平面图见图 6.6.2。该楼主体结构采用剪力墙体系，剪力墙抗震等级为二级，结构安全等级为二级，抗震设防类别为丙类，抗震设防烈度 7 度，设计地震基本加速度为 0.10g，设计地震分组为第一组，建筑场地类别Ⅲ类。

本工程采用桩筏基础，筏板厚 1100mm，混凝土等级为 C30，筏板上下双向通长配筋 Φ20/22@200 钢筋，局部另加附加短钢筋。桩基采用先张法预应力高强混凝土管桩，桩基设计等级为甲级，以⑩₂粉砂作为桩端持力层，设计桩长为 32m，桩型号采用 PHC-600(130)AB-C80，单桩竖向承载力特征值为 3000kN，共 190 根桩。本工程±0.000 相当于黄海高程 7.290m，筏板结构面相对标高−5.200m，相当于黄海高程 2.090m。

图 6.6.1　纠倾前建筑实景

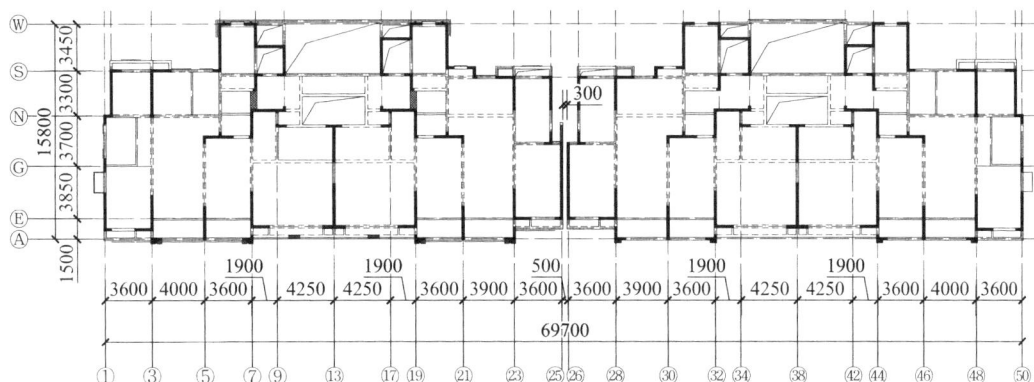

图 6.6.2　标准层结构平面图

该楼于 2013 年 8 月完成桩基施工，主体结构从 2013 年 11 月开始施工，于 2014 年 7 月封顶。上部填充墙体砌筑和墙面粉刷完毕后，后期施工过程中发现该楼沉降突然加大，并难以稳定，差异沉降日渐扩大，筏板基础发生局部冲切破坏，外伸地库筏板向上挠曲，北侧相连的地下车库柱、梁出现开裂等现象，具体情况如下：

（1）自主体结构封顶以来，大楼北侧沉降大于南侧，中间部位沉降大于两端，大楼各观测点具体沉降情况如下：西侧北部、南部角点累积沉降分别为 76.27mm 和 50.20mm，中部北侧和南侧角点累积沉降分别为 185.03mm 和 157.77mm，东侧北部、南部角点累积沉降分别为 92.9mm 和 79.85mm。不均匀沉降引发楼面产生高差，1～5 层楼面标高实测表明：南北向高差为 10～32mm，西单元东西两侧最大高差达 100mm，东单元东西两侧最大高差达 80mm。在此期间，大楼各观测点沉降速率在 0.2～0.5mm/d 之间，远大于规范规定的软土地区高层建筑沉降速率的限值 0.06mm/d[27]。特别是 2014 年 8 月—9 月期间，大楼沉降加速，其中，北侧平均沉降 19.2mm，沉降速率为 0.59mm/d，南侧平均沉降 8.5mm，沉降速率为 0.27mm/d。

（2）主体结构封顶初期，大楼沉降总体均匀，倾斜率小于 0.1‰。2014 年 8 月—9 月间出现较大不均匀沉降后，大楼整体呈东西方向由两端向中间倾斜、并整体向北倾斜的状态。17 号楼倾斜状况见图 6.6.3，其中，变形缝两侧东、西单元之间顶部出现并拢现象；南北倾斜率达 1.7‰，虽暂未超过规范[28]2.5‰的限值，但随着不均匀沉降继续增大，逐渐呈突破态势。西单元各层楼面高差达到 40～120mm，东单元各层楼面高差达到 20～90mm，从底部到顶部，楼层高差逐渐减小。

（3）结构变形开裂状况

随着不均匀沉降的继续发展，主楼筏板变形明显，其中筏板北侧外伸部位上翘 60～130mm，东侧上翘 30～80mm，西侧上翘 60～70mm，并发生局部冲切破坏。北侧外伸地库顶板梁、板拉裂，框架柱开裂严重。17 号楼内部，±0.000 以上主体结构尚未出现开裂现象；对于±0.000 以下部位，墙肢存在多处开裂，大部分缝宽小于 0.6mm，个别裂缝宽达 1.10mm，顶板出现部分裂缝，南侧⑲～㉓轴交Ⓐ轴、㊻～㊽轴交Ⓐ轴连梁裂损，梁上缝宽 0.3～0.8mm。地下室变形及开裂状况见图 6.6.4。

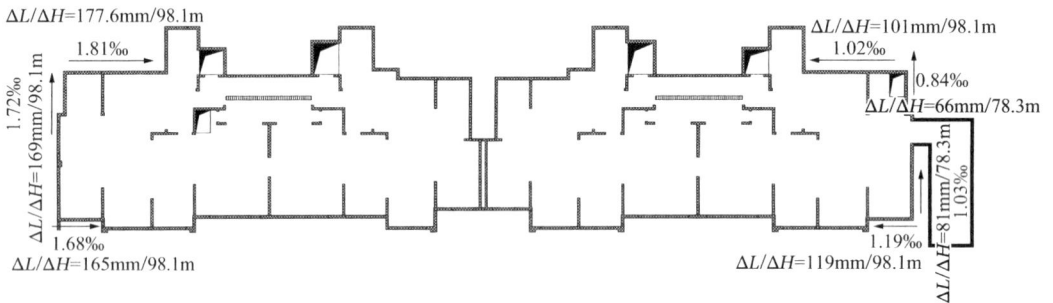

图 6.6.3　17 号楼倾斜状况

(a) 底板冲切破坏　　(b) 主楼与地下车库间差异沉降

(c) 顶板和梁开裂

(d) 柱身开裂

(e) 墙体和连梁开裂

图 6.6.4　地下室变形裂损状况

2. 工程地质条件

原工程场地地势起伏变化较大，西边高、东边低，自然地面黄海高程在 1.89～6.36m 之间。地下室底板以下 19m 范围内为软黏土层，19～27m 范围内为土性较好的黏土和粉土夹粉砂层，27～40m 范围内为密实状粉砂层，粉砂层以下无软弱下卧层。工程地质条件较差，属于软弱场地。根据本工程《岩土工程勘察报告》，场地深度范围内地基土可分为 12 个土层，如表 6.6.1 所示。

场地各土层性状描述及物理力学指标　　　　　　　　　　　　表 6.6.1

层号	土名	状态或密实度	性状	厚度（m）	压缩模量E_s（MPa）	桩侧阻力特征值q_s（kPa）	桩端阻力特征值q_p（kPa）	地基承载力特征值（kPa）
①$_1$	杂填土	松散	以黏性土及建筑垃圾为主，不均匀	0.4～6.0	—	—	—	—
②$_1$	粉质黏土	软塑	稍有光泽，无摇振反应，干强度及韧性中等	1.0～1.7	5.0	15	—	90
②$_{2B}$	粉土	稍密	很湿，无光泽，摇振反应迅速，干强度及韧性低，含少量云母	5.4～5.6	9.0	25	—	150
②$_2$	淤泥质粉质黏土	流塑	稍有光泽，无摇振反应，干强度及韧性中等	2.7～9.8	4.0	12	—	60
②$_3$	粉质黏土	可塑	稍有光泽，无摇振反应，干强度及韧性中等	2.7～9.4	6.0	23	800	140

层号	土名	状态或密实度	性状	厚度（m）	压缩模量E_s（MPa）	桩侧阻力特征值q_s（kPa）	桩端阻力特征值q_p（kPa）	地基承载力特征值（kPa）
⑧	黏土	硬塑	有光泽，无摇振反应，干强度及韧性高，含少量铁锰质结核	2～11.2	11.0	55	2800	280
⑨	粉土夹粉砂	中密	粉土：很湿，无光泽，摇振反应中等，干强度及韧性低；粉砂：饱和，中密，含少量云母碎屑等	5.1～6.0	11.0	45	1600	250
⑩₁	粉砂夹粉土	中密	饱和，成分以石英为主，含少量云母碎屑等，夹粉土薄层	4.1～7.4	12.1	55	1800	270
⑩₂	粉砂	密实	饱和，成分以石英为主，含少量云母碎屑等，夹粉土薄层	13.7～18.9	14.5	70	3000	300
⑪	粉质黏土	硬塑	有光泽，无摇振反应，干强度及韧性高	0～5.2	12.0	55	—	—
⑬	粉质黏土	硬塑	有光泽，无摇振反应，干强度及韧性高，含少量铁锰质结核	4.5～6.0	11.0	60	—	—
⑮	粉质黏土	硬塑	有光泽，无摇振反应，干强度及韧性高，含少量铁锰质结核	未击穿	12.5			

场地典型地质剖面如图 6.6.5 所示。

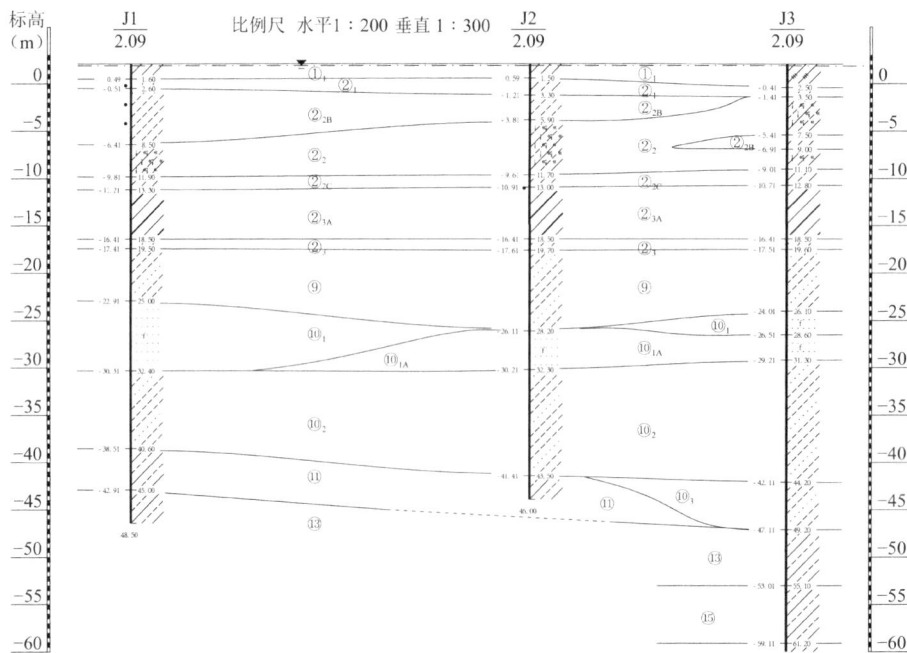

图 6.6.5　场地土典型地质剖面

6.6.2　结构不均匀沉降原因分析

不均匀沉降发生后，进行了场地补充勘察，在原有桩基检测报告、沉降观测资料的基础上，对既有工程桩开展了重新抽检和沉降计算，综合分析表明，17 号楼发生不均匀沉降的主要原因如下：

（1）本工程桩基采用预应力管桩，以⑩$_2$ 粉砂作为桩端持力层，桩径 600mm，设计桩长为 32m，单桩竖向承载力特征值为 3000kN。发生不均匀沉降后，采用静压水钻取芯工艺，将工程桩桩顶混凝土与周边筏板分离，然后通过设置加载反力架以及液压千斤顶，重新选取 4 根工程桩进行了原位承载力测试。结果表明，其中一根单桩承载力特征值为 2950kN，基本满足设计要求，其余三根单桩承载力特征值均为 750kN，仅为设计承载力的 25%，远未达到设计要求。部分基桩承载力的不足，导致总体沉降较大，差异沉降明显。上述 4 根工程桩小应变检测表明，其中 3 根承载力不足桩在测点下约 12.0m 部位缺陷反射明显，推断管桩在第一个接头部位存在断裂现象。

17 号楼共布置 190 根ϕ600 管桩，布桩平面系数达 4.6%，北侧楼梯间布桩平面系数 5.1%。由于存在较厚的淤泥质软弱土层，布桩系数偏大，加上施工过程中未合理安排压桩顺序，未实施跳打，且施工速度较快，因而桩基施工过程中挤土效应明显。基坑开挖不当导致部分管桩倾斜，引起部分工程桩断裂和承载力下降。

（2）大楼中间以及北侧部分荷载较大，一部分工程桩因断裂而引起承载力下降后，其余工程基桩受荷提高，导致地下室底板冲切破坏，引起筏板的强度和整体刚度降低，进一步加剧了不均匀沉降。

总体而言，工程桩承载力不足引起了主楼的大幅度沉降，而工程桩之间承载力的分布差异引起了不均匀沉降，导致上部主楼倾斜。

6.6.3　工程实施的难点

随着不均匀沉降的不断发展，结构倾斜日益加剧。外墙实测倾斜率表明，南北向倾斜率介于 1.0‰～2.0‰之间，东西单元的向中部倾斜率介于 1.1‰～1.3‰之间。截至 2014 年 12 月，不均匀沉降并无稳定迹象，不均匀沉降的继续发展可能导致 17 号楼结构发生进一步破坏，并有倾覆的危险，安全隐患极大。此外，将近 100m 的住宅楼发生大幅度的沉降和倾斜，直接涉及整个小区的众多业主的权益，工程社会影响巨大。

为了确保主体结构的安全，同时减小开发商和业主的损失，需要对本工程进行控沉和纠倾以恢复 17 号楼的使用功能。目前，国内外近百米高层建筑发生倾斜案例极少，对如此大规模的工程进行控沉和纠倾，设计和施工均存在极大的难度。

（1）17 号楼为 34 层高层建筑，工程风险大

17 号楼作为一幢主体结构高达 98.9m 的高层建筑，工程体量大，国内可借鉴的工程处理经验少。而且，该楼为板式结构，高宽比达到 6.9，对基础不均匀沉降和倾斜十分敏感，由于主楼倾斜发展态势较为严峻，纠倾过程中存在倾斜加剧甚至倾覆的风险，设计与施工过程中的风险控制是项目成败的关键因素。

（2）工程桩承载力状况复杂，纠倾不确定因素多

既有工程桩的重新检测表明，部分桩存在断裂现象，占到所检测数量的 3/4，工程桩的承载能力差异较大；主楼大幅度的不均匀沉降导致工程桩之间的荷载分布极不均匀。

图 6.6.6 为桩基工程完成后静载荷试验桩的Q-s曲线，试验表明，工程桩达到承载力极限值时，桩顶沉降均未超过 25mm。对比目前 100～200mm 的大楼沉降量，部分工程桩桩尖发生刺入破坏，表明桩身质量完好的这部分预应力管桩实际承受荷载可能已经超过桩基的承载力极限值，桩身存在压坏的可能。

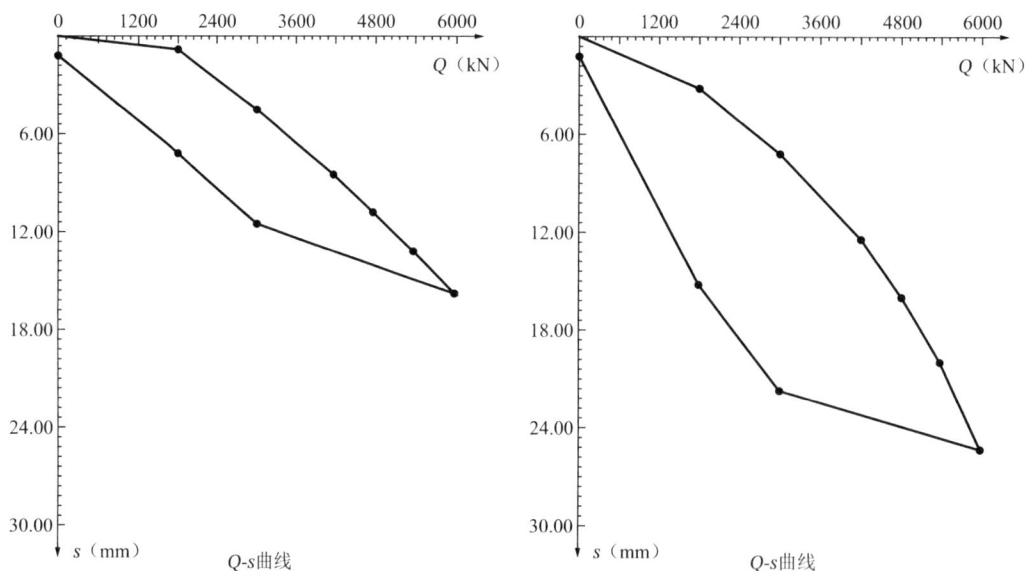

图 6.6.6　工程桩载荷试验Q-s曲线

工程桩承载力的不确定性和地基土应力的变化，将对纠偏过程中房屋的局部及整体倾斜状态造成影响，从而给迫降纠偏带来很大困难。

（3）基底存在较厚的高灵敏度的软弱土层

由于地质条件和水文条件不同，建筑物纠倾工程具有很强的地域性。本工程地基土灵敏度较高且基底应力较高，压桩中易引发附加沉降。因此，需采取有效措施以应对最不利情况的发生，并做好全程监控，实施信息化动态施工，确保工程施工处于安全可控状态。

（4）纠倾工程时空效应显著

纠倾过程中，掏土孔的布置位置与深度、数量，掏土孔的成孔顺序和深度范围内的分段取土进度安排，掏土孔周边土体的蠕变、弹塑性应力发展和圆孔的变形过程，都将导致掏土纠倾具有显著的时空效应。

建筑物倾斜原因查明后，必须因地制宜地采取有效的纠倾加固措施，若措施不力，容易出现纠而不动、越纠越偏或矫枉过正的现象。工程纠偏必须选择合理的方案和控制措施。

（5）筏板受损严重，安全度控制难度大

筏板沉降 100～200mm，使得地基土承担了相当一部分的上部荷载，造成筏板内弯矩加大；工程桩承载力之间的巨大差异使得各桩顶位置筏板应力悬殊。整个筏板变形严重，局部多处发生冲切破坏，北侧外伸部位上翘明显，筏板的整体性受损严重，在纠倾过程中，难以确保宽度较大的外挑筏板与主楼整体同步迫降。

6.6.4　基础控沉和纠倾流程设计

针对大楼的沉降、倾斜状况和地质条件，按照控沉和纠倾协同开展、有序作业的原则，本次设计主要采取如下方法和措施：

（1）采用桩身强度高、土层穿透力强、地基扰动小的开口锚杆静压钢管桩进行应急控沉和基础控沉托换，通过预加载持荷封桩，主动分担上部荷载，降低既有管桩的荷载分担比例，以控制后期沉降，大幅度提高地基基础安全度，满足房屋安全与正常使用要求。

（2）采用地基应力解除法实施双向迫降纠倾，先南北向纠倾，后东西向纠倾。纠倾完成后，通过取土孔注浆对基底进行补强，促使工程桩和浅层基底土恢复或提高地基承载能力。

（3）纠倾过程中，做好施工过程中主楼筏板基础的临时加固，具体包括东、北两侧外伸底板的临时钢结构支撑加固、压桩孔孔口加固以及底板冲切破坏部位的置换加固等。

（4）主楼纠倾完成后，对主楼内受损剪力墙和筏板进行灌缝补强及截面扩大加固；对相连的周边地下车库筏板、顶板进行补强，包括开裂柱的置换以及梁、板加固等；此外，设计后浇带特殊连接节点，解决较大差异沉降带来的结构衔接问题。

本工程沉降幅度大，工程桩承载力低，桩土共同作用明显，桩及基底土受力复杂，地基应力解除法通过调整地层应力的分布，改变桩土的承载力，实现不均匀沉降的微调，其时空效应显著。为了避免纠而不沉，矫枉过正以及沉而不止等现象，增强迫降纠倾过程的可控性，本工程基础控沉和纠偏设计了如图 6.6.7 所示的作业流程。

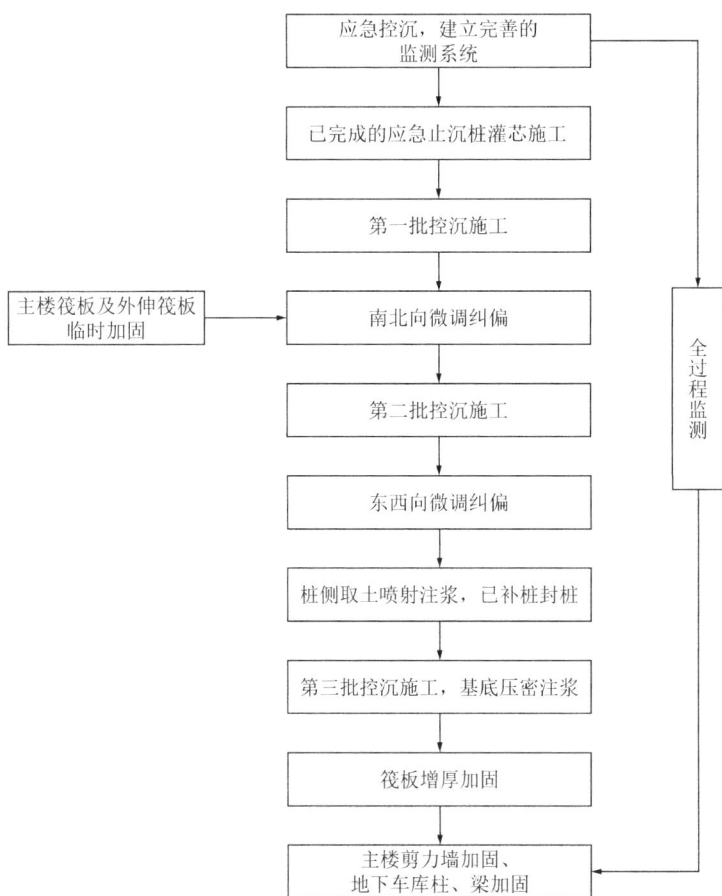

图 6.6.7　基础控沉和纠倾流程设计

6.6.5 基础承载力补强与控沉设计

工程采用预应力管桩基础，桩端以⑩$_2$粉砂层作为持力层，该层土土质密实，场地分布厚度在 13.7～18.9m 之间，持力层以下不存在软弱下卧土层，场地范围内未发现古河道、水塘等地质特别软弱区域，且小区内其他楼栋尚未发现沉降异常现象。17 号楼大幅度整体沉降和倾斜的主要原因是该楼工程桩承载力的严重不足。监测数据表明，17 号楼的总体沉降在 100～200mm 之间，工程桩桩尖在持力层发生刺入破坏，使得基底桩间土分担了相当一部分建筑物荷载，基底桩间土与工程桩发生共同作用，大楼基础形式由桩基础转变为复合桩基础。较大的沉降也表明既有桩基础的承载力较低，不能满足正常承载，计算可知，现阶段作用在地基上的竖向总荷载约 450000kN，而工程桩抽检结果显示约 3/4 的管桩单桩竖向极限承载力约 1500kN，由此估算桩间土的基底应力在 120～150kPa 之间，基底土应力大于其承载力特征值。此外，除少部分工程桩承载力达到设计要求外，大部分工程桩第一个接头处发生断裂，其承载特性为纯摩擦桩，端承效应不足，刺入变形会持续发展。

因此，本工程亟须通过补桩以提高整个桩基的承载能力，控制沉降的发展。

1. 控沉桩设计

在地基承载力不足的建筑物基础下，静力压入基桩，使桩端进入地基深部较好的土层中，将建筑物部分荷载传入该土层，从而减小浅层地基土附加应力，可有效防止沉降继续发展。

根据工程经验及相关的托换桩静载荷试验资料，按以下方法设计补充桩数：

$$n = \alpha \frac{Q_k}{R_a}$$

式中：n——需要补充桩数；

$\quad\quad Q_k$——上部结构传至拟加固基础区域的竖向荷载；

$\quad\quad R_a$——单桩承载力特征值；

$\quad\quad \alpha$——托换率，即托换桩承载力与被加固建筑物竖向荷载总和的比值，托换率由建筑物的沉降、倾斜量、墙体开裂程度、地基土特性等因素决定。

经计算，共采用 210 根$\phi355 \times 10$锚杆静压钢管桩进行补强，控沉桩桩长约 32m，以⑩$_2$粉砂为持力层，单桩抗压承载力特征值为 1800kN。

由于 17 号楼沉降速率大、沉降差异显著，为了控制大楼沉降继续加速，根据房屋沉降及倾斜状况，2014 年 12 月至 2015 年 1 月，采取静力压入基桩的方式，对大楼先期施打 61 根应急钢管止沉桩。通过补入钢管止沉桩，大楼沉降得到有效控制，沉降速率维持在 0.07～0.19mm/d 之间，但是沉降仍在继续发展，而且沉降趋势有所改变，具体表现为：西单元楼沉降较大点位置由大楼北侧、东侧变成大楼西侧、南侧；东单元楼东南角沉降略小，其余部位沉降均匀。

通过补入应急止沉桩，将建筑物的部分荷载转移到新增基桩，通过减小场地浅层软弱区域内较短工程桩内力以及浅层地基土的附加应力，可以有效控制建筑物的大幅沉降并适当调整沉降的趋势。纠倾过程中，设置应力释放孔后，原本沉降较小区域桩基须逐步下沉，方可实现迫降纠倾，因此，控沉桩不能一次性补充完毕。根据建筑物倾斜状况，在完成前期应急控沉后，结合地应力解除法迫降纠倾的需要，分三批次进行补桩，达到控沉和纠偏的协调作业。基础锚杆静压桩布置图见图 6.6.8。

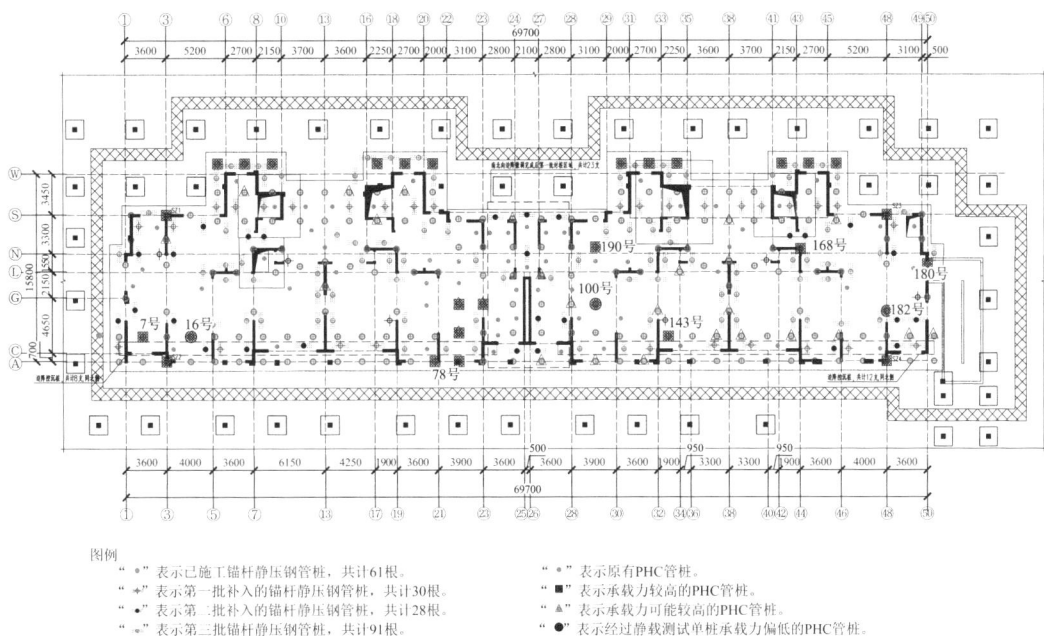

图例
"●"表示已施工锚杆静压钢管桩，共计61根。
"＋"表示第一批补入的锚杆静压钢管桩，共计30根。
"▼"表示第二批补入的锚杆静压钢管桩，共计28根。
"■"表示第三批锚杆静压钢管桩，共计91根。

"●"表示原有PHC管桩。
"■"表示承载力较高的PHC管桩。
"●"表示承载力可能较高的PHC管桩。
"●"表示经过静载测试单桩承载力偏低的PHC管桩。

图 6.6.8　锚杆静压钢管桩布置图

2. 控沉桩孔口加固设计

不均匀沉降过程中，筏板部分区域出现了变形、开裂以及冲切等破坏，筏板整体性有所下降。17 号楼筏板厚 1100mm，混凝土强度等级 C30，面积约 1190m²，筏板上、下双向通长配置Φ20/22@200 钢筋，局部另加附加短钢筋。本次控沉桩总计 210 根，桩孔直径 400～450mm，压桩孔总面积约占筏板面积的 2.8%；由于压桩孔直径与钢筋分布间距的关系，每个压桩孔成孔过程不可避免地将截断 8～12 根钢筋。为了避免施工过程中筏板承载力进一步下降，确保后续施工过程的安全，对前期补入的 61 根应急控沉以及第一批、第二批控沉桩，采用粘钢法对压桩孔孔口进行加固，见图 6.6.9。

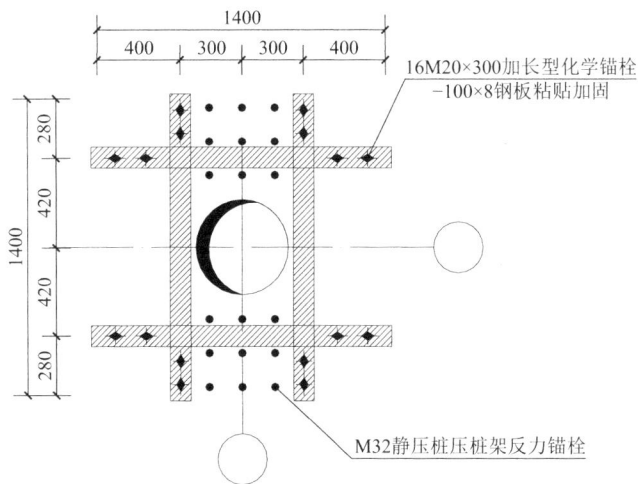

图 6.6.9　压桩孔加固图

3. 控沉桩预加载持荷封桩设计

增设锚杆静压钢管桩后，如采用常规方法进行封桩，由于本工程沉降速率较大，在封孔混凝土硬化过程中，桩头与筏板间的相对位移将使新浇筑混凝土受到损伤，为后续使用留下安全和渗漏隐患。此外，静压钢管桩压入后，难以立即发挥承载力，从而影响应急控沉效果。

有鉴于此，本工程设计了一种控沉桩预加载持荷二次封桩方法，其具体做法如下：①采用微膨胀混凝土对钢管桩进行灌芯，深度 10m 以下抛落致密，10m 之内振捣密实。②设置封桩架，对钢管桩施加 1.0 倍单桩承载力特征值的预压力。③采用 C60 高强无收缩灌浆料，进行持荷条件下第一次封桩。④养护 3～5d 后撤除千斤顶封桩架，进行第二次封桩，二次封桩仍采用 C60 高强无收缩灌浆料浇筑。控沉桩封桩做法及预加载持荷装置见图 6.6.10、图 6.6.11。

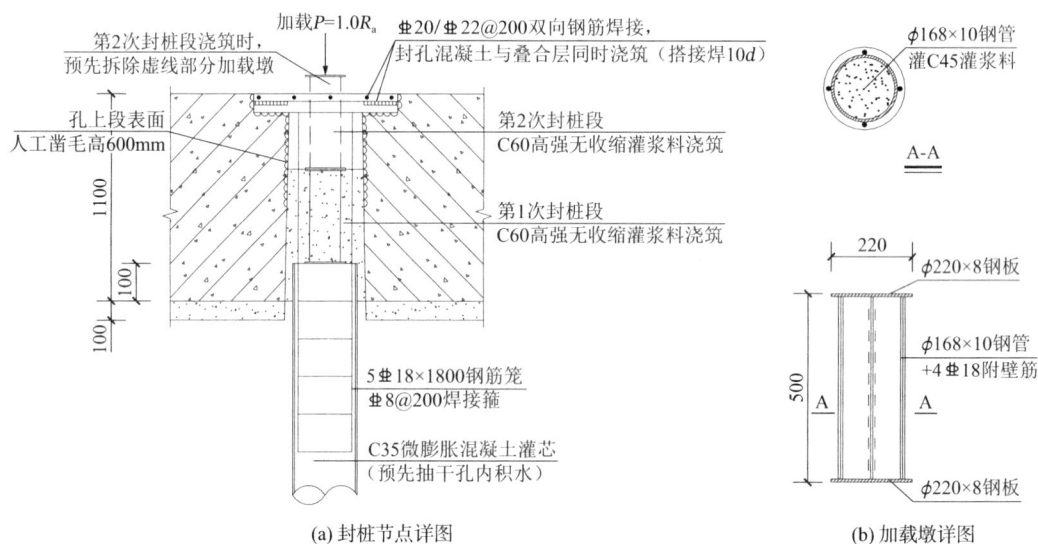

图 6.6.10　控沉桩预加载持荷桩头封闭详图

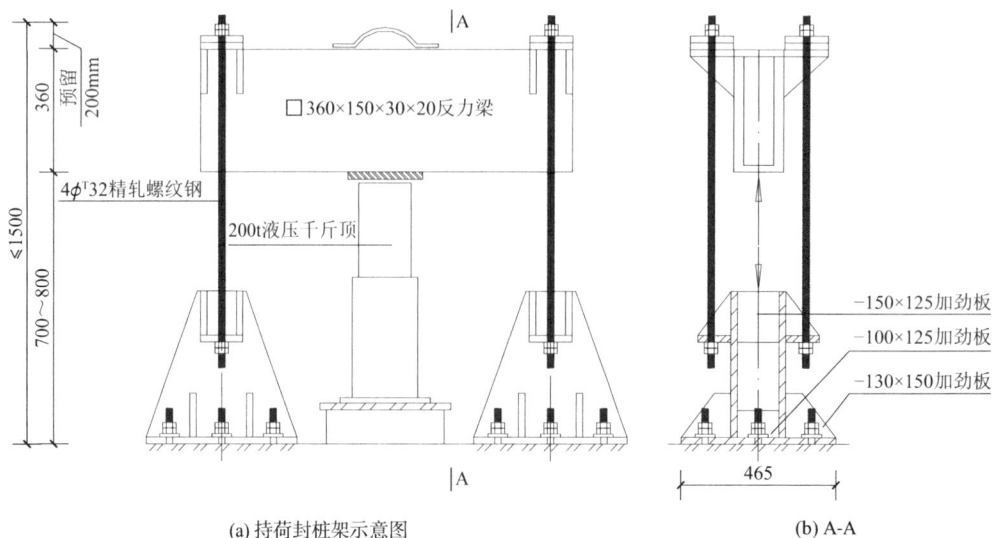

(a) 持荷封桩示意图　　(b) A-A

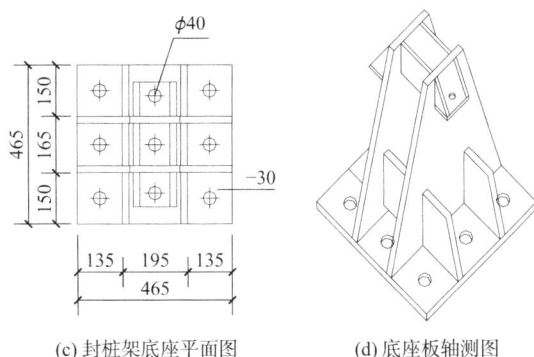

(c) 封桩架底座平面图　　　　(d) 底座板轴测图

图 6.6.11　控沉桩预加载持荷装置图

利用控沉桩预加载持荷装置，一方面，可以使新补充的控沉桩快速发挥承载力，参与到与原工程桩的协同作用中，提高控沉效果。另一方面，本工程整体沉降形态复杂，场地土性状各异，加之工程桩承载力无法预估，采用应力解除法迫降纠偏过程中，各区域沉降速率无法准确预估，通过严密监测纠倾过程的沉降，利用控沉桩预加载装置进行分批持荷加载或卸荷调整，实施纠倾全过程的有序控制，使原本时空效应显著、较难精确调控的地基应力解除法纠偏过程变得更为可控，从而避免了沉降不止或纠而不动等现象。

6.6.6　纠倾设计

对倾斜房屋进行纠倾主要有迫降和顶升两类方法，根据采取的手段不同，迫降法又可细分为掏土纠倾（浅层水平掏土法）、应力解除法纠倾等；顶升法可分为截桩纠倾和托换纠倾法等。

地基应力解除法相对于浅层水平掏土法而言，具备可控性好、协调性强的优势。若采用浅层水平掏土法纠倾，直接在基础下进行掏土，基础反应敏感，缓冲余地小，可控性相对较差。本工程根据场地和基础情况采用应力解除法进行纠倾。

1. 纠倾的目标和原理

（1）纠倾控制目标

为了恢复 17 号楼的正常使用功能，在沉降得到有效控制后，需对其进行纠倾。本工程要求纠倾后房屋外墙主控角倾斜率 ≤ 1‰，同时楼面高差平均值 ≤ 20mm。根据倾斜情况，南侧须迫降 15～20mm；东西两侧须迫降 60～80mm。

在确保建筑物安全的前提下，为尽快减小建筑物倾斜率，采取的方法必须合理经济，并具有可控性。根据工程特点，结合 17 号楼长、短桩并存的实际情况，本工程采用浅层和深层竖向掏土结合的作业方法。

（2）地基应力解除法纠倾原理

工程采用地基竖向应力和工程桩侧向应力解除的整体迫降法进行纠倾微调。该方法通过在建筑物沉降较小一侧的地基中竖向（或有一定倾角）钻孔，按计划有次序地清理孔内泥土，逐步降低甚至解除一定深度内的部分地基土的侧向应力，改变地基特定范围中的边界平衡条件，引起该范围的地基应力重分布，在降低桩基侧摩阻力的同时，迫使地基土承担的荷载转移至桩顶，从而引发桩基沉降，分阶段钻孔取土，使地基、基础与结构协同变形迫降，直至满足纠倾要求。

该法纠倾效率较高，费用较低，施工较安全，适合软土地基上房屋的整体纠倾。尤其是负压吸拔的掏土工艺，利用负压的吸拔作用，迫使基底软土向应力解除孔产生塑流，具有良好的纠偏效率。

采用地基应力解除法纠倾，不易产生沉降不止，或是回倾等后遗症，而且在建筑物纠倾扶正的同时，建筑物的重心往沉降量小的方向回转，基底应力分布往有利的方向调整并趋于均匀。图6.6.12为掏土纠倾示意图。

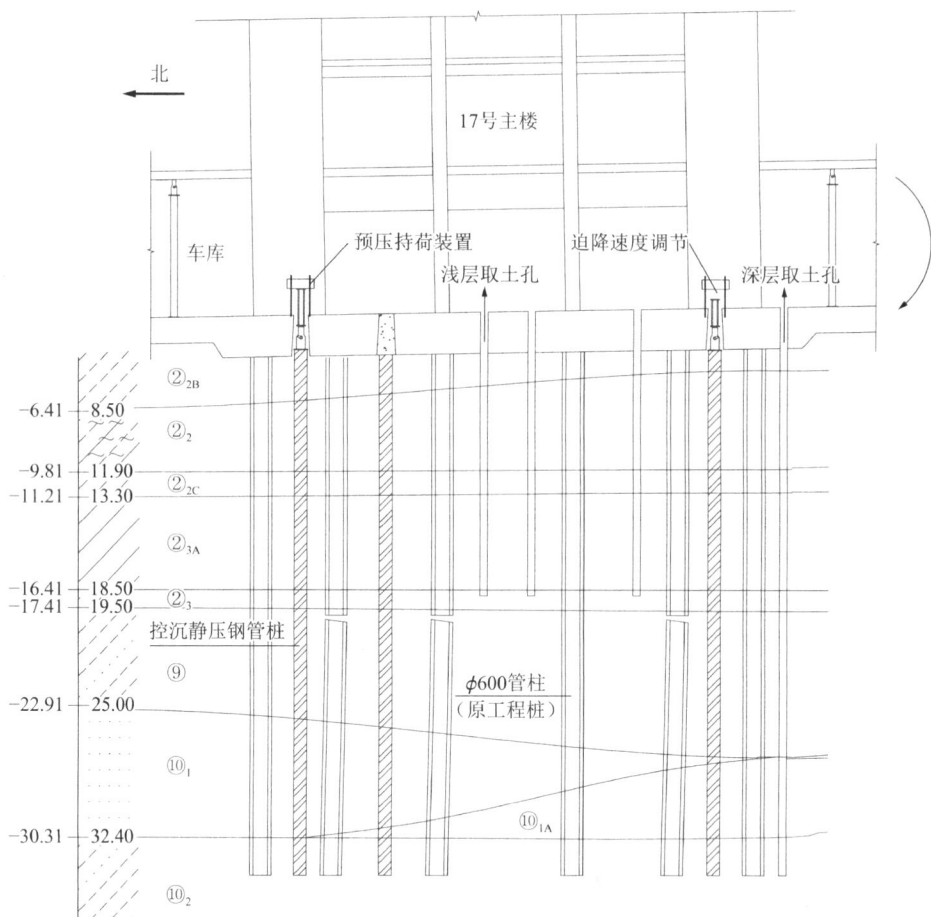

图6.6.12 掏土纠倾示意图

2. 迫降纠倾流程设计

大楼东、西两侧沉降较小，中间伸缩缝区域沉降较大，北侧沉降略大于南侧，大楼整体上呈东西向正向弯曲沉降变形和向北倾斜的状态。根据房屋倾斜情况，设计了如图6.6.13所示的迫降纠倾流程。在完成施工准备工作后，进行迫降纠倾，其总体纠倾顺序为：先南北向纠倾，后东单元东西向纠倾，再西单元东西向纠倾。最后进行地基注浆加固和后续补桩控沉。

迫降纠倾时，建筑物回倾速度非常关键，较小的回倾速度严重影响工程进度。随着纠倾技术的发展，回倾速度不断提高。回倾速度应根据建筑物的结构类型、整体刚度、工程地质条件以及纠倾方法来确定。一般而言，回倾速度不宜过大，以避免建筑物在快速回倾过程中结构因产生应力集中而开裂，或者由于惯性作用而影响稳定。《既有建筑地基基础加固技术规范》JGJ 123—2012 规定，建筑物下沉速率宜控制在 5～10mm/d 范围内；《建筑物倾斜纠偏技术规程》JGJ 270—2012 规定，迫降法纠倾时顶部回倾速率宜控制在 5～20mm/d 范围内。本工程在运用地基应力解除法进行钻孔取土纠倾期间，将迫降纠倾分为启动、正常迫降以及惯性减速迫降三个阶段，各阶段回倾速率控制如下：

（1）启动阶段，顶部回倾速率控制在 1～2mm/d。

（2）正常迫降阶段，顶部回倾速率控制在 8～12mm/d。

（3）惯性减速迫降阶段，顶部回倾速率控制在 6～8mm/d。

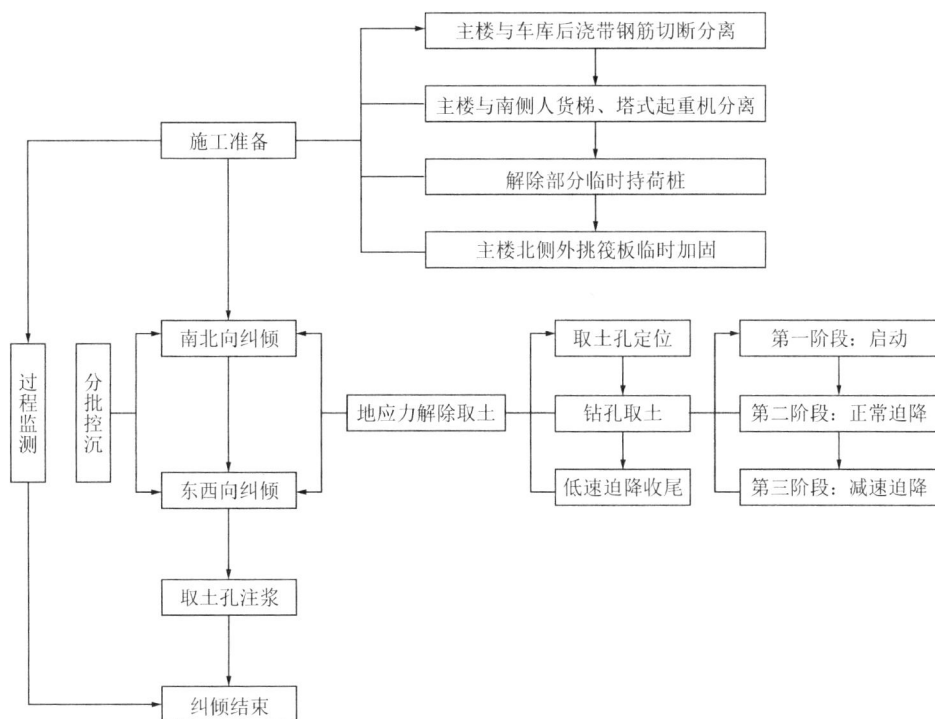

图 6.6.13　迫降纠倾流程图

3. 应力解除孔布置及掏土工艺设计

根据不均匀沉降情况，在主楼南侧、东西两侧布置应力解除孔，同时在北侧主楼外侧一跨地下车库范围内布置应力解除孔，对沉降较小部分进行迫降。取土孔孔径150mm，间距 1.0～2.0m，采用干钻取土解压作业。南北向纠偏时，先对沉降较小一侧的桩作桩侧取土，然后按对称、分区、同步作业的原则，由南向北分段同步取土，取土深度 9m。为获得更好的纠偏效果，应力解除孔应靠近主楼基础以提高效果，南侧及东西两侧预应力管桩0.7m 范围内设置深层取土孔，孔深 30.0m，东侧坡道旁设置 10°～15° 的斜向掏土孔，孔深12.0m。东西向纠倾时，先进行东单元纠倾，然后进行西单元纠倾，先取深孔、斜孔以及外围孔，后取主楼室内孔，取土深度 9～30m。图 6.6.14 为掏土孔布置图。

在迫降启动阶段，通过动态调整使工程进入线性同步迫降变形状态，否则不得提速取土迫降；在持续迫降阶段，按设计控制取土迫降速率，当残余迫降量在 30～40mm 范围内时，应减速取土并进入收尾迫降阶段，其间可以停止掏土 3～10d 以观察惯性沉降。钻机采用分段方式取土，在取土过程中应严密进行迫降量监测和倾斜率监测，取土施工实行动态控制，下沉速率控制在 3mm/d 以内。

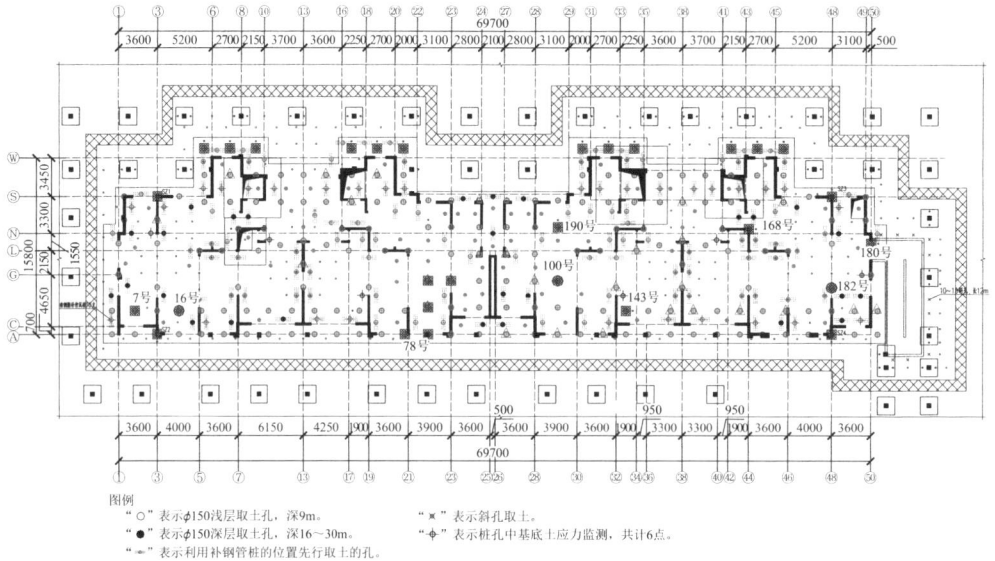

图 6.6.14　掏土孔布置图

图例
"○"表示φ150浅层取土孔，深9m。 "×"表示斜孔取土。
"●"表示φ150深层取土孔，深16～30m。 "φ"表示桩孔中基底土应力监测，共计6点。
"─"表示利用补钢管桩的位置先行取土的孔。

4. 纠倾过程的外挑筏板稳定加强设计

在不均匀沉降过程中，17 号楼外挑筏板产生严重的挠曲和开裂。为提高迫降纠倾过程中主楼南北向的整体稳定性，同时减缓和控制地下车库结构的后续开裂破坏，本工程设计了一种带可调节装置的钢支撑对该区域的底板进行临时加固。钢支撑的布置与设计见图 6.6.15、图 6.6.16。迫降过程中，通过顶升设置在可调节支撑内的千斤顶，逐步加载伸长钢支撑的分离式斜杆，迫使地库外挑结构和主楼同步迫降，可逐步减小外伸筏板的变形幅度。迫降前后，外伸筏板上翘幅度变化见图 6.6.17。

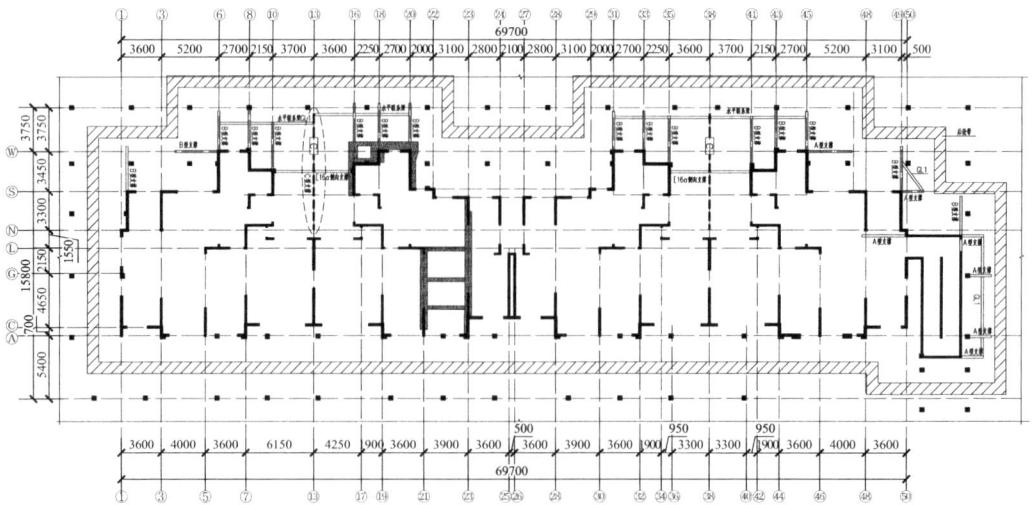

图 6.6.15　钢支撑布置图

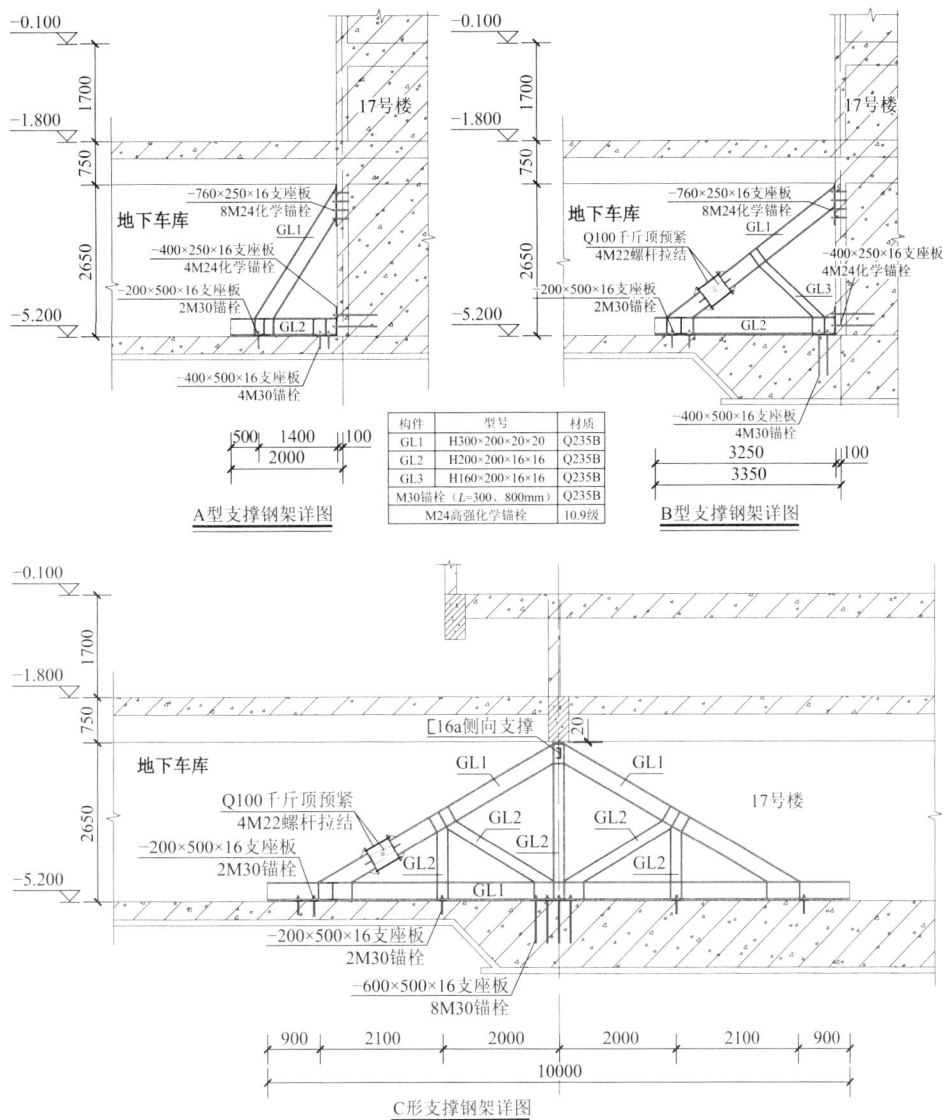

构件	型号	材质
GL1	H300×200×20×20	Q235B
GL2	H200×200×16×16	Q235B
GL3	H160×200×16×16	Q235B
M30锚栓 (L=300、800mm)		Q235B
M24高强化学锚栓		10.9级

A型支撑钢架详图

B型支撑钢架详图

C形支撑钢架详图

图 6.6.16　可调节支撑详图

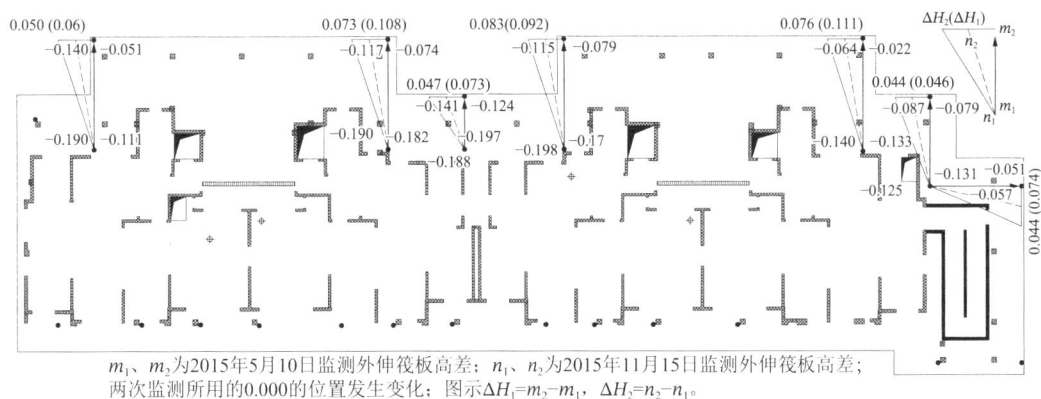

m_1、m_2 为2015年5月10日监测外伸筏板高差；n_1、n_2 为2015年11月15日监测外伸筏板高差；两次监测所用的0.000的位置发生变化；图示 $\Delta H_1 = m_2 - m_1$，$\Delta H_2 = n_2 - n_1$。

图 6.6.17　外伸筏板上翘幅度变化图（单位：m）

6.6.7 结构加固设计

17号楼在不均匀沉降过程中，地下室底板、顶板以及剪力墙均发生了不同程度的破坏和开裂现象。纠倾过程中，由于沉降相对态势的改变，局部构件也出现裂缝。控沉和纠倾完成后，需对结构进行加固。

1. 筏板冲切破坏区域与载荷试验压桩孔加固

不均匀沉降过程中，工程桩之间的大幅度的承载力变化引起了筏板局部冲切破坏，破坏区域详见图6.6.18。对破坏严重且变形较大的⑯~㉓与⑤~⑩轴之间的区域以及刚度薄弱的⑳~㉓与Ⓐ~Ⓛ轴之间的区域，首先增大墙体以加强该区域的整体刚度；然后，按台阶式开凿方式进行混凝土置换。其余开裂部位，较大裂缝处用纯水泥浆灌注，确保筏板混凝土的完整性。

加固过程中，对主楼南侧⑳~㉓交Ⓐ~Ⓛ轴之间的区域分两阶段进行处理，迫降纠倾之前先小范围开凿筏板直至露出桩头，然后在桩头和剪力墙之间设置千斤顶用以调节迫降。迫降结束后按图示范围全面开凿并分块置换。冲切破坏区域加固详见图6.6.19。

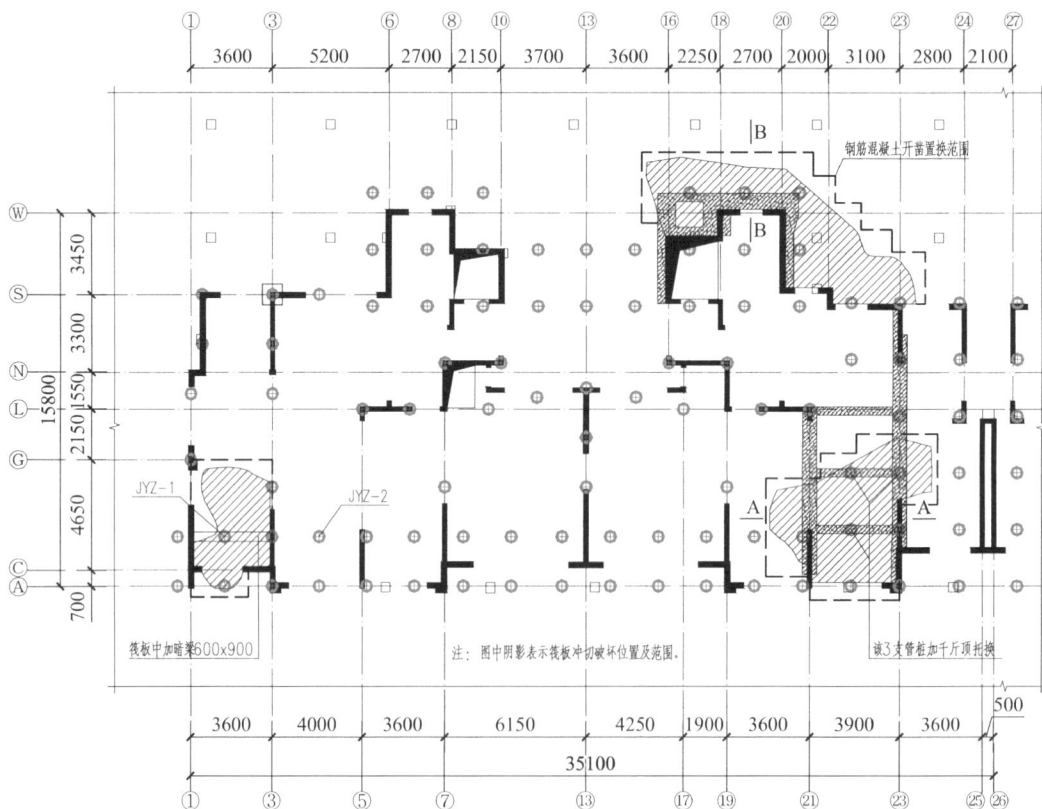

图6.6.18 筏板冲切破坏区域图

主楼南侧①~③与Ⓐ~Ⓖ轴之间的区域发生冲切破坏后，选取冲切破坏区中部桩JYZ1进行工程桩载荷试验，测得其单桩承载力极限值为5110kN。对比工程桩载荷试验的*Q-s*曲线可知，各工程桩分担荷载相差极大，一部分桩大幅度下沉导致相邻桩身质量完好、持力层坚硬的工程桩受荷大幅度增大。因此，该区域需设置暗梁作进一步加强。其余载荷试验工程桩承载力特征值 750kN，承载力低且桩端土较为软弱，压桩孔采用常规措施进行封闭。载荷试验压桩孔封闭做法详见图 6.6.20。

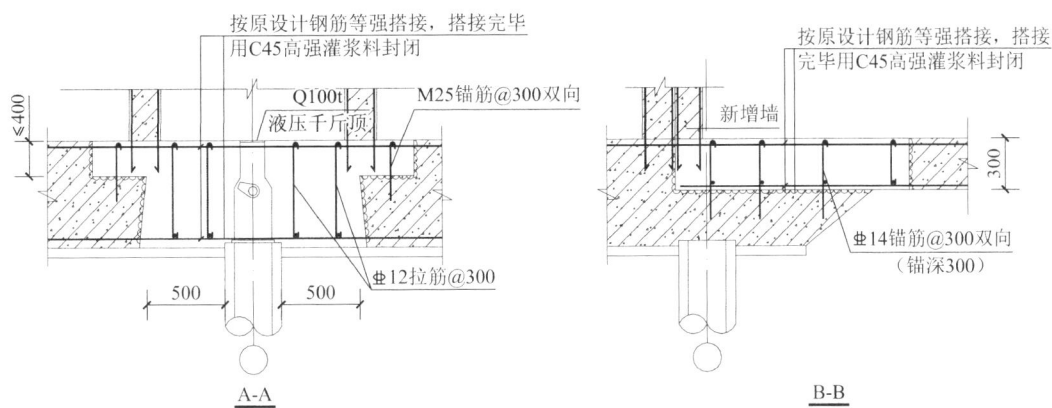

图 6.6.19　筏板冲切破坏加固详图

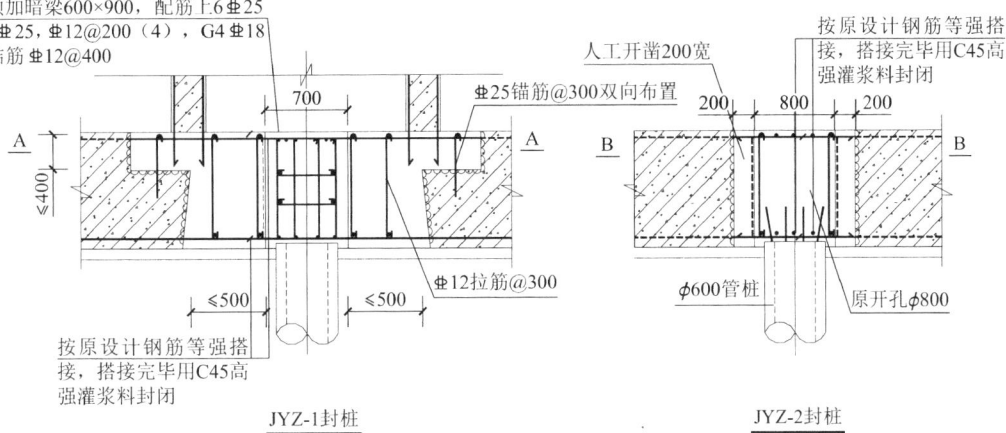

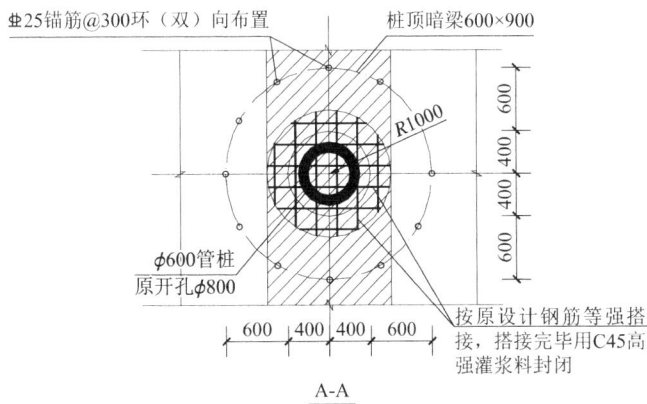

图 6.6.20　载荷试验压桩孔封闭详图

2. 筏板叠浇加固

不均匀沉降致使筏板变形严重、局部开裂，纠倾过程设置的大量应力释放孔对筏板整体性也造成很大损伤。采用新增钢管桩控沉加固后，新增钢管桩与原有工程桩之间，工程桩与地基土之间荷载分布非常复杂。

为确保筏板安全，本工程通过在筏板顶面叠浇 300mm 厚混凝土层对筏板进行整体加强，叠浇层内配筋 Φ18@200 双向钢筋。叠浇层施工前采用结构灌缝胶、纯水泥浆或注入聚氨酯防水补强液对裂缝进行加固。此外，为确保新浇筑混凝土与原结构粘结可靠，避免新旧混凝土间滑移破坏以实现共同受力，须对筏板混凝土表面全面凿毛，并在筏板上种植剪力销，剪力销布置详见图 6.6.21。

由于前期沉降过大，主楼与地下车库间后浇带两侧板面高差明显，17 号楼纠倾完成后，采用如图 6.6.22 所示做法对后浇带进行处理。

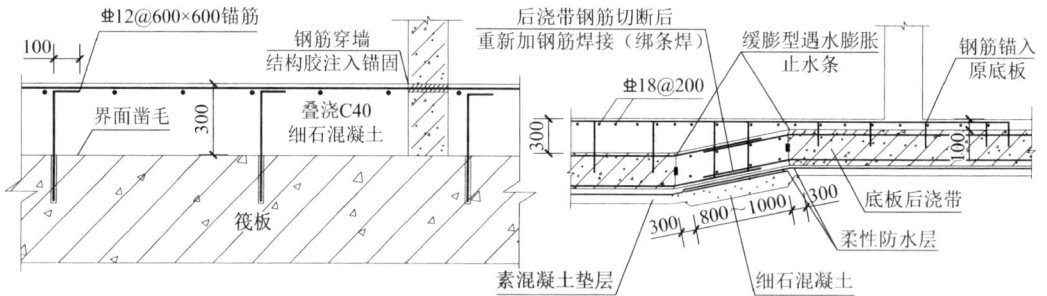

图 6.6.21　主楼筏板新加叠浇层详图　　　　图 6.6.22　后浇带连接做法

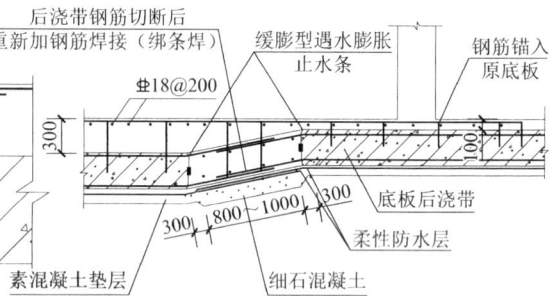

3. 地下室剪力墙加固

纠倾结束后，结合筏板加固，须对开裂及承载力有所欠缺的墙体进行加固。对于轴压比接近规范限值的剪力墙墙体，采用 Φ8@200×200 钢筋网，5mm 厚度 M55、Ⅰ级聚合物砂浆进行加固，以提高其延性；对于开裂的剪力墙，预先灌注专用结构胶进行裂缝修补，然后用 80mm 厚 C60 高强灌浆料双面加固，配筋网规格为 Φ10@200 双向配置，并用 Φ8@400 双向穿墙拉结，钢筋锚入顶板、筏板均为 15d（d 为钢筋直径）。剪力墙加固详见图 6.6.23。

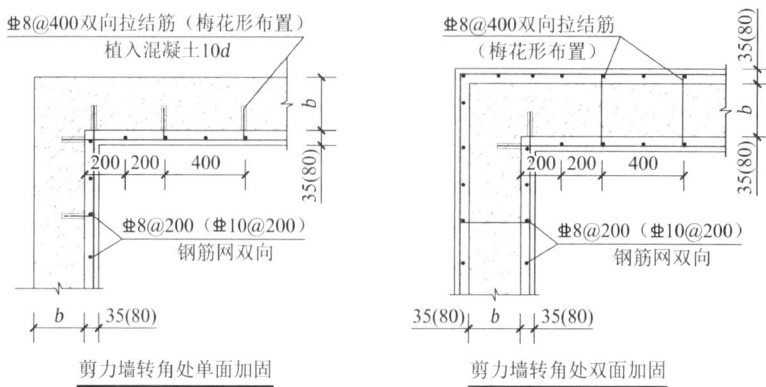

图 6.6.23　地下室剪力墙加固详图

4. 相邻地下车库加固

17 号楼不均匀沉降后，与之相连的地下车库跟随下沉，地下车库顶板及第一跨柱均出现不同程度的开裂。纠倾前，将主楼与地下车库在后浇带位置断开，地下车库悬挑部分及受损梁支撑方式见图 6.6.24（a）。

主楼迫降纠倾完成后，采用千斤顶同步顶升技术将相邻车库顶板回顶到原设计标高。顶升后，车库顶板与主楼的连接以及后浇带两侧不同标高顶板的连接详见图 6.6.25。开裂柱采用图 6.6.24(b)所示方式支撑后，凿除重新浇筑；开裂梁、板通过注射结构胶进行补强。

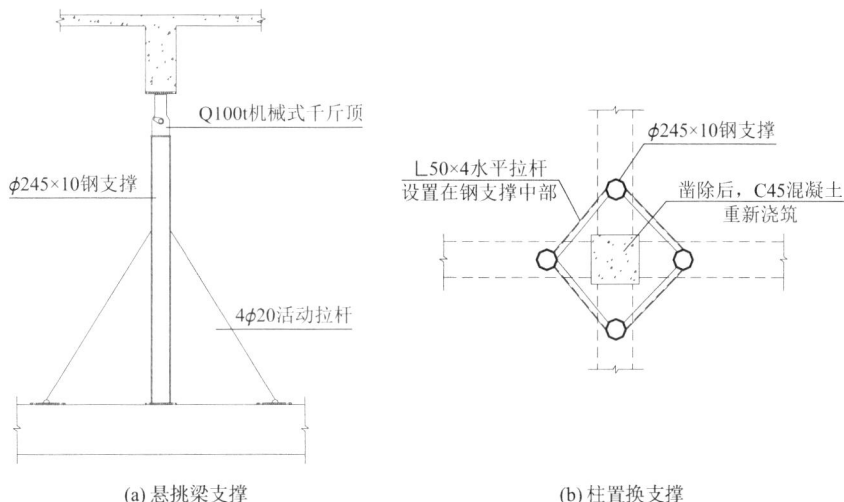

(a) 悬挑梁支撑　　　　　　　　　　(b) 柱置换支撑

图 6.6.24　地下车库顶板支撑图

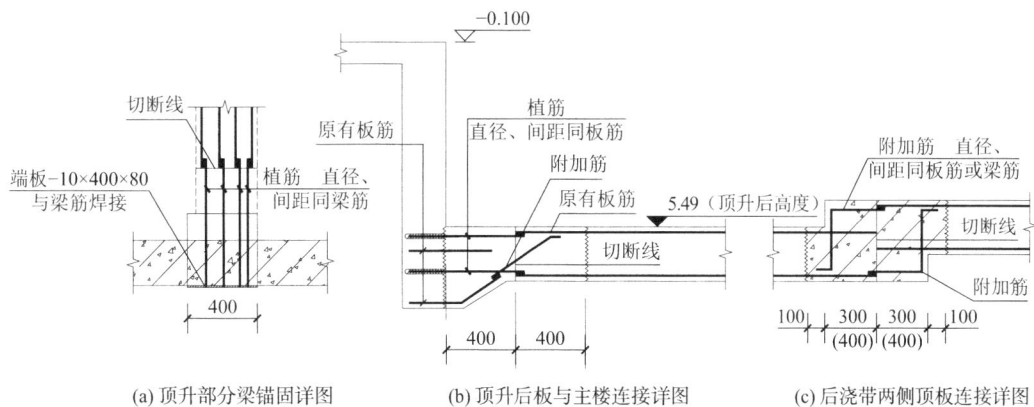

(a) 顶升部分梁锚固详图　　(b) 顶升后板与主楼连接详图　　(c) 后浇带两侧顶板连接详图

图 6.6.25　车库顶板与主楼连接图

6.6.8　控沉与纠倾协同施工

根据控沉与纠偏总体设计流程，本工程从准备到开始纠倾，按照控沉与纠倾相结合的原则，遵循先南北向纠倾、后东单元东西向纠倾、再西单元东西向纠倾，然后进行地基注浆加固和后续补桩控沉的顺序，整个施工过程经历了如下 9 个阶段。

1. 纠倾前的准备

在纠倾工作全面展开前，工程尚处于施工状态，塔式起重机、货梯等机械设备并未拆除，主楼沉降也仍在继续扩大之中（图 6.6.26），纠倾前需完成如下准备工作。

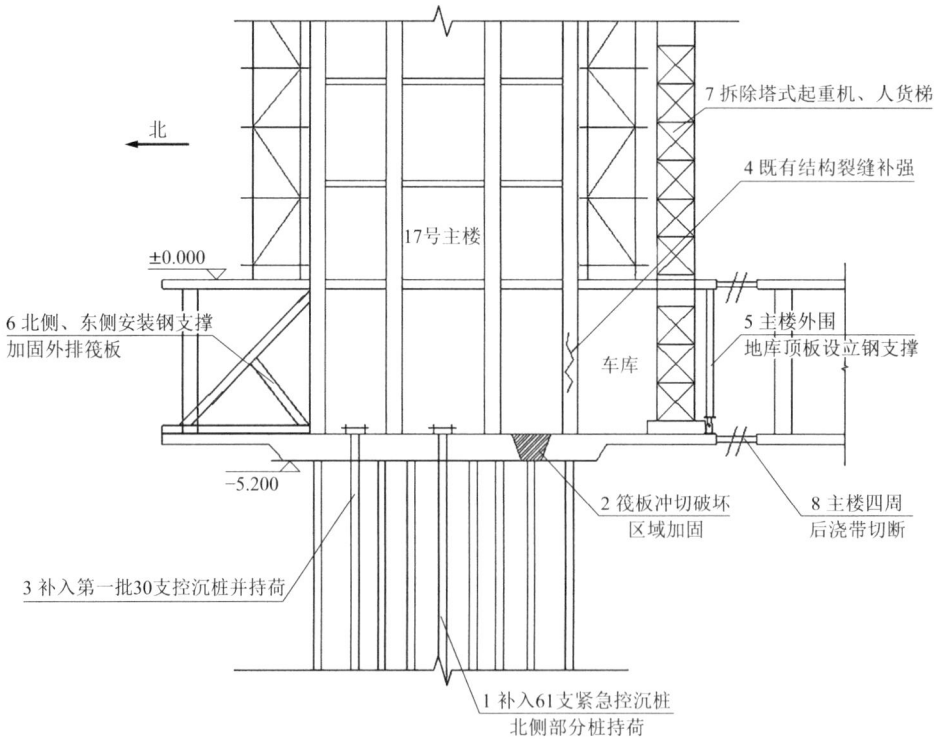

图 6.6.26　纠倾前准备工作示意图

（1）应急控沉与监测系统建立

应急控沉钢管桩压桩孔利用静压水钻取芯工艺成孔，呈倒圆台形，上口 400mm 下口 450mm。压桩反力锚杆通过植筋埋设于压桩孔两侧。见图 6.6.27。

应力解除法时空效应明显，掏土过程中，地应力重新分布，受扰动区域地基土强度降低情况和应力解除孔受挤压后形状的变化都非常复杂，纠倾过程的沉降速率与趋势将不断发生变化。为确保施工过程的安全性与可控性，健全信息化施工的反馈机制，在主楼四周设置沉降和倾斜监控点，完善沉降监测网络，复核外墙主控角的既有倾斜率和楼面高差，并对主体结构的重要部位裂缝进行标定（图 6.6.28），重要部位受力构件上设置应力应变片，同时对周边道路设点监测其沉降，建立综合性监测系统。

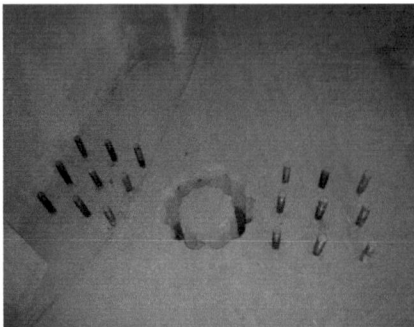

图 6.6.27　压桩孔成孔

图 6.6.28　裂缝监测

（2）对应急控沉桩进行灌芯、压桩孔口加固，并对北侧部分桩临时持荷以控制沉降，如图 6.6.29 所示。

图 6.6.29　应急控沉桩孔口加固及封桩

（3）对筏板冲切破坏部位进行混凝土置换加固，以增强筏板的整体性，如图 6.6.30 所示。较大裂缝部位用纯水泥浆先进行修补。

（4）补入第一批控沉桩，并进行灌芯、压桩孔口加固以及部分钢管桩临时持荷，如图 6.6.31 所示。

图 6.6.30　冲切破坏筏板补强　　　　图 6.6.31　第一批控沉桩临时持荷

（5）剪力墙裂缝临时实施补强，以加快纠倾施工的进度。

（6）采用钢支撑对主楼外围地下车库底板进行临时加强，并对悬挑顶板进行支承，如图 6.6.32 所示。

图 6.6.32　主楼外围顶板支撑

（7）拆除部分外墙脚手架和主楼南侧的人货两用梯及塔式起重机以减小安全隐患。

（8）切断主楼四周底板与顶板后浇带，以减小纠偏过程中主楼外围地下室结构对主楼的牵制。

2. 南北向整体纠倾施工

第一批控沉桩施工后，采用高吨位反力架持荷锁定北侧前期沉降较大区域的 20 支钢管桩（Ⓢ轴附近）；对于南侧 10 支控沉桩，预装高吨位反力架做调控之用，以防迫降过快或过量。

自控沉以来，南侧整体沉降速度超过北侧，获得了 4mm 的净迫降值。在Ⓖ轴以南设置 2 排取土孔，利用 2 台高压旋喷钻机对南侧较长管桩和北侧地下车库的管桩进行桩周旋喷取土，解除其桩侧阻力，然后用 4 台钻机对南侧和东侧（自行车坡道基础）钻孔取土，解除部分基底反力，促使南北向纠倾微调，迫降速率控制在 0.7～1.0mm/d，至 8 月 20 日完成南北向迫降微调，净迫降差达到 8～10mm，完成了南北向初步微调，使外墙向北倾斜值减小约 85mm。图 6.6.33 为现场钻孔取土作业情况。

图 6.6.33　取土作业

3. 东单元东西向纠倾施工

鉴于东单元楼东侧外挑地库较宽，取土困难，外挑车道下采用斜孔取土。东单元纠倾按如下步骤进行（图 6.6.34）：

（1）预加载持荷封固㉓～㉘轴范围的已补钢管桩，如图 6.6.35 所示。

（2）东单元补入第二批钢管桩的一部分，加固压桩孔口，作为迫降控沉桩。然后移至西单元补入第二批钢管桩的其余部分，加固压桩孔口，作为西单元迫降控沉桩。

（3）自东而西，用高喷钻机解除东侧主楼外挑的自行车坡道基础以及北侧外挑的地库筏板下桩的侧阻力。

（4）由东向西，用高喷钻机逐步解除主楼内预定的长管桩侧阻力。

（5）利用 6 台螺旋钻机，先在主楼外围的地库筏板基底取土，然后对主楼 36 轴以东部位实施定深取土作业，视迫降启动的速度按 3m～6m～9m 逐渐加深，以减小基底反力和降低管桩的侧阻力，迫使桩群产生较缓慢且可控的刺入变形，迫降速率≤3mm/d。

（6）主楼东侧自行车坡道外挑底板宽达 7.70m，且坡道内不能钻孔，通过增打斜孔取土，避免该部位的基底土应力集中而阻碍迫降。

（7）主楼北侧相连地下车库底板和顶板外挑跨度达 5.30～6.40m，纠倾前底板与顶板上翘位移达 100mm 以上，底板与梁柱开裂严重，为减缓和控制地库结构后续开裂破坏，采用分离式钢支撑对底板实施迫降，如图 6.6.36 所示。

（8）鉴于管桩的长短无法预判，故对各墙肢均设置监测点进行加密监测，通过分析各点位的迫降数据，对迫降明显滞后部位管桩采用高喷钻机解除阻力以确保东单元各点基本上线性同步迫降。

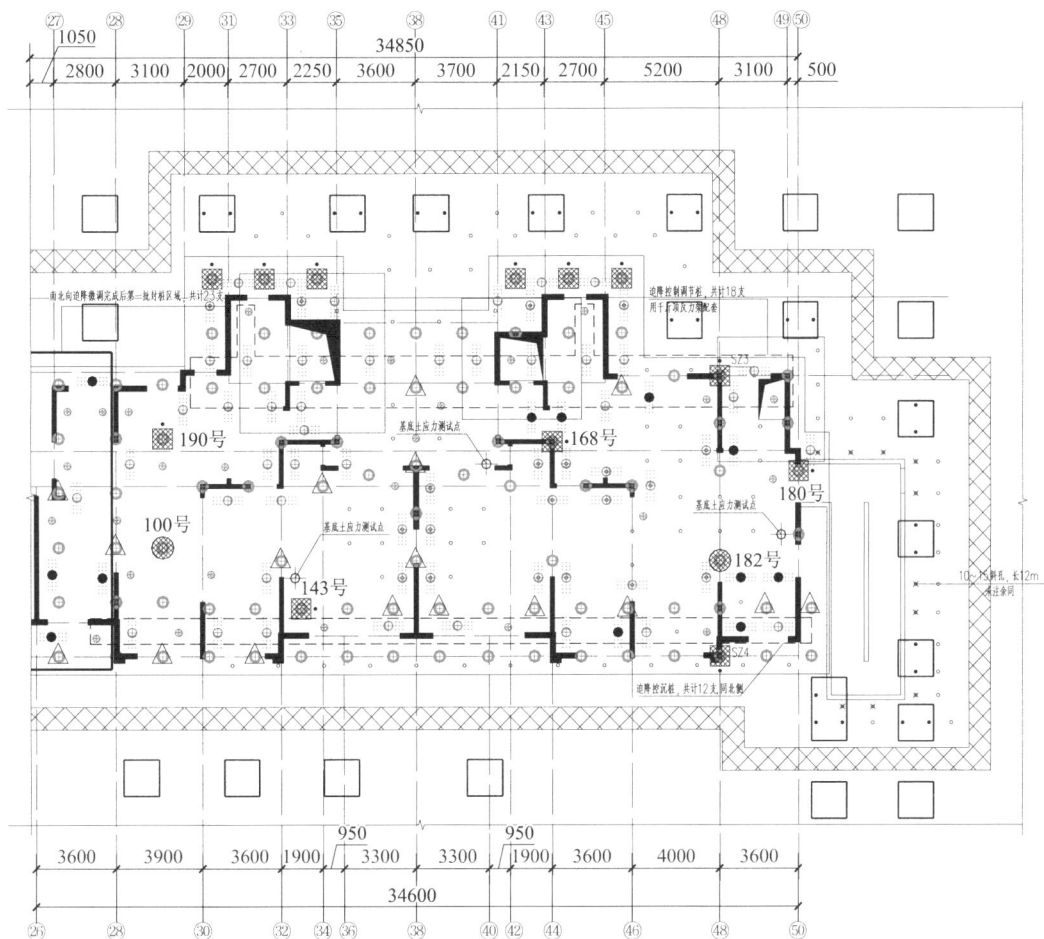

图 6.6.34　东单元东、西向纠倾示意图

图 6.6.35　控沉桩预加载

图 6.6.36　分离式钢支撑底板迫降

东单元迫降纠倾历时 1 个月，东侧迫降 62～73mm，净迫降量约为 47mm，使外墙倾斜

值减小 140～155mm，并使楼面高差降至 30mm 之内，可满足后续楼面找平施工需要。据监测，迫降到位后惯性变形 5d 左右，沉降速率趋向收敛。东单元东西向纠倾阶段，地下室未出现开裂。

4. 西单元东西向纠倾施工

西单元倾斜后楼面高差较大，且大楼西侧浅部埋藏着厚而密实的粉砂土，因而在相应位置应有针对性地采取高喷钻机成孔取土以确保迫降正常启动。其余施工顺序、作业流程和同步迫降各项保证措施基本同东单元。西单元东西向纠倾详见图 6.6.37。

西单元迫降历时 1 个多月，持续阶段的迫降速率一般控制在 2～3mm/d，个别达到 4mm/d，可控性较好。在东西向纠倾阶段，西侧迫降 84～100mm，净迫降量约 70mm，使外墙倾斜值减小 217～228mm，并使楼面高差降至 30mm 之内，可满足后续的楼面找平施工需要。迫降到位后惯性变形持续 5d 左右，此后，沉降速率趋向收敛，总体上迫降过程具有很强的可控性。

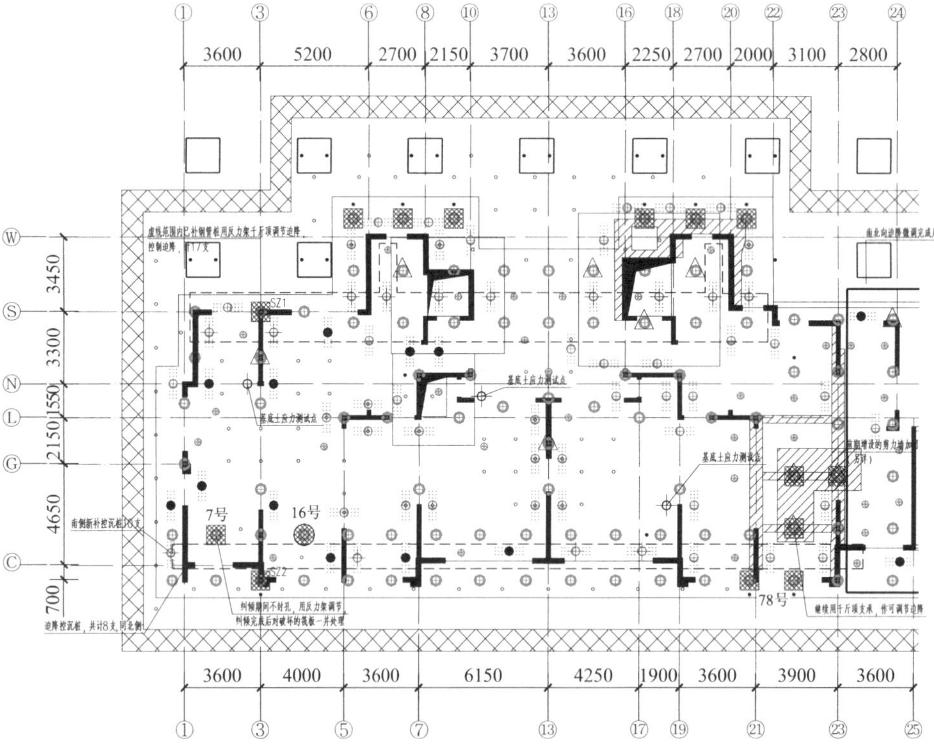

图 6.6.37 西单元东西向纠倾示意图

纠倾之前，第 26 层东、西单元之间局部墙体已出现紧靠挤压现象，随着东西向纠倾的进行，变形缝慢慢分离，纠倾使变形缝上口增大了 34.7～35.1cm，女儿墙顶部变形缝南、北侧宽度分别达到 45.7cm 和 45.1cm，第 26 层处南、北向缝宽分别达到 31.7cm 和 29.7cm。

17 号楼室内外高差 1.5m，主楼内地下一层层高 5.2m，地下室长高比为 11.33∶1，东西向具有较大的纵向刚度，西单元迫降致使中段地基产生附加沉降，地下室结构中段应力集中，顶板与⑧轴、⑥轴纵向连梁开裂，顶板裂缝较少，其宽度为 0.1～0.3mm，连梁裂缝略多，最大裂缝宽达 0.3～0.7mm。

5. 第一、二批控沉桩预加载封固及取土孔深层注浆加固

纠倾至目标值后，一方面立即进行第一、二批补入桩预加载封固施工，使其分担上部结构的荷载，控制整体沉降；另一方面采用高压喷射注浆对桩侧深层取土孔进行加固。通过高压注浆泵压入水灰比 1∶1 的水泥浆液，注浆压力控制在 20～25MPa，浆液用量小于取土孔理论体积的 2 倍。经过注浆补强，可缩短残余沉降变形期，减少残余迫降量，并能有效防止矫枉过正以及避免建筑物纠倾后产生开裂。

6. 第三批控沉桩施工

为了避免因筏板下方浅层土体承担过多荷载而继续产生沉降，按照承载力相等的原则，进行第三批 78 支钢管桩施工。施工过程采用对称、跳压方式施工，并及时进行预应力加载封桩。

7. 地基补强及筏板注浆孔灌浆封堵

纠偏结束后，利用取土孔对筏板以下 500mm 深度范围内土层进行压密注浆，以提高地基承载力。其工艺流程按埋管→注浆→封孔三个步骤实施。

注浆管采用 $\phi38 \times 3.0$ 钢管，端头进入设计深度，注浆管与孔壁之间采用高强灌浆料进行封实，确保接头紧密，防止出现漏、渗浆现象。浆液水灰比 0.7～1.0，注浆压力控制在 0.5～3.0MPa，按照由外而内的次序依次进行取土孔注浆处理施工。注浆完成后，筏板注浆孔采用高强无收缩灌浆料封堵。为防止底板出现渗漏，还需做好封孔施工和结构性防渗处理，其要求如下：

（1）注浆完成后，采用凿岩机进行注浆孔复凿至孔壁底板结构层，以清除和剥落孔壁粘结水泥浆。

（2）采用高压气筒向孔内注入高压气体，吹除孔内浆块及尘、渣，必要时人工辅助掏除孔体内浆块。

（3）清理完成后，采用清水进行孔内清洗，然后将孔内积水吸干以确保封孔施工在干燥状态下进行。

（4）最后，采用高强微膨胀灌浆料进行封孔，以保证封孔料的强度并减小其收缩量。

8. 筏板叠浇层施工

筏板叠浇层施工主要分两部分进行，一是新增板面钢筋穿透剪力墙的施工，二是新浇筑混凝土与原结构的粘结处理。

叠浇层面钢筋遇到既有墙体，墙脚穿孔将削弱剪力墙的承载能力，因此，采用分批植筋、即植即灌的方式进行施工。考虑到剪力墙钢筋配置密集，在钻孔前须认真对照原设计结构图纸，以尽量避开钢筋。

为确保新浇筑混凝土与原结构粘结可靠，实现协同受力。需对筏板混凝土表面进行全面凿毛，以清除原构件结合面表层不良部分，直至完全露出坚实基层，要求凿毛率 30% 以上，深度 3～5mm。此外，为避免新旧混凝土层的滑移破坏，在筏板种植剪力销，剪力销规格 $\phi12@600 \times 600$，植入深度不小于 200mm。板面钢筋采用焊接方式连接，接头位置相互错开，以符合规范与设计要求，绑扎焊接之前彻底洗净基层保证新老混凝土的粘结质量。

混凝土浇筑并加浆抹面后采用塑料薄膜加 2 层地毯保湿养护，养护时间不短于 14d。筏板叠浇层施工见图 6.6.38。

(a) 筏板凿毛

(b) 筏板钢筋穿墙锚固

(c) 剪力销种植与钢筋排布

(d) 部分叠浇层施工养护

图 6.6.38　筏板叠浇层施工

9. 地下室结构加固施工

不均匀沉降过程中，地下室墙、柱、梁、板等结构均产生了较为严重的结构性裂缝。补强加固前应先进行裂缝处理，对于混凝土构件上宽度小于 0.3mm 的较细裂缝，采用钢丝刷等工具，清除裂缝表面的灰尘、浮渣及松散层等污物；对于混凝土构件上大于 0.3mm 的较宽裂缝，沿裂缝用钢钎凿成 V 形槽，凿完后用钢丝刷及压缩空气将混凝土碎屑粉尘清除干净。裂缝处理后采用环氧树脂胶泥封缝，然后进行压力针筒注胶。注胶过程压力应逐渐升高，防止骤然加压，达到规定压力后，应保持压力稳定。

裂缝修补完毕后，对剪力墙采用双面钢筋网聚合物砂浆和高强灌浆料进行截面加大施工。加固前，首先凿除构件表面的粉刷层至混凝土基层，结合面凿毛深度不小于 6mm，混凝土缺陷部位应清理至坚实基层。聚合砂浆采用分层抹灰，后续抹灰均在前一道抹灰初凝之前进行施工。施工之前做好原墙面的清洗、湿润等工作，抹灰结束后对墙面进行洒水养护，以保证施工质量。剪力墙加固施工见图 6.6.39。

(a) 凿毛

(b) 网片施工

(c) 分层抹灰　　　　　　　　　　　(d) 剪力墙加固完毕

图 6.6.39　剪力墙加固施工

6.6.9　现场监测及控沉、纠倾监测成果分析

1. 监测内容与频率

1）监测内容

应力解除法时空效应显著，为了避免纠而不沉或者矫枉过正，需要合理安排控沉桩施工进度，严格控制纠倾过程的迫降速率；此外，结构内力也与不均匀沉降的变化密切相关。因此，必须设置周密的监测体系，通过施工过程监测，及时动态调整纠倾施工的流程、节奏与强度，使纠倾与加固施工始终处于安全可控状态。具体监测内容包括：

（1）主楼迫降期间沉降、倾斜、防震缝宽度以及楼面高差监测。

（2）主楼在迫降纠倾期间钢管桩持荷与基底应力监测。

（3）外伸筏板基础的挠曲位移监测。

（4）连梁等关键部位裂缝监测。

2）监测频率

监测频率主要取决于建筑物的倾斜大小以及纠倾施工时的沉降和倾斜速率，为了更好地反映变化过程，确保建筑物回倾在控制范围内，监测频率需满足以下要求：

（1）补桩施工期间，每天沉降监测不少于 1 次。

（2）纠倾施工期间，每天沉降与倾斜监测不少于 3 次。

（3）对基底土应力、裂缝监测进行实时跟踪监测。

（4）工程竣工后一年内，做好沉降持续监测，前 6 个月内沉降监测每月不少于 1 次，后 6 个月每 2 月不少于 1 次。

2. 控沉、纠倾监测成果分析

17 号楼控沉与纠倾过程中，对外墙垂直度、倾斜率以及控制点沉降等做了详细监测，具体情况如下：

1）纠倾前、后垂直度分析

图 6.6.40 为纠倾后 17 号楼各个角点的垂直度情况，纠倾前后数值对比详见表 6.6.2、表 6.6.3。

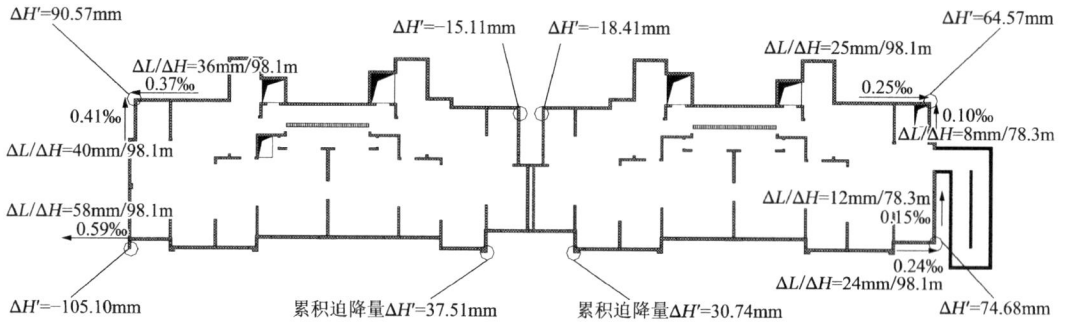

图 6.6.40 纠倾后角点垂直度

外墙纠倾前、后主控角垂直度对比　　　　　　　　　　表 6.6.2

序号	主控角	纠倾前		纠倾后	
		倾斜值（mm）/测量高度（m）	倾斜率	倾斜值（mm）/测量高度（m）	倾斜率
1	西北角	偏东 177/98.1	1.81‰	偏西 36/98.1	0.37‰
		偏北 169/98.1	1.72‰	偏北 40/98.1	0.41‰
2	东北角	偏西 101/98.1	1.02‰	偏东 25/98.1	0.25‰
		偏北 66/78.3	0.84‰	偏北 8/78.3	0.10‰
3	东南角	偏西 119/98.1	1.19‰	偏东 24/98.1	0.24‰
		偏北 81/78.3	1.03‰	偏北 12/78.3	0.15‰
4	西南角	偏东 165/98.1	1.68‰	偏西 58/98.1	0.59‰
		偏北/98.1	—	—	—

注：表中纠倾前数据为 2015 年 7 月 22 日所测，纠倾后数据为 2016 年 3 月 21 日所测。

防震缝宽度纠倾前、后对比　　　　　　　　　　表 6.6.3

序号	立面	层位	纠倾前（cm）	纠倾后（cm）
1	南立面	34 层	11	45.7
		26 层	7.5	31.7
		1 层	33	33
2	北立面	34 层	10	45.1
		26 层	0.0（墙体紧靠挤压无缝隙）	29.7
		1 层	29.4	30.6

注：1. 表中纠倾前数据为 2015 年 7 月 3 日所测，纠倾后数据为 2015 年 11 月 16 日所测。
　　2. 由于建筑物并非刚体，纠倾过程中变形缝两侧墙体不能完全保持直线回倾，局部位置缝宽较大。

数据表明，通过纠倾微调，主体结构外墙倾斜率均≤0.6‰；东、西单元之间的防震缝宽度大于 300mm，缝宽满足现行《建筑抗震设计标准》GB/T 50011 的规定。

2）迫降分析

为了确保施工过程的安全，进行了整个施工过程的沉降监测，沉降监测控制点布置详见图 6.6.41。

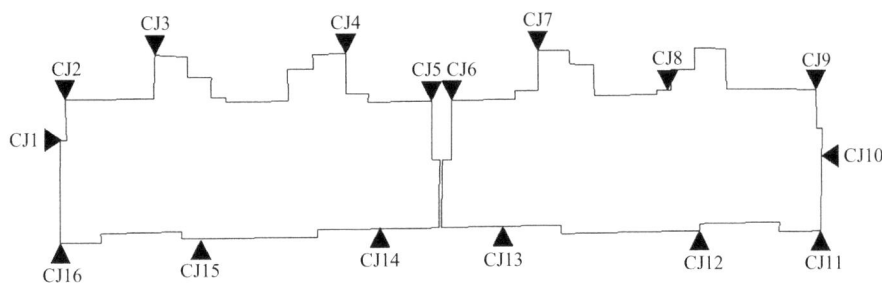

17号楼沉降观测点平面布置图

图 6.6.41　沉降监测控制点平面布置图

本工程倾斜状况复杂，纠倾技术难度高，自控沉纠倾施工以来至 2016 年 3 月 21 日，东、西单元主要控制点沉降曲线详见图 6.6.42，2015 年 8 月 1 日—11 月 15 日大楼沿各主要断面迫降沉降数据如下：

（1）2015 年 11 月 13 日—2016 年 3 月 21 日期间,各点平均沉降速率为 0.019～0.060mm/d。

（2）2016 年 1 月 17 日—2016 年 3 月 21 日期间,各点平均沉降速率为 0.002～0.038mm/d。

（3）2016 年 2 月 29 日—2016 年 3 月 21 日期间,各点平均沉降速率为 0.001～0.038mm/d（其中，仅西单元东南角一个点为 0.038mm/d，其他点均 ≤0.020mm/d）。

监测数据表明,纠倾结束后 21d 内,各点平均沉降速率为 0.001～0.038mm/d;截至 2016 年 3 月 21 日，测得南北向最大倾斜率为北倾 0.41‰，西单元东西向最大倾斜率为西倾 0.59‰，东单元东西向最大倾斜率为东倾 0.25‰，沉降速率及倾斜情况均符合《建筑物倾斜纠偏技术规程》JGJ 270—2012、江苏省《建筑物沉降、垂直度检测技术规程》DGJ 32/TJ 18—2012 等相关设计规范的规定。

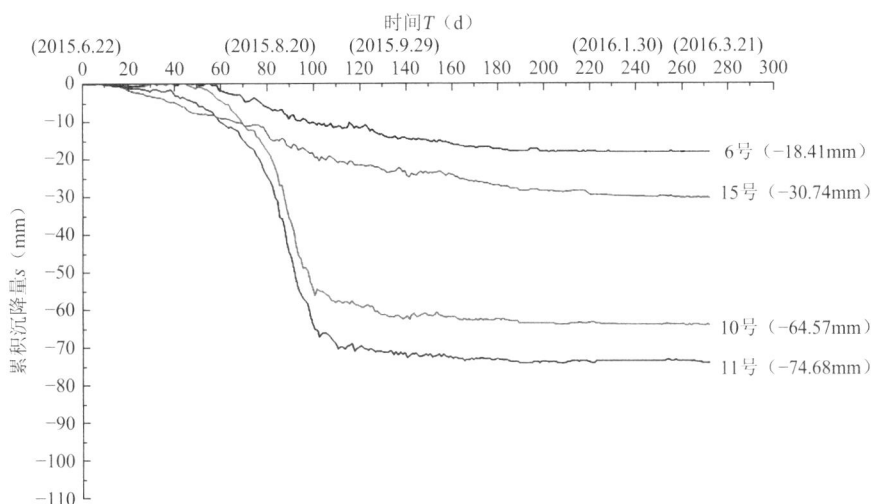

(a) 东单元

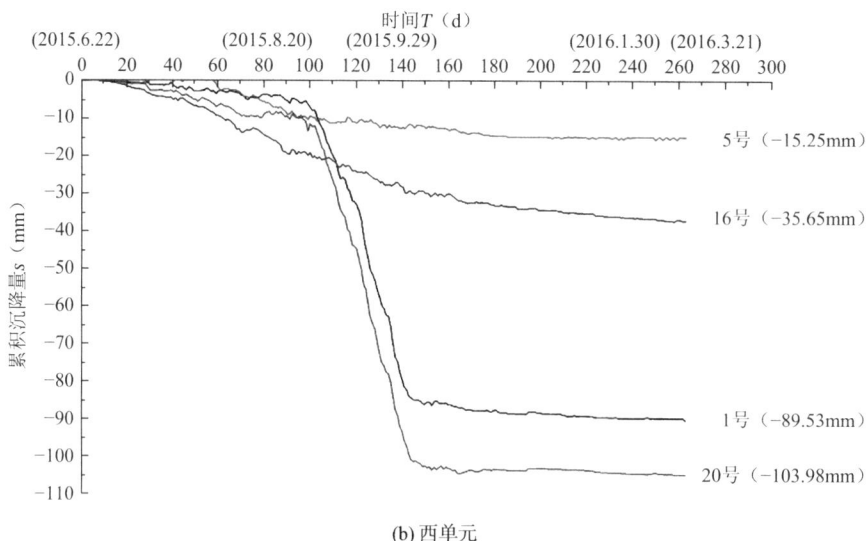

(b) 西单元

图6.6.42　东、西单元主要控制点沉降s-T曲线图

参考文献

[1] 崔俊毅. 浅谈华盛顿纪念碑的纠倾与加固[J]. 工程技术 (引文版), 2015, 39: 240.

[2] ZHANG A X, DUAN M L, LI H M, et al. Prediction methods of spudcan penetration for jack-up units[J]. 中国海洋工程: 英文版, 2012, 26(4): 591-602.

[3] 刘祖德, 叶勇. 比萨斜塔的最新动向及纠偏方案探讨[J]. 土工基础, 2000(1): 53-56.

[4] ZHOU J, WANG K, GONG X, et al. Bearing capacity and load transfer mechanism of a static drill rooted nodular pile in soft soil areas[J]. Journal of Zhejiang University-Science (Applied Physics & Engineering), 2013, 14(10): 705-719.

[5] PENG J, XIONG X, MAHFOUZ A H. Vacuum preloading combined electroosmotic strengthening of ultra-soft soil[J]. Journal of Central South University, 2013, 11: 3282-3295.

[6] YUAN J X. On Saving Measures for Pisa Leaning Tower[J]. Rock and Soil Mechanics, 1994.

[7] 黄敏敏. 顶升纠倾加固技术应用研究[D]. 武汉: 华中科技大学, 2006.

[8] BURLAND J B, JAMIOLKOWSKI M B. Leaning Tower of Pisa: Behaviour after Stabilization Operations[J]. International Journal of Geoengineering Case Histories, 2009, 1(3): 156-169.

[9] 刘祖德. 地基应力解除法纠偏处理[J]. 土工基础, 1990, 1: 1-6.

[10] 俞季民, 逯金涛. 灌浆地基上倾斜建筑物的纠偏-地基应力解除法的应用[J]. 工业建筑, 1992, 12(5): 25-29.

[11] 张俊瑞, 张冬梅, 雷美清. 某住宅楼深层地基应力解除纠偏及加固[J]. 土工基础, 2001(4): 46-48.

[12] 刘蕰, 陈鸿仁, 刘杰. 地基应力解除法纠偏在营口地区的实践[J]. 工程质量, 2002(10): 44-46.

[13] 唐业清. 建筑物纠倾新技术[J]. 建筑技术, 1995, 4(6): 323-327.

[14] 徐学燕, 唐业清, 徐国光, 等. 高层建筑纠倾与加固[J]. 土木工程学报, 1999(4): 69-74.

[15] 唐业清. 100m 高烟囱的纠倾扶正[J]. 施工技术, 1995(8): 24-26.

[16] 虞列雄, 金以法. 辐射井射水纠倾法工程实践[J]. 探矿工程 (岩土钻掘工程), 2014, 41(3): 63-67.

[17] 俞季民, 刘祖德, 周全能, 等. 地基应力解除法进行建筑物纠偏的数值模拟[J]. 工程勘察, 1992(1).

[18] 吴宏伟, 徐光明. 地基应力解除法纠偏机理的离心模型试验研究[J]. 岩土工程学报, 2003(3): 299-303.

[19] 梁志松, 陈晓平. 软土流变模型及在建筑物纠偏工程中的应用[J]. 岩土力学, 2004(S2): 513-517.

[20] 衡涛, 宋彧, 邝志斌. 应用 ADINA 模拟应力解除法对湿陷性黄土地基的纠倾效果[J]. 四川建筑科学研究, 2012, 38(1): 121-126.

[21] 王春艳, 郑刚, 张鸿昌. 应力解除法在房屋纠偏中的应用[J]. 建筑科学, 2007, 23(9): 84-87.

[22] 周清, 刘祖德. 应力解除法在既有建筑物纠偏中的应用[J]. 土工基础, 2003, 17(3): 1-3.

[23] 张贵文. 湿陷性黄土地区建筑物迫降纠偏的理论与实践[D]. 兰州: 兰州理工大学, 2004.

[24] 刘祖德. 纠偏防倾工程十五年 (一)[J]. 土工基础, 2006, 20(4): 108-112.

[25] 刘祖德. 纠偏防倾工程十五年 (二)[J]. 土工基础, 2006, 20(6): 83-87.

[26] 刘祖德. 纠偏防倾工程十五年 (三)[J]. 土工基础, 2007, 21(2): 82-86.

[27] 江苏省建设厅. 建筑物沉降观测方法: DGJ32/J 18—2006[S]. 南京: 江苏科学技术出版社, 2006.

[28] 住房和城乡建设部. 建筑地基基础设计规范: GB 50007—2011[S]. 北京: 中国建筑工业出版社, 2012.

第 7 章

高层建筑综合法纠倾技术

7.1 综合法常见类型以及适用范围

近二十年来我国高层建筑得到迅猛发展，由于场地复杂、桩基施工质量、软弱地基深厚或邻边地下工程施工影响等因素，高层建筑倾斜时有发生，严重影响了建筑物的安全和正常使用。综合法纠倾技术因具有更强的适应性和灵活性等优势，在场地环境复杂及施工条件受限的倾斜高层建筑中得到了广泛的应用和关注，目前国内应用综合法纠倾的案例总量已超过 100 例，主要分布在华南、华东地区。

7.1.1 综合法纠倾特点

高层建筑综合法纠倾是指同时采用两种或两种以上方法对倾斜高层建筑实施纠倾。它在处理高层建筑倾斜问题时，尤其是在多方法结合、适应性和安全性等方面，具有显著的优势。然而，其技术复杂性、成本较高和环境影响等问题也需要在实际应用中综合考虑和解决。

（1）综合法纠倾的优点

多方法结合适应性强：能够根据高层建筑的具体倾斜状况、地质条件和结构特点，灵活选择和组合（如补桩提升法、截桩迫降法、桩侧或桩端卸载迫降法等）。通过多种技术手段的协同作用，提高纠倾效果。适用范围广，能够更全面地解决高层建筑的倾斜问题。

安全性高：通过严密的监测体系和动态施工，确保纠倾过程中的结构安全，避免因纠倾操作不当导致结构损伤或倒塌。

可控性好：通过最佳方法的组合，相互之间取长补短，实时监控，能够实现纠倾过程平稳可控，减少突沉突变的风险。

（2）综合法纠倾的缺点

综合法涉及多种纠倾技术的集成和协调，技术难度高，需要专业的技术和经验支持，技术较为复杂；另外由于综合法涉及多种纠倾技术和设备，施工成本相对较高。

此外纠倾过程中可能产生噪声、扬尘等环境污染，需要采取有效措施加以控制。

7.1.2 综合法常见类型及适用范围

综合法纠倾应根据建筑物类型、倾斜状况、地质条件、工程特点、周边环境及适用性等因素，进行多种纠倾方法比选，选用两种或两种以上纠倾方法进行最优组合，并应明确其中一种纠倾方法为主导。其设计和施工应考虑不同纠倾方法在实施过程中的相互影响，主要适用于以下几种情况：

（1）单一纠倾方法难以完成纠倾扶正的高层建筑物。

（2）整体刚度较好的桩筏基础。

（3）倾斜建筑物体型较大或体型复杂，发生多向倾斜。

目前高层建筑常用的综合法纠倾主要有以下几种类型。

第一种类型：补桩提升与截桩迫降综合法纠倾。该方法常用于迫降侧桩端土层较好，且难以发生刺入变形的高层建筑纠倾。

第二种类型：补桩提升与桩侧或桩端卸载迫降综合法纠倾。对于特殊天然地基或复合地基上的高层建筑纠倾，运用补桩提升与地基取土迫降纠倾，亦参照本方法。

第三种类型：截桩迫降与桩侧桩端卸载迫降综合法纠倾。采用截桩迫降法纠倾，当迫降困难时，结合桩侧桩端取土，是一种很好的方法。当迫降区工程桩难于产生刺入变形导致迫降困难时，也可采用桩侧桩端取土或冲水迫降，避免截桩范围过大，降低截桩的风险，也就是利用结构岩土的融合降低高层纠倾的风险。

对于桩基工程纠倾，补桩提升纠倾法的补桩范围覆盖沉降较大的部位与部分既有桩因上拔而失效的部位，因此补桩提升法应用的缺点是补桩量较多。工程设计中为控制补桩数量，降低纠倾造价，有必要缩小提升区域，那么对于非提升区域，就有必要实施迫降纠倾法。若桩侧、桩端取土卸载能奏效，则采用第二种方法；反之，通过截桩迫降解决，采用第一种方法。做法示意图见图 7.1.1、图 7.1.2。

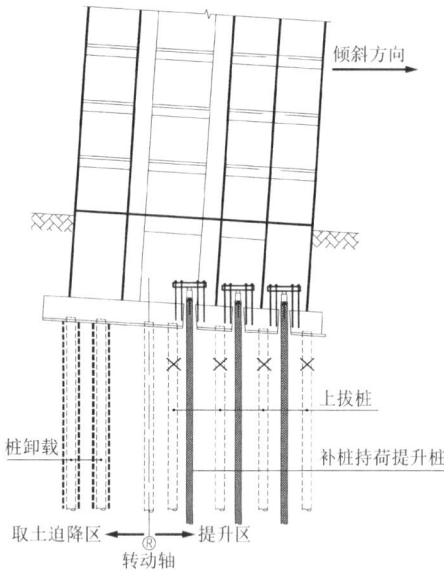

图 7.1.1　补桩提升与桩侧、桩端卸载
迫降综合法纠倾示意图

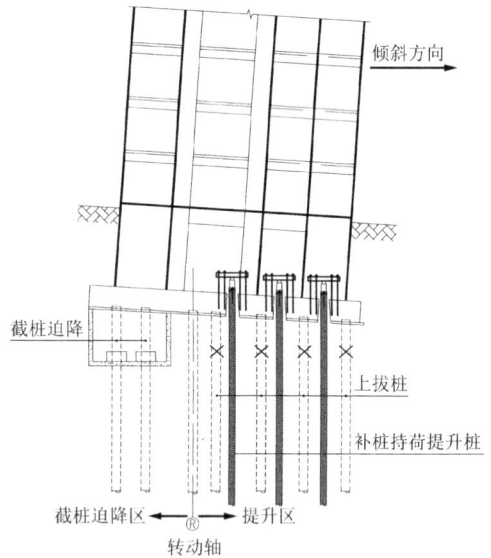

图 7.1.2　补桩提升与截桩迫降综合法
纠倾示意图

7.2　综合法纠倾设计

7.2.1　补桩提升与截桩迫降综合法纠倾设计

补桩提升与截桩迫降应保持协同工作，提升区与迫降区的分界线为纠倾转动轴。电梯井或核心筒是重点部位，一般宜使电梯井位于提升区或转动轴处。设计应满足下列要求：

（1）补桩提升纠倾设计可参考本书第 5 章的规定，截桩预测、截桩托换和迫降流程设计与施工参考本书第 3 章的规定。在持荷加压持荷提升的工况下，促使分级截桩卸荷实现同步纠倾。

（2）应根据建筑物倾斜情况和纠倾目标，确定转动轴位置、补桩范围和各桩的提升量、截桩范围和各桩的迫降量。

（3）应根据建筑物整体刚度和现场条件等因素综合确定迫降和顶升速率，正常纠倾阶段提升速率不宜超过 20mm/d，迫降速率不宜超过 10mm/d。

（4）桩截断处的连接节点承载力和刚度应满足受力要求，且不宜低于桩身的承载力和刚度。

7.2.2　补桩提升与桩侧、桩端卸载迫降综合法纠倾设计

在沉降较大一侧通过补桩并在桩顶加载反压进行同步持荷提升，沉降较小一侧在桩基承受反压的工况下通过桩侧或桩端取土卸载实现迫降纠倾。设计应满足下列要求：

（1）补桩提升纠倾设计应符合《软弱土地基高层建筑纠倾技术规程》T/ZCEAS 1001—2023 第 5 章的规定，桩侧或桩端卸载迫降纠倾设计应符合规程第 6 章的规定。

（2）根据建筑物倾斜情况与纠倾目标，确定转动轴位置、提升范围和提升量、迫降范围和迫降量。

（3）纠倾施工过程中，应根据监测结果实时调整桩顶持荷加载值、取土孔数量和取土深度，使提升和迫降保持协同。

（4）提升和迫降应保持整体同步，应采取防止桩基失稳、突发沉降和上部结构开裂的措施。

7.3　综合法纠倾施工

综合法纠倾时应事先确定纠倾的施工顺序和流程；另外根据综合法纠倾的特点，采取减小两种纠倾方法之间不利影响的安全措施。纠倾达到既定目标后，应及时按设计要求进行持荷封桩、底板注浆和结构连接恢复工作；整个施工期间应加强全过程监测，实施动态调控和信息化施工。

综合法与常规的单一纠倾法施工相比具有技术复杂、施工难度大、涉及的工序多等特点，因此需要设计、施工与监测三方密切配合，合理安排工序，穿插施工。施工之前应规划好场地布置、施工部署、资源配置计划并做好各项准备工作，还应制定应急预案。目前高层建筑综合法纠倾的常用组合主要以补桩提升为主导，采用截桩或桩侧、桩端卸载迫降为辅助的方法进行纠倾施工。

高吨位锚杆静压钢管桩是高层建筑补桩提升纠倾常用的桩型，具有质量可靠、穿透性强、挤土效应低，且能在有限空间内施工等特点。一般补桩施工顺序原则：沉降较大侧预先补入钢管桩，并进行临时持荷；沉降较小侧待纠倾基本接近设计值时，再补入钢管桩。施工过程中应根据沉降观测数据，动态调整压桩顺序、控制沉桩速率和日沉桩量，必要时应采取微扰动沉桩工艺，避免建筑物产生新的不均匀沉降。

补桩提升与截桩迫降两者之间应协调同步、呈线性比例。提升与迫降施工应采用自动化控制设备，满足提升力和位移双控要求，进行分级提升和分级迫降。施工顺序如下：

（1）施工准备及地下室内降排水。

（2）提升区域补桩施工和迫降截桩区域支护施工。

（3）截桩作业坑开挖及托换系统施工。

（4）安装提升反力架、STC 同步液压托换系统，调试、加载预紧。

（5）迫降桩桩身静力切割分离，截断桩反力测试。

（6）提升与迫降同步纠倾，基底注浆同步跟进。

（7）迫降桩截口补强恢复、加强填充基底脱空区域注浆。

（8）迫降区分批撤除千斤顶，作业坑回填；提升区分批次封桩，叠浇层施工。

（9）全过程实时监测。

补桩提升与桩侧、桩端卸载迫降综合法纠倾施工时，提升区域的提升量控制精度高，而迫降区域由于取土沉降滞后效应迫降量控制精度较低。因此每天的提升量应按实际产生的迫降量合理确定，提升量应与迫降量相匹配，确保纠倾呈线性。施工顺序如下：

（1）施工准备及地下室内降排水。

（2）提升区域控沉桩施工。

（3）非提升区域限沉桩施工。

（4）提升系统安装。

（5）提升与取土迫降纠倾，基底注浆同步跟进。

（6）纠倾完成后进行预加载持荷封桩。

（7）全过程实时监测。

7.4 工程实例 1：浙北某 18 层高层建筑综合法纠倾工程

7.4.1 工程概况及倾斜、变形状况

图 7.4.1 14 号楼实景图

浙北某住宅小区由多幢高层建筑组成，其中 14 号楼（图 7.4.1）地上 18 层、地下 2 层，建筑高度 53.75m，平面长度 29.0m、宽为 12.35m，总建筑面积 5794.49m²。大楼西侧、北侧均与地库相连，采用剪力墙结构。

地基基础采用桩筏基础，筏板厚 900mm，混凝土等级为 C30，筏板底筋和面筋分别双向通长配筋 ϕ20@200 和 ϕ18@180 钢筋，局部附加短筋。桩基采用钻孔灌注桩（图 7.4.2），桩径 700mm，桩身混凝土强度等级为 C35，桩顶以下 2/3 桩长配筋 12ϕ14，其余桩长配 6ϕ14，以⑦₃中风化凝灰岩层作为桩端持力层，设计有效桩长 53m，单桩竖向承载力特征值为 3300kN，总桩数共 41 根。

本工程±0.000 相当于黄海高程 5.300m，筏板结构面相对标高−5.400m，相当于黄海高程−0.10m。

14 号楼桩基于 2017 年 9 月开始施工，2017 年 10 月完成；2017 年 11 月筏板基础施工完成；2019 年 6 月竣工验收并交付使用。2023 年发现倾斜，检测表明：大

楼南北方向整体往南倾斜，最大倾斜率为 6.73‰；东西向整体往东倾斜，最大倾斜率为
3.64‰，两个方向的倾斜数据值均超过了现行国家标准《建筑地基基础设计规范》GB 50007
规定的房屋整体倾斜限值（3.0‰），具体检测情况如下：

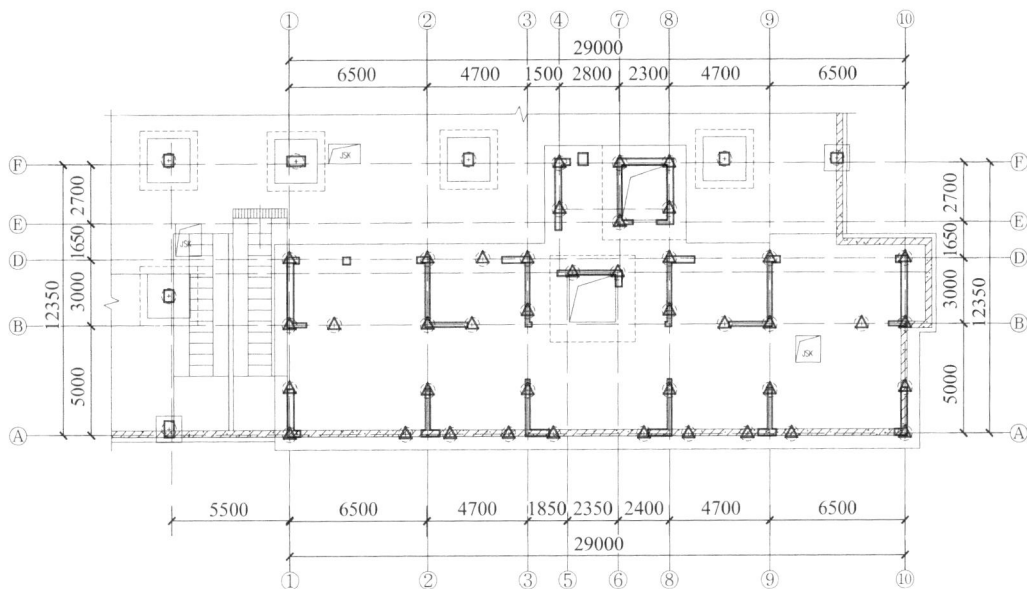

图 7.4.2　14 号楼基础平面图

（1）外墙倾斜

2023 年 7 月 27 日测得的外墙倾斜数据，各测点东西向倾斜率为 3.28‰～3.64‰，南北
向倾斜率为 6.18‰～6.73‰，各点的监测数据见图 7.4.3。

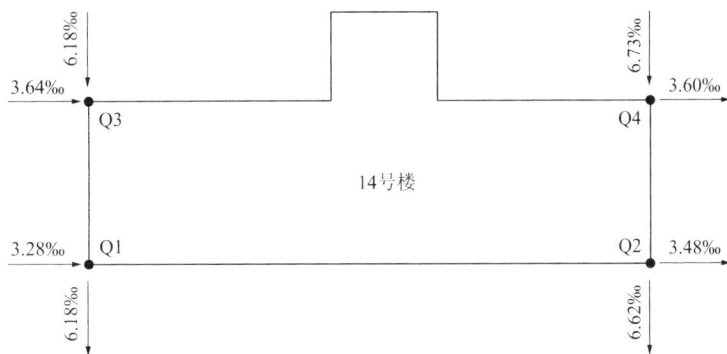

图 7.4.3　房屋倾斜平面图

（2）房屋相对高差

采用全站仪对屋面女儿墙、底层外墙水平线条的相对高差进行了测量。测量结果表明，
最大相对高差为 198mm，北侧高于南侧，东侧低于西侧。具体监测数据见图 7.4.4。

（3）沉降监测状况

2023 年 4 月 5 日—2023 年 8 月 11 日各点的累积沉降量为：-0.04～-5.63mm，沉降速
率为-0.0003～-0.044mm/d。具体见图 7.4.5。

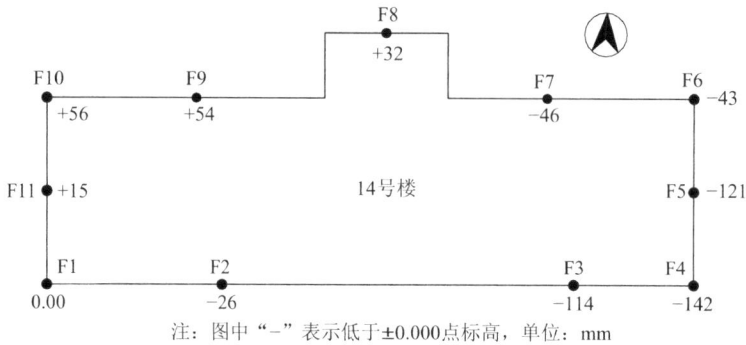

注：图中"−"表示低于±0.000点标高，单位：mm

图 7.4.4　房屋相对高差示意图

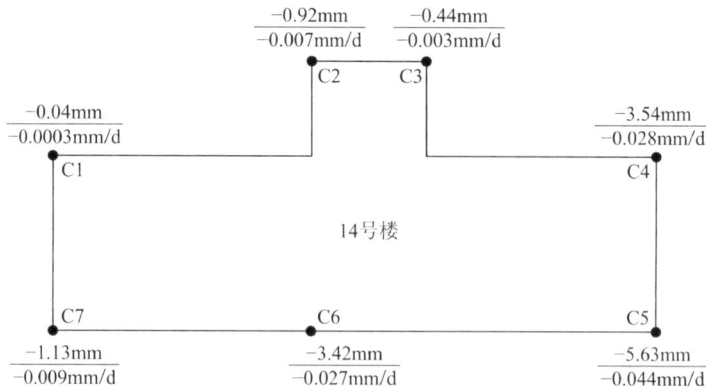

图 7.4.5　各点的累积沉降量

（4）结构变形开裂状况

受检房屋结构承重墙、混凝土柱及梁板构件基本完好，存在部分装饰损坏，主要为底层大理石面砖开裂、墙面粉刷开裂及屋面檐口粉刷开裂等。

此外，项目桩基工程施工技术资料基本齐全，未发现工程桩存在严重的质量缺陷，施工期间的沉降监测报告显示沉降正常。

7.4.2　工程地质、水文文件

大楼位于整个场地的南侧中部，原场地东南侧为荷花塘，北侧、东侧为堆土，西侧为芦苇地，经平整后地势较为平坦，南侧现为河道。本场地土类型为软弱土，建筑场地类别为Ⅲ类。基底下各土层的物理力学指标见表 7.4.1。

各土层物理力学指标　　　　　　　　　　　　　　　表 7.4.1

层号	土名	状态或密实度	厚度（m）	压缩模量E_s（MPa）	预制桩（特征值）		钻孔灌注桩（特征值）		地基承载力特征值（kPa）
					q_{sa}（kPa）	q_{pa}（kPa）	q_{sa}（kPa）	q_{pa}（kPa）	
②₁	粉质黏土	可塑	0.0～1.17	5.42	10	—	9	—	70
③	淤泥质粉质黏土	流塑	20.6～25.95	2.56	5	—	4	—	50
④	粉质黏土	软可塑	3.10～8.00	4.79	14	—	12	—	90

层号	土名	状态或密实度	厚度（m）	压缩模量E_s（MPa）	预制桩（特征值）		钻孔灌注桩（特征值）		地基承载力特征值（kPa）
					q_{sa}（kPa）	q_{pa}（kPa）	q_{sa}（kPa）	q_{pa}（kPa）	
⑤₁	粉质黏土夹砂	可塑（中密）	0.00～3.10	6.47	26	900	22	300	170
⑤₂	砾砂	中密	2.60～6.00	—	45	2500	40	800	270
⑥	粉质黏土	硬可塑～硬塑	5.90～8.90	7.88	35	1500	31	500	200
⑦₁	全风化凝灰岩	硬塑	3.90～9.70	8.76	38	2000	34	700	250
⑦₂	强风化凝灰岩	块状构造	4.00～6.70	—	70	3000	50	1000	500
⑦₃	中风化凝灰岩	块状构造	未揭穿	—	—	—	100	5000	5000

场地典型地质剖面如图 7.4.6 所示。

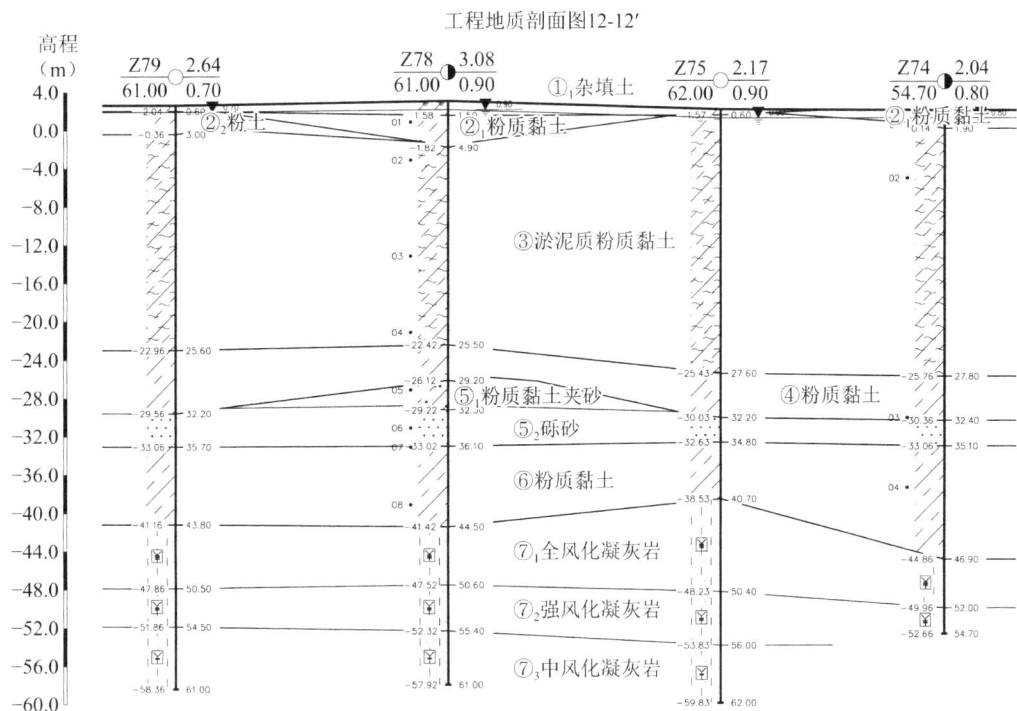

图 7.4.6　典型地质剖面

7.4.3　房屋倾斜原因分析

通过对工程地基、基础、结构的设计验算，场地环境以及变形监测等方面资料，产生房屋倾斜过大的主要原因如下：

（1）大楼采用ϕ700 钻孔灌注桩，以⑦₃中风化凝灰岩为桩端持力层。该土层饱和单轴抗压强度 61.6MPa，属坚硬岩。若桩端完全进入设计持力层，建筑物不可能产生如此大的差异沉降。初步判断部分灌注桩入岩深度未达到设计要求或沉渣厚度较大是导致桩基承载力不足的主要原因。

（2）无论是天然地基还是桩基础，在基础边堆填土都会影响房屋沉降量，尤其是软弱土地基对此非常敏感。14 号楼在东南侧后期填土高度达到 2.0m 左右，填土在淤泥质粉质黏土层中产生附加应力，引起该土层压缩变形，进而对灌注桩产生负摩阻，从而导致桩基承载力下降。

（3）房屋南侧、东侧均无地下室约束，而北侧与西侧均与大地库相连形成较强的约束，南北两侧边界条件不一致，也是房屋产生差异沉降的原因之一。

7.4.4　纠倾方案的选择与工程实施难点

地基变形状况反映出桩基承载力存在不确定性。大楼工程桩实际承载力分布极为不均匀，基桩承载力北侧比南侧大，东侧比西侧小；此外大楼北侧与西侧与大地库结构相连，约束刚度强，会给迫降纠倾带来很大困难。

北侧电梯基坑深，另外此区域的基桩刚度又特别大，常规的桩侧或桩端取土迫降，在这样的环境条件下可能难以奏效。

项目已交付使用多年，要在不影响居民正常居住生活的前提下实施纠倾扶正，对纠倾技术提出了更高的要求。采用何种纠倾方法至关重要，选择恰当的纠倾方法可取得事半功倍的效果。

7.4.5　基础控沉与纠倾协同设计

1.纠倾方案比选

具体纠倾方案比较见表 7.4.2。

纠倾方法比较　　　　　　　　　　　表 7.4.2

纠倾方法	比较内容			
	施工可行性	安全、纠倾成效可控性	环境污染	工期及造价
截桩迫降法	桩端土层好，截桩后，桩顶内力发生重分布后，桩端较难发生刺入变形，可行性一般	受地库限制，可控性较差	作业坑的降水、挖土对周边环境污染较大	—
桩侧或桩端卸载迫降法	桩端土层好，卸载迫降施工可行性一般		取土对周边环境污染较大	—
竖向构件分离顶升法	可行性较好	好	对周边环境无污染，首层截断分离影响居民正常生活	工期 120d，造价较高
补桩持荷提升法	北侧原工程桩刚度较好，利用补桩提升存在一定的难度，可行性一般	较差	无污染	补桩量大，工期 90d，造价最高
补桩提升与桩侧或桩端卸载迫降综合法	可行性一般	较差	取土对周边环境污染较大	—
补桩提升与截桩迫降综合法	充分发挥各自的优势，刚度较小的这一侧利用补桩提升，而刚度较大侧直接截桩，促使筏板有序下沉，做到抬升与迫降同步进行，可行性好	北侧相连地库允许产生较小的附带沉降变形以适应主楼北侧少量迫降，故可控性好	局部作业坑的降水、挖土对周边环境污染较小	工期 90d，造价较低

经比较，决定采用南侧补桩提升与北侧截桩迫降相结合的综合法实施纠倾扶正。即通过对南侧基础补桩进行永久加固，然后以补入桩为支承点，用可靠的群体提升架和自锁式液压千斤顶群，采用电脑控制系统对南侧基础实施整体同步提升，同时对北侧基础进行截桩同步迫降，以①轴为转动轴，做到提升与迫降同步协调纠倾。纠倾完成后进行预应力加载封桩和截桩桩体恢复。

2. 纠倾设计

考虑到大楼已交付使用，部分楼层在装修过程中对楼地面标高进行不同程度的找平，因此本次纠倾目标制订时应充分考虑各层前期找平的楼面实际高差和电梯运行需求，决定仅对房屋实施南北向纠倾，外墙平均倾斜率控制在 2.0‰以内，东西向维持现状不作纠倾处理。

对房屋南北向实施综合法纠倾，即采用以补桩持荷提升法为主，截桩迫降纠倾为辅的两种方法相结合的纠倾方法。纠倾时以①轴作为转动轴，①轴以南最大提升量 32mm，①轴以北最大迫降量 17.4mm（图 7.4.7）。

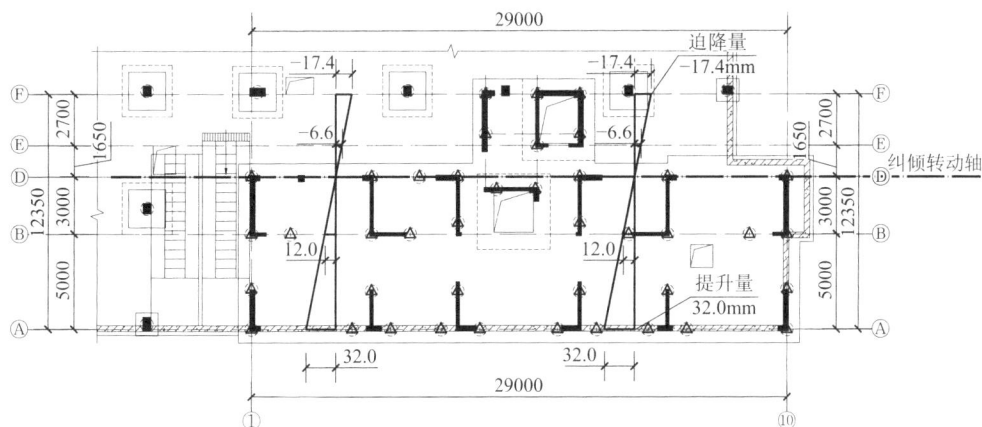

图 7.4.7　纠倾量平面示意图

3. 补桩数量确定

补桩数量不仅要满足上部永久荷载作用下的沉降变形控制要求，还要满足提升纠倾承载力需求。正常使用工况下，可按式(2.2.1)估算。提升工况一般按下列公式计算：

$$n \geqslant \alpha \frac{Q_k + N_k}{1.5R_a} \tag{7.4.1}$$

$$Q_k = F_k + G_k \tag{7.4.2}$$

式中：n——补桩总数；

F_k——荷载效应标准组合下，作用于承台顶面的竖向力（kN）；

G_k——既有桩基、承台及其上土的自重标准值（kN）；

R_a——补入桩的单桩抗压承载力特征值（kN）；

N_k——既有基桩的抗拔承载力标准值（kN）；

α——经验系数取 1.2～1.3。

经计算，大楼南侧区域结构荷载约为 78070kN，原工程桩单桩抗拔承载力标准值1182kN，补入桩采用高吨位锚杆静压钢管桩，桩径ϕ426，壁厚 16mm，材质 Q355B，单桩竖向抗压承载力特征值取 2250kN，则提升工况下补桩总数为：

$$n = \alpha \frac{Q_k + N_k}{1.5R_a} = 1.3 \times \frac{78070 + 1182 \times 26}{1.5 \times 2250} = 41.9 \text{ 根}$$

正常使用工况，考虑负摩阻力的单桩竖向承载力特征值取 $R_a = 2000$kN，提升区域原桩失效，托换率取 1.0。则补桩总数为

$$n = \alpha \frac{Q_k}{R_a} = 1.0 \times \frac{78070}{2000} = 39 \text{ 根}$$

实际补 42 根，补桩平面见图 7.4.8，补入的锚杆静压钢管桩以⑦₂ 强风化凝灰岩为桩端持力层，进入持力层深度不小于 1.0m，终压桩力 ≥ 4500kN。

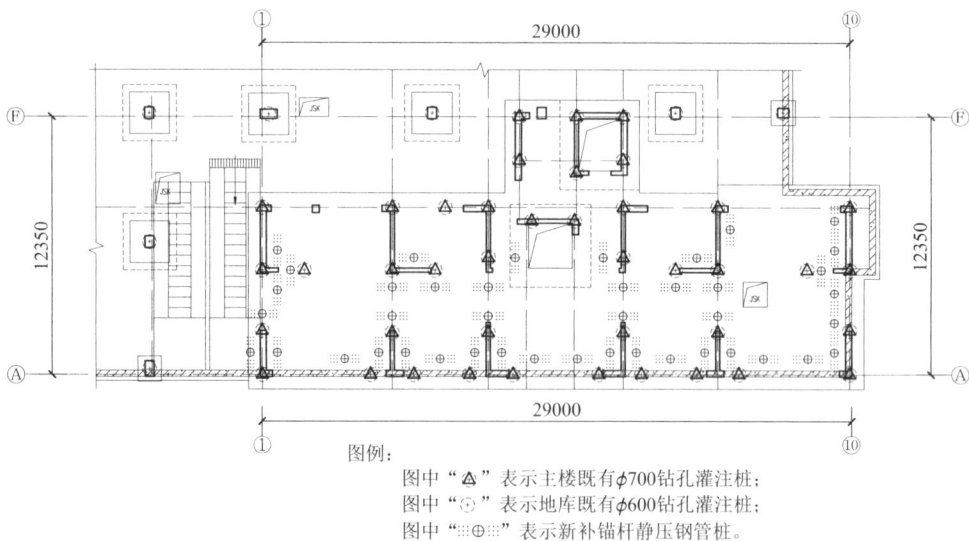

图例：
图中"△"表示主楼既有φ700钻孔灌注桩；
图中"⊙"表示地库既有φ600钻孔灌注桩；
图中"⊕"表示新补锚杆静压钢管桩。

图 7.4.8　锚杆静压桩平面布置图

4. 提升力的估算

建立三维有限元模型［图 7.4.9（a）］进行提升工况模拟分析，当既有工程桩抗拔力达到极限状态时，提升力达到最大，数值在 1747~2949kN 之间。随着既有工程桩逐步退出抗拔工作，提升力逐渐变小，直至与上部结构荷载保持平衡状态，数值在 1465~2127kN 之间。新补桩的单桩最大提升力 2949kN < 1.5 × 2250 = 3375kN，故满足要求。

5. 提升架系统设计

提升架系统采用拆卸、组装简便的钢结构，主要由锚杆、反力钢梁、液压千斤顶和连接器组成，具体做法见图 7.4.10。材质宜采用 Q355B，反力钢梁应按现行国家标准《钢结构设计标准》GB 50017 的有关规定进行受剪、受弯和局部承压的承载力验算。

锚杆材质采用高强预应力螺纹钢筋，直径 32mm，强度等级为 PSB930，锚杆埋深 800mm，孔径 60mm，锚固材料采用 C60 水泥基灌浆料，每侧布置 7 根，两侧共计 14 根，基材混凝土强度等级为 C35。一般情况下锚杆的承载力取决于锚筋与无机胶界面的抗拔承载力设计值、锚筋无机胶与基体界面的抗拔承载力设计值、混凝土锥体破坏受拉承载力设计值、锚筋钢材破坏受拉承载力设计值中四者的较小值。锚杆最终抗拔承载力应通过现场试验确定。

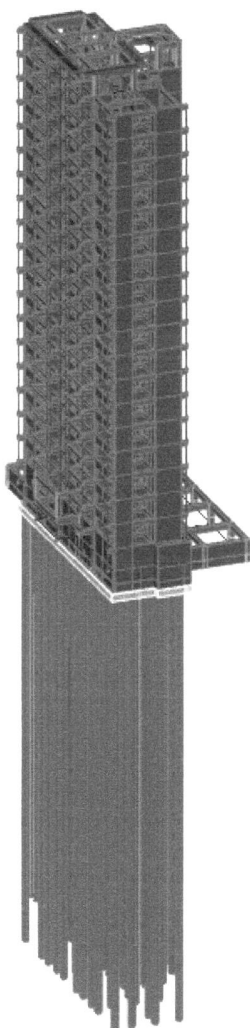

(a) 有限元模型

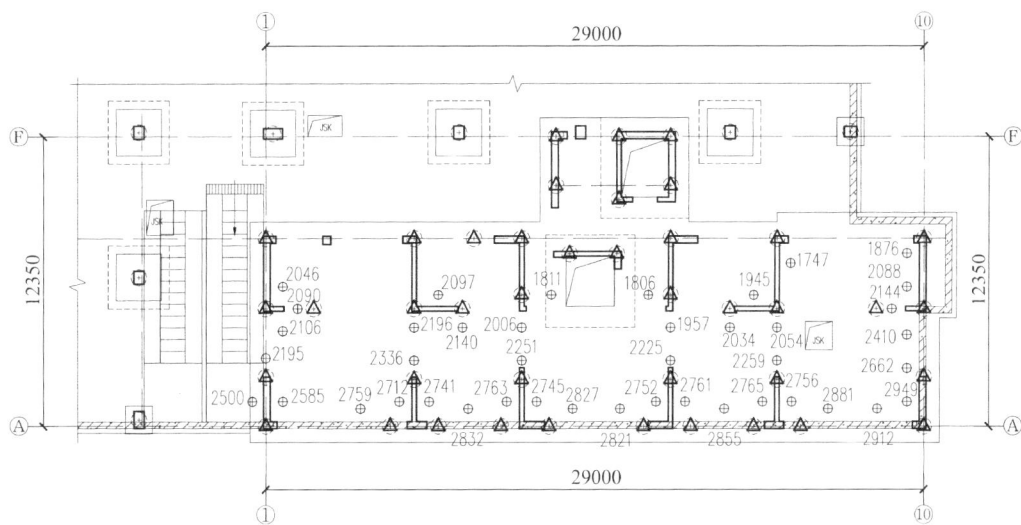

(b) 既有桩失效前最大提升力分布图（单位：kN）

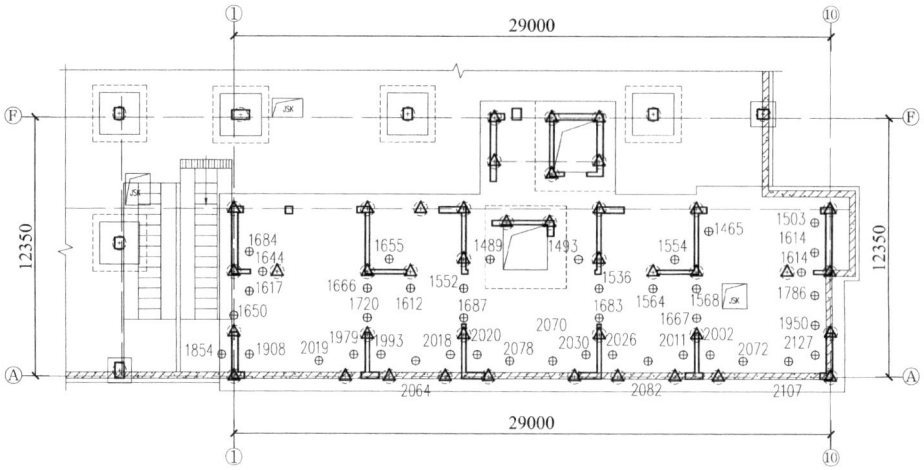

(c) 既有桩失效后提升力分布图（单位：kN）

图 7.4.9　有限元模型及提升力平面分布图

经计算，两侧各布置 7 根锚杆，能提供最大抗拔承载力 4500kN，大于单桩最大提升力 2949kN，可满足提升需求。

1 号及 2 号反力钢梁均采用箱形截面，截面尺寸分别为 600mm × 150mm × 30mm × 30mm 和 150mm × 120mm × 20mm × 20mm。

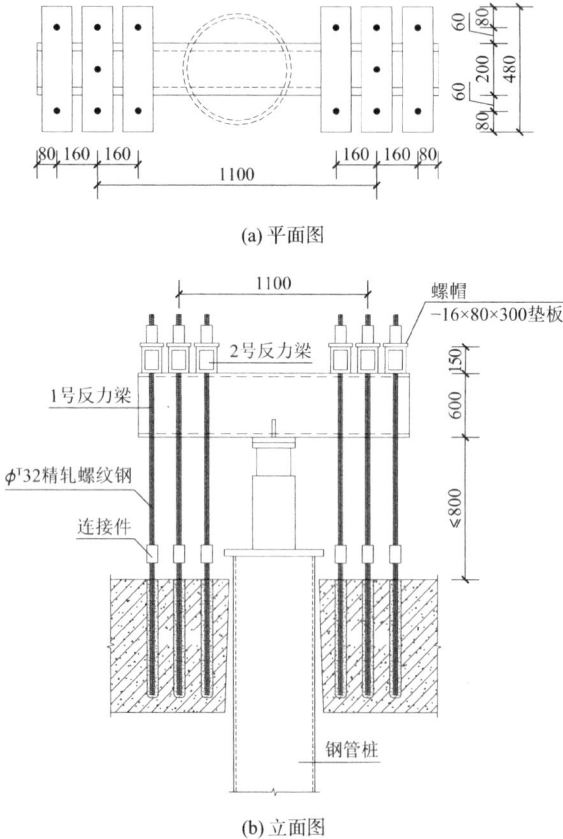

(a) 平面图

(b) 立面图

图 7.4.10　提升架图

6. 截桩设计

原工程桩为钻孔灌注桩，其中主楼桩径为 700mm，地库桩径为 600mm，桩身混凝土强度等级均为 C35。考虑本次仅为局部截桩迫降，截桩数量为 8 根，桩顶截断后虽然处于自由状态，但顶升过程中实际受到周边地库的约束，纠倾过程中不会出现水平位移，可以不用设置水平限位装置。

本次截桩托换系统采用混凝土抱桩梁，梁高 700mm，梁宽 500mm，采用 C40 特种混凝土浇筑。通过凿毛和种植剪力销等构造措施提高新旧混凝土结合面的承载力。具体做法见图 7.4.11。

待纠倾完成后，对桩体采用外包混凝土法进行恢复加固（图 7.4.12）。

7. 纠倾过程筏板临时保护加固设计

在提升工况下，筏板内力会发生较大的变化，另外后开压桩孔对筏板的整体性也造成很大损伤。本工程设计了一种增设预应力弹性支点，对筏板进行临时保护性加固。即以剪力墙或框架柱为支点对称加设斜支撑对底板进行预加固（图 7.4.13），以平衡部分提升力，降低筏板内力，确保提升纠倾过程中传力安全。另外在后开压桩孔周边粘钢构造补强。

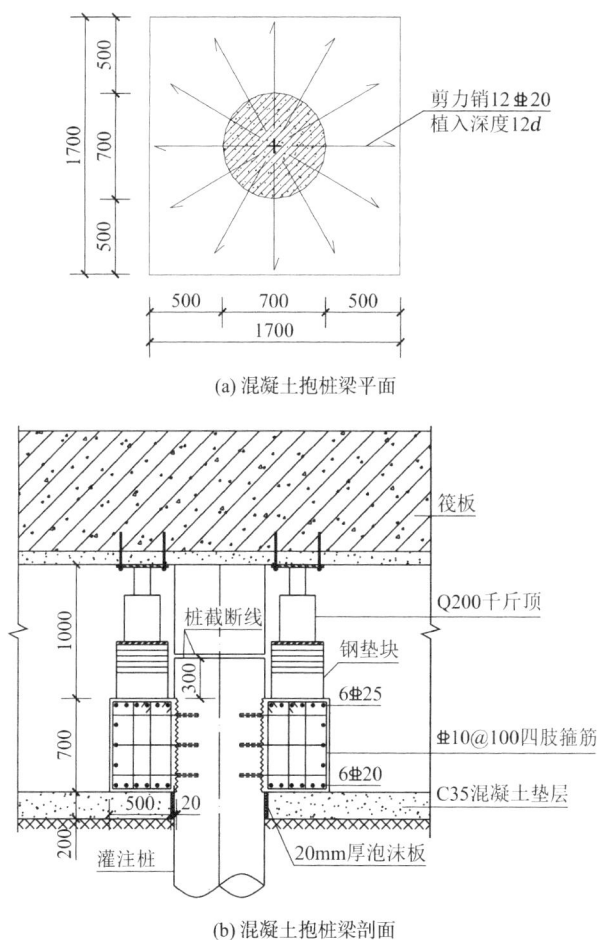

(a) 混凝土抱桩梁平面

(b) 混凝土抱桩梁剖面

图 7.4.11 混凝土抱桩梁

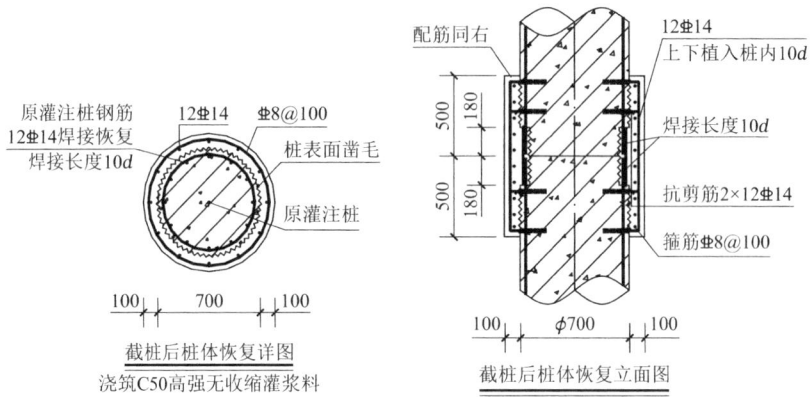

图 7.4.12　截桩后桩体恢复图

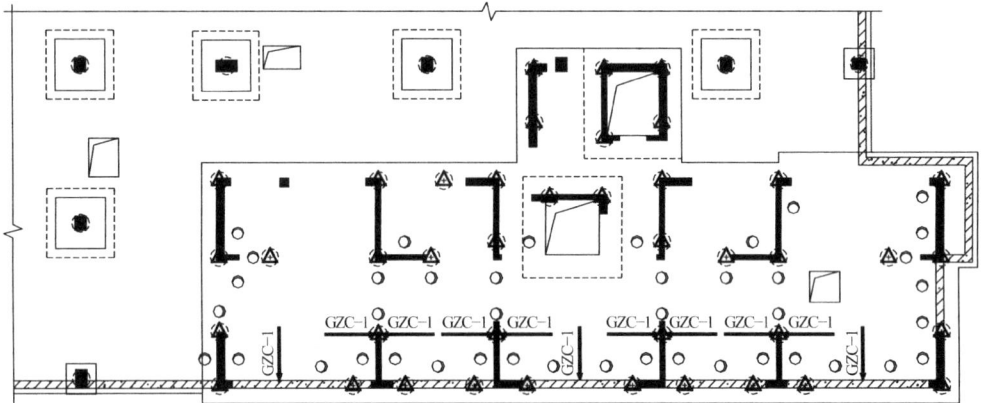

(a) 临时斜撑平面布置图

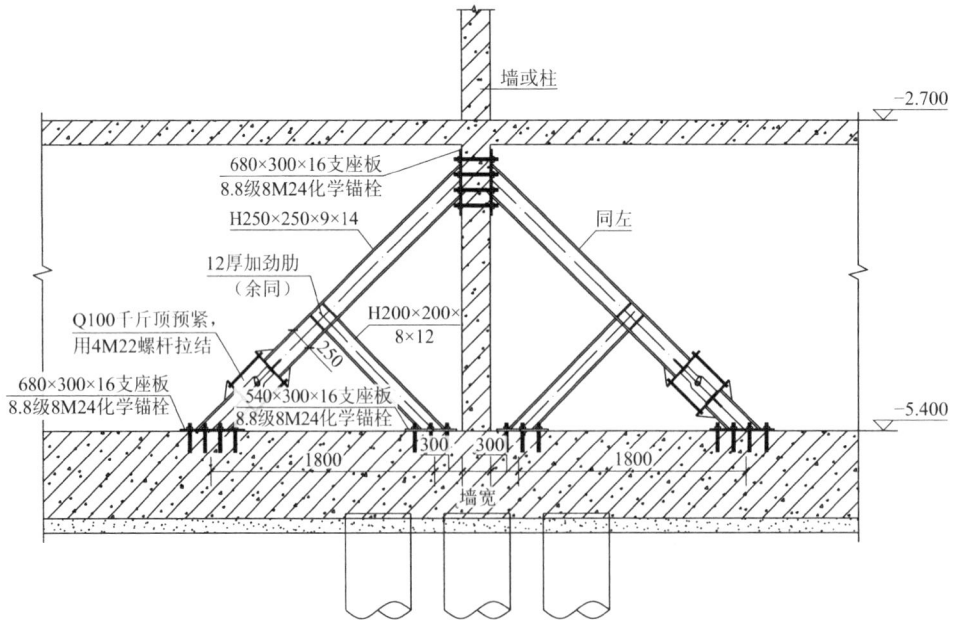

(b) 临时斜撑构造做法

图 7.4.13　筏板临时斜撑保护图

7.4.6　基础控沉与纠倾施工要点

补桩提升与截桩迫降综合法纠倾施工工序多、技术复杂、施工难度较大，因此要严格按照设计施工流程的要求实施。实施前应编制专项施工方案，并经专家论证。

1. 总体施工流程要求

第一步：施工准备；

第二步：地下室降排水；

第三步：提升区域补入控沉托换桩并加载持荷，同时迫降截桩区域支护施工；

第四步：截桩作业坑开挖、浇筑抱桩梁，安装千斤顶支撑系统；

第五步：安装提升反力架、STC 同步液压托换系统，调试、加载预紧；

第六步：迫降桩桩身静力切割分离，截断桩反力测试；

第七步：基础与结构同步实施南侧提升、北侧迫降纠倾，基底注浆同步跟进；

第八步：迫降桩截口补强恢复、加强填充基底脱空区域注浆；

第九步：迫降区分批撤除千斤顶，作业坑回填，提升区分批次封桩，叠浇层施工。

2. 截桩作业坑施工

对地库截桩作业坑采用高压旋喷桩支护（图 7.4.14），桩径 600mm，间距 600mm，桩长 5.5m，水泥掺量不低于加固土体重量的 30%；而主楼电梯坑下的截桩作业坑直接利用原坑中坑满打的双轴搅拌桩作为支护。鉴于地下室室内空间有限，挖土机械设备无法操作，仅能采用人工开挖与机械垂直运输，开挖至设计标高时，立即浇筑 C35 素混凝土垫层，同时设置好坑内排水、照明和通风等安全文明技术措施。

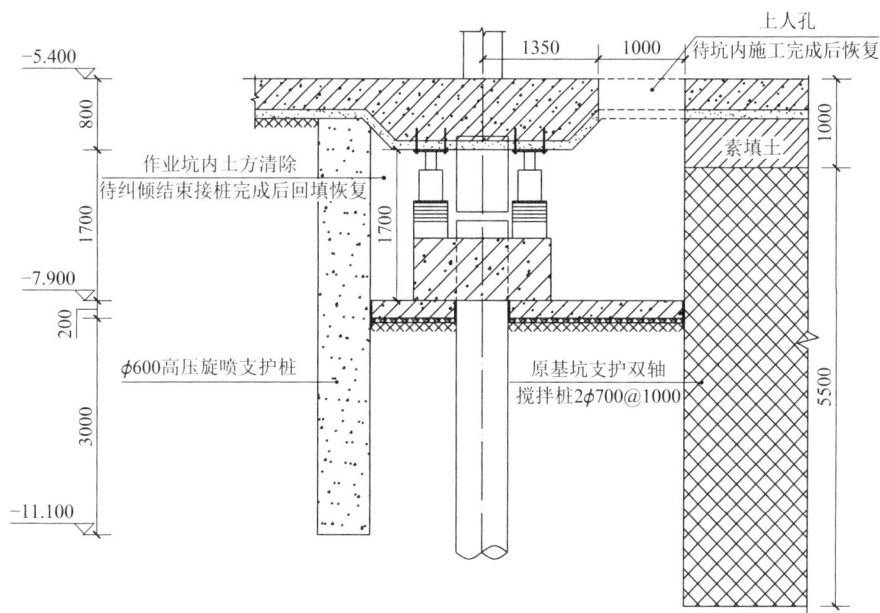

图 7.4.14　截桩作业坑支护图

3. 纠倾施工要点

根据理论提升力和提升量，结合截桩迫降量，按照力和位移基本相等原则划分千斤顶控制点，共划分为 15 组。其中南侧提升千斤顶划分为 12 组，北侧迫降千斤顶划分为 3 组，每一组控制点安装一台位移传感器，以力闭环控制同步提升和迫降，做到南侧提升与北侧迫降基本同步协调，呈线性比例关系纠倾。

南侧提升纠倾每根钢管桩顶部安装一台 500t 自锁液压千斤顶，共计 42 台，能提供的最大提升力为 210000kN，提升安全系数达到 $k = 21000/9103 = 2.3$；北侧迫降主楼单根工程桩安装 4 台 200t 自锁液压千斤顶，地库单根工程桩安装 4 台 100t 自锁液压千斤顶。迫降之前预先伸出油缸长度，设置恒定荷载压力，当实际桩顶荷载大于恒定荷载压力时，结构将有序迫降，迫降速率应等同于南侧提升速率。

提升系统正式安装后，应对主控系统、数控液压泵站和千斤顶进行调试，调试合格后方可投入使用。调试的主要内容包括：液压系统检查、控制系统检查、监测系统检查及初值的设定与读取。

提升与迫降应分级同步协调进行，单级行程最大提升量（迫降量）不应大于 10mm，每级提升（迫降）后应有一定间隔时间，待顶部回倾量与本级提升量（迫降量）协调后方可进行下一级提升。

4. 基底跟踪注浆

注浆目的：一是预防地下室整体提升过程中底板"悬空"导致底板开裂；二是填充纠偏过程中因底板提升而产生的空隙，维持既有地基的受力状态。

注浆参数：水灰比为 0.6～0.7，采用 42.5 级复合硅酸盐水泥，并在正式注浆施工前，进行注浆试验，确定合适的注浆施工工艺参数。

注浆顺序：为防止浆液流失，注浆顺序宜先外围后中间，注浆压力由小至大，并视房屋纠倾速度和效果控制注浆压力和速度。

7.4.7 纠倾成果

本工程采用补桩提升与截桩迫降综合法进行大楼纠倾。纠倾结束后，14 号楼东南角提升量为 59.56mm，西南角提升量为 30.0mm；北侧电梯间迫降量为 6.08～8.70mm。纠倾前后房屋倾斜数值对比见表 7.4.3，监测点布置见图 7.4.3。

外墙纠倾前、后主控角倾斜率对比　　　　　　　　　表 7.4.3

测点号	南北向		东西向	
	纠倾前	纠倾后	纠倾前	纠倾后
西南角 Q1	南倾 6.18‰	南倾 1.59‰	东倾 3.28‰	东倾 2.43‰
东南角 Q2	南倾 6.62‰	南倾 1.62‰	东倾 3.48‰	东倾 2.65‰
西北角 Q3	南倾 6.18‰	南倾 1.41‰	东倾 3.64‰	东倾 2.82‰
东北角 Q4	南倾 6.73‰	南倾 2.06‰	东倾 3.60‰	东倾 2.82‰

监测数据表明，纠倾完成后房屋南北向及东西向倾斜率均在 3.0‰以内，满足《建筑物倾斜纠偏技术规程》JGJ 270—2012 规定的要求（小于 3.0‰），纠倾加固取得圆满成功。

7.5 工程实例 2：苏州某 31 层高层建筑综合法纠倾工程

7.5.1 工程概况

苏州某高层建筑住宅，建筑平面尺寸 30.30m×13.50m，地下 1 层（仅在东北端有地下通道与大地库相连），地上 31 层，建筑高度 95.300m，地上建筑面积 10320.95m²，标准层建筑平面图如图 7.5.1 所示。上部结构为现浇钢筋混凝土剪力墙结构，嵌固端设置于地下室底板。纠倾前建筑南、北侧实景如图 7.5.2 所示。该楼竣工交付于 2019 年，2021 年初发现该楼向东南侧倾斜较大，且地下室结构开裂，底板渗漏严重，严格意义上已成为整体危房，亟须加固排危与纠倾处理。

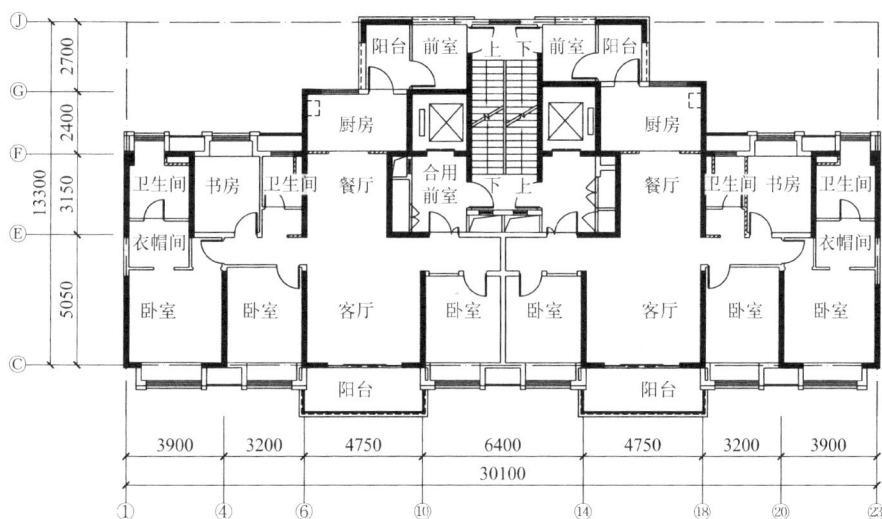

图 7.5.1 标准层建筑平面图

图 7.5.2 纠倾前建筑南、北侧实景图

1. 基础设计与施工状况

基础采用桩筏基础，地基基础设计等级为甲级，桩基安全等级为二级。工程桩为 500mm × 500mm 的 C35 预制方桩，桩长 40m，桩端持力层为④₃粉土，单桩承载力特征值 $R_a = 2900kN$，共 71 根；基础底板顶标高为 −4.650m，板厚 $h = 1100mm$，内配通长双层双向Φ20@190，局部附加短筋，采用 C35 混凝土，抗渗等级 P6；垫层采用 C15 混凝土，厚度为 150mm。东侧的坡道结构系悬挑基础结构。

±0.000 相当于绝对标高 3.980m。抗浮水位位于地面以下 500mm，即相对标高 −0.80m。在恒 + 活标准组合工况下，建筑总重约 205743kN。

基础施工中因基坑支护不足、挖土不当等原因，造成东部和南部多数工程桩偏斜断裂。在结构施工期间，设计补入加固桩，采用 C35 混凝土、200mm × 200mm 锚杆静压预制方桩，桩长 27m，单桩承载力特征值 $R_a = 450kN$，共 66 根，后补桩的质量检验资料缺失。两种桩的平面布置图见图 7.5.3。

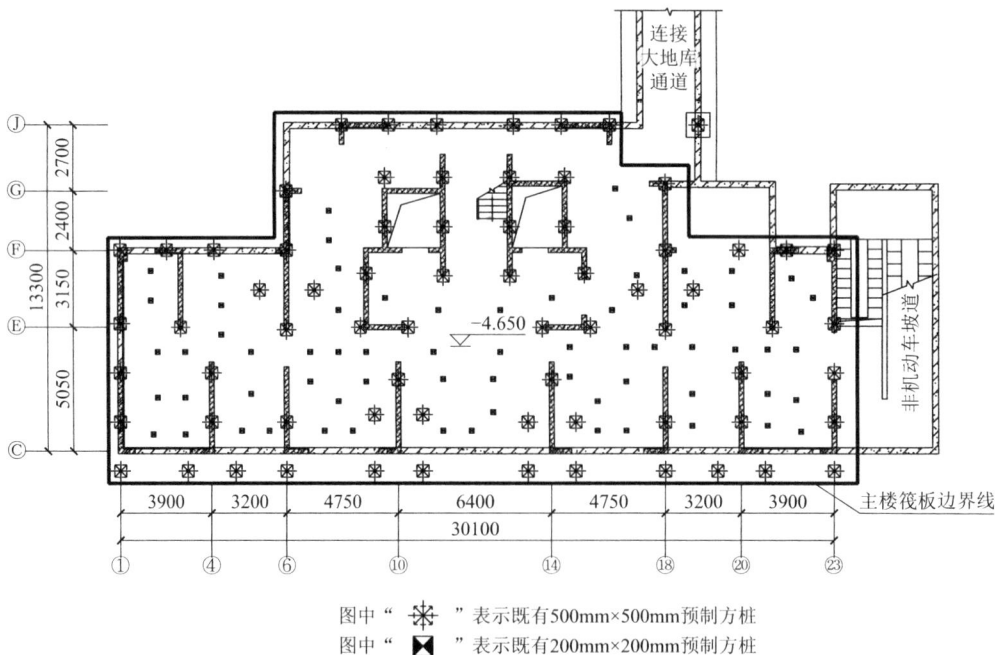

图中 " ✳ " 表示既有500mm×500mm预制方桩
图中 " ▶◀ " 表示既有200mm×200mm预制方桩

图 7.5.3　基础平面布置图

2. 工程地质与水文条件

原建设场地分布多处水塘、藕塘，场地西南侧即本楼位置。建筑场地类别为Ⅳ类，为软弱场地土，详勘报告显示，场地勘探深度范围内可划分为 9 个工程地质层，进一步划分为 17 个工程地质亚层，基底以下各土层的性状参数见表 7.5.1，典型地质剖面见图 7.5.4。

土层性状表　　　　　　　　　　　　　表 7.5.1

层号	土名	状态	层厚（m）	E_s（MPa）	f_{ak}（kPa）	预制桩（标准值）	
						q_{sik}（kPa）	q_{pk}（kPa）
②₂	淤泥质粉质黏土	流塑	14.9～17.3	3.0	55	20	

层号	土名	状态	层厚（m）	E_s（MPa）	f_{ak}（kPa）	预制桩（标准值）	
						q_{sik}（kPa）	q_{pk}（kPa）
②$_{2A}$	粉土	稍密	0.00～2.30	8.2	110	32	
③$_1$	粉质黏土	可塑	3.50～5.90	6.4	190	68	2900
③$_2$	粉质黏土	软塑	3.60～6.40	6.9	130	42	
④$_1$	粉土	中密	0.00～0.50	8.9	160	44	
④$_3$	粉土	中密	16.4～18.8	25.4	220	65	4600
⑤	粉质黏土	可塑	1.40～2.10	16.2	160	58	2600
⑤$_A$	粉质黏土	软塑	1.50～2.80	12.1	110	44	1500
⑤$_B$	粉土	中密	1.50～3.30	22.8	160	50	2600
⑥	粉质黏土	软塑	4.40～5.90	11.4	120	48	2600
⑦$_1$	粉质黏土夹粉土	流塑	2.80～4.00	15.5	150		
⑦$_2$	粉质黏土夹粉土	可塑	6.00～6.60	12.5	130		
⑦$_3$	粉土夹粉砂	中密～密实	3.60～4.70	29.7	160		
⑧	粉质黏土	可塑	5.50～6.10	25.2	170		
⑧$_A$	粉土夹粉砂	中密～密实	2.80～3.00	43.2	200		
⑨	粉质黏土	软塑	未揭穿	17.4	110		

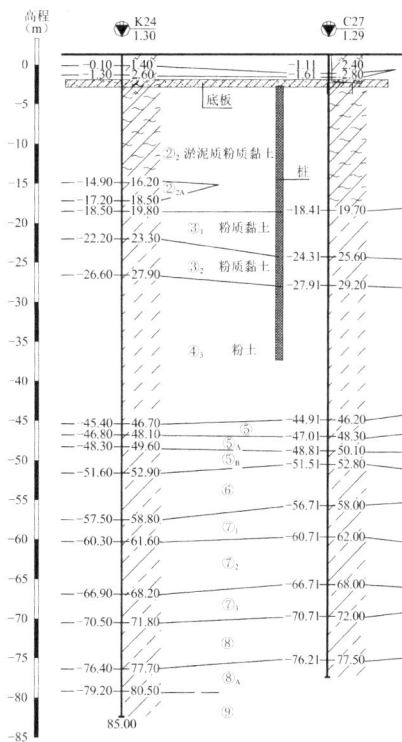

图 7.5.4 典型地质剖面图

本工程地基系深厚软黏土地基，基底土为②₂淤泥质粉质黏土，30m 下均为中高压缩性土。基底以上土层为②₁粉质黏土（软塑）、松散的杂填土，因地势较低，场地后施工填土厚达 2～3m，对本楼桩基工程存在较不利的负摩阻作用。

3. 沉降与倾斜状况

该楼交付于 2019 年，在 2021 年初发现建筑双向倾斜，于是紧急落实沉降监测，在 2021 年 1 月 5 日—3 月 25 日期间（历时 79d），各主要测点的沉降量及沉降速率见图 7.5.5，但见西北角上翘，东南角 CJ4 点沉降速率−0.204mm/d，沉降态势不利，共 16.08mm，沉降曲线见图 7.5.6。另根据倾斜监测数据显示，截止到 2021 年 3 月 10 日整体表现为东南方向倾斜，其中南倾 3.79‰～4.88‰，东倾 4.26‰～4.62‰，外墙各测点倾斜率见图 7.5.7。建筑整体倾斜率已超过国家标准《建筑地基基础设计规范》GB 50007—2011 对于同类建筑结构整体倾斜的限值（2.5‰），且差异沉降持续发展，本楼整体处于危险状态。

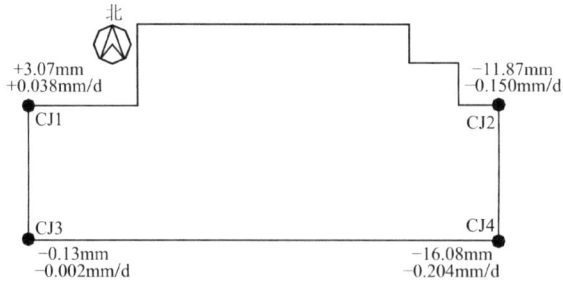

图 7.5.5　房屋沉降量及速率平面图

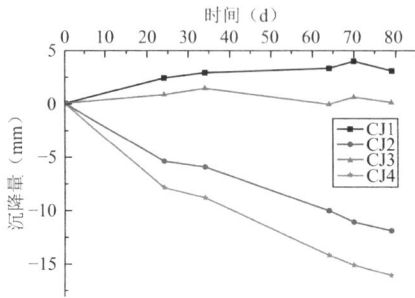

图 7.5.6　单位时间内各测点累积沉降曲线

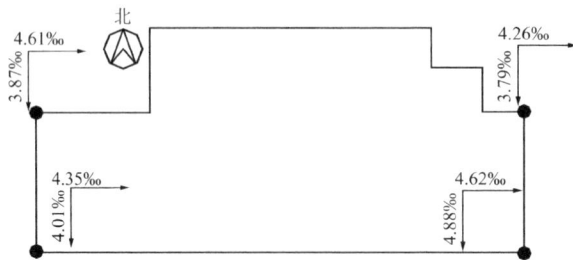

图 7.5.7　外墙各测点倾斜率数据（2021 年 3 月 10 日）

4. 结构开裂状况

经现场排查，地下室与大地库通道相连，相对独立，由于上部结构整体刚度较好，无明显裂缝。地下室东北侧与大地库连接通道处设有伸缩缝，伸缩缝有拉裂渗漏现象。地下室南侧与东侧外墙开裂，地下室顶板呈平面 45°开裂，内部砌体隔墙开裂，部分底板渗漏严重，地下室结构开裂状态与差异沉降有关。

7.5.2　房屋倾斜原因分析

本工程东南区域的地基基础受力与变形状态已处于极限状态。通过查阅地勘、设计与施工相关资料，造成本楼倾斜的主要原因如下：

（1）地基系深厚软黏土地基，基底以下 30m 内均为中高压缩性土，由于基坑支护失稳及挖土不当，造成大量的工程桩偏斜达 700～1293mm，偏斜桩主要分布在东南区域，使东南区域原工程桩承载力几乎丧失殆尽。

（2）本工程原设计要求桩体进入④₃粉土持力层不少于 13m，根据实际工程经验，静压预制方桩进入中密的粉土层 13m 非常困难，故易欠送形成高位露头桩群，在挖土过程中极易发生桩身偏、斜、断、裂，极大地影响了桩的承载力和竖向刚度。

（3）在主体结构施工期间视沉降状况补入了 66 支 200mm×200mm 锚杆静压预制方桩，桩未进入④₃持力层，补入桩承载力远不能弥补所缺失的桩基承载力。而且在加固施工中发现了后补桩与筏板未可靠连接，致使后补桩几乎未发挥作用，白白浪费了宝贵的加固机会。

（4）桩基设计未考虑工后高位填土的不利作用，预制方桩混凝土强度等级为 C35，亦不满足设计要求。

7.5.3　既有工程桩剩余承载力评估

1. 既有工程桩偏斜情况

在基坑开挖过程中土体产生连续侧向滑动，造成原工程桩偏位达 66～1293mm，其中东南区域偏位 700～1293mm，原工程桩偏位平面图见图 7.5.8。

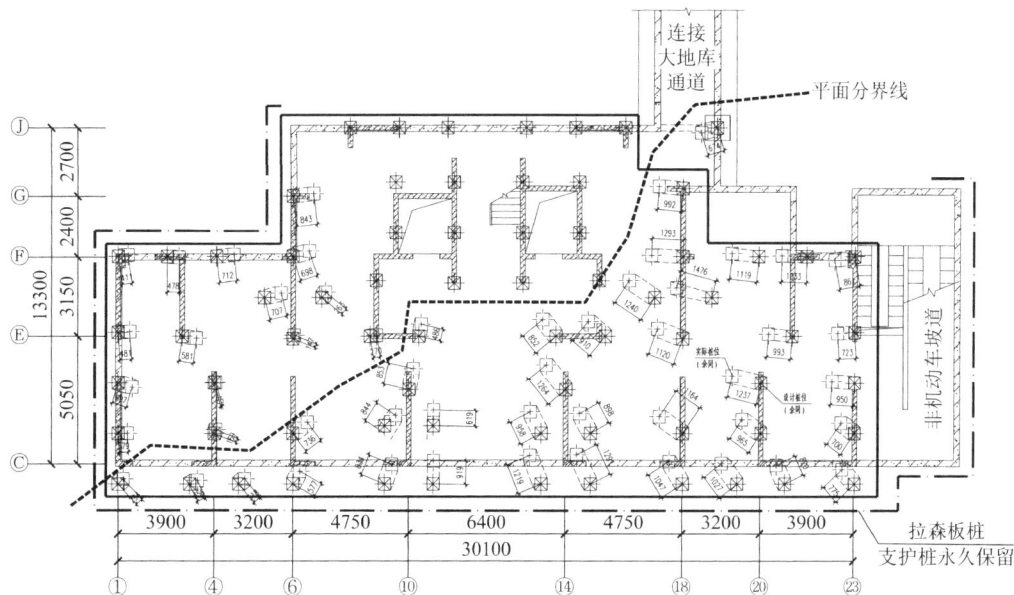

图 7.5.8　拉森板桩与原工程桩偏位平面图

2. 偏斜桩剩余承载力估算

偏斜桩按照挠曲桩机理进行受力分析，桩身竖向可以划分为三段，分别为"刚性段""弯曲段"与"原状段"。挠曲桩受力计算简图见图 7.5.9。估算公式如下：

$$R'_a = \eta[(M_a + M_b + M_c) + \sum F_i H_i]/1.35\Delta_1 \text{其中}(\Delta_1 < \Delta) \tag{7.5.1}$$

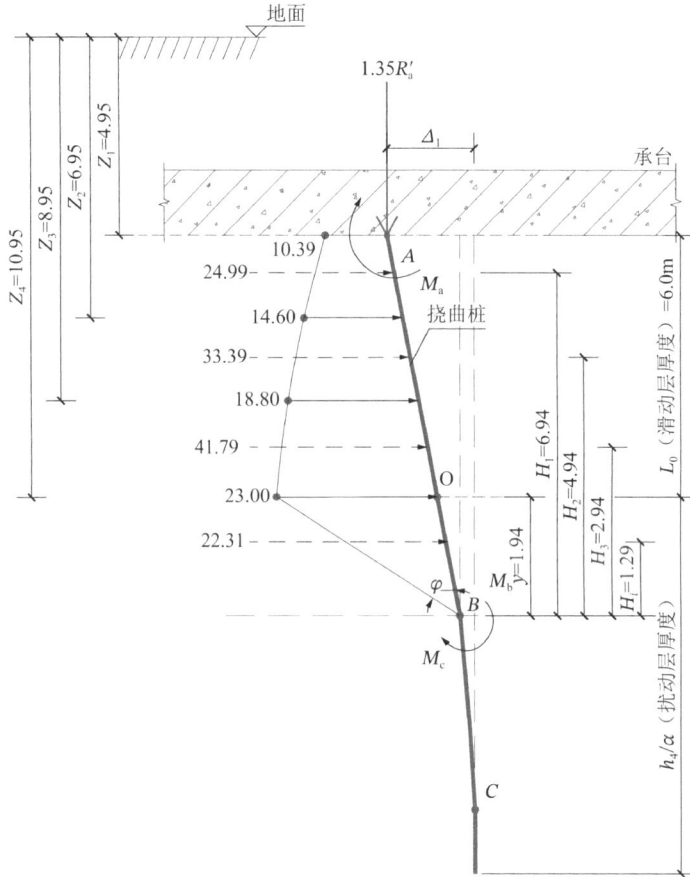

图 7.5.9 挠曲桩受力计算简图

通过上述估算公式可知，当 $\Delta = 500$mm 时，$R_a = 668$kN；当 $\Delta = 1000$mm 时，$R_a = 334$kN。故原东南区域工程桩承载力几乎可以不考虑，其他偏斜工程桩竖向承载力可根据实际情况，按原桩的 50%～70% 分别取值。

7.5.4 工程实施的难点

（1）补桩控沉加固面临极大的风险

本工程东南部地基处于极限状态，偏斜桩随时可能破坏，且深厚软弱地基土难以承受补桩施工扰动，因此补桩加固施工风险极大，施工稍有不慎则后果难料。为防止加固过程中沉降失控，在东南区域补桩时，应采取特殊的微扰动补桩技术，做好全程实时监控。

（2）地下室降水存在风险

地下水位较高，西侧紧邻河道，不易摸清河道与本场地是否存在地下水联系。此外降水时可能加剧房屋沉降并使东南向倾斜进一步加大。

（3）纠倾难度大

该楼北侧受地下通道连接限制，地下室西侧为配电房，不能迁出，地下室空间局促，双向纠倾施工难度极大，常规的技术手段不能满足纠倾要求。

（4）筏板薄弱，应做好临时保护

后补钢管桩压桩力、持荷力较大，筏板开孔集中，易发生拉裂破坏，故临时加固保护和质量控制很重要，特别是东南侧同步持荷反压时应预先对底板采取增加钢梁反压加固措施。

除此之外，还须保障居民正常居住，纠倾过程中，施工风险大。

7.5.5　控沉与纠倾设计方案

1. 方案比选拟定

基础控沉加固采用微扰动高吨位锚杆静压钢管桩结合筏板增厚加固的方法；选择纠倾方案时，首先排除了截桩纠倾，另地下室竖向构件分离顶升纠倾方案受配电房、电梯井使用限制不能实施，最后拟定了"补桩提升与西北部取土迫降"相结合的综合法双向纠倾方案，见图 7.5.10。

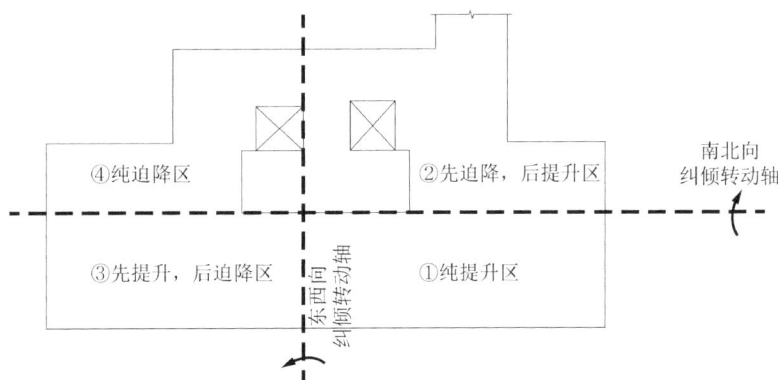

图 7.5.10　综合法纠倾分区平面图

2. 控沉设计方案

补桩设计应满足以下要求：①结合前面的既有桩基的受力变形分析评估，针对性补桩加固；②补桩数量应满足提升纠倾和取土反压的需要；③补桩数量应满足本楼抗风、抗震验算的需要；④桩基竖向承载力验算不考虑地基土的分担。

经计算，本次在东南区域补入第一批控沉托换桩$\phi 426 \times 12$ 共 47 根和应急控沉桩$\phi 377 \times 12$ 共 5 根，其他区域补入托换控沉桩$\phi 377 \times 12$ 共 43 根。控沉桩桩长均为 35～40m，单桩竖向抗压承载力特征值$\phi 426 \times 12$ 为 1800kN、$\phi 377 \times 12$ 为 1500kN，均以④$_3$ 粉土为桩端持力层，总补入 95 根（其中微扰动桩 41 根），与竖向荷载总和的比值（托换率）$\alpha = 76.1\%$。控沉桩及时持荷，利用 STC 技术群体持荷动态控沉。控沉加固桩平面布置见图 7.5.11。

控沉加固区域的封桩应采用预加载封桩，主动控制附加沉降。对微调长期倾斜趋向有利，特安排本楼西北部后补桩卸载封桩。

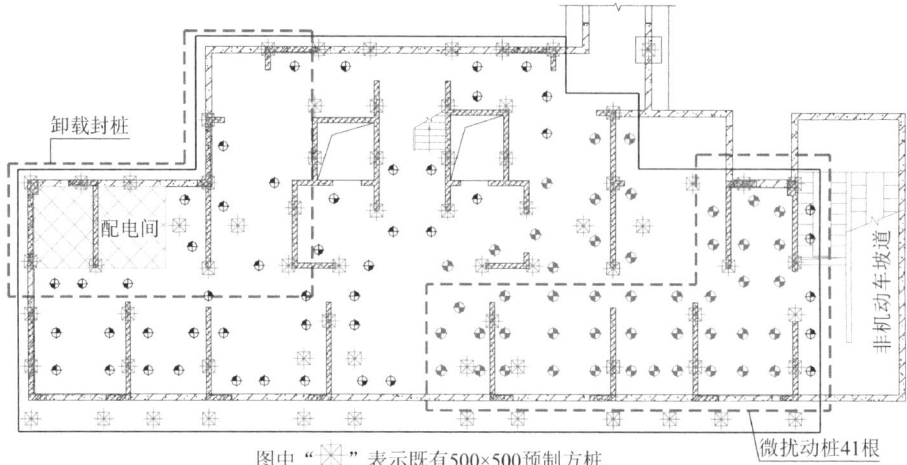

图中"▨"表示既有500×500预制方桩
图中"✦"表示φ377×12钢管桩，共48根
图中"✧"表示φ426×12钢管桩，共47根

图 7.5.11 控沉加固桩平面布置图

本工程钢管桩灌芯与封桩的做法如下：①采用 C30 微膨胀早强混凝土对钢管桩进行灌芯，深度 10m 以下抽水注浆后混凝土抛落致密，10m 之内振捣密实；②第一次封桩时放入加载墩，高度为 700mm，施加预定的预压力，浇筑 C60 高强无收缩灌浆料，养护 7d 后撤去加载架；③清理桩孔，凿毛孔壁，连接封桩孔全部面筋，浇筑 C45 高强灌浆料完成第二次封桩。控沉桩封桩做法详见图 7.5.12。

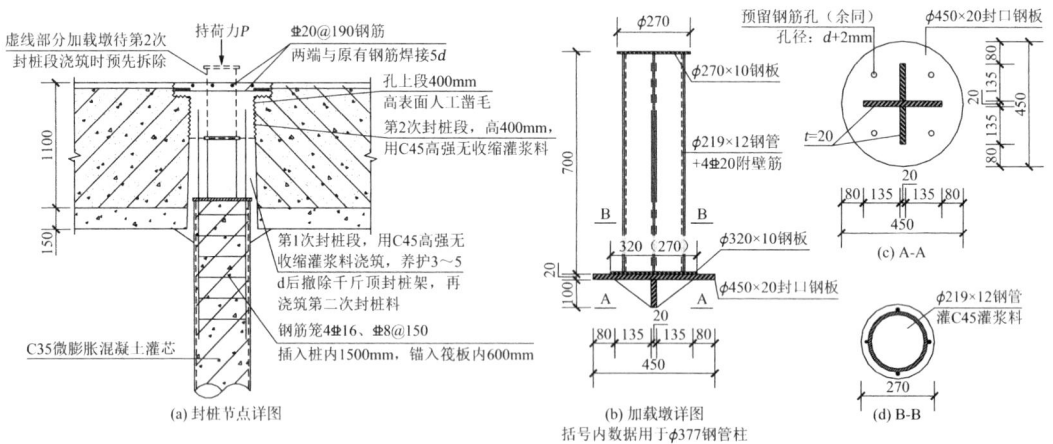

图 7.5.12 控沉桩预加载持荷封桩详图

3. 纠倾设计方案

（1）纠倾量的确定

以外墙垂直度为依据进行双向纠倾，纠倾后最大倾斜率应 ≤2.0‰。先南北向纠倾，南侧最大提升量约25mm，北侧最大迫降量约25mm；再东西向纠倾，东侧最大提升量约35mm，西侧最大迫降量约30mm。南北向与东西向纠倾量分别如图 7.5.13、图 7.5.14 所示，南北向纠倾与东西向纠倾剖面示意图如图 7.5.15 所示。

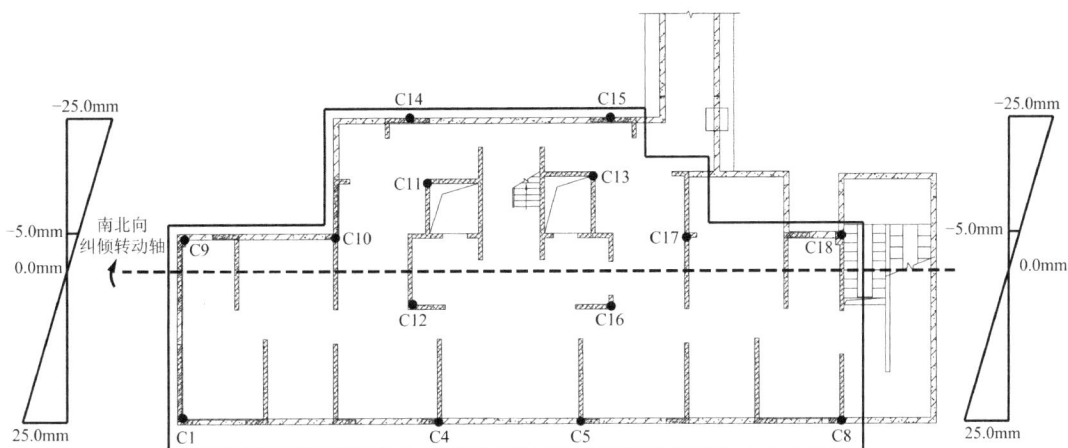

图 7.5.13　南北向纠倾时各点纠倾量（"+"表示抬升量，"−"表示迫降量）

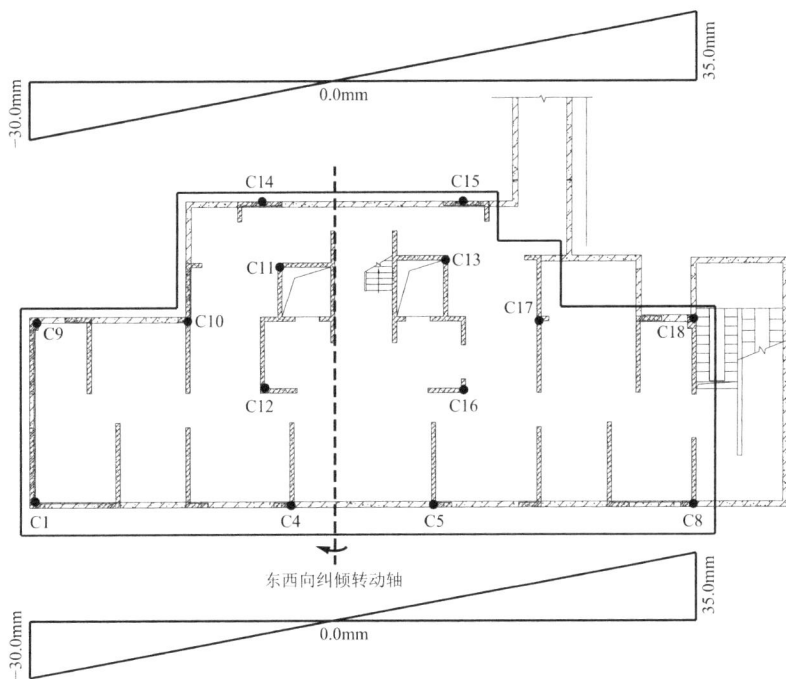

图 7.5.14　东西向纠倾时各点纠倾量（"+"表示抬升量，"−"表示迫降量）

（2）提升力的估算

在沉降较大一侧进行提升纠倾时，计算提升力时须考虑既有工程桩抗拔，当既有工程桩抗拔力达到极限状态时，此时提升力达到最大。南北向与东西向提升纠倾工况模拟计算简图如图 7.5.16、图 7.5.17 所示。经计算，南北向提升纠倾时，共 68 根钢管桩参与提升工作，其中南侧第一、二排钢管桩提升力为 3000kN，第三排钢管桩提升力为 2500kN，第四排钢管桩提升力为 1800kN。东西向提升纠倾时，共 61 根钢管桩参与提升工作，其中南侧第一～三排钢管桩提升力为 2500kN，第四～八排钢管桩提升力为 2000kN，剩余钢管桩提升力为 1800kN。南北向与东西向提升纠倾钢管桩提升力平面分布图如图 7.5.18、图 7.5.19 所示。

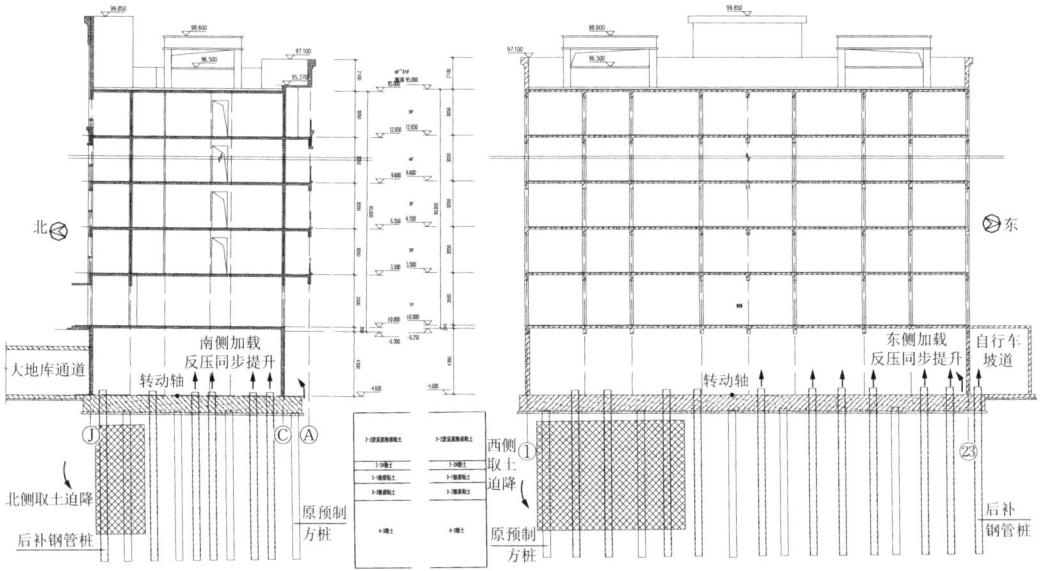

图 7.5.15　纠倾剖面示意图

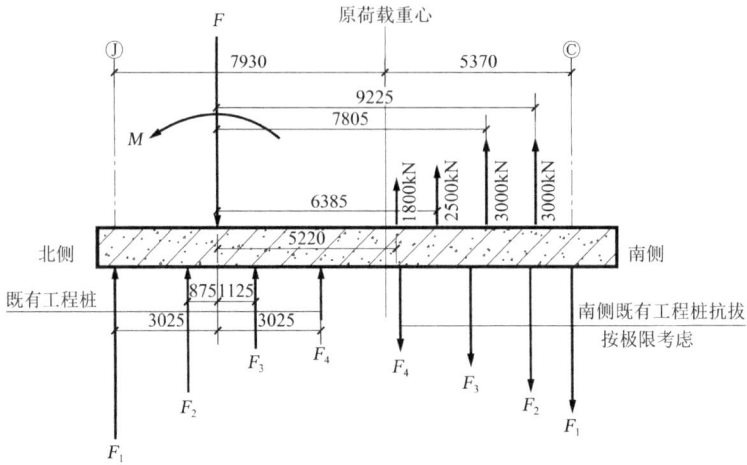

图 7.5.16　南北向纠倾计算简图

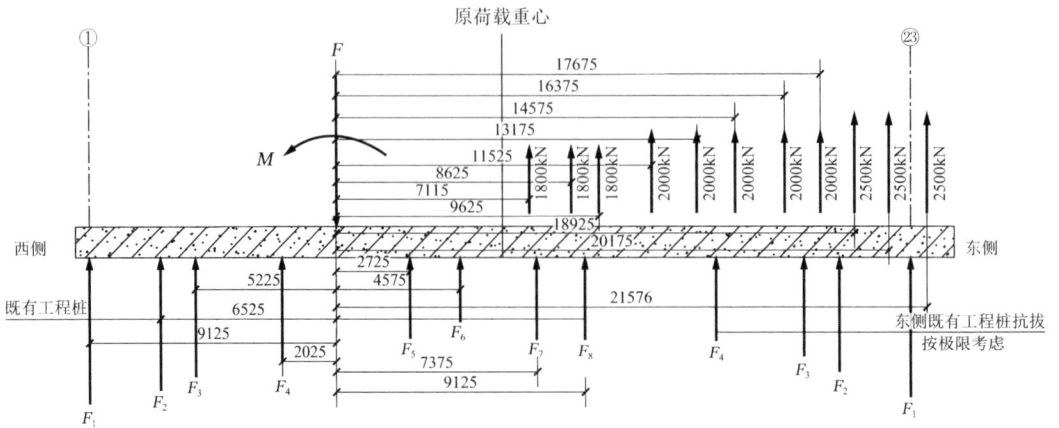

图 7.5.17　东西向纠倾计算简图

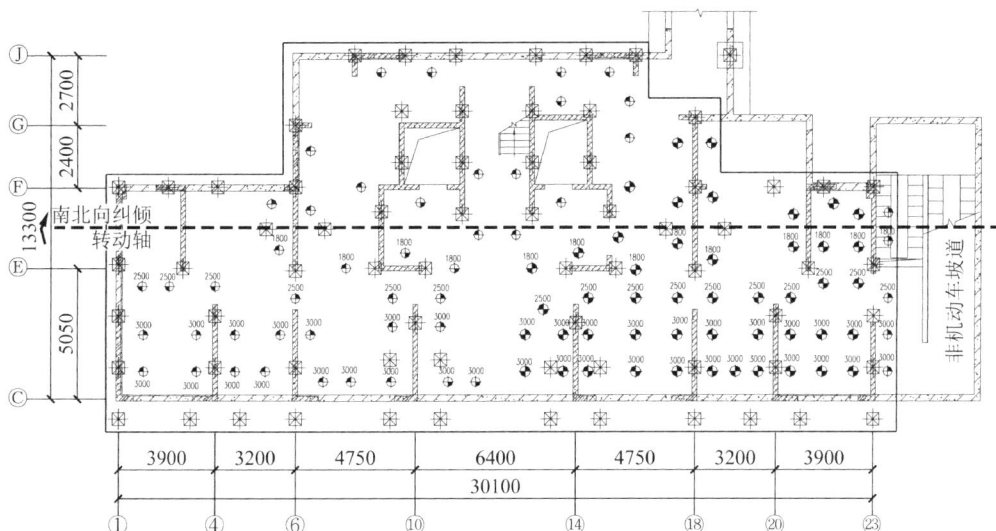

图 7.5.18　南北向纠倾时钢管桩提升力平面分布图（单位：kN）

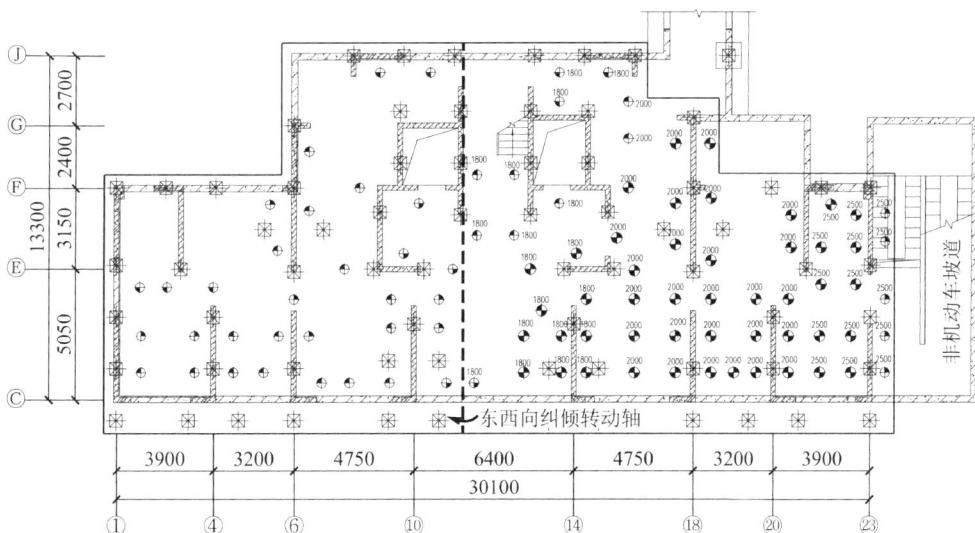

图 7.5.19　东西向纠倾时钢管桩提升力平面分布图（单位：kN）

（3）桩侧取土卸载迫降设计

在沉降较大一侧提升纠倾时，较小一侧通过桩侧取土卸载进行迫降，取土孔的孔径150mm，孔深 25～30m，采用专业钻机取土作业。迫降分三个阶段完成：在启动阶段（速率为 1～2mm/d），通过动态调整使工程进入整体同步均匀迫降变形状态，否则不得提速取土迫降；在持续较高速迫降阶段，应按方案控制取土迫降速率（速率为 3～4mm/d）；减速迫降阶段速率控制在 0～2mm/d。纠倾至目标值后，应对所有干取土孔实施注浆补强，控制滞后沉降。在取土施工结束时及时插入注浆管至孔底，以高压注浆泵压入水泥浆液（水灰比 0.6～0.7），浆液用量应不小于理论体积的 2 倍，注浆压力宜＞1.0MPa。而对于高压旋喷取土孔应采用高压旋喷注浆加固，旋喷工艺采用双管注浆，水灰比 1：1，注浆压力 25～30MPa。南北向与东西向迫降纠倾桩侧取土孔平面图如图 7.5.20、图 7.5.21 所示。

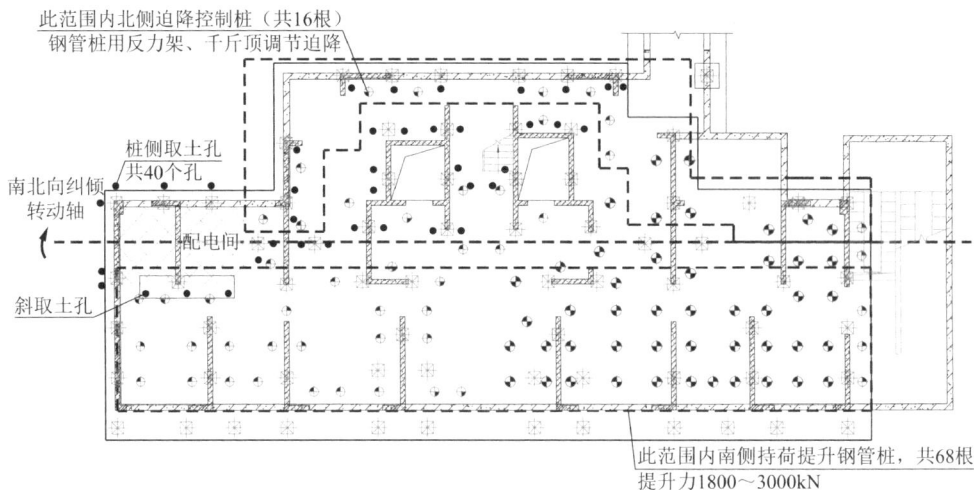

图 7.5.20 南北向迫降纠倾桩侧取土孔平面图

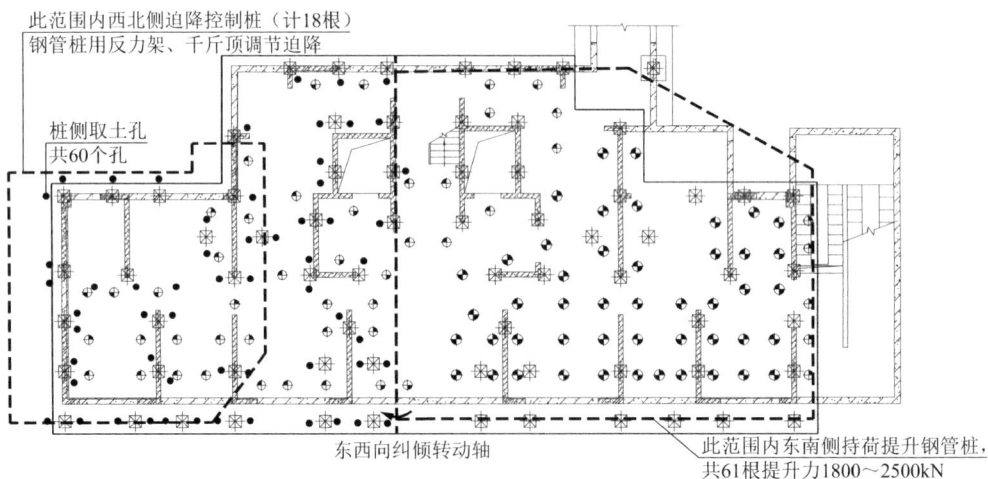

图 7.5.21 东西向迫降纠倾桩侧取土孔平面图

（4）纠倾前筏板临时保护加固设计

在提升工况下，筏板内力会发生较大的变化，另外后开压桩孔也将大大削弱筏板的整体性。故在提升纠倾前需完成筏板临时保护加固。在筏板顶部洞口边 X 向与 Y 向均设置粘钢加固，钢板规格均为 -100×8，材质均采用 Q355B，化学锚栓为 M12@570。筏板板面粘钢加固平面图见图 7.5.22。另外在南北向提升纠倾阶段，南侧筏板受力较大，故在南侧设置了临时钢支撑、反力钢梁等保护装置，平面布置见图 7.5.23。

4. 筏板加固设计

不均匀沉降致使筏板受力发生较大变化，纠倾加固重新开的大量压桩孔、取土孔对筏板整体性也造成不利影响。纠倾加固后，筏板受力复杂，因而筏板加固十分必要。

为确保筏板的安全，本工程通过在筏板顶面叠浇 150mm 厚的 C40 混凝土层进行整体加强，叠浇层内配面筋 Φ22@150 双向钢筋。叠浇层施工前需对既有筏板渗漏部位预先处理。此外，为确保新浇筑混凝土与原结构粘结可靠，要求对筏板混凝土表面进行全面凿毛，并在筏板上种植剪力销（Φ12@600 双向布置），叠浇层平面布置见图 7.5.24。

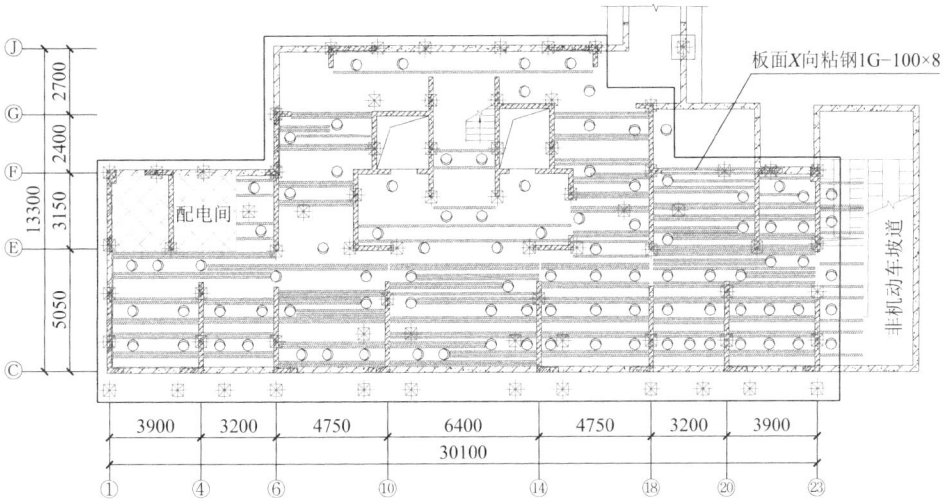

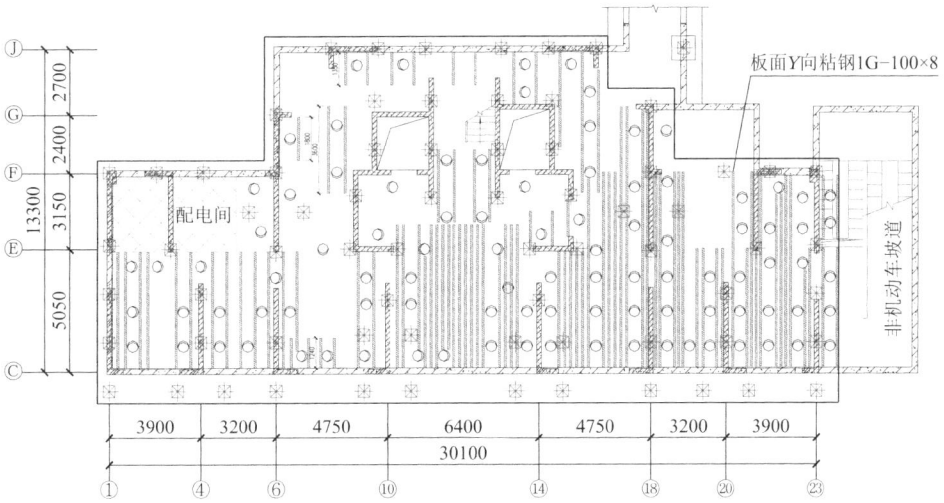

图 7.5.22　筏板板面粘钢加固平面图

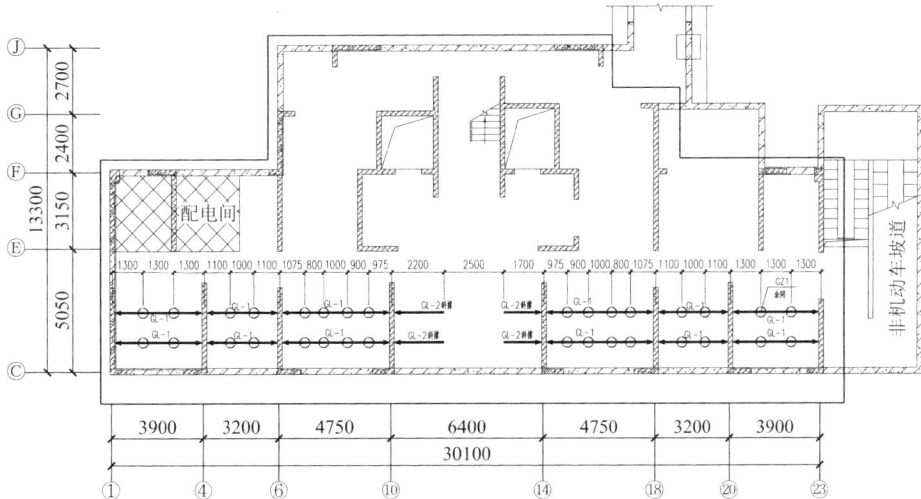

图 7.5.23　筏板板面临时反力钢梁和斜撑加固图

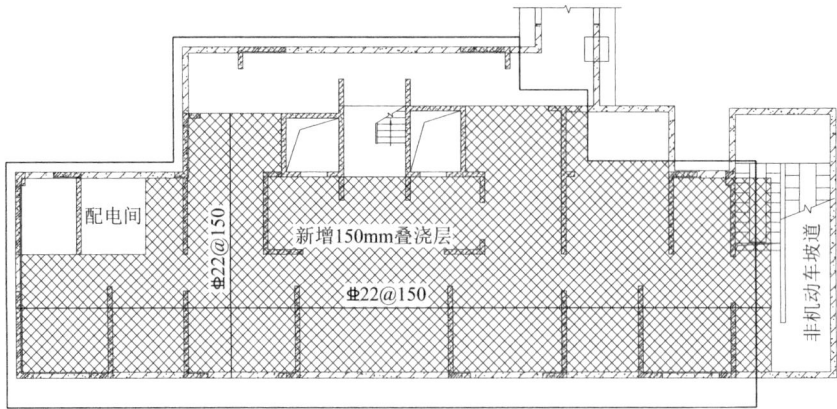

图 7.5.24 筏板新增叠浇层加固平面布置

7.5.6 控沉与纠倾施工

1. 总体施工顺序

（1）控沉施工前在室外设置 2 个降水井，进行试降水，以测试建筑沉降受地下水位下降影响的敏感程度。拆除原筏板上混凝土找平层，检查原 200mm × 200mm 锚杆静压桩质量，凡是封桩不当的予以重新加载封桩，发挥其作用。

（2）筏板粘钢加固，安装能保护筏板的反力钢梁与斜支撑。

（3）在东南区域补入第一批共 24 根控沉托换桩（含 5 根应急控沉桩），及时持荷，单桩持荷值应控沉要求及时动态调整为 2000～3000kN，平面布置详见图 7.5.25。

（4）在西侧、北侧区域补入第二、三批共 60 根控沉托换桩，立即群桩持荷，单桩持荷值为 1500～2000kN。

（5）基础与结构同步实施南侧提升、北侧迫降纠倾，基底注浆同步跟进。

（6）补入第四批次共 11 根控沉托换桩。

（7）基础与结构同步实施东侧提升、西侧迫降纠倾，基底注浆同步跟进。

（8）纠倾完成后进行预加载持荷封桩转换，筏板加固及裂缝修复。

（9）施工全过程对沉降、倾斜实时监测直至施工完毕且数据稳定，还须加强对筏板的变形进行实时监测。

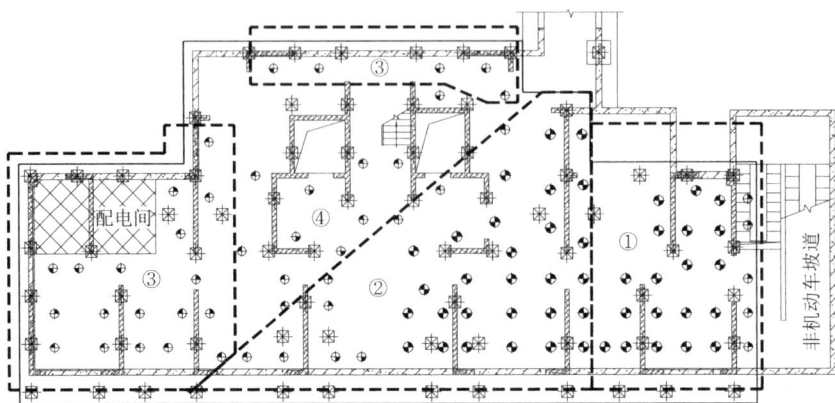

图 7.5.25 控沉托换桩施工批次图

2. 控沉托换桩施工

采用微扰动施工工艺进行 95 根钢管桩沉桩施工，即采用专用机具，在沉桩深度 25m 以内及时清除管内土塞，以大幅降低挤土效应，防止既有偏斜开裂桩受挤动后断裂失效。沉桩完成后立即加载持荷，第一阶段加载持荷力不小于 R_a，采用 3000～5000kN 自锁式千斤顶同步加载持荷锁定，后期纠倾阶段根据实际需求分批调整各桩加载持荷力。加载持荷施工现场见图 7.5.26。

图 7.5.26　钢管桩加载持荷

3. 纠倾施工

（1）筏板临时保护加固施工

在纠倾施工前，应做好筏板临时保护。筏板临时保护加固主要采取板面粘钢加固和筏板上设置反力钢梁与临时斜撑加固两种方法，施工照片见图 7.5.27。

图 7.5.27　筏板临时保护加固

（2）南北向纠倾施工

前三批共 84 根控沉托换桩完成后，启动南北向纠倾工作，南北向纠倾时目标值拟定为 1‰。南侧共有 68 根钢管桩参与提升纠倾，采用 STC 同步控制系统加载持荷锁定，见

图 7.5.28。同时北侧采用专用取土钻机进行桩侧取土卸载迫降，室内设置 2 台，室外设置 1 台，见图 7.5.29。在原既有工程桩附近设置 40 个深层取土孔，其中西北室外有 6 个孔，其他均设置在室内，预计每个孔取土时间 2d 左右。实际施工时南北向纠倾作业共耗时 16d，南侧托换控沉桩最大加载总量为 158500kN，东南侧最大提升量为+39mm，西北侧最大迫降量为−20.73mm，南北向纠倾基本成线性关系，完成南北向纠倾既定目标。

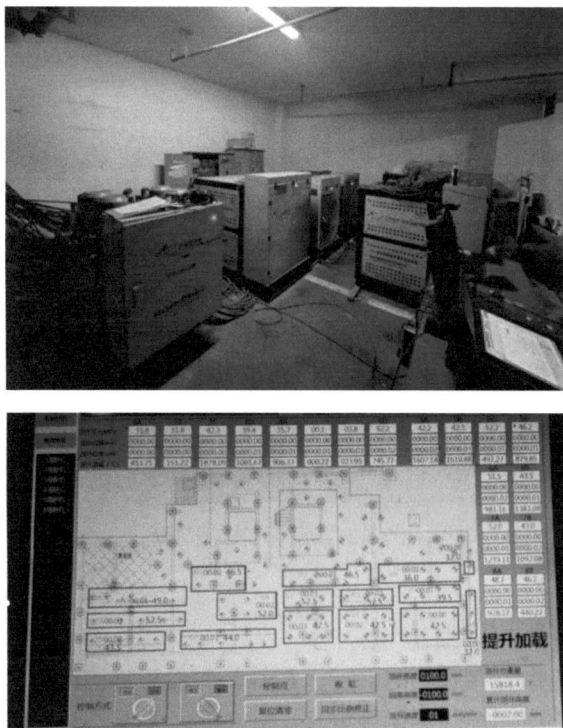

图 7.5.28　STC 同步控制系统

图 7.5.29　室外、室内专用钻机桩侧取土卸载迫降

（3）东西向纠倾施工

南北向纠倾施工完成后，实施第四批共 11 根托换控沉桩施工，待 95 根钢管桩均完成后，启动东西向纠倾工作。其中东南侧共 61 根钢管桩参与提升纠倾，采用 STC 同步控制系统加载持荷锁定。同时西北侧采用专用取土钻机进行桩侧取土卸载迫降，室内设置 2 台，室外设置 1 台，在原既有工程桩附近设置 60 个深层取土孔，其中西侧室外有 14 个孔，其

他均设置在室内，预计每个孔取土时间 2d 左右。实际施工时南北向纠倾作业共耗时 17d，东南侧托换控沉桩最大加载总量为 132000kN。

根据本楼各层楼面装饰平面的高差统计，拟定东西向倾斜目标值为 2‰，故东南侧最大提升量为 +39mm，西北侧最大迫降量为 −33.78mm，东西向纠倾基本成线性关系，完成东西向纠倾既定目标。纠倾至目标值后，应对所有干取土孔实施压密注浆补强，对于高压旋喷取土孔应予以高压旋喷注浆加固，随同桩基反压提升的筏板底跟踪注浆，控制滞后沉降。

4. 预加载持荷转换封桩与筏板叠浇层施工

（1）预加载持荷封桩施工

鉴于本工程控沉托换桩持荷提升力较大，为保证封桩期间钢管桩受力的平稳转换，即顺利使钢管桩提升力转换为筏板下基桩受力，预加载持荷转换封桩施工尤为关键。封桩前应进行桩内全长灌芯 C30 早强微膨胀混凝土、截桩，内插钢筋笼等施工工序。具备封桩条件后，封桩顺序：原则优先考虑室内临时道路上的桩先封桩，再以电梯井为中心向四周等高线按组逐步展开封桩，每天加载持荷转换封桩一般为 2 根，不超过 3 根。第一次封桩段灌浆料养护强度达到要求后，预加载封桩 5～7d 后平稳卸荷，拆除千斤顶和封桩架，检查筏板有无渗漏现象后再进行第二次封桩作业。施工见图 7.5.30。

图 7.5.30　分批预加载、持荷二次封桩

（2）筏板叠浇层施工

封桩后全面检查底板是否有渗漏和裂缝，重点检查原小方桩和后补钢管桩位置，若有渗漏，用 HK 环氧灌浆料堵漏；对底板凿毛、植筋。由于穿过剪力墙的钢筋间距为 150mm，先按 300mm 间距分两批穿透植筋，待后锚固钢筋达到要求后，第 2 批仍按 300mm 间距植筋，这样能够保证穿筋时剪力墙安全受力。对于纯加固筏板用的反力钢梁和斜撑，须待筏板新增叠浇层混凝土浇水养护 7d 后，方能拆除。筏板叠浇层施工见图 7.5.31。

图 7.5.31　筏板叠浇层加固

7.5.7　监测成果分析

本工程控沉与纠倾过程中，对外墙垂直度、倾斜率以及控制点沉降等做了详细监测，具体情况如下：

（1）纠倾前、后倾斜率分析

各角点的倾斜率纠倾前后数值对比详见表 7.5.2。

外墙纠倾前、后主控角倾斜率对比　　　　　　　　　　　　　表 7.5.2

序号	主控角	纠倾前倾斜率	纠倾后倾斜率
1	西北角	偏东 4.92‰	偏东 1.91‰
		偏南 3.70‰	偏北 0.11‰
2	东北角	偏东 4.43‰	偏东 1.45‰
		偏南 4.42‰	偏南 0.66‰
3	东南角	偏东 4.73‰	偏东 1.44‰
		偏南 4.36‰	偏南 0.19‰
4	西南角	偏东 4.87‰	偏东 1.59‰
		偏南 4.99‰	偏南 0.64‰

注：表中纠倾前数据为 2021 年 6 月 21 日所测，纠倾后数据为 2021 年 7 月 31 日所测。

（2）基础控沉成效分析

控沉托换桩封桩完成后沉降收敛迅速，完成施工后沉降速率达到规范规定的稳定标准，在 2021 年 9 月 1 日—2021 年 12 月 26 日期间（历时 116d），各主要测点的沉降量及沉降速率见图 7.5.32。

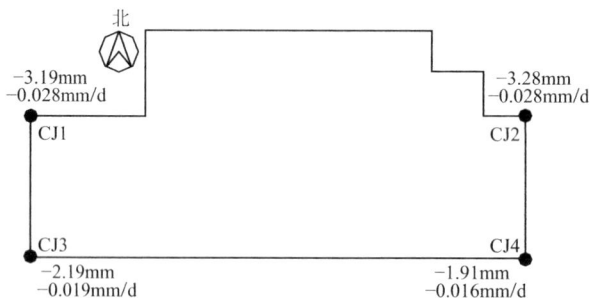

图 7.5.32　完工后房屋沉降量及速率平面图

（3）控沉桩持荷量与沉降收敛对应分析

在控沉加固施工前进行地下室降水、地下室底板开孔及锚杆埋设作业。此期间（19d）内东南角累积沉降量最大达到−12.34mm，西北角继续上抬了 1.58mm，进一步加大了建筑向东南方向的倾斜，使建筑向东最大倾斜率从 4.62‰加大到 4.87‰，向南最大倾斜率从 4.88‰加大到 4.99‰。说明建筑沉降对地下水位下降较敏感，随后立即施工 95 根控沉桩（第一批抢险控沉桩有 24 根）。在不同控沉桩持荷量比例状况下计算的理论沉降量与西南角实测相对沉降速率对比见表 7.5.3 与图 7.5.33。

控沉桩持荷量与东南角沉降量对比　　　　　　　表 7.5.3

控沉桩持荷数量 （根）	控沉桩持荷量占上部 恒载总量比例	实测相对沉降量 （mm）	实测相对沉降速率 （mm/d）	理论计算沉降量 （mm）
降水期间	0%	−12.34	−0.649	−280
5	4%	−1.00	−0.250	−220
15	15%	−0.90	−0.129	−141
24	25%	−0.33	−0.041	−72
61	67%	−0.13	−0.007	−37
79	82%	+0.09	+0.005	−30
95	100%	+0.59	+0.037	−26

注：1. 理论计算沉降量为采用 YJK 基础设计软件进行沉降计算的结果。

2. 因补桩完成后采用持荷封桩措施，故实测沉降量结果不考虑钢管桩桩身弹性压缩量。

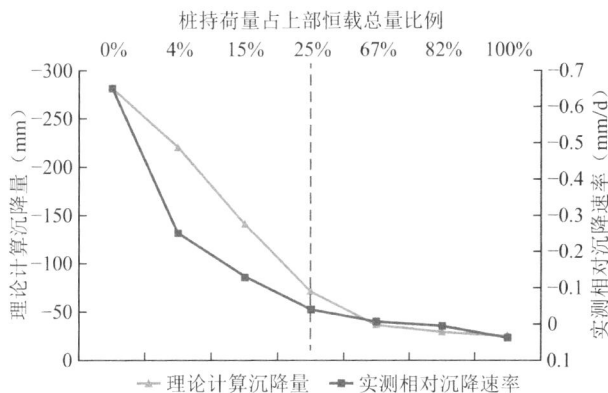

图 7.5.33　实际持荷力与沉降对应关系分析

上述资料表明，补桩持荷期间，理论计算沉降结果与实际沉降监测结果趋势变化基本吻合。当补桩托换率约 25% 时，相对沉降速率由 −0.649mm/d 下降到 −0.041mm/d，东南角沉降已出现稳定趋势，建筑已明显脱离危险状态，进入相对安全状态。

（4）全过程沉降与纠倾监测分析

全过程监测数据表明（图 7.5.34），该楼加固前东南区域桩基础已处于极限或极限临界状态。同时监测到补桩前降水对高层建筑沉降有不利影响，紧急在东南区域补入 24 根控沉桩立即群桩持荷后，最危险东南区域建筑沉降速率已降为 −0.041mm/d，达到东南区域的初步阶段控沉效果；全部 95 根控沉桩完成后，东南区域已出现局部上抬的有利现象。后续利用补入控沉桩提升与原桩桩侧卸载迫降综合法纠倾技术实施南北向、东西向双向纠倾。纠倾后建筑南北向最大倾斜率为往南 0.6‰，东西向最大倾斜率为往东 1.91‰，封桩完成后的 116d 内房屋最大沉降速率西北角为 −0.028mm/d，东南角为 −0.011mm/d。房屋沉降及倾斜率均满足规范和设计要求，该楼沉降进入稳定阶段。竣工后 2 年监测结果显示，西北角沉降增量 8mm，其余部位沉降增量均小于 5mm，外墙倾斜无变化，沉降处于稳定状态。完工后立面图见图 7.5.35。

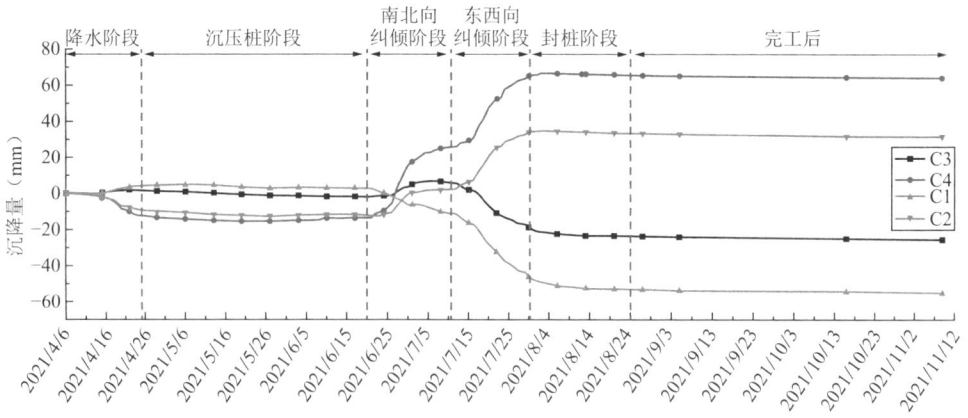

图 7.5.34　全过程沉降测量监测曲线

图 7.5.35　完工后立面图